高等职业教育“十四五”规划教材

中央财政支持高等职业教育动物医学专业建设项目成果教材

畜禽生产技术

（动物医学类专业用）

李和国　马进勇　主编

中国农业大学出版社

·北京·

内 容 简 介

本教材以畜禽生产所必需的知识和技能为主线，按照“项目导向，任务驱动”的教学方法，基于工作过程设定了畜禽的场建规划与圈舍修建、设备配置与环境控制、饲料加工与生产供应、引种繁育与杂交改良、生物安全与饲养管理、畜禽养殖场的成本核算与效益分析6个教学项目；每一项目又以学习目标、学习任务、能力训练和信息链接4个教学组织单元展开叙述，并渗透了相关行业的技术规范或标准。这种编排设计既利于教师和学生按照“产教融合、校企合作、工学结合、知行合一”的人才培养模式，开展诸如课堂讲授、现场操练、分析讨论、考核评价、自学提高等灵活多样的教学方法，又便于教师和学生在养殖生产一线，开展“做中学、学中做”的实践教学活动，符合现代高等职业教育培养技术人才的规格要求。

本教材图文并茂、通俗易懂，职教特色明显，既可作为教师和学生开展“产教融合、校企合作、工学结合、知行合一”人才培养模式的特色教材，又可作为企业技术人员的培训教程，还可作为广大畜牧兽医工作者短期培训、技术服务和继续学习的参考用书。

图书在版编目(CIP)数据

畜禽生产技术/李和国，马进勇主编. —北京：中国农业大学出版社，2016.8(2024.5重印)
ISBN 978-7-5655-1661-0

Ⅰ.①畜…　Ⅱ.①李…②马…　Ⅲ.①畜禽-饲养管理-教材　Ⅳ.①S815

中国版本图书馆CIP数据核字(2016)第182958号

书　　名　畜禽生产技术
作　　者　李和国　马进勇　主编

策划编辑　康昊婷　　**责任编辑**　韩元凤
封面设计　李尘工作室　郑　川　　**责任校对**　王晓凤
出版发行　中国农业大学出版社
社　　址　北京市海淀区圆明园西路2号　　**邮政编码**　100193
电　　话　发行部 010-62818525,8625　　读者服务部 010-62732336
编辑部 010-62732617,2618　　出　版　部 010-62733440
网　　址　http://www.cau.edu.cn/caup　　**E-mail**　cbsszs@cau.edu.cn
经　　销　新华书店
印　　刷　运河(唐山)印务有限公司
版　　次　2016年9月第1版　2024年5月第5次印刷
规　　格　787×1 092　16开本　22.75印张　560千字
定　　价　56.00元

编审人员
CONTRIBUTORS

主　编　李和国（甘肃畜牧工程职业技术学院）

马进勇（甘肃畜牧工程职业技术学院）

副主编　王璐菊（甘肃畜牧工程职业技术学院）

参　编　王玺年（甘肃畜牧工程职业技术学院）

田　芳（宁夏中卫正通农牧科技有限公司）

杜建峰（宁夏晓鸣农牧股份有限公司）

施福明（甘肃荷斯坦奶牛繁育示范中心）

姜仲文（甘肃永昌肉用种羊场）

审　稿　杨孝列（甘肃畜牧工程职业技术学院）

史兆国（甘肃农业大学动物科技学院）

前言 PREFACE

为了认真贯彻落实国发〔2014〕19 号《国务院关于加快发展现代职业教育的决定》、教职成〔2015〕6 号《教育部关于深化职业教育教学改革全面提高人才培养质量的若干意见》、《高等职业教育创新发展行动计划(2015—2018)》《职业教育教材管理办法》等文件精神，切实做到专业设置与产业需求对接、课程内容与职业标准对接、教学过程与生产过程对接、毕业证书与职业资格证书对接、职业教育与终身学习对接。自 2012 年以来，甘肃畜牧工程职业技术学院动物医学专业在中央财政支持的基础上，积极开展提升专业服务产业发展能力项目研究。项目组在大量理论研究和实践探索的基础上，制定了动物医学专业人才培养方案和课程标准；开发了动物医学专业群职业岗位培训教材和相关教学资源库。其中，高等职业学校提升专业服务产业发展能力项目——“动物医学省级特色专业建设”于 2014 年 3 月由甘肃畜牧工程职业技术学院学术委员会鉴定验收，此项目旨在创新人才培养模式与体制机制，推进专业与课程建设；加强师资队伍建设和实验实训条件建设，推进招生就业和继续教育工作，提升科技创新与社会服务水平；加强教材建设，全面提高人才培养质量；完善了高职院校“产教融合、校企合作、工学结合、知行合一”的人才培养机制。为了充分发挥该项目成果的示范带动作用，甘肃畜牧工程职业技术学院委托中国农业大学出版社，依据国家教育部《高等职业学校专业教学标准(试行)》，以项目研究成果为基础，组织学校专业教师和企业技术专家，并联系相关兄弟院校教师参与，编写了动物医学专业建设项目成果系列教材，期望为技术技能人才培养提供支撑。

党的二十大报告提出，实施科教兴国战略，强化现代化建设人才支撑。本套教材专业基础课以技术技能人才培养为目标，以动物医学专业群的岗位能力需求为导向，坚持适度、够用、实用及学生认知规律和同质化原则，以模块→项目→任务为主线，设“学习目标”“学习内容”“案例分析”三个教学组织单元，并以任务的形式展开叙述，明确学生通过学习应达到的识记、理解和应用等方面的基本要求。其中，识记是指学习后应当记住的内容，包括概念、原则、方法等，这是最低层次的要求；理解是指在识记的基础上，全面把握基本概念、基本原则和基本方法，并能以自己的语言阐述，能够说明与相关问题的区别及联系，这是较高层次的要求；应用是指能够运用所学的知识分析、解决涉及动物生产中的一般问题，包括简单应用和综合应用。有些项目的相关理论知识或实践技能，可通过扫描二维码、技能训练、知识拓展或知识链接等形式学习，为实现课程的教学目标和提高学生的学习效果奠定基础。

本套教材专业课以“职业岗位所遵循的行业标准和技术规范”为原则，以生产过程和岗位任务为主线，设计学习目标、学习内容、案例分析、考核评价和知识拓展等教学组织单元，尽可能开展“教、学、做”一体化教学，以体现“教学内容职业化、能力训练岗位化、教学环境企业化”特色。

本套教材建设由甘肃畜牧工程职业技术学院王治仓教授和康程周副教授主持，其中杨孝列、郭全奎担任《畜牧基础》主编；尚学俭、敬淑燕担任《畜禽解剖生理》主编；黄爱芳、祝艳华担任《动物病理》主编；冯志华担任《动物药理与毒理》主编；杨红梅担任《动物微生物》主编；康程周、王治仓担任《动物诊疗技术》主编；李宗财、宋世斌担任《牛内科病》主编；王延寿担任《猪内科病》主编；张忠、李勇生担任《禽内科病》主编；高啟贤、王立斌担任《动物外产科病》主编；贾志江担任《动物传染病》主编；刘娣琴担任《动物传染病实训图解》主编；张进隆、任作宝担任《动物寄生虫病》主编；祝艳华担任《动物防疫与检疫》主编；王选慧担任《兽医卫生检验》主编；刘根新、李海前担任《中兽医学》主编；李海前、刘根新担任《兽医中药学》主编；王学明、车清明担任《畜禽饲料药物添加剂及使用技术》主编；李和国担任《畜禽生产》主编；田启会、王立斌担任《犬猫疾病防治》主编；李宝明、车清明担任《畜牧兽医法规与行政执法》主编。本套教材内容渗透了动物医学专业方面的行业标准和技术规范，文字精练，图文并茂，通俗易懂，并以微信二维码的形式，提供了丰富的教学信息资源，编写形式新颖、职教特色明显，既可作为教师和学生开展“校企合作、工学结合”人才培养模式的特色教材，又可作为企业技术人员的培训教材，还可作为广大畜牧兽医工作者短期培训、技术服务和继续学习的参考用书。

本教材由甘肃畜牧工程职业技术学院李和国和马进勇任主编。其中绪论、任务 1～9 由李和国编写；任务 10～25 由王玺年编写；任务 26～34 由王璐菊编写；全书由李和国统稿；教材的编写渗透了宁夏中卫正通农牧科技有限公司、宁夏晓鸣农牧股份有限公司、甘肃荷斯坦奶牛繁育示范中心、甘肃永昌肉用种羊场等企业提供的饲养管理技术规程；甘肃农业大学动物科技学院史兆国教授、甘肃畜牧工程职业技术学院杨孝列教授审阅了书稿，并提出了许多宝贵意见和建议；甘肃畜牧工程职业技术学院马进勇老师提供了大量的图片资料，在此一并深表谢意。

承蒙甘肃畜牧工程职业技术学院张进隆教授和王治仓教授对本教材进行了认真审定，并提出了宝贵的意见；编写过程中得到编写人员所在学校的大力支持，在此一并表示感谢。作者参考的著作及有关资料，不再一一述及，谨对所有作者表示衷心的感谢！

由于编者初次尝试“专业建设项目成果”系列教材开发，时间仓促，水平有限，书中错误和不妥之处在所难免，敬请同行、专家批评指正。

编写组

2024 年 5 月

目录 CONTENTS

绪论

“畜禽生产技术”是畜牧兽医专业群的主干核心课程之一，它是在动物解剖生理、遗传繁育、营养饲料、环境卫生、基础兽医等前期课程的基础上，专门研究如何通过对猪、禽、牛、羊的科学饲养、配种繁殖、杂交选育和经营管理，促使其将牧草和饲料转化为肉、蛋、奶、毛等畜产品的一门应用类学科，是我国畜牧业生产中人们获取动物产品的重要环节，教学中应突出其技术性、应用性和职业性。

本课程的教学目标：通过课堂讲授、实验实训和顶岗实践等学习形式，让学生理解畜禽生产的理论知识，掌握畜禽养殖的技术技能，具备从事畜禽生产的职业岗位能力，促使学生成为畜牧业生产一线从事畜禽养殖、经营、管理和服务等方面工作的高素质技术人才。

本课程的教学内容：根据畜禽养殖的工作过程，将其分为场建规划与圈舍修建→设备配置与环境控制→饲料加工与生产供应→引种繁育与杂交改良→生物安全与饲养管理→成本核算与效益分析 6 个项目，每个项目又以“学习目标”、“学习任务”、“能力训练”、“信息链接”的编写结构展开叙述，并大量应用了与畜禽生产相关的国家标准、行业规范和技术规程，充分体现了课程内容与职业标准对接、教学过程与生产过程对接的职业教育特色。

本课程的教学方法：以“项目导向、任务驱动”为基本要求，大量采用如集中讲授、顶岗代练、案例分析、绘图设计、现场测评、参观调研、问题讨论、课件演示、录像观摩、作业训练和网络查学等丰富多样的教学手段，并尽可能地创造条件开赴养殖企业开展“工学结合、知行合一”的教学模式，促使“教、学、做”一体化。同时要保证学生置身于现场工作情景、模拟场景及仿真环境中学习，体现学习与实际工作的一致性，促使其职业技能达到从事相应职业岗位群工作所必需的要求和标准。

本课程的教学建议：为保证课程的教学质量，应根据职业领域和职业岗位(群)的任职要求，参照相关的职业资格标准，对畜禽生产过程的工作任务进行认真调查和分析，明确岗位技能及典型学习任务，科学制定课程标准；为提高教师基于生产岗位的教学水平，应大力加强以“双师型”教师为主的课程教学团队建设，促使学校专职教师和企业兼职教师共同参与课程的教学指导；为保证实践教学的实效性，应大力加强校内外实训基地建设，积极探索通过“产教融合、校企合作”的办学模式，将课程教学与生产过程对接起来，切实做到“工学结合、知行合一”；要根据教学进程，将课程教学安排在恰当时间，认真准备好实施方案，精心组织，让学生在实践中多做、反复做，努力将课程的知识与专项技能联系起来，切实强化学生职业岗位能力的培养；为丰富课程教学资源库，应大力加强基于“工作过程和职业标准的”特色教材、教学课件、技术规范、授课计划、电子教案、生产案例、网络资源等方面的信息库建设，为实现课程的教学目标奠定基础。

Project 1

畜禽的场建规划与圈舍修建

学习目标

了解畜禽场建设选址与规划布局的基本原则；知道圈舍的建筑类型和特点；掌握圈舍结构设计的基本方法。

【学习任务】

任务 1　畜禽的场址选择与规划布局

正确确定畜禽场建设位置，合理规划布局畜禽场，有利于提高畜禽生产水平，增加畜禽养殖的经济效益。

一、场址选择

畜禽场选址应结合当地政府的养殖区划，依据畜禽场的性质、生产特点、生产规模、饲养方式及生产集约化程度等因素，对其地理、气候、水源、土质、交通、电力、防疫等条件进行全面考察。由于各因素之间存在矛盾，所以，当诸多方面条件无法同时满足时，应当考虑以下两个问题：一是哪个因素更重要；二是能否用可接受的投资对不利因素加以改善。例如，一个地势低洼的地方是不宜建场的，如果该地方在气候、水源、土质、交通、电力、防疫等方面优势明显，应考虑额外投资解决地势低洼问题，再确定是否可以建场。通常情况下，确定畜禽场选址应考察以下条件。

（一）地理条件

主要考察畜禽场所处位置的地形和地势。较高的地势有利于生产用水、生活污水和雨、雪水的排放，场区内的湿度也相对较低，病原微生物、寄生虫及蚊蝇等有害微生物的繁殖和生存亦受到限制，畜禽舍环境易控制，排水设施投资减少；开阔的地形则有利于畜禽场的布局、通风、采光、运输、管理和绿化；除此之外，场地面积（年出栏数×m^2）往往也很重要。一般情况下，各类畜禽场建设占地面积如表 1-1 至表 1-4 所示。

表 1-1　规模猪场建设占地面积估算　　m^2

占地面积	100 头基础母猪规模	300 头基础母猪规模	600 头基础母猪规模
建设用地面积	5 333	13 333	26 667

表 1-2　规模鸡场建设占地面积估算　　m^2/只

场　别	饲养规模	占地面积	备注
种鸡场	1 万～5 万只种鸡	0.6～1.0	按种鸡计
蛋鸡场	10 万～20 万只产蛋鸡	0.5～0.8	按成年蛋鸡计
肉鸡场	年出栏肉鸡 100 万只	0.2～0.3	按年出栏计

表 1-3　规模牛场建设占地面积估算　　m^2/头

泌乳牛	育成牛	犊牛	肉用繁殖母牛	育肥牛
160～200	80～100	30～40	100～150	30～40

表 1-4　规模羊场建设占地面积估算　m^2

规模/只	500	1 000	1 500	2 000
建设用地面积	7 500～10 000	15 000～20 000	22 500～30 000	30 000～40 000

多数设计者首先会考虑场地面积的大小，有些设计者还通过缩小生产区建筑物之间的间距，增加畜禽舍内畜禽饲养密度来提高其利用率，这会导致畜禽场扩大再生产和环境控制出现问题。因此，畜禽生产中应将多种条件综合起来加以考虑。畜禽场的占地面积应依据饲养规模、生产任务和场地总体特点而定。

(二)水源条件

主要考察畜禽场所处位置的水源、水量和水质，应符合无公害水质的要求，便于取用和卫生防护，并易于净化和消毒。畜禽场选择的水源主要有两种，即地下水和地面水，不管以何种水源作为畜禽场的生产用水，贮水位置都要与水源条件相适应，并设计在畜禽场最高处，同时还要满足两个条件：一是水量充足，二是水质符合卫生要求；不管哪种水源，必须和政府协调好及时供应和长远利用的问题，并切实做好水源的净化消毒和水质检测工作；另外，还要依据畜禽场建设规模，科学计算水的供应量，确定是否满足畜禽场生产、生活、绿化等方面的需要，进而对其投资和维护费用进行分析。不管何种水源都要防止周围环境造成其污染，同时也要避免畜禽场污染源对水源的污染。

(三)土壤条件

主要考察畜禽场所处位置的土壤特性和土质结构。在很多地方土质一般都不是畜禽场建筑要考虑的主要因素，因为其性质和特点在一定的地方相对比较稳定，而且容易在施工中对其缺陷进行弥补，但是缺乏长远考虑而忽视土壤潜在存在的危险，则会导致严重的后果，如场地土壤的膨胀性、承压能力对畜禽场建筑物利用寿命的影响及可能存在的恶性传染病原，如果考虑不周，可能对畜禽的健康带来致命的危险。因此，畜禽场选址时，对当地土壤状况做细致调查是很有必要的。如果其他条件差异不大，选择沙壤土比选择黏土有较大的好处，透气性好，自净能力强，污水或雨水容易渗透，场区地面易保持干燥。

(四)防疫条件

主要考察畜禽场所处位置与道路的远近。大规模畜禽场其饲料、产品、废弃物和其他物料的运输量很大，要求具有良好的交通条件，但是出于防疫安全和环境保护的考虑，又要求畜禽场建在相对僻静的地方。一般情况下，根据畜禽场防疫和生产经验，应距离交通主干道1 km以上，乡村公路0.5 km以上，居民点1 km以上，屠宰场、牲畜交易市场、畜产品加工厂或工矿企业2 km以上。对于中、小规模的畜禽场来说，上述距离可以近一些。如果利用防疫沟、隔离林或围墙将畜禽场与周围环境分隔开，也可适当缩短这种间距，以方便运输和对外联系。

(五)电力条件

主要考察畜禽场所处位置的供电负荷。规模化畜禽场需要采用成套的机电设备来进行饲料加工、孵化育雏、机器挤奶、电动剪毛、供水供料、照明保温、通风换气、消毒冲洗等环节的操作。因此，畜禽场应有方便充足的电源条件。例如，一个万头猪场通常的装机容量可达70～100 kW，为应对临时停电，畜禽场应备小型发电机组。

(六)生态条件

主要考察畜禽场所处位置的生物污染隔离和对粪污的容纳能力。畜禽养殖受疫病的威胁很大,四周须有一定的空间区域设置防疫隔离带。所以,场址选择应远离市区、工矿企业和村镇生活密集区,以便搞好卫生防疫和保持安静环境。现代规模化畜禽场产生粪污量大且集中,还有大量的有害气体和尿液污水等,易对周围环境造成污染。因此,要充分考虑粪便处理和环境的合理利用。如果畜禽场周围有足够的农田、果园、鱼塘等条件进行粪污的消纳,不但提高了畜禽养殖的综合效益,而且保护了周围环境,这是一种既养畜、又保护环境的良性生态模式。

二、规划布局

畜禽场规划布局时,应依据有利于生产、防疫、运输与管理的原则,根据当地全年主风向和场址地势顺序,合理安排生活区、管理区、生产区和隔离区 4 个功能区,各功能区之间的距离不小于 30 m,并设防疫隔离带或隔离墙。同时设计好绿化区域,绿化不仅美化环境,净化空气,也可以防暑、防寒,改善畜禽场的小气候,利于畜禽的健康生产。

现代规模化畜禽场规划布局如图 1-1 所示。

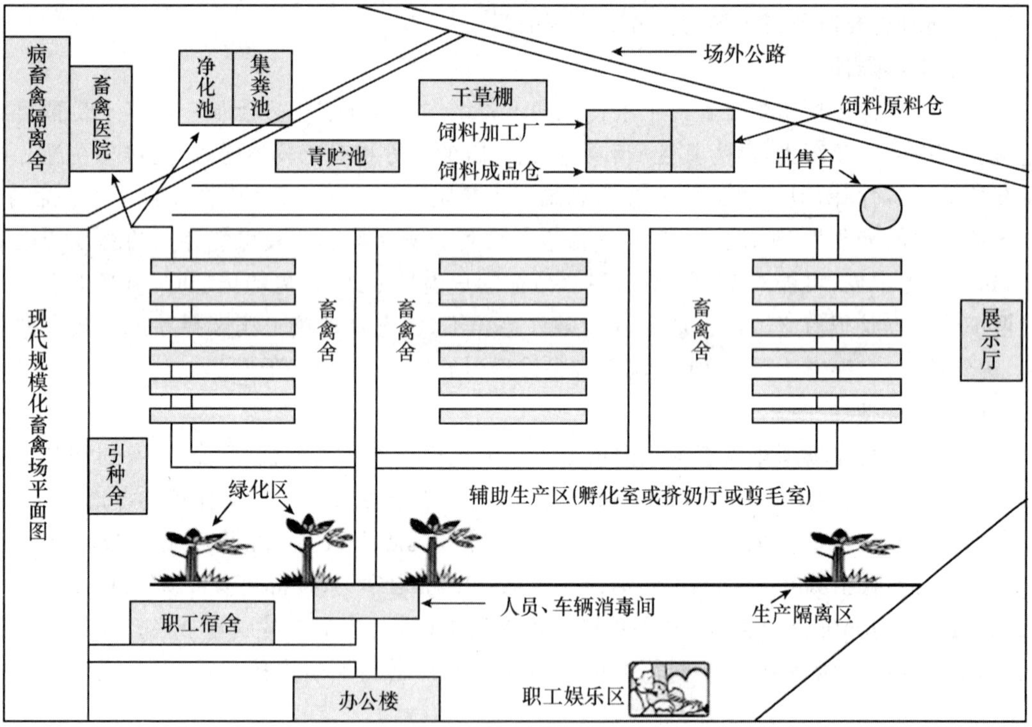

图 1-1 现代规模化畜禽场规划布局平面示意图

一般而言,畜禽场四周应建围墙或防疫沟,以防兽害和避免闲杂人员进入场区。场内的办公室、接待室、财务室、食堂、宿舍等,属于生活区和管理区的主体设施,是职工工作和生活最频繁的地方,与场外联系密切,应单独设立,并布局在生产区的上风向,或与风向平行的一侧。为确保畜禽防疫安全，场门口应设车辆消毒池、行人消毒道和值班室等，消毒池与门口等宽，长度不小于出入车轮周长的1.5倍，深度15～20 cm；场内各种类型的圈舍及附属设施等，属于生产区的主体部分，建筑面积占全场总建筑面积的70%～80%，应布局在生活区与管理区的下风向。生产区门口要建专用的更衣室、紫外线消毒间及消毒池等，生产区内的各类圈舍的位置，应依据生产工艺、卫生防疫等方面的要求确定和依次排列，圈舍与圈舍之间的距离为房舍檐高的3～5倍，生产区四周应通过隔离围墙与生活区、管理区和隔离区相互分开，区内的净道与污道相互分开，附属设施如饲料加工车间、饲料仓库、修理车间、配电室、锅炉房、水泵房等与其毗邻而建；场内的兽医室、解剖室、病畜隔离舍和粪污处理区是隔离区的主体设施，应设在生产区的下风向，与生产区保持50 m以上的距离。

任务2　畜禽的圈舍类型与建筑设计

合理的畜禽舍建筑设计要尽可能为不同生理阶段的畜群提供一个最佳或者较适宜的生长或生产环境。要求畜禽舍具有良好的保温隔热性能，地面和墙壁便于清洗消毒，温度、湿度适宜，舍内有害气体含量符合国家规范标准。所以，畜禽舍建造时，一定要根据其生物学特性和生产工艺，遵循先进、适用、经济、合理的原则，综合考虑土地、人力、水电、材料、气候、经济、生产工艺和饲养模式等因素，科学设计，做到方便管理、冬暖夏凉、透光通风、卫生清洁、牢固耐用和环保适用。

一、圈舍类型

畜禽的圈舍类型多种多样，按舍内畜禽栏架排列形式，可分为单列式、双列式和多列式；按外围结构设计，可分为开放式、半开放式和封闭式；按屋顶建筑类型，可分为平顶式、单坡式、双坡式等，常见的为单坡式和双坡式。各地可根据气候条件、饲养规模、生产工艺和实际需要选择适合的类型设计。

(一)根据畜禽舍外围结构划分

(1)开放式　由两侧山墙、后墙(开窗)、支柱和屋顶组成。结构简单，投资少，通风透光，排水好，但受自然条件影响较大。

(2)半开放式　两侧山墙砌到屋顶，前、后方多为1.3 m高的半截墙，或者三面有墙、阳面半截矮墙，通风透光好，保温差，造价低，冬季挂上防风帘，起到防寒的作用。结构简单，投资少，受自然条件影响较大。

(3)封闭式　四面墙体完整，人工控制采光、供暖、降温、通风、换气等环境因子，保温性能好，便于科学饲养和管理。又可分为有窗式和无窗式两种类型。

(二)根据舍内栏架排列划分

(1)单列式　舍内畜禽栏架排成一列，靠北墙设一走廊，与两侧大门相通，利于采光、通风、保温和防潮，空气新鲜，结构简单，便于维修。

(2)双列式　舍内畜禽栏架排成两列，中间设一通道，与两侧大门相通，双列式圈舍保温良好，管理方便，能有效控制环境条件和提高劳动效率，圈舍利用率高。

(3)多列式　舍内畜禽栏架排成三列或四列，中间设多个通道，圈舍长、宽、高依规模、气候、地形等因素而定，一般大于单列式或双列式。多列式圈舍适合配置现代化的设施设备，饲养密度大，工作效率高，但结构复杂，建筑材料和环境控制条件要求较高。

(三)根据屋顶结构形式划分

(1)平顶式　一般跨度小，结构简单，造价低，光照和通风好，多为传统畜禽养殖用。

(2)单坡式　一般跨度小，结构简单，造价低，光照和通风好，适合小规模畜禽养殖用。

(3)双坡式或圆拱式　双列和多列圈舍常用该形式，一般跨度大，饲养数量多，保温效果好，但投资较多。

二、建筑设计

(一)地基设计

畜禽舍地基的主要作用是承载圈舍自身的重量，其埋置的深度应根据圈舍的总载荷、地基承载力、地下水位及气候条件等确定。地基受潮会引起墙壁及舍内潮湿，为防止地下水通过毛细管作用浸湿墙体，基础墙的顶部应设防潮层。

(二)地面设计

畜禽舍地面要求保温、坚实、不透水、平整、防滑、便于清扫和清洗消毒。一般应保持2%～3%的坡度，以利排污和保持地面干燥。为克服地面传热快的缺点，可在地表下层铺设孔隙较大的材料(如炉灰渣、膨胀珍珠岩、空心砖等)，增强地面的保温性能。另外，舍内还应根据畜禽栏架的位置特点，设计相应的粪污处理设施，如人工清粪沟、机械清粪沟、水冲式清粪沟等。

(三)墙体设计

畜禽舍墙体的主要作用是承重受力和保温隔热，一般要求坚固、承重、保温和耐用。根据不同地区不同的地理环境要求，可选用土木、砖混、板材等建筑材料砌设，要求表面光滑平整，便于清洗和消毒。厚度可根据当地气候条件和所用材料特性来确定，寒冷地区应加设保温层或增大墙体厚度。

(四)门窗设计

畜禽舍门的主要作用是满足人员出入和畜禽进出的需要；窗户的主要作用是满足采光与通风换气的需要。门窗的大小，应根据劳力型养殖或机械化养殖程度的高低来设计，舍门大多设计在两侧山墙上，规格一般为：主门120 cm×200 cm，其他门100 cm×200 cm；窗户大多设计在畜禽舍前后纵墙上，其面积大小取决于采光和通风换气的需要，应综合各方面因素合理设计。

(五)屋顶设计

屋顶主要起挡风遮雨和保温隔热的作用，要求坚固，有一定的承重能力，不漏水、不透风，冬季防寒，夏季防暑。畜禽舍的屋顶最好采用“人”字梁吊顶结构，三层封顶，上面用瓦，瓦下垫一层油毡，油毡下垫一层木板，最下面吊顶，中间设空气层，以利于保温隔热。

(六)采光设计

依靠自然光照的畜禽舍应充分考虑当地太阳光的照射角度而设计，要求窗户的大小和上、下缘位置要合理，方位一般是坐北朝南或略偏东10°～15°为宜。如果畜禽舍附近有高大建筑物或树木，会遮挡太阳的直射光和散射光，影响舍内的光照。因此，要求畜禽舍与周围建筑物的距离不应小于建筑物本身高度的2倍。

从防暑和防寒角度考虑，我国大多数地区夏季不应有大量的直射阳光投射进舍内，冬季最好能最大限度地照射到畜床上，可通过合理设计窗户上缘和屋檐的高度来实现。当窗户上缘外侧与窗台内侧所引直线同地面水平线之间的夹角小于当地夏至时的太阳高度角时，就可防止夏季的直射阳光进入舍内；当畜床后缘与窗户上缘所引直线同地面水平线之间的夹角等于当地冬至时的太阳高度角时，就可使太阳光在冬至前后直射到畜床上。透光角越大，越有利于光线进入，为了保证舍内的适宜光照强度，透光角一般不应小于5°。密闭式畜禽舍应通过人工光照，设计合理的光照时间和强度。

（七）通风设计

设计良好的通风系统，可使畜禽舍经常保持冷暖适宜、干燥清洁，不但能及时排除舍内的臭味或有害气体，而且还能防止贼风对畜禽的侵袭。

自然通风情况下，畜禽舍应合理的设计其朝向、间距、窗户的面积及屋面结构。通常情况下，单栋建筑物的朝向与当地夏季主导风向垂直，畜禽舍间距大于5倍圈舍的高度，通风情况良好。目前兴建的规模化畜禽场都是一个建筑群，要获得良好的自然通风，一般将圈舍的朝向与夏季主导风向成30°左右布置，舍间距约为圈舍檐高的3倍即可。有窗户的圈舍其面积大小可根据采光要求和圈舍面积而定。

自然通风主要靠热压通风，要求在畜禽舍顶部设置排气管，墙的底部设置进气管。可在计算出通风管总面积后，根据所确定的每个排气管的横断面积，求得一栋舍内需要安装的排气管数。风管总面积的计算公式为：

$$A=L/V$$

式中：A 为风管总面积；L 为确定的通风换气量；V 为空气在排管中的流速(m/s)。

机械通风的情况下，应根据畜禽舍的建筑特点合理设计其通风方式（负压通风、正压通风和联合通风）。现代规模化养殖饲养密度大，舍内环境常随畜禽数量、体重及室外气温而改变，应根据舍内空气交换量的大小，选用适宜功率的进风机和排风机定时送风和排风，从而调节畜禽舍内的空气环境。目前常用的方式有三种：一是山墙一侧安装进风机，另一侧安装排风机；二是前墙上安装进风机，屋顶上安装排风机；三是屋顶上安装进风机，山墙下端内侧或地下粪沟两侧安装排风机。

（八）保温设计

对畜禽舍进行合理的保温设计，可以解决低温寒冷天气对畜禽的不利影响。因此，畜禽舍修建时应设计好方位和外围防护结构，并尽可能采用导热系数小的建材作为屋面、墙体和地面的材料，以利保温和防暑。其一是采用坐北朝南、东西走向的方位；其二是墙体采用空心双层结构，中间填充塑料泡沫、碎纸屑等保温材料；其三是棚顶多使用土木结构，多层材料覆顶，最好上面用瓦，瓦下垫一层油毡，油毡下面垫上一层木板，“人”字梁吊顶结构，以利于保温防漏。

（九）降温设计

对畜禽舍进行合理的降温设计，可以解决高温炎热天气对畜禽的不利影响。除合理设计畜禽舍外围护结构和加强通风换气外，可在畜禽舍的一侧山墙安装湿帘-风机降温系统，此系统由独特的泡沫状水介质及水循环管路组成，介质板底部的循环管将流经介质的循环水聚集起来，通过再循环使更多的水和空气混合，达到快速降温的目的。必要时，还可在舍内安装喷雾降温系统。

(十)排污设计

畜禽舍的排污通常依机械清除、水冲或水泡清粪方式而设计。机械清除是当粪便与垫料混合或粪尿分离，呈半干状态时，常采用此法，即在畜舍中设置粪尿沟，液形物经排水系统流入粪水池贮存，而固形物则借助人或机械直接用运载工具运至堆放处，清粪机械包括人力小推车、地上轨道车、单轨吊罐、牵引刮板、电动或机动铲车等；水冲或水泡式清粪多是在不使用垫草并采用漏缝地面时应用，主要由漏缝地面、粪尿沟、粪水池组成，粪水池应设在舍外地势较低的地方，容积及数量可根据其饲养头数与粪水贮放时间来确定。

【能力训练】

技能一　仔猪保育舍剖面图的绘制

一、训练内容

甘肃省张掖地区某猪场仔猪保育舍呈现双坡双列封闭样式，隔热保温吊顶。其规格为：跨度 750 cm，平顶高度 330～350 cm，长度依据规模而定；舍内保育栏按双列单通道布局，中央通道 110 cm，通道两侧设置活动式保育栏，长 300 cm，宽 300 cm，支架高 50 cm，栅栏高 60 cm，保育栏与墙体之间间隔 20 cm，前后墙下端设通风地窗，仔猪保育床排泄区下设排污沟。根据以上参数绘制仔猪保育舍剖面图。

二、评价标准

保育仔猪的饲养一般采用网床培育技术，保育舍的设计应充分满足这一要求。根据前提条件，甘肃省张掖地区某猪场仔猪保育舍剖面图如图 1-2 所示。

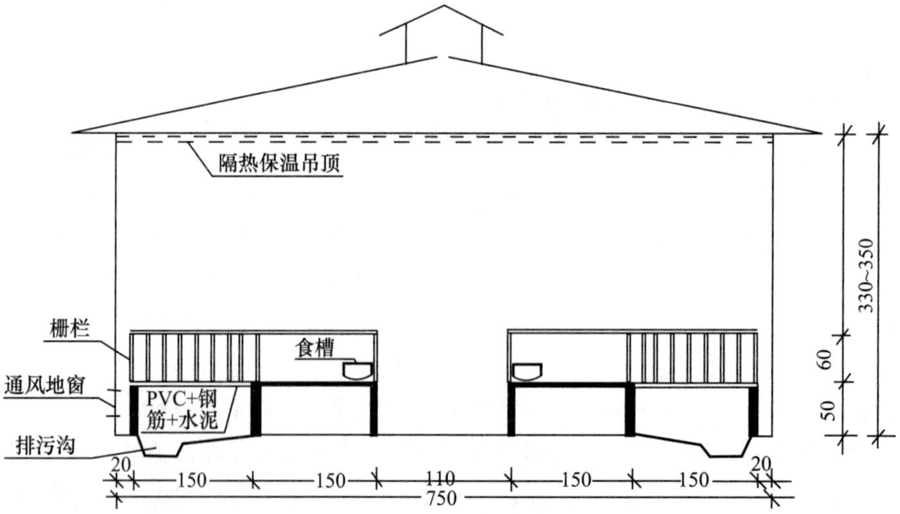

图 1-2　甘肃省张掖地区某猪场仔猪保育舍剖面图(单位:cm)

技能二　规模化蛋鸡舍剖面图的绘制

一、训练内容

万只鸡舍的设计要求：立体笼养、湿帘风机降温系统、自动喂料系统的密闭式鸡舍。采用 9LTZ 型三层全阶梯中型鸡笼，单元鸡笼长度 2 078 mm，共饲养 96 只蛋鸡，三列四走道布置形式，则所需鸡笼单元数＝饲养量/单元饲养量＝10 000/96＝104(个)，采用三列布置，实际取 105 组，每列单元数＝105/3＝35(个)，鸡笼安装长度 L1＝单元鸡笼长度×每列单元数＝2 078 mm×35＝72 730 mm＝72.73 m。舍的净长还需要加上设备安装和两端走道长度，包括：工作间开间如取 3.6 m；鸡笼架头架尺寸 1.01 m；头架过渡食槽长度 0.27 m；尾架尺寸 0.5 m；尾架过渡食槽长度 0.195 m；两端走道各取 1.5 m。则鸡舍净长度：

$$L=72.73+3.6+1.01+0.27+0.5+0.195+2\times1.5=82.0(\text{m})$$

鸡舍的高度应根据饲养方式、清粪方法、跨度与气候条件确定。由于万只鸡舍跨度大，又是多层笼养，鸡舍的屋顶高度为 3.8 m 左右，墙高 2.5 m。刮粪沟宽 1.8 m、高 0.3～0.4 m，过道宽 1.0 m。

二、评价标准

根据前提条件，该鸡舍的剖面图如图 1-3 所示。

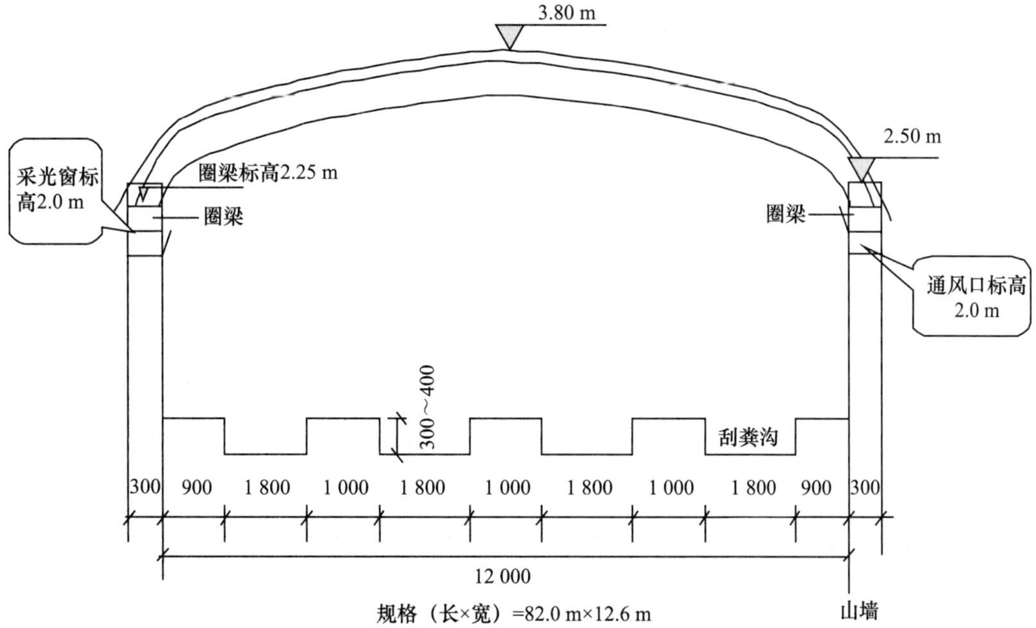

图 1-3　1 万只蛋鸡舍剖面图(单位：cm)

技能三　散栏饲养牛舍剖面图的绘制

一、训练内容

某奶牛场采用散栏式饲养，其奶牛舍呈现双坡六列房舍样式，屋脊设连续风口，屋顶设防鸟网，屋檐高度 4.2～4.8 m，屋顶坡度 12∶4，屋面采用复合彩钢加阳光板材料，牛舍跨度 34.8 m，中央饲喂通道宽 6.0 m，奶牛采食通道宽 4.2 m，双列对头自由卧栏 2.25 m×1.2 m，单列靠墙自由卧栏 2.4 m×1.2 m，隔栏高度 1.20 m，卧床通道宽 3.5 m，地面坡度 0.5%～2%。试根据以上参数绘制舍内中央饲喂通道的六列 336 牛位卧床散栏饲养牛舍剖面图。

二、评价标准

舍内中央饲喂通道的六列式散栏饲养牛舍对自由卧栏的要求较高，其中央饲喂通道、奶牛采食通道及卧床通道的设计应充分考虑奶牛的采食空间和活动空间。根据上述参数绘制的舍内中央饲喂通道六列式 336 牛位卧床散栏饲养牛舍剖面图，如图 1-4 所示。

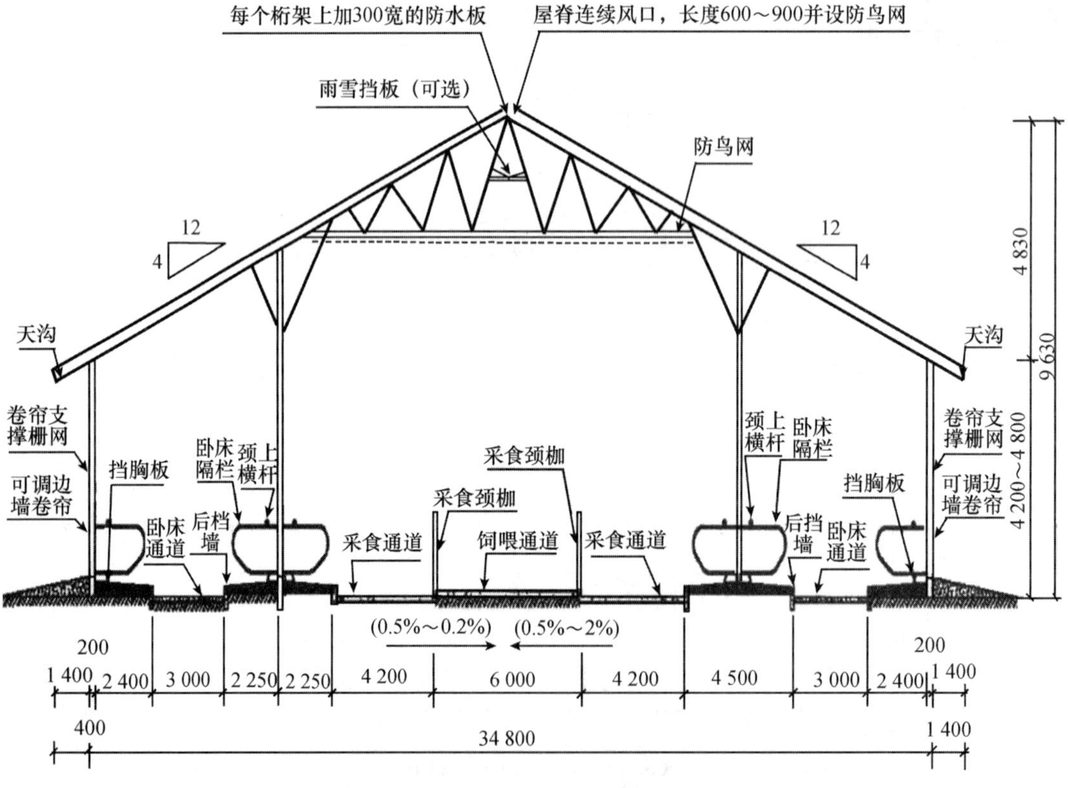

图 1-4　舍内中央饲喂通道的六列式 336 牛位卧床散栏饲养牛舍剖面图(单位：mm)

技能四　塑料暖棚羊舍结构图的绘制

一、训练内容

某肉羊养殖小区肉羊育肥舍采用塑料暖棚羊舍结构，其羊舍坐北朝南，具备良好的采光、通风和保暖性能。舍内羊栏为单列单通道布局，羊舍长 33 m，宽度 6 m，后墙高 2.2 m，前墙高 1.2 m，中梁高 3.3 m。走道宽度为 1.6 m，食槽的外缘高 40 cm，内缘高 30 cm，槽的上口宽 40 cm，下口宽 30 cm，槽的底部呈凹形，每个羊栏的长度为 6 m，宽度为 4 m。羊舍的门设计在侧墙上，规格为 1.8 m×0.7 m 的双扇门，运动场宽度为 12 m。根据以上参数绘制出育肥羊舍剖面图和平面图。

二、评价标准

塑料暖棚育肥羊舍一般都采用单列式育肥，根据上述条件，某肉羊养殖小区肉羊育肥舍剖面图和平面图如图 1-5、图 1-6 所示。

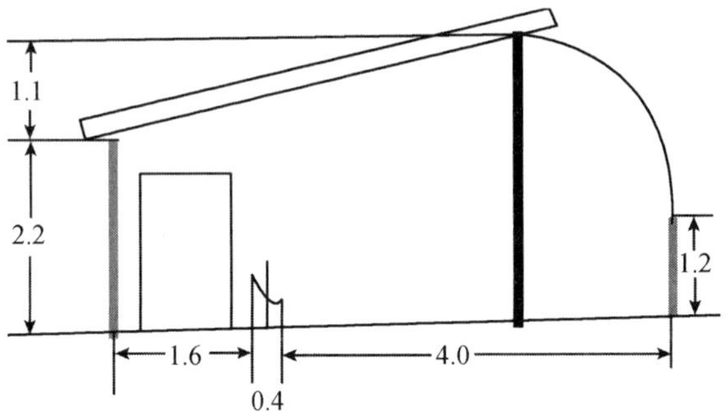

图 1-5　塑料暖棚羊舍剖面示意图(单位：m)

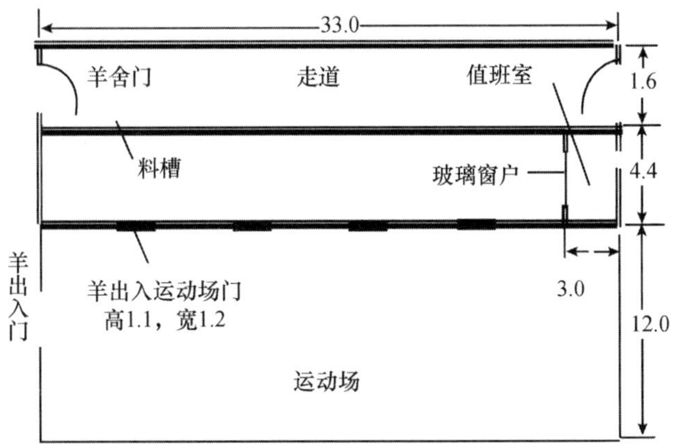

图 1-6　塑料暖棚羊舍平面示意图(单位：m)

【信息链接】

1. NY/T 682—2003《畜禽场场区设计技术规范》
2. NY/T 1566—2007《标准化肉鸡养殖场建设规划》
3. NY/T 1567—2007《标准化奶牛场建设规范》
4. GB/T 17824.1—2008《规模猪场建设规范》
5. DB11/T 575—2008《种羊场建设规范》
6. NY/T 5027—2008《无公害食品畜禽饮用水水质》
7. NY/T 1755—2009《畜禽舍通风系统技术规范》

Project 2

畜禽的设备配置与环境控制

学习目标

知道畜禽养殖常用生产设备，了解其使用方法；掌握畜禽养殖的适宜环境条件和调控措施，了解畜禽养殖的粪污生态利用模式。

【学习任务】

任务 3　畜禽的常用生产设备

合理的选用畜禽生产设备，不仅有利于畜禽饲养管理条件的改善和生产性能的发挥，而且有利于提高劳动生产效率，这是搞好现代化畜禽生产的重要保障。

一、饲料加工设备

我国大多数畜禽场都是自行收购精、粗饲料，然后再行加工配合，或直接调运全价配合饲料，入库管理，进行人工饲喂。尽管人工运送劳动强度大，劳动生产率低，饲料装卸、运送损失大，又易污染，但这种方式机动性强、设备简单、投资少、故障少，不需要电力、任何地方都可采用。近年来，我国大型的畜禽场都建有自己专门的饲料厂，场内的青、粗、精料都是经过一定的加工配合，而后由专用车运输到畜禽舍人工投喂或饲料塔中进行自动化饲喂。这种工艺流程不仅能使饲料保持新鲜，不受污染，减少包装、装卸和散漏损失，而且还可以实现机械化、自动化作业，节省劳动力，提高劳动生产率。由于这种供料方式设备投资大，用电多，目前只在少数有条件的畜禽场应用。

(一)饲料粉碎机

粉碎工艺是饲料粉碎技术中比较重要的一个环节，合理的粉碎工艺能使粉碎粒度符合要求。粉碎工艺的选择应由产品质量、粉碎粒度、加工成本、投资额大小等来确定，按粉碎的先后次序可分为先配料后粉碎、先粉碎后配料或者是两者的综合三种工艺；按粉碎的次数可分为一次粉碎、二次粉碎和单一循环粉碎。饲料粉碎机是由电机带动粉碎机转子高速运转，使机械产生高速气流对粉碎物料产生高强度的撞击力、压缩力、切割力、摩擦力，达到粉碎目的的一种机械设备，其主要用来粉碎各种精饲料和粗饲料。操作要点如下：

(1)粉碎机长期作业应固定在水泥基础上。如果经常变动工作地点，粉碎机与电动机要安装在用角铁制作的机座上，如果粉碎机柴油作动力，应使两者功率匹配，即柴油机功率略大于粉碎机功率，并使两者的皮带轮槽一致，皮带轮外端面在同一平面上。

(2)粉碎机安装完后要检查各部固件的紧固情况，若有松动须予以拧紧。

(3)要检查皮带松紧度是否合适，电动机轴和粉碎机轴是否平行。

(4)粉碎机启动前，先用手转动转子，检查一下齿爪、锤片及转子运转是否灵活可靠，壳内有无碰撞现象，转子的旋向是否与机上箭头所指方向一致，电机与粉碎机润滑是否良好。

(5)不要随便更换皮带轮，以防转速过高使粉碎室产生爆炸，或转速太低影响工作效率。

(6)粉碎机启动后先空转 2～3 min，没有异常现象后再投料工作。

(7)工作中要随时注意粉碎机的运转情况，送料要均匀，以防阻塞闷车，不要长时间超负荷运转。若发现有振动、杂音、轴承与机体温度过高、向外喷料等现象，应立即停车检查，排除故障后方可继续工作。

(8)粉碎的物料应仔细检查，以免铜、铁、石块等硬物进入粉碎室造成事故。

(9)操作人员送料时应站在粉碎机侧面，以防反弹杂物打伤面部。

(10)堵塞时严禁用手、木棍等强行拖出饲料。

畜禽饲料加工中，常见的粉碎机类型有齿爪式、劲锤式、锤片式和对辊式四种。齿爪式粉碎机是利用固定在转子上的齿爪将饲料击碎。这种粉碎机具有结构紧凑、体积小、重量轻等特点，适用于含纤维较少的精饲料；劲锤式粉碎机是一种利用高速旋转的锤片击碎饲料的机器，其特点是粉碎粒度细小，生产率高、适应性广，既能粉碎谷物类精饲料，又能粉碎干草类、秸秆等粗饲料；锤片式粉碎机按其结构的不同可分为切向进料式和轴向进料式两种；对辊式粉碎机是由一对回转方向相反、转速不等的带有刀盘的齿辊进行粉碎，主要用于粉碎油料作物的饼渣，如豆饼等。生产中常见的饲料粉碎机类型如图 2-1 所示。

图 2-1　饲料粉碎机

(二)饲料混合机

饲养实践表明:饲料混合得好坏是确保配合饲料质量和提高饲料效果的主要环节。配合饲料中的各组分如果混合不均，将会显著影响畜禽的生长，严重者还会导致死亡，这是因为混合不均，可使同批饲料中各种养分分布不均，达不到配方的效果，某些添加剂如重金属等局部浓度过高，还会使畜禽中毒死亡。操作要点如下：

(1)适宜的装料　装料过多或过少都会影响混合质量，分批式混合机充满系数应为 0.6～0.8，连续式混合机要求充满系数控制在 0.5 以下。

(2)混合时间的掌握　混合时间过短不能达到充分混合，过长反而会造成分离，同样影响混合质量。混合时间的确定取决于混合机的混合速度，一般为 6 min 左右。

(3)加料顺序　一般是配比量大的组分先加或大部分加入机内后再将少量及微量组分置于物料上面；粒度大的物料先加，粒度小的后加；比重小的物料先加，比重大的后加。

配合饲料生产中最常用的混合机为卧式双轴桨叶混合机、立式螺旋混合机和卧式螺带混合机三种，如图 2-2 所示。

图 2-2　饲料混合机

(三)饲料制粒机

饲料制粒既可以避免畜禽挑食，增加采食量，又利于畜禽对饲料的消化吸收，提高饲料利用率；同时，在加工过程中还可以杀灭和破坏饲料中的有害物质，间接保障了畜产品的安全和人们的健康。近年来，伴随着饲料工业的发展，颗粒饲料越来越受到人们的重视。饲料制粒机主要由喂料、搅拌、制粒、传动及润滑系统等组成。其工作过程是要求含水量不大于15％的配合粉料，从料斗进入喂料绞龙，通过调节无级调速电机转速，获得合适的物料流量，然后进入搅拌器，通过搅拌杆搅动与蒸汽混合进行调质；如果需要添加糖蜜或油脂，可从搅拌筒加入与蒸汽一起调质，(油脂添加量一般不超过 3％，否则难于成形)，经调质后的配合粉料温度可达 64～85℃，湿度达 14％～16％；然后再通过斜槽经过吸铁装置除去混在粉料中铁杂质，最后进入制粒室进行制粒。操作要点如下：

1.开机前检查、调试

(1)调整切刀位置远离环模，打开制粒机门，(根据需要更换环模)清理压制室内的积垢、铁屑等杂物；检查抱箍螺栓和压辊的固定螺丝等是否拧紧；模辊间隙(0.1～0.3 mm)是否合适，在环模带动下，达到似转非转；刮刀位置是否到位；用手转动各活动部位，保证不被卡住。

(2)按润滑图给各润滑部位加注润滑油。检查永磁筒、喂料器、调质器，不得有麻绳、铁屑等杂物；启动喂料器、调质器空运转，确保其运转方向正确，无异常声音。

(3)排掉分汽缸内的冷凝水，检查压力表显示是否正常。

(4)启动主电机，确保制粒机中所有运转部件都运转正常，环模从前面看按顺时针方向旋转，压辊表面与环模内表面微接触，在环模带动下，达到似转非转，正确后停机。

(5)关上机门，调整切刀，使刀模间隙(不小于 3 mm)满足生产产品的需要。

2.制粒生产

(1)按照工序启动制粒机主电机、调质器电机、喂料器电机。将电磁调速电机调为低转速，使饲料缓慢地进入调质器、制粒机压制室。

(2)当刚开始制粒时，不要加蒸汽，根据主电机电流缓慢增加喂料器送料速度。

(3)稍稍打开蒸汽阀，待主电机电流下降，再适当增加喂料量，使主电机电流接近正常载荷后，再增加蒸汽量使主电机电流下降。如此反复地操作，直至主电机在额定负荷下产量最高，且颗粒质量最好时为止。

(4)保证制粒机电流在额定电流内运行，不得超负荷运行。

3.停机

关掉蒸汽和喂料器。让制粒机继续运行直至停止形成颗粒为止，再关调质器，最后关掉主电机即可。

生产中常见的饲料制粒机如图 2-3 所示。

图 2-3　饲料制粒机

(四)饲料输送机

畜禽养殖现代化的重要标志是畜禽的供料、送料和饲喂自动化,其中饲料的输送方式是自动化饲喂的重要环节。饲料输送机按照输送机械可分为刮板式输送、胶带式输送、螺旋式输送等。刮板式输送机主要用来输送粉状和粒状物料,其特点是结构简单,装卸方便,输送距离长,缺点是刮板和槽底的磨损较大;胶带输送机可输送粉状、粒状、块状及袋装物料,可以水平输送,也可以倾斜输送,在输送过程中物料不受损坏,其主要优点是结构简单、操作维修方便、工作平稳可靠、噪声小,可以在输送长度的任何地方进行装、卸料。缺点是不密封,输送轻质粉状物料时易飞扬;螺旋输送机适宜输送粉料、颗粒料和小块物料,不宜输送大块的、易破碎或易黏结成块的物料。特点是简单紧凑、封闭性好,但螺旋叶片对物料磨损大,功率消耗较大。生产中常见的饲料输送机如图 2-4 所示。

图 2-4　饲料输送机

(五)贮料仓(塔)

畜禽的自动化饲喂要求将加工配合好的饲料运装于料塔中,然后通过不同形式的输料设备将其输送至畜禽舍内执行计量饲喂。其中贮料仓是重要设备,贮料仓用 1.5～3.0 mm 镀锌钢板压型组装而成,4 根钢管作支腿。仓体由进料口、上锥体、柱体和下椎体构成,进料口多位于顶端,贮料仓直径约 2 m,高度多在 7 m 以下,容量有 2 t、4 t、5 t、6 t、8 t、10 t 等多种。生产实际中,贮料仓出口处易起拱,为防止起拱,设计下锥体夹角不能大于 45°,或将下锥体做成斜锥体形,必要时加机械振动器装置。贮料仓应密封,避免漏进雨、雪水。一个完善的贮料仓,应设有出气孔和料位指示器。生产中常见的贮料仓(塔)如图 2-5 所示。

图 2-5　贮料仓(塔)

(六)铡草机

铡草机也称切碎机,主要用来切碎或铡断青饲料或秸秆类饲料。根据不同用户的需求产生了大型、中型和小型等各种不同机型。大、中型铡草机为了便于抛送青贮饲料,一般都为圆盘式;而小型铡草机多为滚筒式。生产中常见的铡草机如图 2-6 所示。

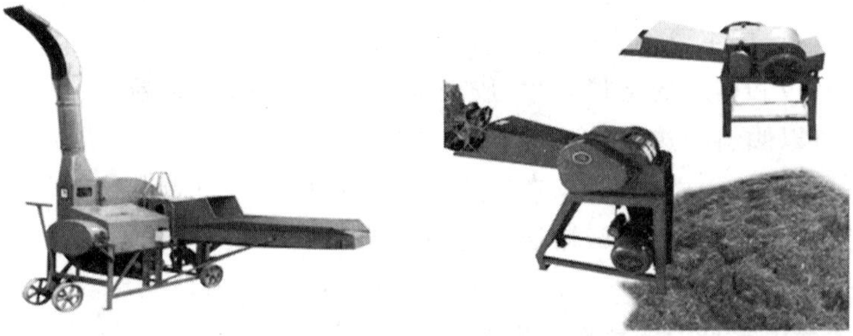

图 2-6　铡草机

(七)揉搓机

揉搓机是介于铡切和粉碎两种机械加工方式之间的机型。茎秆类物料,尤其是玉米秸秆,经过揉搓机的加工,产品为丝状,完全破坏了节与茎秆的结构,并被切成 8～10 cm 的碎段,适口性大为改进,家畜采食量增加,秸秆的全株采食率从原来的 50%提高到 95%以上。生产中常见的秸秆揉搓机如图 2-7 所示。

图 2-7　秸秆揉搓机

(八)青贮机

我国北方地区大多采用青贮窖(池)进行青贮,青贮窖应位置适中,地势较高,防止粪尿等污水浸入污染,同时要考虑出料时运输方便,减小劳动强度。小型青贮窖顶宽 2.0～

4.0 m,深 2.0～3.0 m,长 3.0～15.0 m;大型窖宽 10.0～15.0 m,深 3.0～3.5 m,长 30.0～50.0 m。青贮窖的宽、深取决于每日饲喂的青贮量,通常以每日取料的挖进量不少于 15 cm 为宜。在宽度和深度确定后,根据青贮需要量,计算出青贮窖的长度。也可根据青贮窖容积和青贮原料容重计算出青贮料重量,一般 1 m^3 青贮窖容积可贮青玉米 600～800 kg。青贮窖可以由青饲切碎机在切碎的同时装料,或由玉米青贮收割机后面的拖车运回自卸装入。生产中常见的玉米青贮机械如图 2-8 至图 2-11 所示。

图 2-8　青贮玉米收割切碎一体机

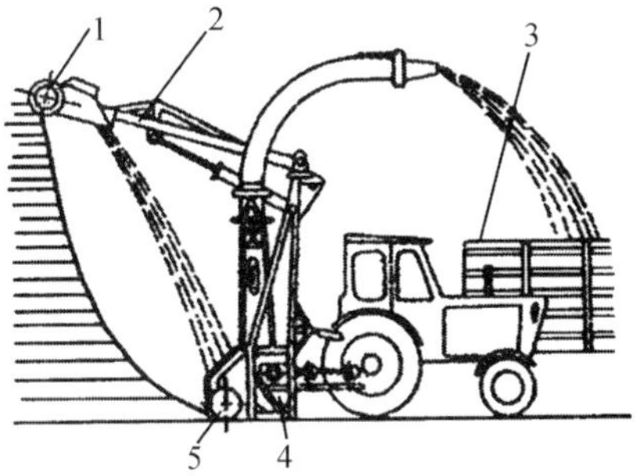

图 2-9　青贮饲料切削装载机工作简图

1. 切削滚筒　2. 升降悬臂　3. 喂料拖车　4. 风扇　5. 装料斗

图 2-10　青贮饲料液压打包机

图 2-11　独立的青贮取料机

二、畜栏鸡笼设备

(一)猪栏设备

猪栏是养猪场的基本生产设备,它可将猪限制在特定的范围内活动,以便对其管理。生产中常见的猪栏的基本结构如图 2-12 所示。

根据猪栏内饲养猪只种类的不同,猪栏可分为公猪栏、母猪栏、分娩栏、保育栏、生长栏和育肥栏。猪栏的面积大小,可依据猪的数量多少和饲养密度而定。栅栏式猪栏的隔离间距:成年猪≤10 cm、哺乳仔猪≤3.5 cm、保育猪≤5.5 cm、生长猪≤8 cm、育肥猪≤9 cm。

1. 公猪栏

饲养种公猪的猪栏,每栏饲养 1 头,栏高 1.2 m,占地面积 7～8 m^2。与舍内公猪栏对应的舍外要设置运动场。目前工厂化猪场一般不设专用配种栏,公猪栏兼作配种栏,其配置大

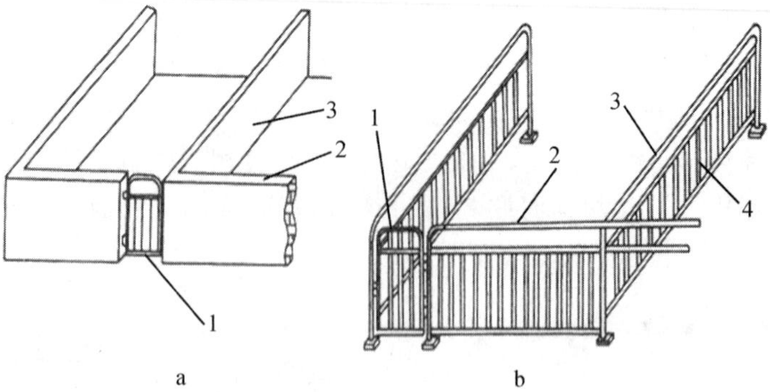

图 2-12　猪栏结构示意图

a. 实体式　1. 栏门　2. 前墙　3. 隔墙

b. 栅栏式　1. 栏门　2. 前栏　3. 隔栏　4. 隔条

多采用以下两种方式:第一种是待配母猪栏与公猪栏紧密配置,3～4 个母猪栏对应一个公猪栏,公猪栏同时也是配种栏;第二种是待配母猪栏与公猪栏隔通道相结合配置,公猪栏同时也是配种栏,配种时把母猪赶至公猪栏内配种,公猪虽不能直接接触母猪,但如隔通道相互观望,有利于母猪发情。生产中常见的公猪栏和母猪栏的配置方式如图 2-13 所示。

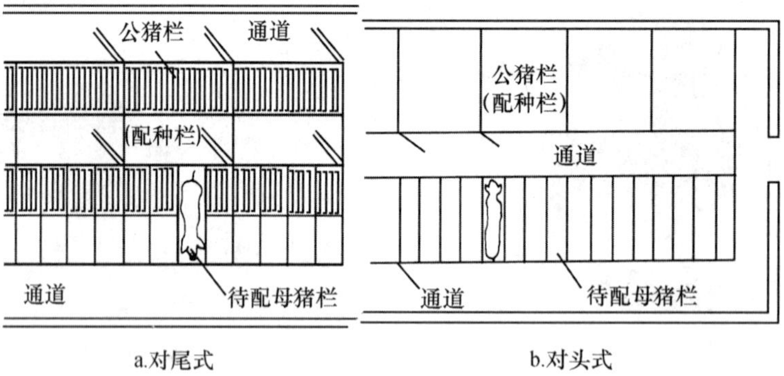

图 2-13　猪的配种栏结构示意图

2. **母猪栏**

饲养后备母猪、空怀母猪和妊娠母猪的猪栏,可分为群养母猪栏、单体母猪限位栏和产仔母猪分娩栏三种。

(1)群养母猪栏　通常 3～5 头母猪占用一个猪栏,栏长 2.0～2.3 m,栏高 1.0 m,每头母猪所需面积 1.2～1.6 m^2。主要用于饲养后备母猪和空怀母猪,也可饲养妊娠母猪,但要注意防止抢食而引起流产。生产中常见的群养母猪栏如图 2-14 所示。

(2)单体母猪限位栏　每个栏中饲养 1 头母猪,栏长 2.0～2.3 m,栏高 1.0 m,栏宽 0.6～0.7 m。主要用于饲养空怀母猪。生产中常见的单体母猪限位栏如图 2-15 所示。

(3)产仔母猪分娩栏　由母猪限位区、仔猪活动区、仔猪保温区三部分组成。母猪限位架长 2.0～2.3 m,宽 0.6～0.7 m,高 1.0 m;仔猪活动区的围栏长度与母猪限位架相同,宽 0.4～0.5 m,高 0.5～0.6 m;仔猪保温箱用水泥预制板、玻璃钢或其他具有高强度的保温材料制成,在仔猪围栏区特定位置分隔而成。生产中常见的母猪分娩栏如图 2-16 所示。

图 2-14　群养母猪栏

图 2-15　单体母猪限位栏

图 2-16　产仔母猪分娩栏

现代养猪采用全进全出的工艺流程，母猪分娩舍被分割成若干个单元，每个单元饲养6～24头哺乳母猪，分娩栏采用双列三通道形式排列，单元内的母猪同时进入，同时转出，待母猪和断奶仔猪转出后，对单元进行彻底消毒后再转入下一批待产母猪。采用全进全出工艺流程的分娩舍内部单元型平面布局如图2-17所示。

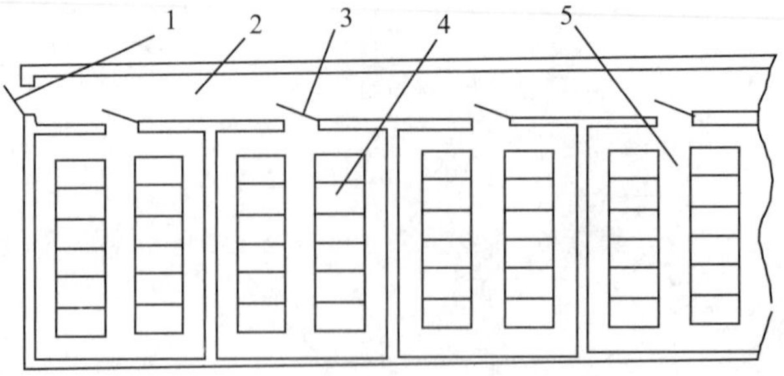

图 2-17　分娩舍内部单元型平面布局示意图

1.走廊门　2.走廊　3.猪舍门　4.分娩猪栏　5.通道

3.保育栏

饲养保育猪的猪栏，主要由围栏、自动食槽和网床三部分组成。按每头保育仔猪所需网床面积 0.30～0.35 m^2 设计，栏高 0.7 m。生产中常见的仔猪保育栏如图 2-18 所示。

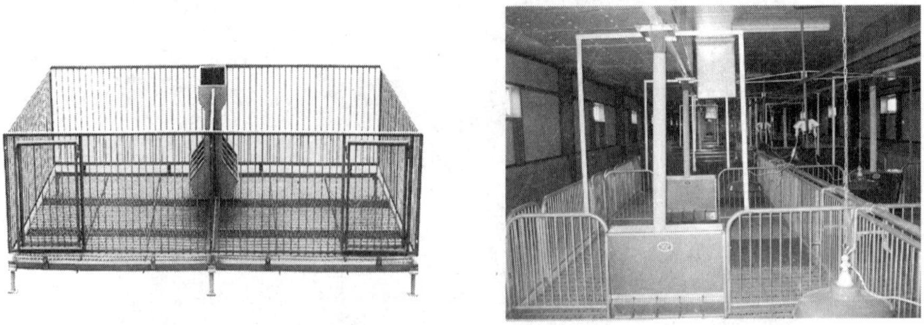

图 2-18　仔猪保育栏

4.生长栏和育肥栏

饲养生长猪和育肥猪的猪栏。猪只通常在地面上饲养，栏内排泄区铺设水泥漏缝地板或金属漏缝地板，栏架有金属栅栏式和实体式两种结构。生长栏高 0.8～0.9 m，育肥栏高 0.9～1.0 m，生长猪栏按每头占地面积 0.5～0.6 m^2 计，育肥栏按每头 0.8～1.0 m^2 计。生产中常见的生长育肥猪栏如图 2-19 所示。

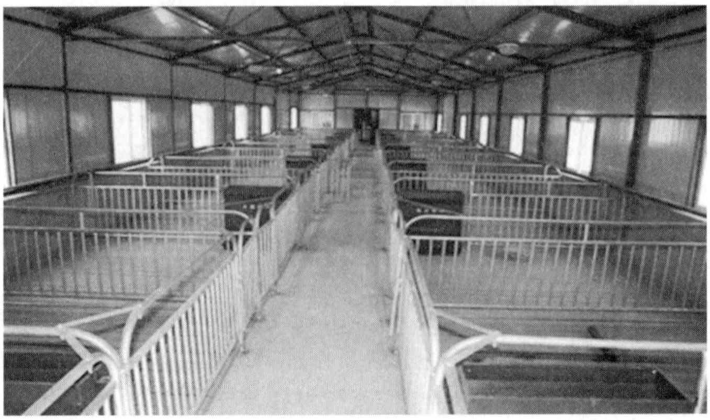

图 2-19　生长育肥猪栏

(二)鸡笼设备

鸡笼是鸡生活的直接环境，设计和安装合理可有利于生产管理和劳动效率的提高。一般情况下，鸡笼的配置应根据饲养方式和日常管理要求，精心设计、制作和安装，即使引进成品设备也要保证质量和规格要求，以免造成不必要的损失。

1.鸡笼规格

鸡的年龄和生产类别不一，选用的鸡笼也不相同。

(1)育雏笼　笼体总高 1.7 m，笼架脚高 10～15 cm，每个单笼的笼长为 70～100 cm，笼高 30～40 cm，笼深 40～50 cm，一般采用 3～4 层重叠式笼养。网孔一般为长方形或正方形，底网孔径为 1.25 cm×1.25 cm，侧网与顶网的孔径为 2.5 cm×2.5 cm。笼门设在前面，笼门间隙可调范围为 2～3 cm，每笼可容雏鸡 30 只左右。

(2)育成笼　总体宽度为 1.6～1.7 m，高度为 1.7～1.8 m。单笼长 80 cm，高 40 cm，深 42 cm。笼底网孔 4 cm×2 cm，其余网孔均为 2.5 cm×2.5 cm。笼门尺寸为 14 cm×15 cm，每个单笼可容育成鸡 7～15 只，组合形式多采用三层重叠式。生产中常见的育雏笼和育成鸡笼如图 2-20、图 2-21 所示。

图 2-20　育雏笼

图 2-21　育成鸡笼

(3)蛋鸡笼　每个单笼长 40 cm，深 45 cm，前高 45 cm，后高 38 cm，笼底坡度为 6°～8°，伸出笼外的集蛋槽为 12～16 cm，笼门前开，宽 21～24 cm，高 40 cm，下缘距底网留出 4.5 cm 左右的滚蛋空隙。笼底网孔径间距 2.2 cm，纬间距 6 cm。顶、侧、后网的孔径范围变化较大，一般网孔径间距 10～20 cm，纬间距 2.5～3 cm，每个单笼可养 3～4 只鸡，组合形式多采用阶梯式、半阶梯式和重叠式。

(4)种鸡笼　种鸡自然交配时一般用此种笼具。这种笼具为一种金属大方笼，长 2 m，宽 1 m，高 0.7 m，笼底向外倾斜，伸到笼外形成蛋槽。数个或数十个组装成一列，笼外挂上料槽和饮水管，采用乳头饮水器饮水。生产中常见的产蛋鸡笼和种鸡笼如图 2-22、图 2-23 所示。

图 2-22　产蛋鸡笼

图 2-23　种鸡笼

2.组装形式

鸡舍内鸡笼的组装形式因饲养方式和鸡舍类型不同而不同。生产中常见的鸡笼组装形式如图 2-24、图 2-25 所示。

图 2-24　层叠式育雏笼

图 2-25　阶梯式蛋鸡笼

（1）单层式鸡笼　是将所有鸡笼均平放于距地面 2 m 高的架子上，每两个鸡笼背靠背安装成为一列，列与列之间不留过道，但有供水及集蛋的专用传送带，供料、供水及集蛋全部机械操作，鸡的粪便直接落在地面上。这种鸡笼具虽只有一层，但因无过道，故单位面积上养鸡数量多，同时除粪方便，舍内空气质量好，环境条件一致性好。

（2）层叠式鸡笼　层叠式为多层鸡笼相互重叠而成，每层之间有竹、木等材料制成的承粪板。笼具安装时每两笼背靠背安装，数个或数十个笼子组成一列，每两列之间留有过道。随设备条件不同，可多层笼子重叠在一起，一般以三层为宜。此种布局占地少，单位面积养鸡数量多。但当鸡舍内有较多列数时，处于鸡舍中心的鸡群，会因通风及光照不良而致生产水平不高。

（3）全阶梯式鸡笼　这种笼具各层之间全部错开，粪便直接掉入粪坑或地面，不需安装承粪板，多采用三层结构。为降低饲养员工作强度和有利于保护笼具，也可采取两层结构，但降低了单位面积上的养鸡数量。这种结构单位面积上养鸡数量虽不及其他方式多，但生产中使用效果较好。

(4)半阶梯式鸡笼　这种方式与全阶梯式的区别在于上下层鸡笼之间有一半重叠，其重叠部分设有一斜面承粪板，粪便通过承粪板而落入粪坑或地面。由于有一半重叠，故节约了地面而使单位面积上的养鸡数量比全阶梯式增加了 1/3，同时也减少了鸡舍的建筑投资。

(5)综合阶梯式鸡笼　这种布局为三层中的一、二层重叠，顶层与一、二层之间完全错开呈阶梯式。这种布局与半阶梯式在占地面积上是相等的，不同的是施工难度较半阶梯式小。同时，在低温环境下，重叠部分的局部区域空气质量相对较好。

(三)牛栏设备

牛舍内的主要设施有牛床、牛栏、颈枷、食槽、喂料通道、清粪通道和粪尿沟等，其中牛栏是牛只采食和休息的主要场所。一般情况下，牛栏的设计规格应依据牛体大小和饲养方式而定，要求地面坡度适当，长宽距离适中，为防止牛只横卧在牛床上，两侧应设隔栏，通常用弯曲的钢管制成，隔栏的一端与颈枷的栏杆连在一起，另一端固定在牛床的 2/3 处，隔栏高 80 cm，由前向后倾斜。生产中基于牛栏大小的牛床规格参数见表 2-1。

表 2-1　牛床长、宽设计参数　　cm

牛群类别	长度	宽度
成年奶牛	170～180	110～130
青年牛	160～170	100～110
育成牛	150～160	80
犊牛	120～150	60

不管是拴系式饲养还是散栏式饲养，牛栏布局多为单列式、双列式和散栏式等几种形式。

(1)单列式布局　牛只饲养规模较小，一般在 25 头以下，牛栏呈“一”字形排列。

(2)双列式布局　有对头式和对尾式两种。对头式布局牛栏为两排，中间为饲料通道，两侧为饲槽，可以同时上草料，便于饲喂，清粪通道在牛舍两侧；对尾式布局牛栏也为两排，但中间为挤奶通道，通道两侧为粪尿沟，饲槽设在靠墙一侧。如图 2-26 至图 2-28 所示。

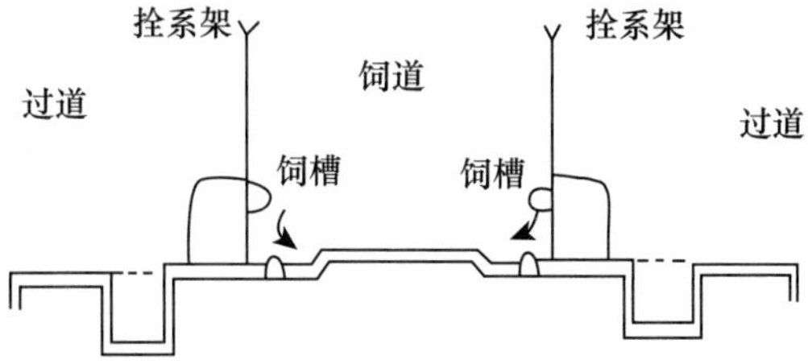

图 2-26　对头式牛栏结构示意图

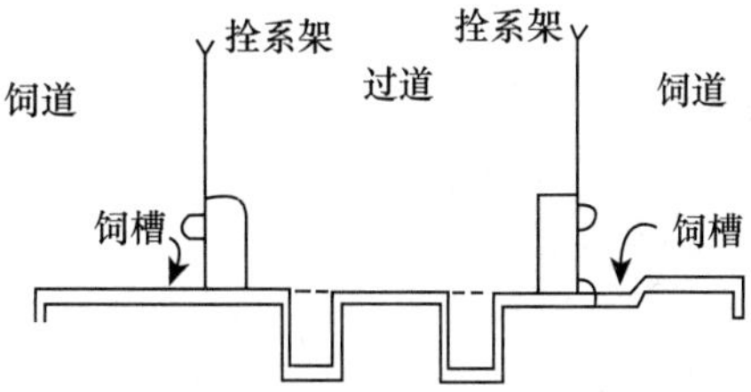

图 2-27　对尾式牛栏结构示意图

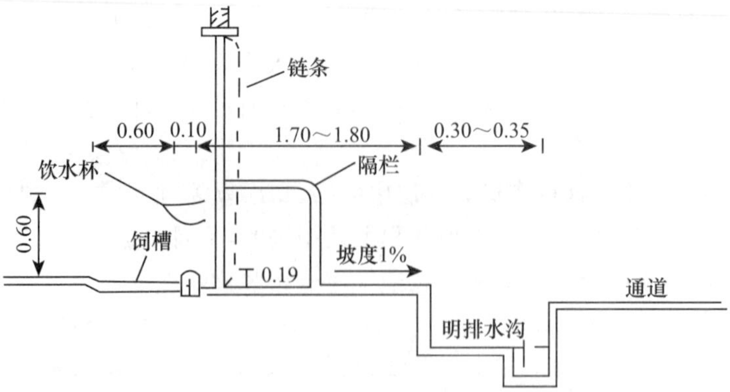

图 2-28　单个牛栏的结构及规格示意图(单位:m)

(3)散栏式布局　散栏式饲养一般将牛只的采食区、休息区和挤奶区分开,饲喂时多采用自锁式饲架。牛床一般较通道高 15～25 cm,边缘呈弧形,隔栏由 2～4 根横杆组成,顶端横杆高一般为 1.2 m,底端横杆与牛床地面的间隔以 35～45 cm 为宜。目前隔栏的式样主要有大间隔隔栏、稳定式隔栏、蘑菇式隔栏、荷兰式隔栏及 Thurgi 式隔栏等数十种。由于散栏式牛床与饲槽不直接相连,为方便牛卧息,一般牛床总长为 2.5 m,其中牛床净长 1.7 m,前端长 0.8 m。为防止牛的粪便污染牛床,牛床上要加设调驯栏杆,以便牛站立时身体向后运动,牛的粪便不致排在牛床上。调驯栏杆的位置可根据需要进行调整,一般设在牛床上方 1.2 m 处。

(4)犊牛岛　犊牛岛是一种活动式的犊牛培育栏,包括犊牛休息室和运动场两部分结构。休息室由强化聚酯玻璃纤维材料(或其他隔热材料)制成,既要保证犊牛免受紫外线辐射和热辐射的影响,还要防寒防暑;运动场由金属围栏组成,前面安装喂乳槽和饮水桶,以满足犊牛的采食和饮水;犊牛岛随着日龄的增加,尺寸应由小到大,整体塑造最好无接缝,便于内部清洁。一般情况下,可将犊牛岛放置在草坪上,为犊牛提供接近自然的饲养环境。犊牛岛可以定期移动、消毒,有利于草坪恢复和杀灭病原菌,提高犊牛的存活率。

生产中不同饲养模式下常见的牛栏布局如图 2-29 至图 2-31 所示。

图 2-29　拴系式牛栏

图 2-30　卧床式牛栏

图 2-31　犊牛岛

(5)室内犊牛栏　一般情况下,出生犊牛的体重为 40 kg 左右,体长 80～100 cm,体高 80～85 cm,因此,犊牛栏长、宽、高可以分别设计为 150 cm、100 cm、120 cm。犊牛栏侧面用栅栏隔开,这样可防止犊牛互相吮舐;底部用木制漏缝地板,在木板上放置一些干燥的垫草;犊牛栏正面向外开门,并采用镀锌管制作,要求在下方安装两个活动的饮水盆和草架,以便犊牛喝奶后,能自由饮水、采食精料和青干草。

(6)室外犊牛栏　一般在气候适宜的季节或地区,犊牛出生后 7 d 即可在室外犊牛栏饲养,断奶后即可进行小群饲养。室外犊牛栏应设在地势平坦、排水良好的地方,并靠近产房,它是一种半开放的犊牛栏,由后墙、侧墙、顶板和运动场围成。其中运动场前侧由镀锌管围成栅栏状,并安装喂乳槽和饮水桶;两侧用铁丝做成网状,整个围栏的长、宽、高分别为 200 cm、120 cm 和 100 cm。

(四)羊栏设备

由于羊的合群性强,适合于大群或小群饲养,无论何种形式的养羊,都要设计好羊舍的结构,并合理布局其羊栏、饲喂通道和清粪通道。一般情况下舍内羊栏建筑面积的大小,可按照组群数量的多少来设计,其中种公羊 1.5～2.0 m^2/只;空怀母羊 0.8～1.0 m^2/只;妊娠后期或哺乳期的母羊 2.2～2.5 m^2/只;育成羊 0.6～0.8 m^2/只;羔羊 0.5～0.6 m^2/只;母仔栏可按基础母羊总数的 25%计算。另外,羊只是适合于放牧的家畜,运动场的设置也很重要,其大小应按照羊舍地面面积的 1.5～3 倍来设计。

(1)产羔围栏　专用于母羊产羔所用,为折叠式围栏。数量按每 10 只母羊配备一组围栏。一个羊舍内可隔出若干个小栏,供带羔母羊使用。一般情况下,每块栏高 1 m,长 1.2～1.6 m,使用时可在羊舍靠墙处围成母仔栏。如图 2-32 所示。

(2)羔羊补饲栏　专用于羔羊补饲,可用多个栅栏、栅板或网杆在羊舍或补饲场靠墙围成足够面积的围栏。栅栏上设计一小门,要求成年羊不能进入,羔羊能自由出入,以便羔羊能尽早补料、吃草,同时又可跟随母羊吃奶,这种补饲栅栏一般用木板制成,板间距 15 cm。补饲栅栏的大小要依羔羊数量多少而定。如图 2-33 所示。

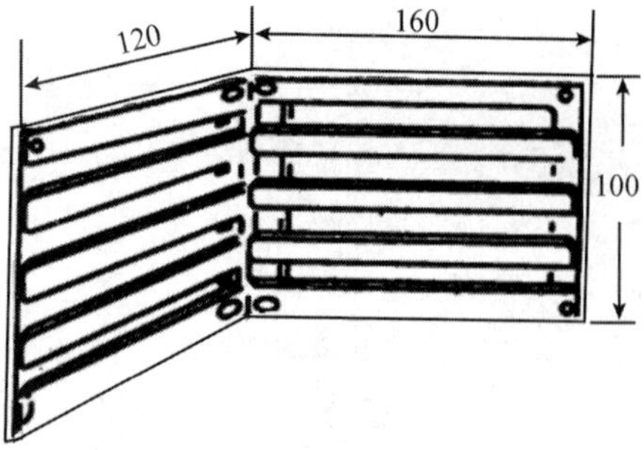

图 2-32　产羔围栏(单位：cm)

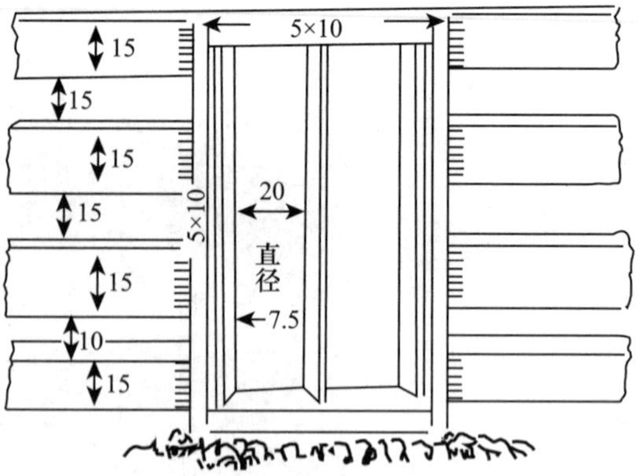

图 2-33　羔羊补饲栏(单位：cm)

(3)分羊栏　分羊栏主要应用于羊只的分群、鉴定、防疫、驱虫和称重等。分羊栏由许多栅板连接而成,要求结实、坚固。一端设一喇叭形入口,中部为一小的通道,比羊体稍宽,可允许羊只单行前进,不能转身。通道的两侧可根据需要设置若干个小的羊栏,把羊群分成所需要的小群。如图 2-34 所示。

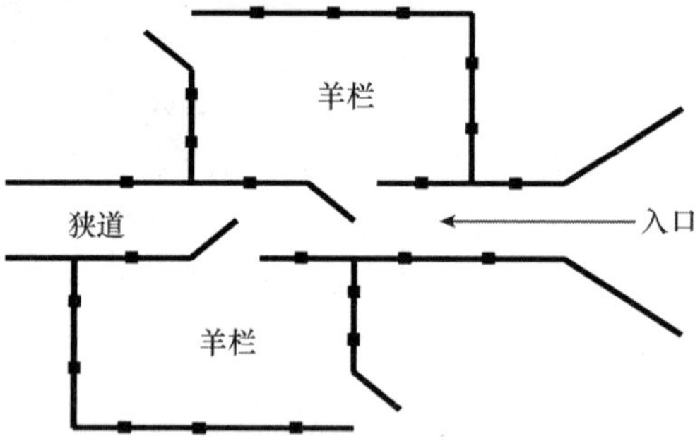

图 2-34　分群栏

(4)活动围栏　活动围栏可供随时分割羊群使用。在产羔时,利用若干栅栏或网栏,连接固定成圆形、方形的小圈。常见的活动围栏由网杠、立柱、拉筋、圈门等组成,具有体积小、重量轻、拆装运输方便、灵活、牢固可靠等特点。如图 2-35、图 2-36 所示。

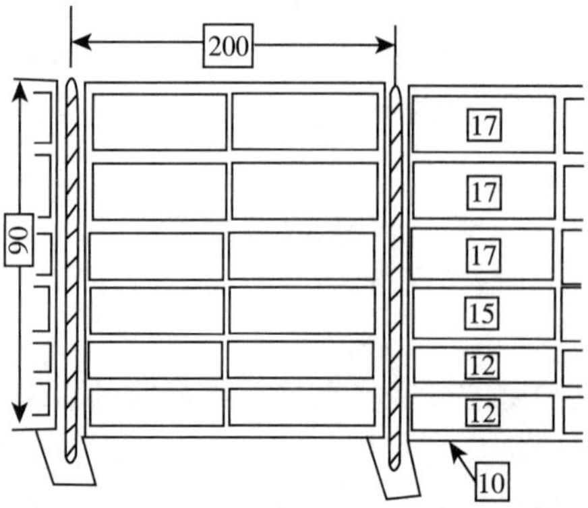

图 2-35　折叠围栏(单位：cm)

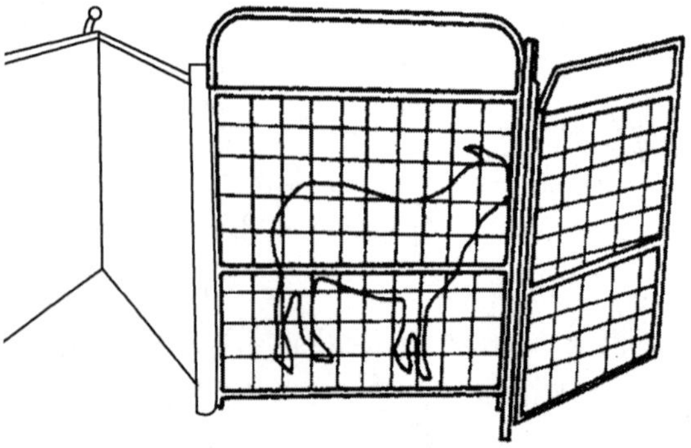

图 2-36　澳式铁网、铁板活动羊栏

三、饲喂饮水设备

现代养殖技术的发展已逐步使畜禽的饲喂和饮水走向自动化方式。由于畜禽的饲喂和饮水设备随饲养畜禽种类的不同而不同，因此，在畜禽生产中按照畜禽的饲养模式，科学的配置合理的饲喂饮水设备，不但在一定程度上可以提高其劳动生产效率，而且也有利于畜禽生产性能的发挥。

（一）畜禽的自动供料系统

畜禽的自动供料系统可以自动将料塔中的饲料输送到畜禽采食料槽中，输料是按照时间控制，每天可以设置多个时间段供料，到设定开启时间三相交流电动机接通电源，带动刮板链条开始输料，在输料期间传感器检测到饲料加满，切断三相交流电源，停止输料。控制箱采用成熟的微电脑时控开关，每天可以设置多个时间段供料。每次输料时间可根据料线的长度、畜禽的数量和采食量而定。目前大多数规模化猪场和鸡场都实行了自动化供料模式，劳动生产效率大大提高，如图 2-37 至图 2-39 所示。

图 2-37　猪的自动上料系统

图 2-38　鸡的自动上料系统

图 2-39　鸡的水平式自动上料系统

(二)畜禽的自动供水系统

畜禽的自动化供水系统是指为场区和畜禽舍内提供生产生活用水的成套设备。其中场区供水主要包括贮水装置、水泵、水管网等设备;畜禽舍供水主要包括管路、活接头、阀门、自动饮水器和饮水槽等设备。如图 2-40、图 2-41 所示。

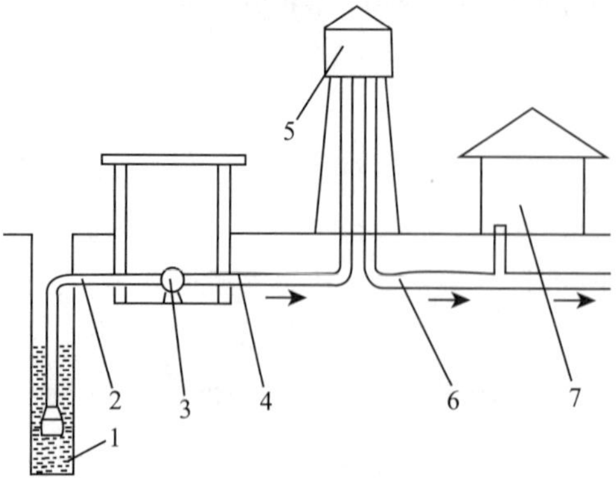

图 2-40　畜禽场供水系统

1. 水源　2. 吸水管　3. 抽水站　4. 扬水管　5. 水塔　6. 配水管　7. 畜禽舍

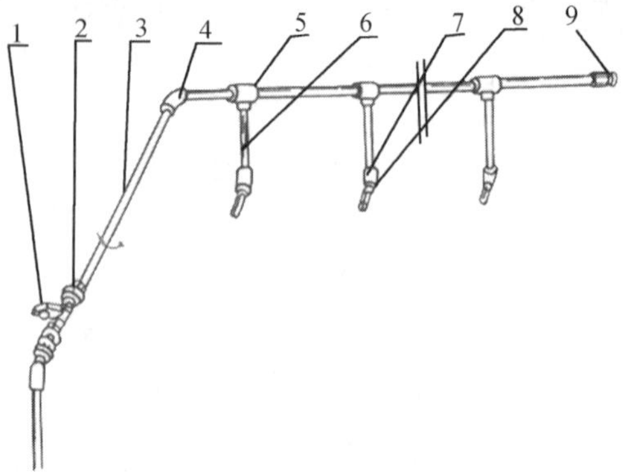

图 2-41　畜禽舍供水系统

1. 阀门　2. 接头　3. 水管　4. 弯头　5. 三通　6. 支水管　7. 弯头　8. 饮水器　9. 外方堵头

(三)猪的饲喂饮水设备

1. 自动化喂料机

养猪自动化料线是由传感器自动检测料槽中的料位,当料槽缺料时,在微处理器控制下,启动输料电机,料槽开始下料,当料槽中料满,传感器检测到料满状态,输料电机停止输料。一般情况下,贮料仓可以装 4 000 kg 饲料,由上料电机给料仓加料,当料仓缺料时,控制箱发出声光报警,提示工人上料,当料仓料上满后,控制箱有 LED 指示,停止上料。如图 2-42 所示。

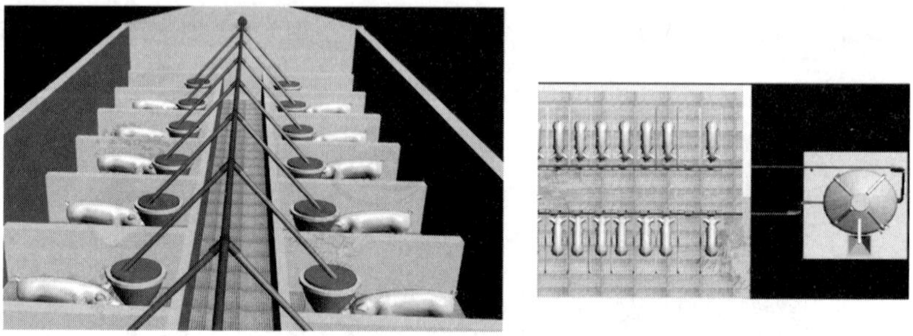

图 2-42　猪的自动化喂料系统

自动上料系统可以实现全自动操作,降低工人的劳动强度,提高猪场的生产效率。

2. 人工加料车

在人工饲喂的条件下,加料车将饲料由饲料仓出口装送至食槽完成饲喂。分手推机动加料车和手推人工加料车两种。

3. 食槽

食槽主要用于盛放饲料和供猪采食,根据喂饲方式的不同可分为自动食槽和限量食槽两种形式。食槽的形状有长方形和圆形等，要求坚固耐用，减少饲料浪费，保证饲料清洁，不被污染，便于猪只采食、加料和清洗。猪食槽的规格如表 2-2 所示。

表 2-2　猪食槽基本参数　　mm

形式	适用猪群	高度	采食间隙	前缘高度
水泥定量饲喂食槽	公猪、妊娠母猪	350	300	250
铸铁半圆弧食槽	分娩母猪	500	310	250
长方体金属食槽	哺乳仔猪	100	100	70
长方形金属自动落料食槽	保育猪	700	140～150	100～120
长方形金属自动落料食槽	生长育肥猪	900	220～250	160～190

(1)自动食槽　自动食槽供自由采食喂饲方式的猪群使用。食槽的顶部装有饲料贮存箱，随着猪只的采食，饲料在重力的作用下不断落入食槽内，可以间隔较长时间加料，大大减少了饲喂工作量。常见自动食槽有钢板或聚乙烯塑料两种，也可用水泥预制板拼装而成，有长方形、圆形等多种形状。按采食面划分，长方形自动食槽分为单面和双面两种。前者供一个猪栏使用，后者供两个猪栏使用。猪自动食槽如图 2-43 所示。

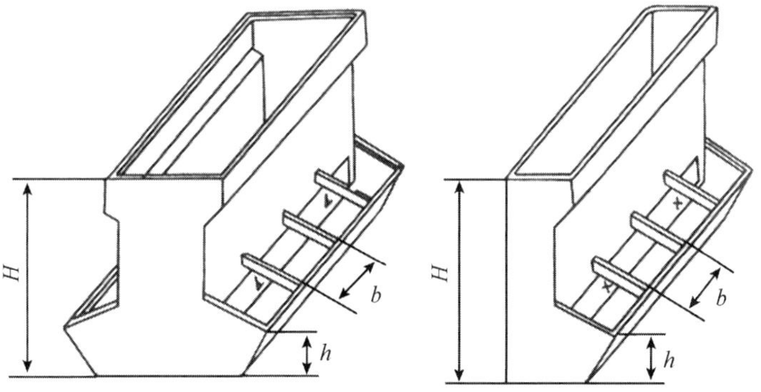

a.双面　　b.单面

图 2-43　自动食槽

(2)限量食槽　限量食槽供限量喂饲方式的猪群使用，常用水泥、金属等材料制成。高床网上饲养的母猪栏内常配备金属材料制造的限量食槽。猪限量食槽如图 2-44 所示。

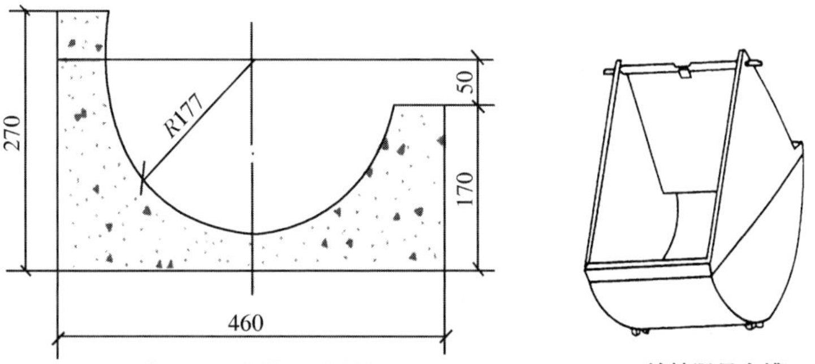

a.水泥限量食槽断面结构　　b.铸铁限量食槽

图 2-44　限量食槽(单位：mm)

(3)饮水器　现代养猪生产中的饮水方式全部采用了自动饮水器自由饮水。猪常用自动饮水器有鸭嘴式、乳头式和杯式三种。群养猪栏中，每个饮水器可负担 15 头猪饮用。猪鸭嘴式饮水器如图 2-45 所示。

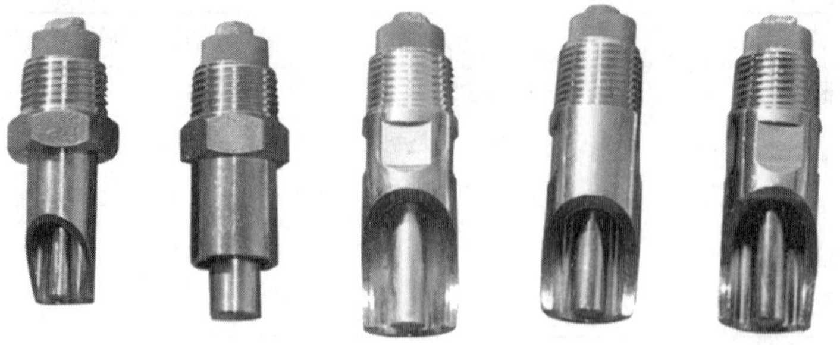

YG-1　　YG-2　　YG-3　　YG-4　　YG-5

图 2-45　猪鸭嘴式饮水器

猪栏内安装自动饮水器应充分考虑饲养猪只的数量和安装高度，确保每头猪饮水充足且饮用方便，安装太高或太低都会造成猪只饮水不便，损坏饮水器。自动饮水器的水流速度和安装高度如表 2-3 所示。

表 2-3　自动饮水器的水流速度和安装高度

适用猪群	水流速度/(mL/ min)	安装高度/mm
成年公猪、空怀妊娠母猪、哺乳母猪	2 000～2 500	600
哺乳仔猪	300～800	120
保育猪	800～1 300	280
生长育肥猪	1 300～2 000	380

(四)鸡的饲喂饮水设备

(1)螺旋弹簧式喂饲机　由料箱、输料管及盘筒形饲槽组成，属于直线型喂料设备，工作时，饲料由舍外的贮料塔运入料箱，然后由螺旋弹簧将饲料沿着管道推送，依次向套接在输料管道出口下方的饲槽装料，当最后一个饲槽装满时，限位控制开关开启，使喂饲机的电动机停止转动，即完成喂饲。

(2)索盘式喂饲机　由料斗、驱动机构、索盘、输料管、转角轮和盘筒式饲槽组成。工作时由驱动机构带动索盘，索盘通过料斗时将饲料带出，并沿输料管输送，再由斜管送入盘筒式饲槽，管中多余饲料由回料管进入料斗。如图 2-46 所示。

(3)轨道车式喂饲机　用于多层笼养鸡舍，是一种骑跨在鸡笼上的喂料车，沿鸡笼上或旁边的轨道缓慢行走，将料箱中的饲料分送至各层食槽中。如图 2-47 所示。

(4)链板式喂饲机　可用于平养。它由料箱、驱动机构、链板、长饲槽、转角轮、饲料清洁筛、饲槽支架等组成。链板是该设备的主要部件，它由若干链板相连而构成一封闭环，链板的前缘是一铲形斜面，当驱动机构带动链板沿饲槽和料斗构成的环路移动时，铲形斜面就将料斗内的饲料推送到整个长饲槽。按喂料机链片运行速度又可分为高速链式喂料机(18～24 m/min)和低速链式喂料机(7～13 m/min)两种。如图 2-48、图 2-49 所示。

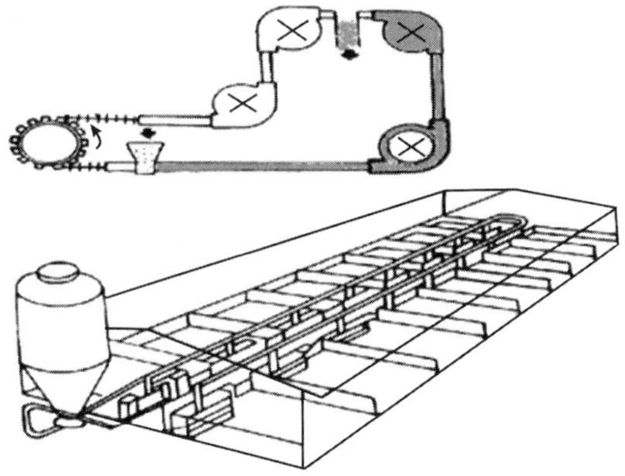

图 2-46　索盘式喂饲机

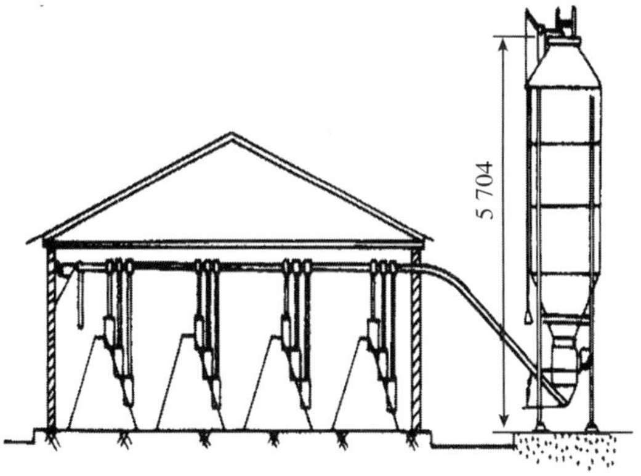

图 2-47　轨道车式喂饲机(单位:mm)

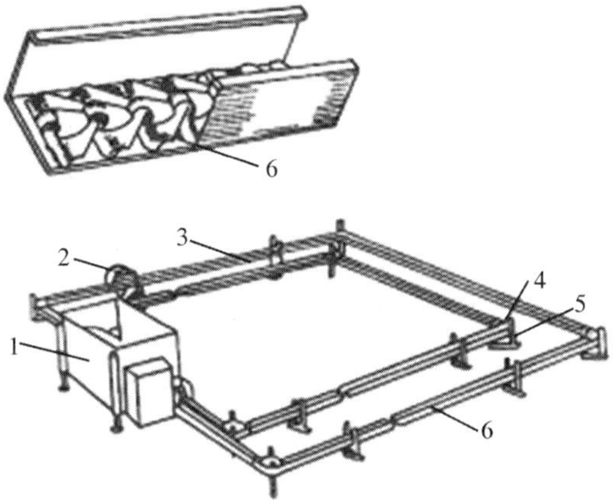

图 2-48　链板式喂饲机(平养)

1.料箱　2.清洁器　3.长饲槽　4.转角轮　5.升降器　6.输送链

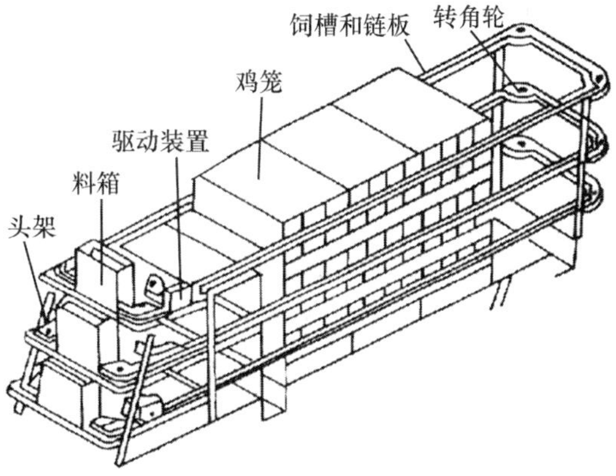

图 2-49　链板式喂饲机(笼养)

(5)饮水器　要求根据鸡的饲养方式和生理特点选用合适的饮水器,主要有乳头式、吊塔式、杯式、真空式等。如图 2-50 至图 2-53 所示。

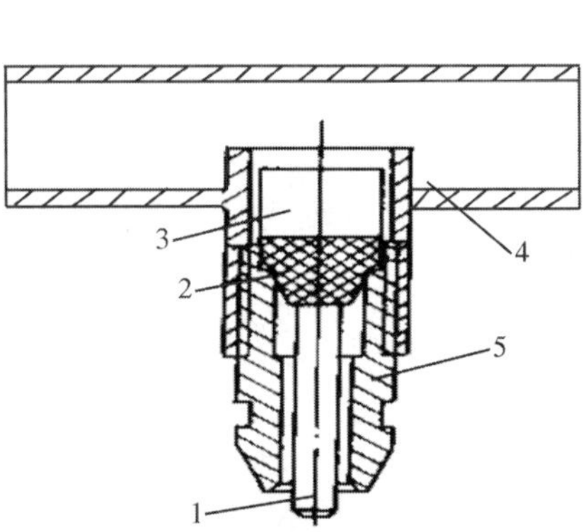

图 2-50　乳头式饮水器

1.阀芯　2.密封胶阀　3.重块　4.输水管　5.器体

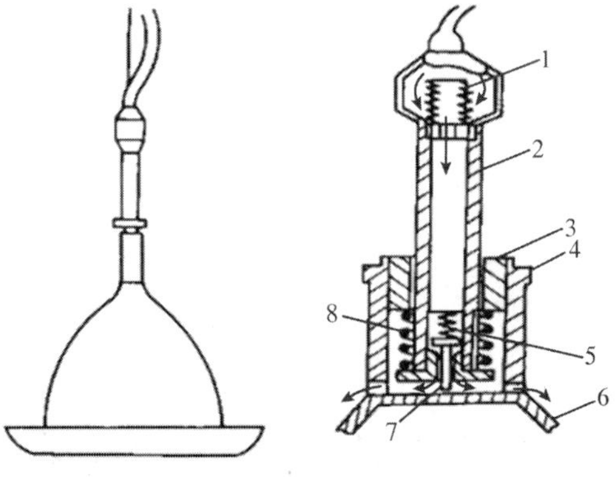

图 2-51　吊塔式饮水器

1.滤网　2 阀门体　3.螺纹套　4.锁紧螺帽　5.小弹簧　6.饮水盘体　7.阀门杆　8.大弹簧

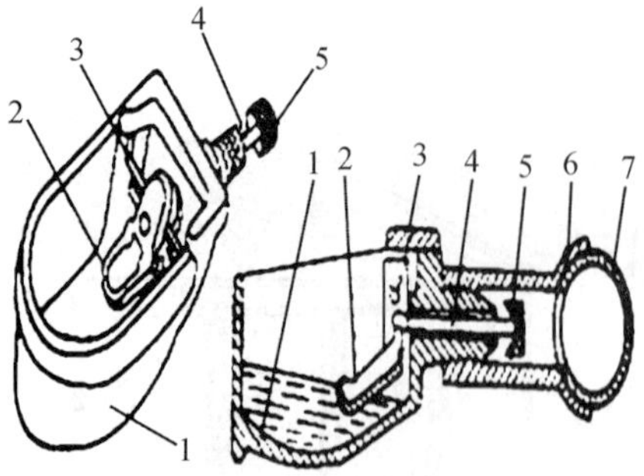

图 2-52　杯式饮水器

1. 杯体　2. 触发浮板　3. 销轴

4. 阀门杆　5. 橡胶塞　6. 鞍形接头　7. 主水管

图 2-53　真空饮水器

(五)牛的饲喂饮水设备

1. TMR 饲喂撒料车搅拌站系统

TMR 是英文 Total Mixed Rations（全混合日粮）的简称，所谓全混合日粮(TMR)是一种将粗料、精料、矿物质、维生素和其他添加剂充分混合，能够提供足够的营养以满足奶牛需要的饲养技术。TMR 饲养技术能够保证奶牛每采食一口日粮都是精粗比例稳定、营养浓度一致的全价日粮。目前这种成熟的奶牛饲喂技术在世界畜牧业发达国家已经普遍使用，我国现正在牛羊生产中逐渐推广使用。生产中常见的全混合日粮(TMR)饲喂搅拌车如图 2-54 至图 2-56 所示。

TMR 饲喂撒料车搅拌站系统首先是利用饲料搅拌机将配合好的各类饲料均匀搅拌，然后将饲料槽内的草料均匀切碎并和其他添加饲料充分搅拌混合，形成符合要求的饲料，最后由饲喂撒料车将饲料均匀投撒至饲喂道内，供牛采食。饲料搅拌机主要由饲料槽、驱动系统、螺旋搅笼轴系统、液压门系统、称重系统等组成，主要功能是将饲料混合、切碎和均匀搅拌；饲喂撒料车主要由底盘车、饲料槽、驱动系统、螺旋钻系统、链条输送系统、液压传动等组成。主要功能是通过启动柴油发动机，带动减速机、齿轮箱旋转，使两根旋转轴转动，带动饲料槽内的饲料运动，将饲料槽内的饲料顺利地下落到链条输送机上，同时开启出料门和启动链条输送机液压马达，将饲料抛撒在饲喂机械的一侧。

图 2-54　TMR 立式饲喂搅拌车

图 2-55　TMR 卧式饲喂搅拌车

图 2-56 TMR 饲喂搅拌车撒料饲喂

2. 颈枷

颈枷是拴系牛只的常用设备，多用铁链。要求坚固、轻便、光滑、操作方便，以利牛只的饲喂管理。常见的颈枷有硬式和软式两种，如图 2-57 至图 2-59 所示。

图 2-57 硬式颈枷

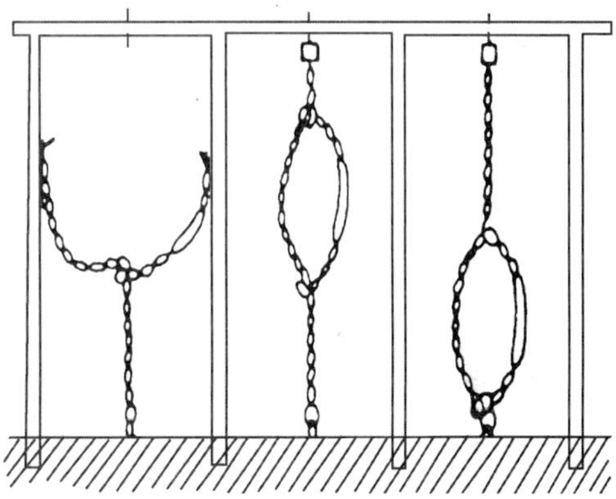

图 2-58 软式直链颈枷

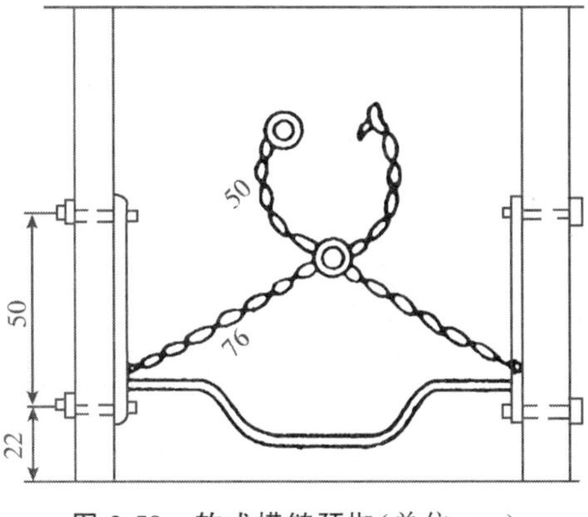

图 2-59 软式横链颈枷(单位:cm)

(1)直链式　这种颈枷由两条长短不一的铁链构成。长链长 130～150 cm，下端固定在饲槽的前壁上，上端则拴在一条横梁上，短铁链（或皮带）长约 50 cm，两端用 2 个铁环穿在长铁链上，并能沿长铁链上下滑动。使牛有适当的活动余地，采食休息均较方便。

(2)横链式　也由长短不一的两条铁链组成，为主的是一条横挂着的长链，其两端有滑轮挂在两侧牛栏的立柱上，可自由上下滑动。用另一短链固定在横的长链上套住牛颈，牛只能自如地上下左右活动，而不至于拉长铁链而导致抢食。

3. 食槽

食槽是牛舍重要设施，有固定的、也有可移动的，建筑材料有木材、砖砌抹水泥或水泥的预制件。奶牛舍一般在牛床前面设置固定的通长食槽，食槽需坚固光滑，不透水，稍带坡，而且耐磨、耐酸，以便清洗消毒。为适应牛舌采食的行为特点，槽底壁呈圆弧形为好，槽底高于牛床地面 5～10 cm。饲槽前沿设有牛栏杆，饲槽端部装置给水导管及水阀，饲槽两端设有窗栅的排水器，以防草、渣类堵塞阴井。一般成年牛食槽尺寸如表 2-4 所示。

表 2-4　牛食槽设计参数　　cm

奶牛	槽上部内宽	槽底部内宽	前沿高	后沿高
泌乳牛	60～70	40～50	30～35	50～60
育成牛	50～60	30～40	25～30	45～55
犊牛	30～35	25～30	15～20	30～35

王璐菊. 养牛生产技术. 2014.

现代牛舍也有的不设立高位饲槽，而采用带有一定弧度的低位（略低于通道地面）饲槽，以利于机械饲喂与清扫。近年有较多奶牛场采用地面饲槽，即饲槽是饲喂通道的沿延，仅在靠牛床侧表面加铺约 60 cm 宽的水磨石或钢砖即可。

4. 饮水器

牛场舍内饮水设施包括输送管路和自动饮水器或水槽。每 6～10 头牛需要一个饮水器或 10～20 头牛需要一个周长为 100 cm 的水槽（表 2-5）。每群牛至少要有两个水槽位可供选择，水槽中水的深度不宜超过 15～20 cm，以保持水质新鲜。如图 2-60、图 2-61 所示。

图 2-60　牛饮水碗

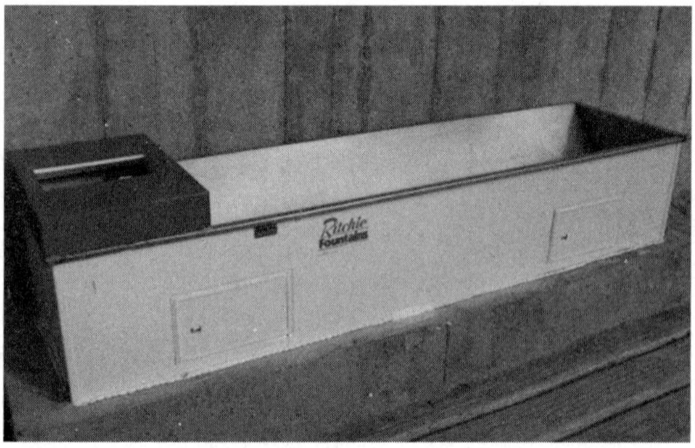

图 2-61　牛电热保温饮水池

表 2-5 牛只散栏式饲养饮水器或水槽安装数量和高度

项目	奶牛体重/kg						
	100	200	300	400	500	600	700
饮水器安装高度/cm	50	50	60	60	70	70	70
每只饮水器供应牛数/头	10	10	8	8	6	6	6
水槽安装高度/cm	40	40	40	40	50	50	50
每米水槽供应牛数/头	20	17	13	12	11	10	10

小型牛场多数采用在运动场上修建饮水池的方法，供牛自由饮水。为保持饮水清洁，要求水池离地面至少高 40 cm，以防牛蹄踏入；水池上方建凉棚，以减少沙尘、树叶等污染；水池要有排水孔，方便清洗。冬季可采用底下生火或安装电热丝等方法给水加温，也有在圆形水池上放一块浮起的圆形板，可以减轻结冰的程度，牛嘴压板材时水溢出可供饮用。水源多数来自水井，大型奶牛场都建有水塔供牛场冲洗和饮用。牛只散栏式饲养所要求的饮水器(槽)的安装数量和高度如表 2-5 所示。

(六)羊的饲喂饮水设备

1.草架

草架是喂粗饲料、青绿饲料的专用设备，可以减少饲料的浪费。一般分为"U"形联合式、长方形和三角形草架等形式，可用钢筋或木料制成，形式多种多样。草架设置长度，成年羊按每只 30～50 cm，羔羊 20～30 cm。草架隔栅间距以羊头能伸入栅内采食为宜，一般 15～20 cm。如图 2-62、图 2-63 所示。

图 2-62 "U"形两面联合草架

图 2-63 长方形两面移动草架

2.饲槽

饲槽主要用于饲喂精料、颗粒饲料和青贮饲料等，一般分为固定式和移动式两种类型。

(1)固定式饲槽　一般在羊舍、运动场或专门的补饲场，按一定距离用砖石、水泥砌成一行或几行饲槽。舍饲羊舍多修建永久性固定饲槽。双列式对头羊舍，饲槽在中间走道的两侧；双列式对尾羊舍，饲槽靠窗户走道一侧；在带走道的单列式羊舍内，饲槽靠近走道侧；有些羊舍没有专门的走道，则饲槽靠墙布置。饲槽做法一般上宽下窄，槽底呈圆形，无死角。其规格一般为上宽 25～30 cm，深 20～25 cm，槽高 25～30 cm。饲槽长度以保证整个羊群同时采食为宜，每只羊的采食按成年羊 30 cm、羔羊 20 cm 计算。为防止羊进入槽内，饲槽上部应安装护栏。如图 2-64、图 2-65 所示。

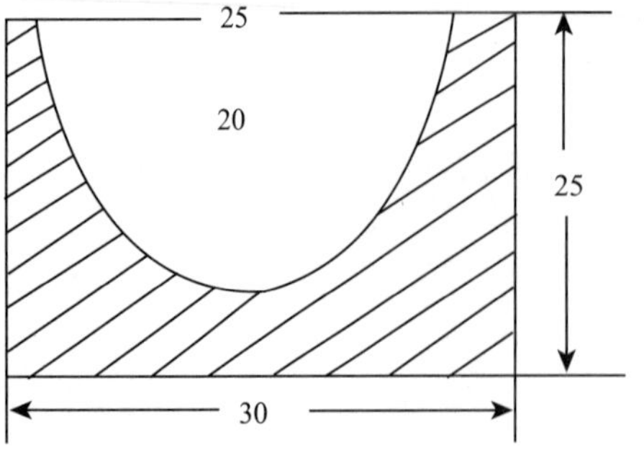

图 2-64　靠墙单面式(单位：cm)

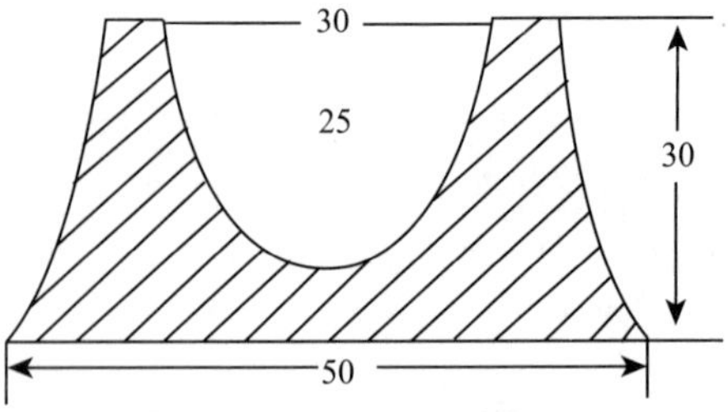

图 2-65　离墙双面式(单位：cm)

(2)移动式饲槽　这类饲槽移动和存放较为灵活方便，一般均为木板或铁皮制作，主要作为冬春舍饲期妊娠母羊、哺乳母羊、羔羊以及病弱羊只补饲用。饲槽坚固耐用、制作简单、便于携带，长 2～3 m，高 67.5 cm，底座宽 85 cm，饲槽上口宽 35 cm，槽底宽 30 cm。为防止饲喂时羊只攀踏翻槽，饲槽两端最好安置临时且拆装方便的固定架。若为铁皮饲槽，应在其表面喷以防锈涂料。如图 2-66 所示。

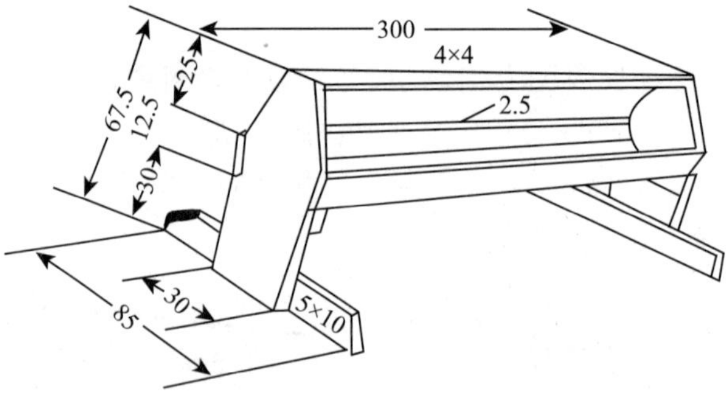

图 2-66　移动式精料槽(单位：cm)

3. 饮水器

羊的饮水器一般分为简易饮水槽和自动饮水器。

(1)简易饮水槽　一般采用砖、水泥或木板制作的水沟式饮水槽。该设备容易引起水的污染，浪费较大，水槽不易清洗。如图 2-67 所示。

(2)自动饮水器　羊用自动饮水器为塑钢制作，坚固耐用。羊的嘴巴触碰到饮水器，水自动流出，能有效利用水资源，减少水的浪费，为羊提供清洁卫生的饮水。如图 2-68 所示。

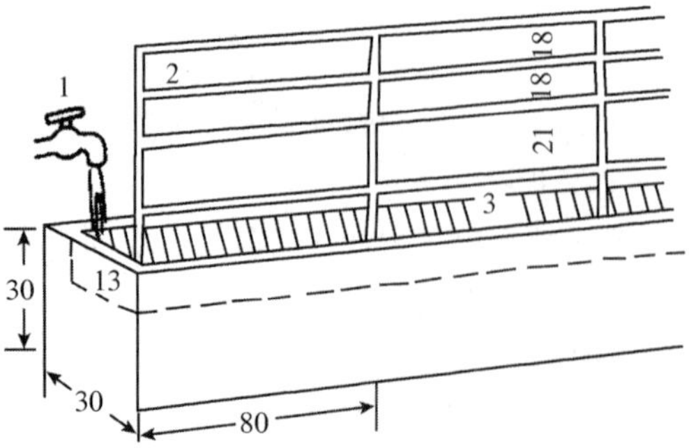

图 2-67　羊水沟式饮水槽(单位：cm)

1. 水龙头　2. 羊栏　3. 水槽

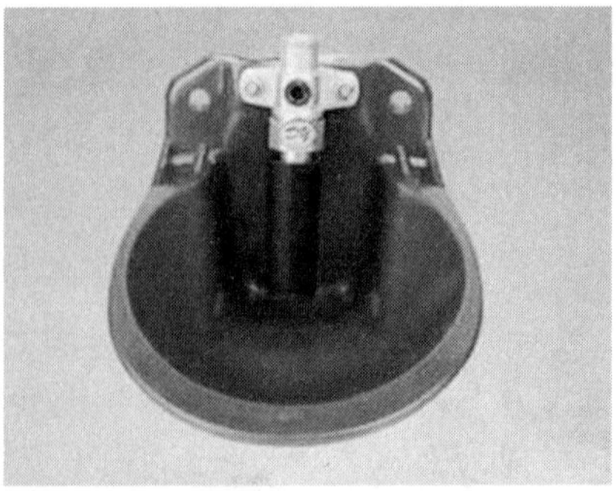

图 2-68　羊自动式饮水器

四、环境控制设备

畜禽的环境条件是影响畜禽生产性能高低和控制疫病传播的重要因素之一。为了给畜禽创造适宜的生存和生产条件，需要围绕畜禽养殖的各个环节，通过先进的设施设备，实现养殖场（舍）内各类环境信息的存储、分析和管理，进而为畜禽创造高效的生产环境条件。

（一）温、湿度调控设备

主要包括升温、降温、减湿、加湿等方面的设备。畜禽舍温湿度的控制主要是根据畜禽的生理和生产特点及季节变化等因素，结合舍内的通风换气，通过一系列的控温控湿设备，为畜禽创造一个适宜的生产和生活环境。

（1）供热加温设备　常用的设备有锅炉、热风炉、风热管、暖气片（蒸汽或热水加热）等。水暖供热是通过锅炉、水泵、送热管等设备，将气暖或水暖送至暖气片，并完成对畜禽舍的供热；热风炉是将加热风管内的空气加热后，用风机压入畜禽舍内的暖风管，以辐射传导方式加温；风热管是在畜禽舍的中间设置密闭的热风室（室内配有蒸汽加热散热器），外界空气进入热风室加热后，用离心式通风机将热空气送到热风管分配至畜禽舍加温；热风炉、暖风机以及正压管道送风技术，对于养殖场畜禽舍冬季取暖是非常重要的，其中风机能够将引进的新鲜空气先经加热后再送到养殖场畜禽舍内，从根本上改善了寒冷季节畜禽的保温问题，投资少，热效率高，耗煤少。但使用热风炉仍然存在设备过于干燥，且舍内温度不均的问题，所以，今后要继续展开研究，着重考虑通过加湿的方式来解决舍内的温度分布问题。

（2）供湿降温设备　常用设备有湿帘降温系统、喷雾降温系统、滴水降温系统等。畜禽舍供湿降温设备一般是在外界温度超过 32℃、难以用通风办法降温时使用。通常是将蒸发冷却装置装在进气口内，将水喷淋在进气口百叶窗板或由铁丝网填塞刨花制成的蒸发垫上，利用水蒸发时吸收汽化热的原理来降低舍内空气温度，但只适用于高温干燥的情况，高温高湿时效果较小。如果养殖场畜禽舍内仅有风机等通风装置，没有相应的降温装置配合使用，养殖场畜禽舍在夏季便容易超温，导致养殖场畜禽发生中暑现象，对畜禽健康和生产造成严重影响。其中湿帘降温设备是有效解决夏季炎热和防止畜禽出现高温热应激的重要工具，它与纵向通风风机配套使用，可使夏季舍内温度由 35～36℃下降到 28～30℃，能够保证养殖场畜禽在高温季节的正常生产。畜禽舍温湿控制设备如图 2-69、图 2-70 所示。

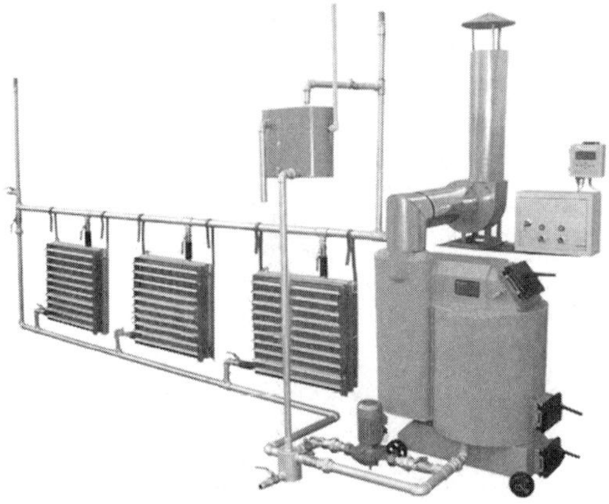

图 2-69　畜禽舍供热加温设施

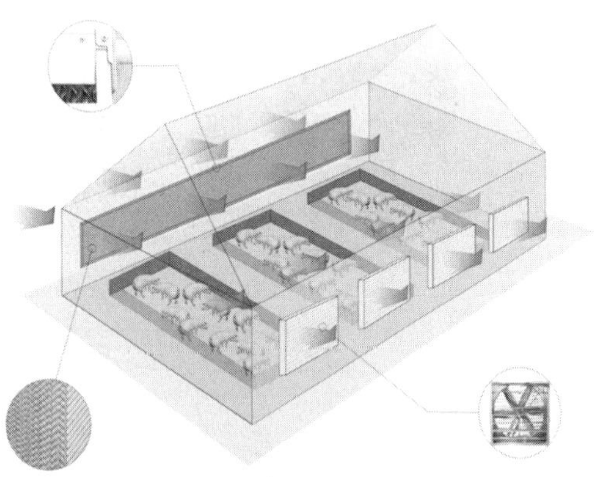

图 2-70　畜禽舍供湿降温设施

（二）通风换气设备

主要包括进风机、排风机及附属设备，常用的通风机有轴流式和低压离心式两种。畜禽舍通风控制主要是根据季节、天气变化及昼夜温度的差异，调节控制通风量的大小。目前调控方法主要有三种：一是增减风机开启数量；二是采用可调压风机；三是采用变速风机。三种方式均可通过热感应装置进行自动调控或采用时间继电器来控制风机的启闭，以实现对畜禽舍通风量的控制。

（1）轴流风机　主要由外壳、叶片和电机组成，叶片直接安装在电机的转轴上。轴流风机风向与轴平行，具有风量大、耗能少、噪声低、结构简单、安装维修方便、运行可靠等特点，而且叶片可以逆转，以改变输送气流的方向，而风量和风压不变，因此，既可用于送风，也可用于排风。目前畜禽舍的纵向通风常用节能、大直径、低转速的轴流风机，常安装在畜禽舍侧面墙上的进气口或排气口内，可通过改变驱动电机的输入电压，自动调节通风机转速。如图 2-71 所示。

图 2-71　畜禽舍常用的轴流风机

（2）离心风机　主要由蜗牛形外壳、工作轮和机座组成。该风机工作时空气从进风口进入风机，旋转带叶片的工作轮形成离心力将其压入外壳，然后再沿外壳经出风口送入通风管。离心式通风机的通风压力高于轴流式通风机，主要用于将空气压送到畜禽舍的进气管内，不具逆转性，但产生的压力较大，多用于禽舍热风和冷风的输送。如图 2-72、图 2-73 所示。

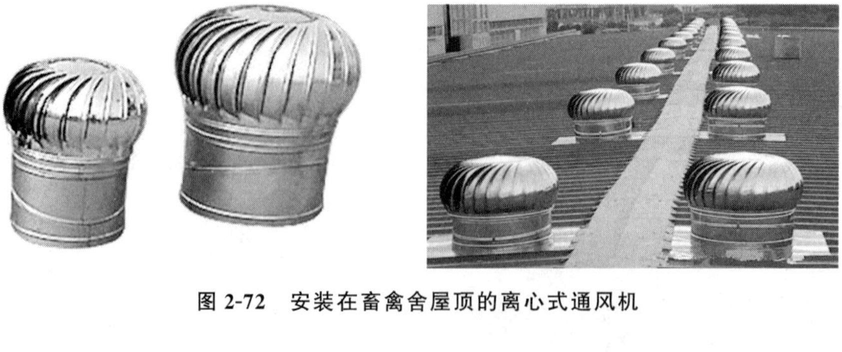

图 2-72　安装在畜禽舍屋顶的离心式通风机

图 2-73　安装在畜禽舍侧墙的离心式通风机

(三)粪污处理设备

规模化养殖场的粪污处理设备主要由粪尿清理设备、粪尿输送设备、固液分离设备、沼气发酵设备和脱水干燥设备等组成。

(1)粪污清理设备　除传统的手工清粪工具外,常用的为刮粪机。其主要是利用地板上移动的牵引式或推板式金属板,将板前的畜禽粪便刮到横向集粪沟或集粪坑内。如图 2-74 所示。

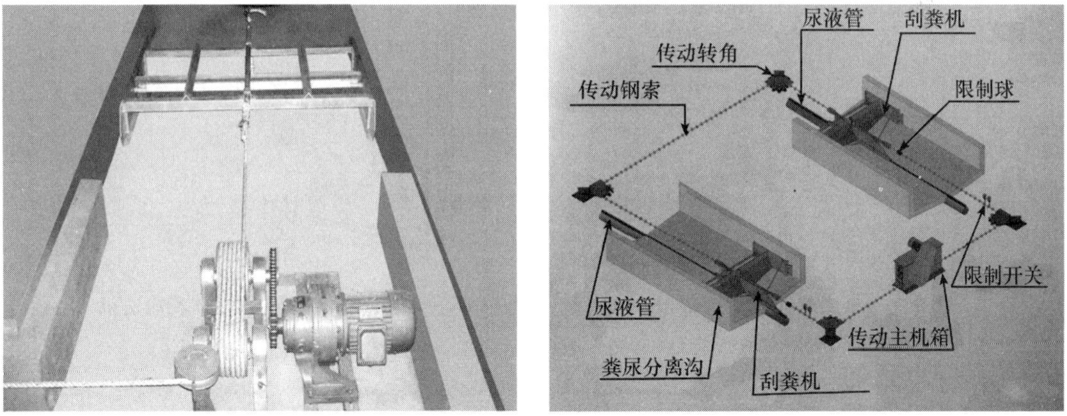

图 2-74　畜禽舍粪污清理设备

(2)粪污输送设备　畜禽粪便输送设备的形式主要决定于粪便的含水率。固态(含水率＜70%)和半固态(含水率 70%～80%)粪便的输送常采用运输车;液态(含水率 80%～90%)粪便的输送常采用各种类型的粪便泵及输送装置。常用的粪便泵有离心式、螺旋式和活塞式三种。压气式输粪装置是利用气体的压力沿管道输送粪便的装置,管道常埋在地下,输送距离可达 500 m。如图 2-75 所示。

(3)粪污分离设备　粪污的分离是将粪便分离成固态和液态部分,主要有重力分离和机械分离两种。重力分离设备主要是沉淀池;机械分离设备则有筛式、离心式、螺旋挤压式和压滚式四种形式。筛式分离设备根据筛子的形状和工作原理又分固定斜筛、振动平筛和滚筒筛三种。螺旋挤压式分离机一般和筛式分离机配合使用。目前应用较多的粪便机械分离设备如图 2-76 至图 2-78 所示。

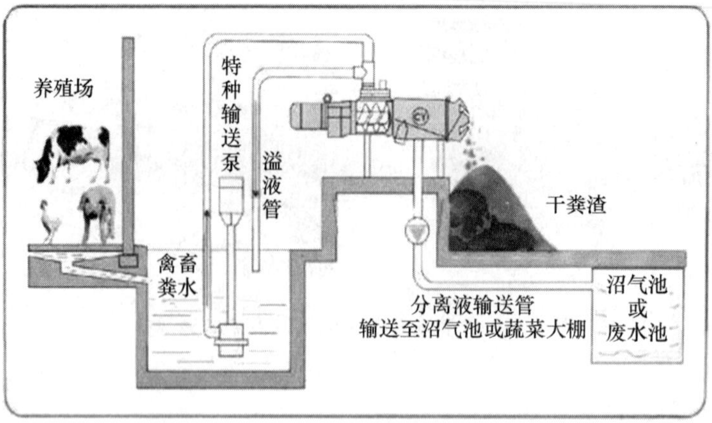

图 2-75　畜禽舍粪污输送设备

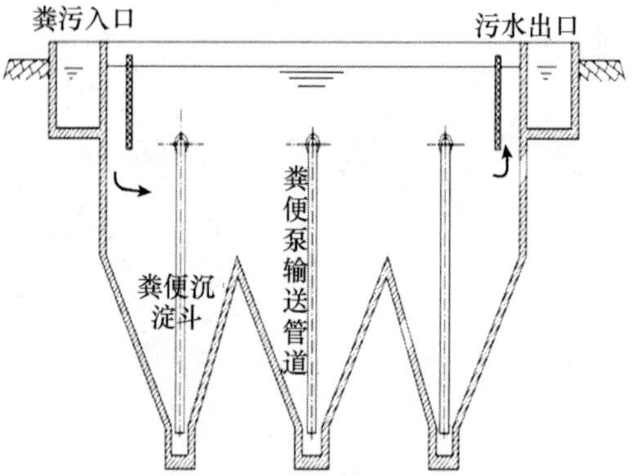

图 2-76　畜禽粪污沉淀分离池

图 2-77　畜禽粪污分离输送机

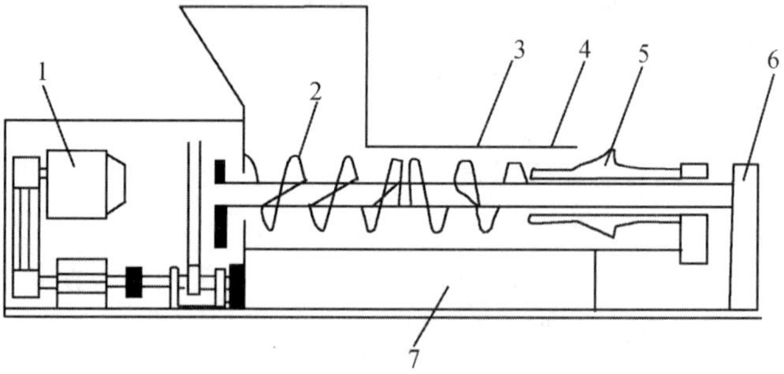

图 2-78　畜禽粪污螺旋挤压式分离机

1.电动机　2.喂入螺旋　3.挤压螺旋　4.带孔的圆筒

5.挤压锥体　6.挤压锥体的液压传动装置　7.外壳

（陈幼春.实用养牛大全.2007）

(4)沼气发生设备　沼气发生设备主要由粪泵、发酵罐、加热器和贮气罐等部分组成。发酵罐是一个密闭的容器，为砖或钢筋混凝土结构。如图 2-79 所示。

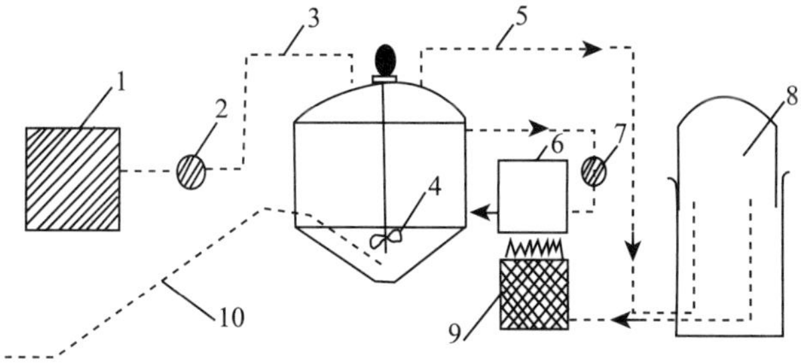

图 2-79　沼气发生设备

1.贮粪池　2.粪泵　3.粪便输入管　4.搅拌器　5.沼气导出管　6.热交换器
7.外加热粪泵　8.贮气罐　9.加热器　10.腐熟粪便排出管
（王璐菊.养牛生产技术.2014）

该设备有粪液输入和输出管道，罐外设有热交换器对粪液进行加热以提高发酵效率。罐中有搅拌器进行搅拌以使粪液温度均匀，有利于有机物的分解。产生的沼气引入贮气罐。贮气罐有上下浮动的顶盖，以保持沼气有一定的压力。经过发酵处理后的粪便引出后可作为优质肥料。罐的四周有粪液输入管、粪便输出管、沼气导出管、热交换器以及循环粪泵等。

（四）环境监测设备

（1）常用监测设备　对畜禽舍各种环境因素进行测定和计量，可以及时收集其环境变化信息，便于为畜禽的生产和生活创造适宜的环境条件，利于发挥最大的生产潜力。常用的监测设备主要包括温度、湿度、气流、光照、有害气体、灰尘等方面的测定仪器。如图 2-80 所示。

温湿度测定仪

照度计

热球式电风速仪

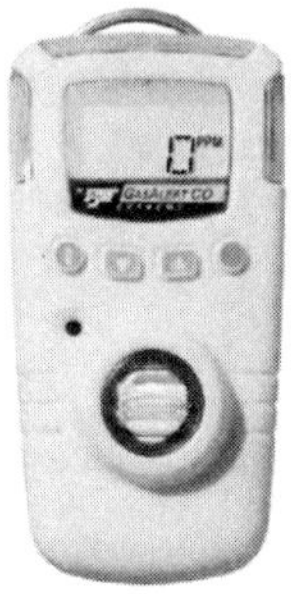

SO_2检测仪

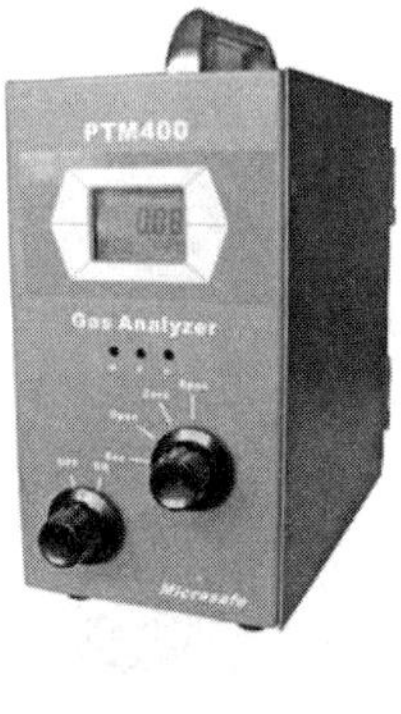

H_2S检测仪

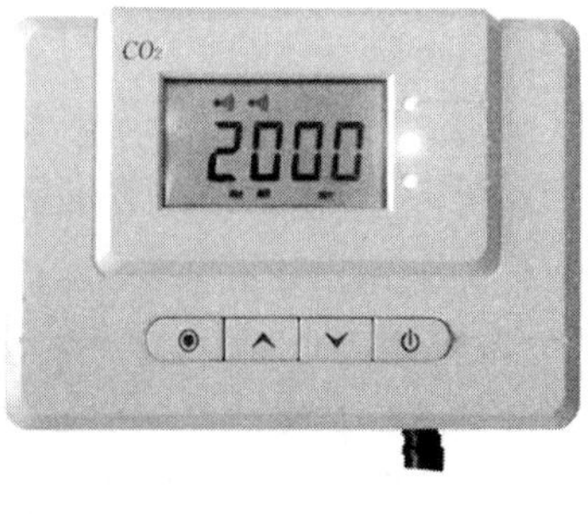

CO_2检测仪

图 2-80　畜禽舍环境监测设备

（王璐菊.养牛生产技术.2014）

(2)智能环境设备　养殖场畜禽舍智能环境控制系统，是对舍内不同日龄畜禽所要求的温度、湿度、光照、通风等因素，进行智能控制的一整套硬件与软件系统。畜禽舍环境智能控制系统是专为畜禽养殖场所研制的高性能智能监控仪器，采用了世界上先进的微电脑技术、传感器技术、自动控制技术，自动监测舍内的温度、湿度，具有自动降温功能(三级降温控制)、定时通风功能、定时喷水(雾)功能和自动升温功能，可以控制二级风机、湿帘、水泵或喷雾机等设备，通过键盘可以设置温度控制范围、二级降温运行时间、定时通风周期、通风时间、定时喷水(雾)周期、喷水(雾)时间，显著提高了畜禽生产的管理水平。如荷兰 Velos 智能化母猪群养系统，猪舍装有温湿度传感器、氨气传感器、自动控制风机、自动控制卷帘等设备，用于实现猪舍小环境的自动控制，并通过高清晰监控系统、ERP 综合信息管理系统等，实现数字化管理。如图 2-81 所示。

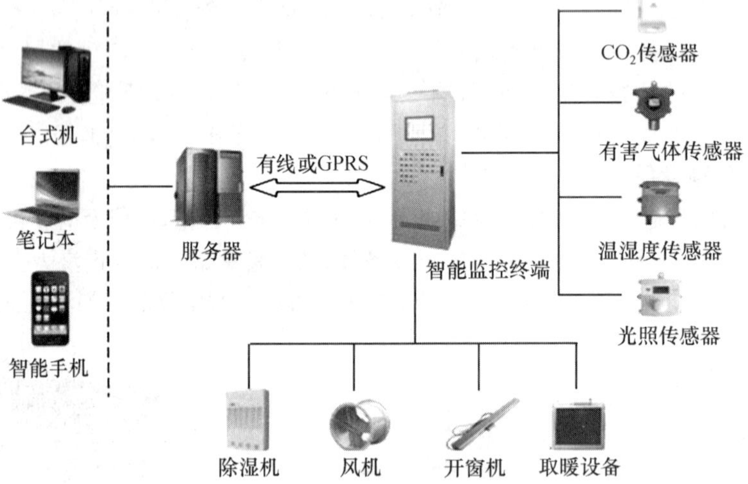

图 2-81　畜禽舍环境智能控制系统

五、繁殖育种设备

家畜的繁殖育种设备主要包括发情、配种、妊娠、接产和外貌鉴定等方面的设备。主要有家畜发情测定仪、假台畜、假阴道、精液品质检查仪器、输精器械、妊娠诊断仪、体尺测量工具和育种资料分析软件等设备。

(一)发情测定仪

家畜发情测定仪由三部分组成：一个测量用探测棒，一个用于读取数据的数码显示屏和一个带有标准 9 V 电池的手柄。开关位于手柄上，在探测棒的顶端有两个平行的(并联)电极用于测量阴道黏液的电阻力。使用时当探测棒插入母畜阴道后，可根据母畜阴道黏液的电阻变化，观察显示屏上电流的强弱信号，来判断母畜是否处于发情期，以便掌握合适的配种时间。这种仪器结构简单、造价低廉、操作方便，各种母畜都可适用。如图 2-82 所示。

图 2-82　手持式家畜发情测定仪

(二)人工授精器械

常用的有各类畜禽的采精器械(保定架、假台畜、假阴道、采精手套、采精袋、采精杯、采精瓶等);精液检查器械(精液电视显微检查系统、精密电子天平、显微镜、37℃恒温板、精子密度仪、微量移液器、血球计数板、双蒸水发生器、恒温水浴箱、磁力搅拌器、17℃恒温箱、干燥箱、普通冰箱、精密温度计、量筒、量杯、烧杯、漏斗、载玻片、盖玻片等);输精器械(精液分装设备、集精杯、输精枪、输精管或输精袋等);贮精器械(液氮罐、恒温冰箱、贮精袋等)。如图 2-83 至图 2-87 所示。

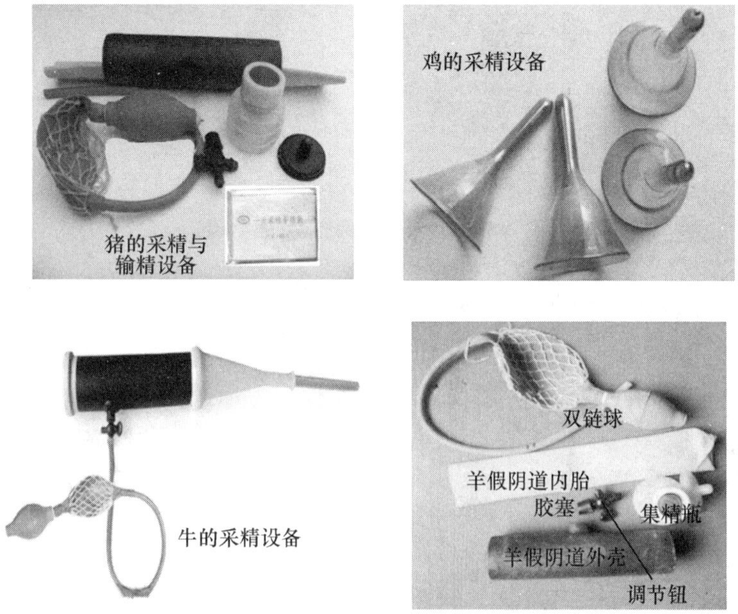

图 2-83　猪、鸡、牛、羊采精器械

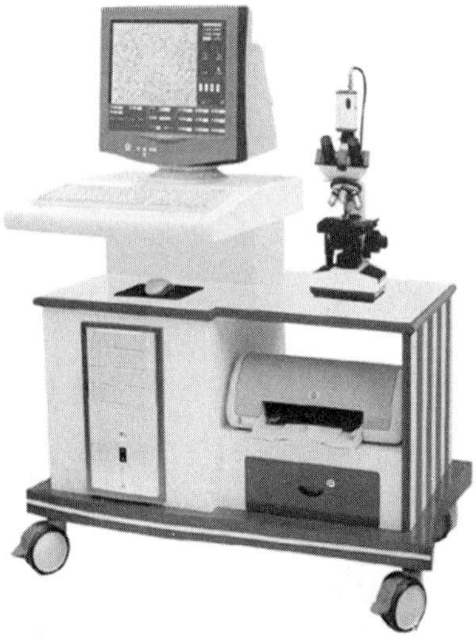

图 2-84　精液显微检查系统

图 2-85　精液恒温保存运输箱

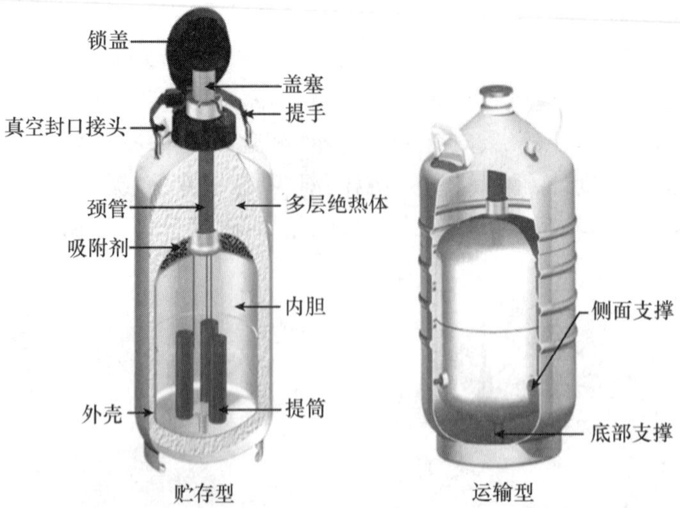

图 2-86　精液冷冻保存灌(液氮罐)

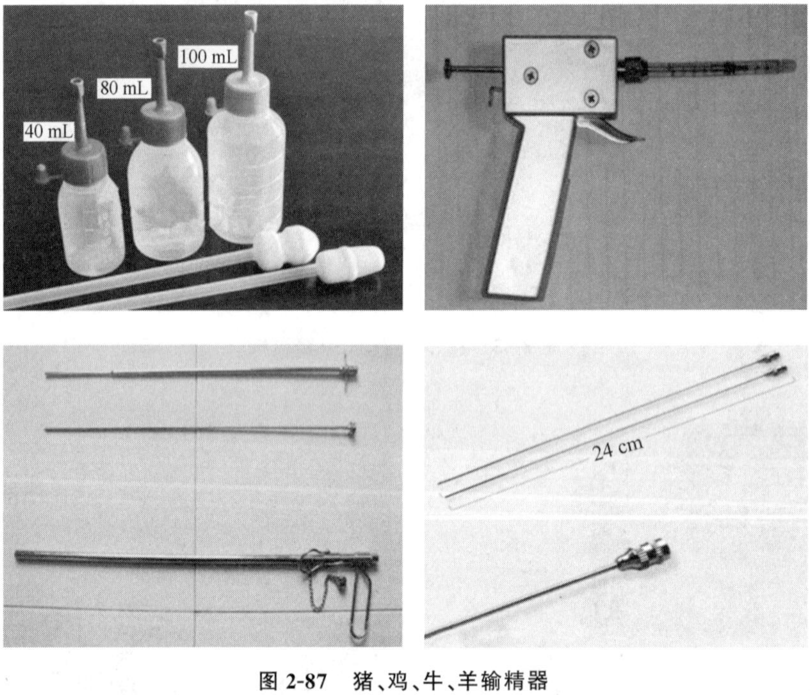

图 2-87　猪、鸡、牛、羊输精器

(三)精子冷冻器械

常用的有精液显微检查系统、细管冻精灌封、印字一体机、细管冻精程序冷冻仪、胚胎冷冻仪及实验室常规仪器等方面的设备。

(四)妊娠诊断仪

常用的有 A 超和 B 超兽用测孕仪。A 超测孕仪使用时,让探测头和母畜有合理的"皮肤接触",此时探测头会发出一种高频率的超声波,这种超声波与子宫里的羊水接触产生回音,回音被测孕仪接收,然后发出可听见的持续声(哗哗的长短声),进而判断母畜是否妊娠;

B超测孕仪的检查原理主要是利用换能器(探头)经电压效应发射出多束高频超声波透入子宫,并在胎儿断面探测发出回声,然后回声又被换能器接收并变成高频电信号后传送给主机,主机显示屏上出现被探查部位的切面图像,呈明暗不同的光点,其中液体吸收声波,显示屏上呈黑色,致密组织反射回大部分声波,显示屏上呈白色。多适用于如牛、马、羊、猪等配种后1～2个月内的妊娠诊断。如图2-88、图2-89所示。

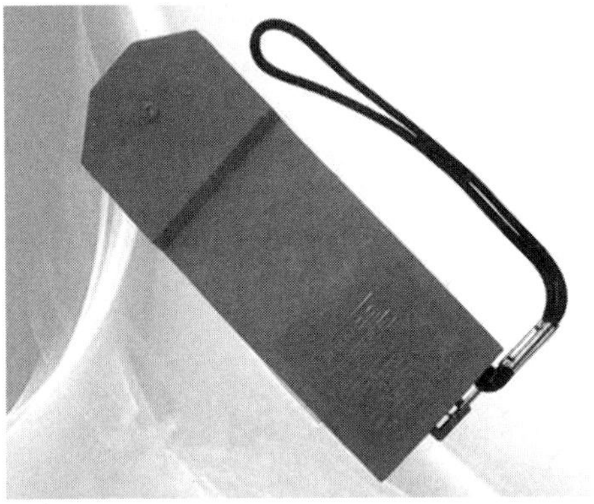

图2-88 兽用A超测孕仪

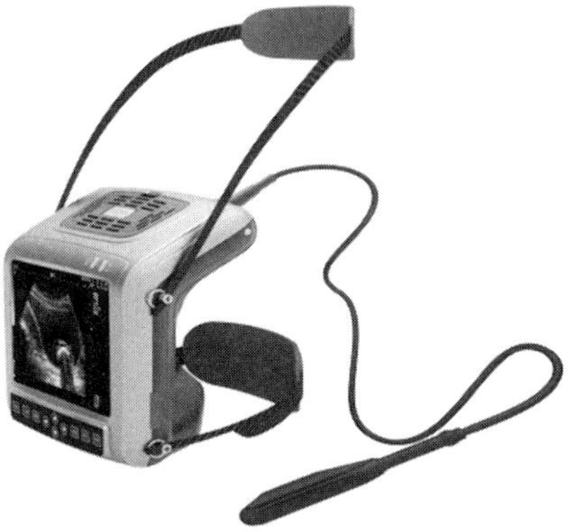

图2-89 兽用B超测孕仪

(五)体重、体尺测量工具

常用的有称重栏、测杖、圆形测定器、量角器、卷尺、计算工具、育种资料分析软件及种畜测定站所需设施设备等。

六、孵化育雏设备

孵化育雏设备是指孵化过程中所需物品的总称,主要包括孵化机、出雏机、育雏器及孵化室附属物品等。

(一)孵化机

1.组成构造

孵化机类型很多,但其构造原理基本相同,主要由机体、自动控温装置、自动控湿装置、自动翻蛋装置和通风换气装置等几部分组成。

(1)机壳　即箱体或箱壁。通常做成夹层,中间填满隔热材料。机门设双层玻璃小窗,以便观察机内的温、湿度。

(2)蛋架车和种蛋盘　蛋架车为全金属结构,蛋盘架固定在四根吊杆上可以活动。常用的蛋架车的层数为12～16层,每层间距12 cm;种蛋盘分孵化蛋盘和出雏盘两种,多采用塑料蛋盘,既便于洗刷消毒,又坚固不易变形。

(3)翻蛋系统　翻蛋机件一般与蛋盘架的型号相配套。这种翻蛋系统有的依靠手工操作,有的是电动装置,自动运行。

(4)热源与控温系统　大部分用电热丝供温,电热丝由温度调节器控制。

(5)通风系统　电孵化机的排气孔一般都安排在机体的顶部,进气孔安置在鼓风板下的周围。我国目前生产的孵化机风扇多安装在蛋盘架的两侧,使蛋盘里外的蛋都能均匀受热,不断换气。

(6)供湿系统　一般在孵化器的底部放置2～4个浅水盘,通过水盘蒸发水分,供给机内湿度。目前较先进的控湿系统中,安装有叶片供湿轮,连接供水管、水银导电表和电磁阀自动控制喷雾。

(7)报警系统　由温度调节器、电铃和指示灯(红绿灯泡)组成。现代立体孵化机由于构造已经机械化、自动化,机械的管理非常简单。主要注意温度的变化,观察控制系统的灵敏程度。遇有失灵情况及时采取措施。

2.孵化机种类

根据箱体和组装结构,分为箱体式孵化机和巷道式孵化机。

(1)箱体式孵化机　根据蛋架结构分为蛋盘架和蛋架车两种形式。目前蛋架车使用广泛,可以直接到蛋库装蛋,消毒后推入孵化机,减少了种蛋装卸次数。如图2-90、图2-91所示。

图2-90　箱体式孵化机(蛋盘架结构)

(郑万来.养禽生产技术.2014)

图2-91　箱体式孵化机(蛋架车结构)

(郑万来.养禽生产技术.2014)

(2)巷道式孵化机　巷道式孵化机的特点是多台箱式孵化机组合连体拼装,配备独立的空气搅拌和导热系统,容蛋量一般在7万枚以上。使用时将种蛋码盘放在蛋架车上,经消毒、预热后,逐台按一定轨道推进巷道内,18 d后转入出雏机。机内新鲜空气由进气口吸入,经加热加湿后从上部的风道由多个高速风机吹到对面的门上,大部分气体随气流进入下面的巷道,通过蛋架车后又返回进气室。这种循环充分利用了胚蛋的代谢热,箱内没有空气死角,温度均匀,所以比其他类型的孵化机省电,并且孵化效果好。如图2-92、图2-93所示。

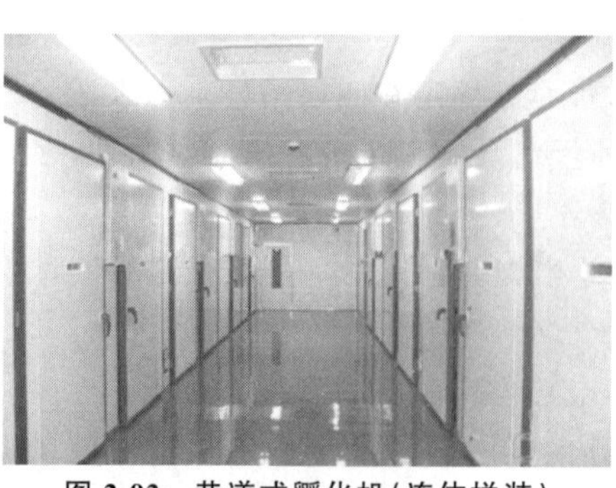

图2-92　巷道式孵化机(连体拼装)

图2-93　巷道式孵化机(组合结构)

(二)出雏机

出雏机是与孵化机配套的设备。出雏机容蛋量一般按照同容量孵化机 1∶3 或 1∶4 的比例配置,不设翻蛋机构或翻蛋控制系统,其他构造与孵化机相同;出雏盘四周要求有一定高度,底面网格密集。如图 2-94 至图 2-96 所示。

图 2-94　出雏机

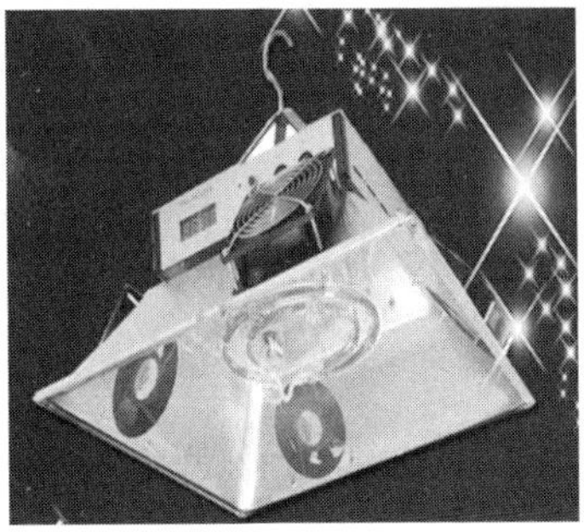
图 2-95　电热育雏器

图 2-96　出雏盘

孵化育雏附属设备主要有照蛋器、断喙器及雏鸡饲喂、饮水、防疫、消毒、保温、加湿等方面的器具。

七、挤奶集蛋设备

挤奶是奶畜生产中的重要环节。使用现代化的挤奶设备,不仅节约了占地面积,而且便于饲喂、清粪和挤奶机械化,更便于牛群管理;集蛋是饲养蛋鸡的收获作业,采用手工拾蛋,每天要花费饲养员许多劳动时间,既费工费力,又容易损坏鸡蛋。对于一个大型的现代化养鸡场来说,每天有上万甚至几十万个鸡蛋要收集,实现集蛋作业机械化和自动化是非常必要的。

(一)移动式挤奶装置

真空装置和挤奶器安装在小车上或可移动的挤奶台上,由带挤奶桶的挤奶器和真空泵机组等组成,挤出的牛奶直接流入奶桶,桶中奶再倒入集奶容器。可在奶牛、奶羊放牧时挤奶所用。如图 2-97 所示。

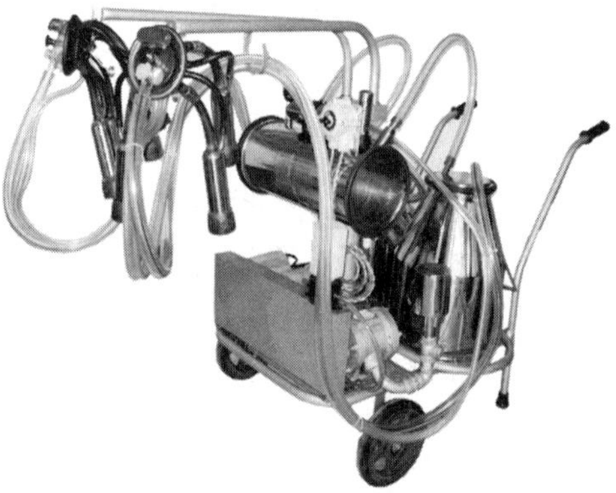
图 2-97　移动式挤奶装置

(二)提桶式挤奶装置

真空装置固定在牛舍内,挤奶器和可携带的奶桶组合在一起,可依次移往奶牛床位挤奶,挤出的牛奶直接流入奶桶,桶中奶再倒入集奶容器。可在奶牛、奶羊拴系饲养时挤奶所用。如图 2-98 所示。

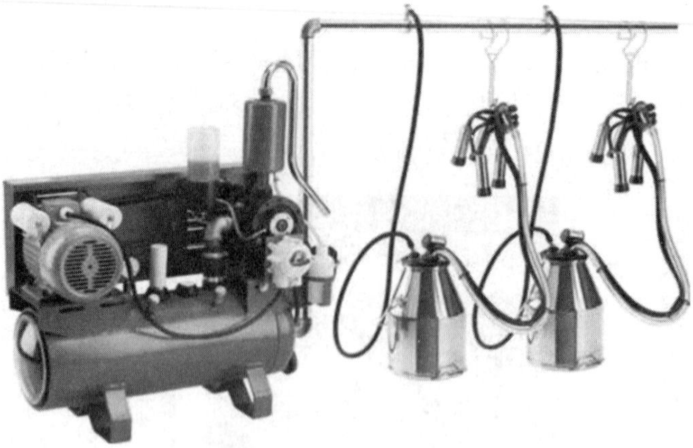

图 2-98　提桶式挤奶装置

(三)管道式挤奶装置

真空装置和牛奶输送管道固定在牛舍内,挤奶器无挤奶桶。管道式挤奶机可以最大限度地利用牛舍,使用拔插式挤奶杯组,接入"真空管—输奶管"连接插座就可以开始挤奶。挤出的牛奶可直接通过牛奶计量器和牛奶管道进入自动制冷罐,不与外界空气接触。每次挤奶后整个挤奶系统自动进行清洗消毒,可防止牛舍环境对牛奶的污染,保证鲜奶质量。可在中小型奶牛场、奶羊场集中挤奶时使用。如图 2-99 所示。

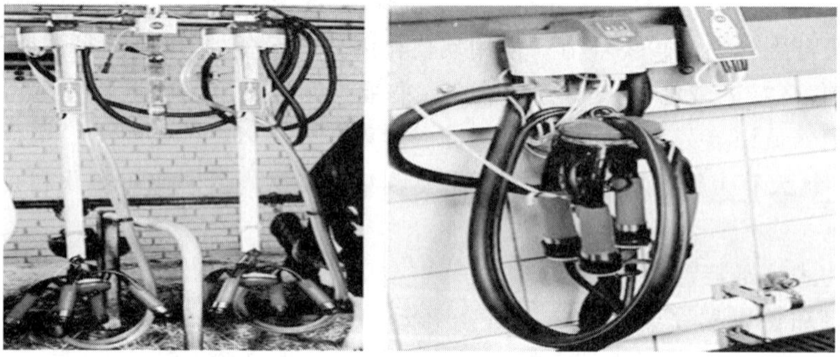

图 2-99　管道式挤奶装置

(四)挤奶厅(台)式挤奶装置

目前主要有转盘式挤奶台和鱼骨式挤奶台两种形式,可在大型现代化奶牛场执行全自动化挤奶时使用。转盘挤奶台是一种利用可转动的环形挤奶台进行流水作业的挤奶装置,奶牛可连续进入挤奶厅,挤奶员在入口处冲洗乳房、套奶杯,不必来回走动,操作方便,每转一圈用时 7～10 min,转到出口处已挤完奶,劳动效率高;鱼骨式挤奶台因挤奶台两排挤奶机的排列形状犹如鱼骨而得名,挤奶台栏位一般按倾斜 30°～45°角设计,套奶杯较容易,而且挤奶员在坑道里可以观察到所有正在挤奶的牛的整个乳腺系统,甚至对整个牛床都一目了然,有利于挤奶操作。一旦有异常牛只或脱杯等情况,可随时发现并解决,在生产上应用比较普遍。如图 2-100、图 2-101 所示。

图 2-100　转盘式挤奶装置

图 2-101　鱼骨式挤奶装置

(五)自动集蛋系统

自动集蛋系统主要由底座、鸡蛋上传系统、软破蛋过滤系统、集蛋带及集蛋带驱动系统、鸡蛋前端收集系统和配电系统组成。目前已在现代化蛋鸡场广泛使用。如图 2-102 所示。

图 2-102　自动化集蛋系统

八、剪毛药浴设备

剪毛机械主要用于剪取绵羊毛,也有少数专用于剪取兔毛、牛毛、马毛和犬毛等。剪毛是养羊业中一项繁重而季节性强的工作,采用机械剪毛对于加快剪毛速度和减轻劳动强度具有重要意义;药浴机械是家畜疫病防治的重要设备,主要作用是防治牛、羊等牲畜体外寄生虫病,对保证牛、羊等牲畜健康,提高畜产品质量,可起到积极的推动作用。

(一)剪毛机组

剪毛机组一般由动力机、传动部分、剪头和磨刀装置组成。剪毛时,动力通过传动部分使剪头上的动刀片作弧线往复摆动,利用动刀片与定刀片(即梳状底板)的剪切作用把羊毛剪断。剪头上还设有加压机构,用来调节动刀片对定刀片施加的压力。刀片刃口剪钝后,可在磨刀装置上重新磨锐。磨刀装置是一个由动力驱动旋转的砂轮,磨刀时将刀片固定在磨刀架上,使刀刃贴靠磨轮。

剪毛机按使用方式可分为移动式和固定式两类。前者适用于广大牧区流动剪毛,后者适用于羊群比较集中的大型牧场。按驱动方式可分为机械式、电动式和气动式三种。其中机械式适用于无电源牧区,用柴油机、汽油机或拖拉机动力输出轴驱动,通过软轴或关节轴式传动装置带动若干剪头同时作业;电动式由小型电动机通过软轴或关节轴传动装置驱动剪头作业，或将微型电动机安装在剪头手柄内，通过变速齿轮驱动动刀片作业；气动式是利用与润滑油混合的压缩空气，驱动剪头手柄内的马达，使动刀片往复摆动进行剪毛。气体不仅可润滑和冷却运动零件，还可吹去刀片上或夹杂在羊毛中的沙土、污物，从而延长刀片的使用寿命。如图 2-103 所示。

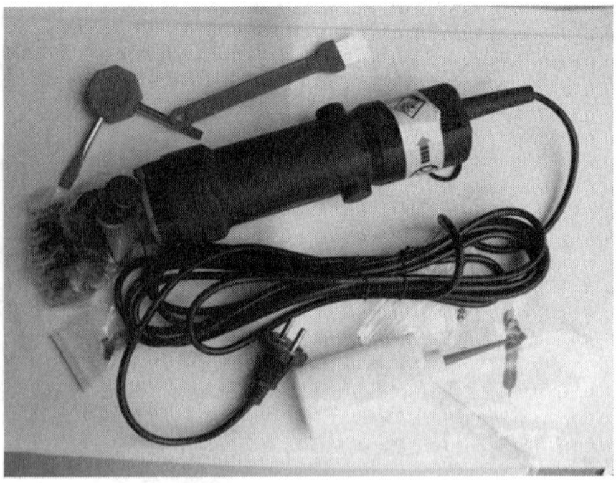

图 2-103　电动羊毛剪

（二）药浴设施

牛、羊药浴按药液的利用方式，可分为池浴、淋浴和喷雾三种形式。药浴设施可按照固定式药浴池与移动式药浴设备进行配置。

（1）大型药浴池　可供大型羊场或养羊比较集中的乡村羊只药浴时使用。药浴池可用水泥、砖、石等材料砌成，形状呈长方形水沟状。药浴池一般长 10～12 m，深度为 1.0 m，上口宽 60～80 cm，下口宽 30～50 cm，以一只羊能通过而不能转身为宜。药浴池的入口处为陡坡，以利于羊只迅速入池，出口端为台阶式缓坡，以便羊药浴后容易出浴，并使羊体上余存的药液回流到药浴池。如图 2-104 至图 2-106 所示。

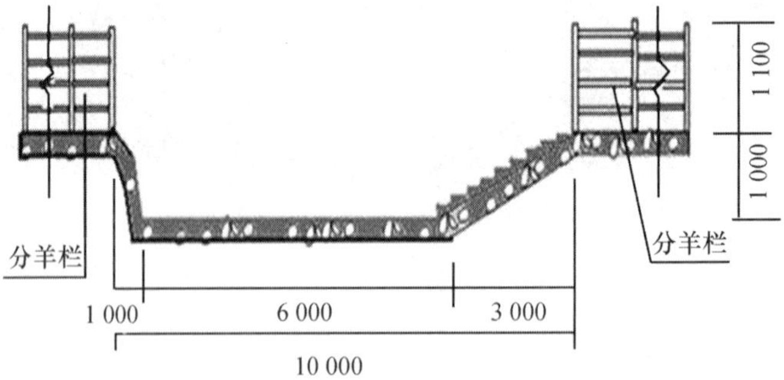

图 2-104　羊药浴池纵剖面图（单位：cm）

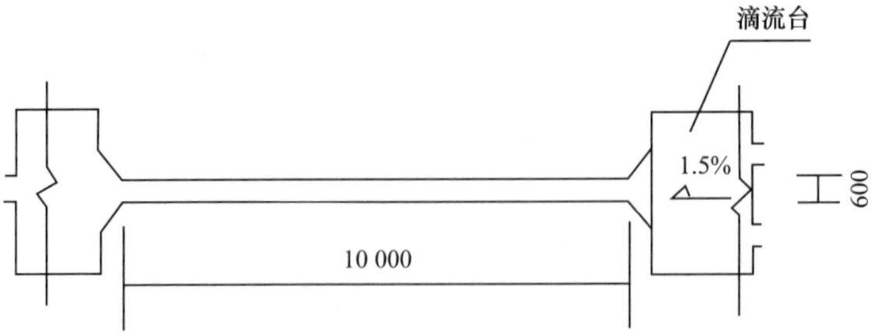

图 2-105　羊药浴池平面图（单位：cm）

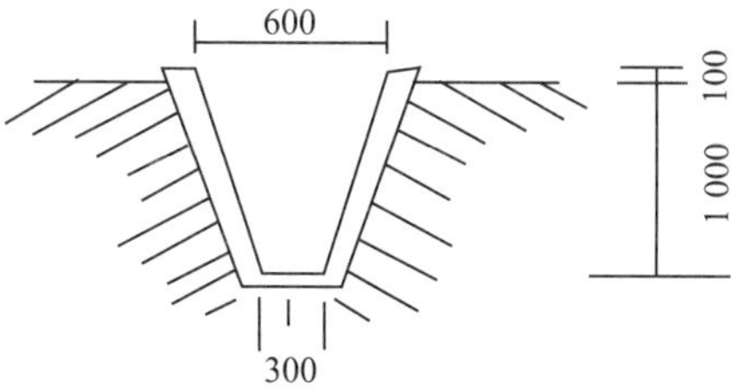

图 2-106　羊药浴池横剖面图(单位：cm)

(2)小型药浴槽、浴桶、浴缸　羊群数量小的情况下，一般用浴槽、浴桶、浴缸等进行药浴。小型浴槽液量为 1 400 L，可同时将 2 只成年羊或 3～4 只小羊一起药浴。如图 2-107 所示。

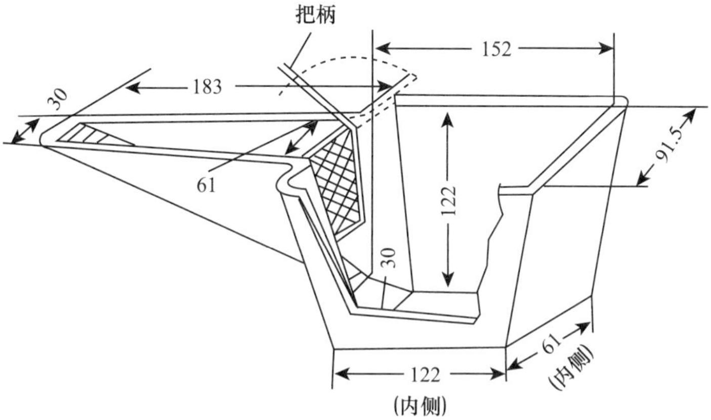

图 2-107　小型药浴槽示意图(单位：cm)

(3)淋浴式药浴池　淋浴式药浴池为一个直径 8～10 m、高 1.5～1.7 m 的圆形淋场，由入口小、后端大的待浴羊圈、滤淋栏、进水池和过滤池等部分组成。羊群药浴时，把羊赶入待浴羊圈，关闭待浴羊圈入口，打开淋场门羊群进入淋场，关闭淋场入口，开动药浴装置即行药浴。机械化淋浴装置的主要特点是不用人工抓羊，节省劳力，降低劳动强度，提高工作效率，避免羊只伤亡。但其建筑费用高，适合于大型羊场或养羊非常集中的地区。如图 2-108 所示。

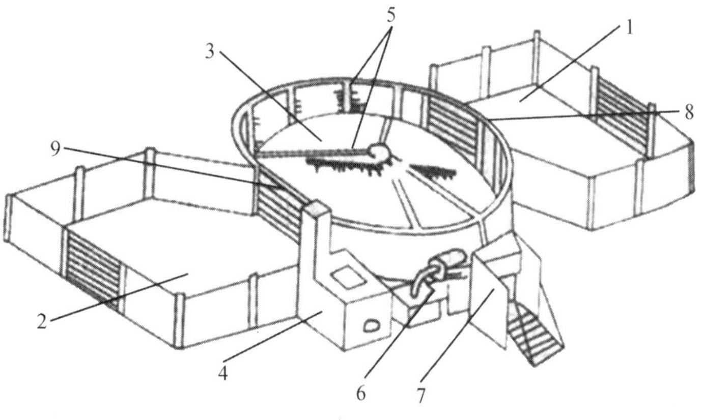

图 2-108　淋浴式药浴装置

1. 药浴淋场出口　2. 药浴淋场　3. 喷头　4. 待浴羊圈　5. 药浴淋场入口　6. 控制台　7. 离心式水泵　8. 炉灶及加热水箱　9. 浴后羊圈

(郭志明. 养羊生产技术. 2014)

(4)牛、羊药浴机　采用传统的药浴方式，即用水泥槽、水泥池等进行人工药浴，既费工费时，又容易造成牛、羊的交叉感染。近年来，世界各国都在广泛研究使用移动式牛、羊药浴机。如用澳大利亚R60型强力环流式喷洗药浴机为牛只药浴，不但省力、省时、省费用，并且牛只全身皆可喷到，每次可药浴成年牛10头以上；再如澳大利亚Rippa Dippa移动式羊只药浴设施，采用S形泳道，使药液充分渗透羊只的体表，药浴效果好、劳动强度小、作业成本低、生产效率高。目前，我国各地的畜牧科研生产单位也已研制出了不同类型的牛羊药浴机械。如内蒙古赤峰市研制的新型9YY-70型上下喷淋移动式浴羊专用药浴机，配套动力为11 kW拖拉机。对流喷洒浴羊，药液循环使用，药液渗透效果好；新疆农垦科学院研制出的9Y5型可装卸移动式药浴机，整体为钢架结构，无渗漏，药液浓度配制准确，浓度恒定，安全有效。该机可调节输送带宽窄、松紧，以适合不同大小的羊只使用，还可以调节羊的传送速度与位置，确保羊的安全，同时也便于记数与管理。该机械可移动，耗水少、用药量小，小群发病还可及时进行药浴治疗，具有制造简单、操作方便、淋浴性能好、可流动作业、节省药物及人畜安全等特点。

九、兽医保健设备

兽医保健设备除常用的实验室化验分析设备外，主要包括消毒、防疫、诊疗、接产等方面的设备。常用的消毒设备主要有高压清洗机、高压蒸汽灭菌仪、紫外消毒灯、臭氧发生器、火焰消毒器及各种消毒化学品的喷雾喷洒机等；常用的防疫设备主要有畜禽舍进排气电净化机、气雾免疫机、空间电场自动防疫机、流动防疫车、粪道臭氧灭菌除臭机及疫苗保存、稀释和注射的常规设备(电冰箱、水浴锅、恒温箱、无菌操作箱、电动离心沉淀机、高压蒸汽消毒锅、生物显微镜、连续注射器等)；常用的诊疗设备有动物捕杀器、兽医采样箱、动物解剖台、体温表、消毒锅、耳鼻钳、开口器、听诊器、叩诊器、注射器、手术刀、手术剪、手术镊、胃导管、B超机等检查和治疗工具；常用的接产设备主要有乳胶长臂手套、活动产钩、长柄拉钩、助产绳、导绳器、拉犊绳、穿线杆、隐刃刀、铝合金产科器械箱、胎儿铰断器及仔畜在保温、称重、去势、断尾、编号、剪牙、去角等方面的护理用具。

十、其他辅助设备

主要包括畜禽屠宰、销售运输、产品加工与检验及办公、财务、后勤等方面的设备。这里不再一一赘述。

任务4　畜禽的环境条件控制

畜禽养殖环境是指影响畜禽繁殖、生长、发育等方面的生产条件，它是由畜禽舍内温度、湿度、光照、空气的组成和流动、声音、微生物、设施、设备等因素组成的特定环境。在畜禽养殖过程中需要人为进行调节和控制，使畜禽生活在符合其生理要求和便于发挥生产潜力的小气候环境内，从而达到高产目的。

一、畜禽环境的适宜条件

(一)温、湿度

畜禽对环境温、湿度的要求较高,在环境温度适宜或稍微偏高的情况下,湿度稍高有助于舍内粉尘下沉,使空气变得清洁,对防止和控制呼吸道疾病有利。畜禽舍内如果出现高温高湿、高温低湿、低温高湿、低温低湿等环境,对畜禽健康和生产力都有不利影响。为了保证畜禽正常的生长发育和生产性能,需要给其提供适宜的温、湿度。

(1)猪　猪的正常体温为38～39.5℃,对温、湿度敏感,大猪怕热,小猪怕冷。由于猪的汗腺不发达,皮下脂肪厚,热量散发困难,导致猪的耐热性很差。猪舍适宜的空气温、湿度如表2-6所示。

表2-6　猪舍适宜的空气温度和相对湿度

猪舍类别	空气温度/℃	相对湿度/%
种公猪舍	15～20	60～70
空怀妊娠母猪舍	15～20	60～70
哺乳母猪舍	18～22	60～70
哺乳仔猪保温箱	28～32	60～70
保育猪舍	20～25	60～70
生长育肥猪舍	15～23	65～75

(2)鸡　鸡的正常体温为40～42℃,个体小,冷热应激反应明显,处在0℃以下的低温环境时,饲料利用率明显下降。一般认为持续在7℃以下时,对产蛋量和饲料利用率有明显的不良影响。产蛋鸡舍温度超过27℃时,热应激现象明显。鸡舍适宜的空气温、湿度如表2-7所示。

表2-7　鸡舍适宜的空气温度和相对湿度

鸡舍类别	空气温度/℃	相对湿度/%
育雏鸡舍	33～36	60～70
育成鸡舍	18～25	50～60
产蛋鸡舍	13～27	50～60
孵化室	24～26	50～60
孵化器	36～42	55～60
出雏器	37～37.5	65～70

(3)牛　牛的正常体温为37.5～39.5℃,耐寒不耐热,夏季对高温、高湿特别敏感。夏季气温超出26℃,产奶量有较明显的下降,高于35℃,产奶量大幅度下降。高温还降低牛的繁殖性能,主要表现为公牛的精液品质下降和母牛的受胎率降低。牛对低温环境条件的调节能力较强,能耐受低于其体温20～60℃ 的温度范围,试验证明当气温从10℃ 降到零下15℃时,对牛的体温并无不良影响。但冬季对寒风特别敏感,冬季风力达到5级以上,产奶量下

降明显；在一定温度环境中，空气湿度对牛体无明显影响，但在高温和低温环境中，湿度升高将加剧高温或低温对牛生产性能的不良影响。空气湿度在55%～85%时，对牛体的直接影响不太显著，但高于90%则对奶牛危害较大。所以，牛舍内的空气湿度不宜超过85%。牛舍适宜的空气温、湿度如表2-8所示。

表2-8 牛舍适宜的空气温度和相对湿度

牛舍类别	空气温度/℃	相对湿度/%
犊牛舍	12～15	55～75
育肥牛舍	10～15	55～75
一般牛舍	10～20	55～75
分娩牛舍	15	50～80

(4)羊　羊的正常体温为38～39.5℃，因其体表覆盖有厚厚的被毛，耐寒能力强，耐热性差。绵羊的温度适应范围一般为－3～23℃，山羊为0～26℃。一般情况下，羊舍在冬季应至少保持0℃以上，夏季不得超过30℃，相对湿度控制在70%以内。否则，对羊的健康、生长、发育和繁殖等会带来一定的影响，特别是高温环境不利于羊的散热，影响采食和饲料报酬，对公羊精液质量的影响也很大。羊舍适宜的空气温、湿度如表2-9所示。

表2-9 羊舍适宜的空气温度和相对湿度

羊舍类别	空气温度/℃	相对湿度/%
羔羊舍	10～15	50～80
育肥羊舍	8～10	50～80
一般羊舍	8～10	50～80
分娩羊舍	10～18	50～80

(二)空气卫生

造成畜禽舍空气污浊的主要原因有两个方面：一是畜禽呼出的二氧化碳、水蒸气，再加上粪尿分解产生的氨气、硫化氢等有害气体超标所致；二是畜禽的日常饲养管理不当，如圈舍粪污不及时清理、消毒措施不到位、采用干粉料饲喂等。如果畜禽舍空气污浊严重，往往会造成空气中含氧量不足，不但影响畜禽的身体健康，而且还会造成畜禽的生产性能普遍下降。因此，在密闭的畜禽舍内，一定要科学饲养管理，合理通风换气，及时清理粪尿，尽量降低有害气体、尘埃和微生物的浓度。畜禽舍适宜的空气卫生指标如表2-10所示。

表2-10 畜禽舍适宜的空气卫生指标 mg/m³

畜禽舍	氨	硫化氢	二氧化碳
猪舍	≤25	≤10	≤1 500
鸡舍	≤15	≤10	≤1 500
牛舍	≤20	≤10	≤1 500
羊舍	≤20	≤8	≤1 500

(三)通风换气

畜禽舍适宜的通风换气参数如表2-11至表2-14所示。

表 2-11　猪舍适宜的通风换气参数

猪舍类别	通风量/[m³/(h· kg)]			风速/(m/s)	
	冬季	春秋季	夏季	冬季	夏季
种公猪舍	0.35	0.55	0.70	0.30	1.00
空怀妊娠母猪舍	0.30	0.45	0.60	0.30	1.00
哺乳猪舍	0.30	0.45	0.60	0.15	0.40
保育猪舍	0.30	0.45	0.60	0.20	0.60
生长育肥猪舍	0.35	0.50	0.65	0.30	1.00

表 2-12　鸡舍适宜的通风换气参数　　m³/(min·只)

季节	成年鸡舍	青年鸡舍	育雏鸡舍
春	0.18	0.14	0.07
夏	0.27	0.22	0.11
秋	0.18	0.14	0.07
冬	0.08	0.06	0.02

表 2-13　牛舍适宜的通风换气参数

项目	通风量/[(m³/h·头)]			气流速度/(m/s)		
	冬季	过渡季	夏季	冬季	过渡季	夏季
母牛舍	90	200	350	0.3～0.4	0.5	0.8～1.0
产房	90	200	350	0.2	0.3	0.5
0～20日龄犊牛舍	20	30～40	80	0.1	0.2	0.3～0.5
20～60日龄犊牛舍	20	40～50	100～120	0.1	0.2	0.3～0.5
60～120日龄犊牛舍	20～25	40～50	100～120	0.2	0.3	<1.0
4～12月龄育成牛舍	60	120	250	0.3	0.5	1.0～1.2
1岁以上育肥牛舍	90	200	350	0.3	0.5	0.8～1.0

表 2-14　羊舍适宜的通风换气参数　　m³/(min·只)

类别	冬季	夏季
成年绵羊	0.6～0.7	1.1～1.4
育肥羔羊	0.3	0.65

畜禽舍内空气的流动是由于不同部位的空气温度差异而造成的，空气受热，比重轻而上升，留出的空间被周围冷空气填补而形成了气流。高温时只要气温低于畜禽的体温，气流有助于畜禽体表的散热，对其有利；低温时气流会增加畜禽体表的散热，对其不利。因此，畜禽

舍内保持适当的气流和换气量，不仅能使舍内温度、湿度、空气化学组成均匀一致，并且有利于舍内污浊气体的排出。

(四)噪声和光照

1.噪声

畜禽舍的噪声主要来源于三个方面：一是外界传入；二是舍内机械设备生产运行产生；三是生产管理人员操作和畜禽本身活动产生。噪声对畜禽的影响主要表现为应激危害，会对畜禽各器官和系统的正常功能产生不良影响。噪声对猪、禽的应激明显，对牛、羊的应激较弱。一般情况下各类畜禽舍的生产噪声和外界传入的噪声强度，不能超过 80 dB。

2.光照

畜禽舍合理的光照有利于消毒灭菌和提高畜禽的抗病力。同时，光照时间和光照强度对畜禽的繁殖性能也有一定的影响。

(1)猪舍　猪舍内适宜的光照时间和光照强度，可增强母猪的性欲，促进发情，利于排卵；过量的光照时间和光照强度，会使猪的体热调节发生障碍，加剧猪的热应激反应，影响猪的健康。光照时间对育肥猪的影响不太明显，一般认为适当缩短光照时间可使生长育肥猪多吃、多睡、少运动，从而提高猪的日增重。各类猪舍适宜的采光要求如表 2-15 所示。

表 2-15　猪舍适宜的采光要求

猪群类别	自然光照		人工照明	
	采光系数	辅助照明/lx	光照强度/lx	光照时间/h
种公猪	1∶(10～12)	50～75	50～100	14～18
成年母猪	1∶(12～15)	50～75	50～100	14～18
哺乳母猪	1∶(10～12)	50～75	0～100	14～18
哺乳仔猪	1∶(10～12)	50～75	50～100	14～18
保育仔猪	1∶10	50～75	50～100	14～18
育肥猪	1∶(12～15)	50～75	30～50	8～12

(2)鸡舍　鸡舍内的光照条件主要受内部的太阳光照和各种灯光组成的人工光源的影响，内部的太阳光照又要取决于季节、天气条件和鸡舍的采光条件等。同时光照长度和光照强度对蛋鸡有不同的影响。

鸡舍的光照强度要根据鸡的视觉和生理需要而定，过强过弱均会带来不良的后果：光照太强不仅浪费电能，而且鸡会表现出神经质，易惊群，活动量大，消耗能量，易发生斗殴和啄癖；光照过弱，影响采食和饮水，起不到刺激作用，影响产蛋量。

产蛋鸡在不同生长期要求不同的光照时间长度，开始育雏的前几天要求时间较长、光强较大的照射，一般以每天光照 20～23 h、光强 20 lx 比较适宜，有利于雏鸡早饮水和开食；生长阶段要求光照时间较短、光强也相应减弱，从 4 日龄到 18 周龄一般以每天光照 8～9 h、光强 5 lx 比较适宜，19～22 周龄一般以每天光照 10～11 h 比较适宜；23～27 周龄一般以每天光照 12～14 h 比较适宜，27 周龄以上以每天光照 14～16 h 比较适宜；产蛋阶段光照时间宜长不宜短，一般以每天光照 16 h、光强 6～10 lx 比较适宜，不要减弱或逐渐减弱光照强度。

(3)牛舍　牛舍的光照包括自然采光和人工照明两部分。一般条件下，牛舍常采用自然光照，在设计和建造牛舍时，一般用采光系数（牛舍窗户的有效采光面积和舍内地面面积之比）来确定牛舍的采光面积。生产中要求乳牛舍的采光系数为 1∶12，肉牛舍为 1∶16，犊牛舍为 1∶（10～14）。此外，为了生产需要也采用人工照明。人工照明不仅适用于无窗牛舍，自然采光牛舍为补充光照和夜间照明也需安装人工照明设备。人工照明的光源主要有白炽灯和荧光灯两种。奶牛舍内应保持 16～18 h/d 的光照时间，并且要保证足够的光照强度，白炽灯为 30 lx，荧光灯为 75 lx。肉牛舍光照要求见表 2-16。

表 2-16　肉牛舍光照参数

项目	光照时间/h	照度/lx	
		荧光灯	白炽灯
成年肉牛舍	16～18	75	30
产房	16～18	75～150	30
犊牛舍	14～18	75～100	100
育肥牛舍	6～8	50	20

(4)羊舍　羊舍大多为开放式、半开放式和有窗封闭式，主要利用太阳直射光或散射光通过羊舍开露的部分或窗户进入舍内，达到采光的目的。生产中常通过窗户的有效采光面积与羊舍地面面积之比来进行确定，种羊舍一般为 1∶（15～25），羔羊舍 1∶（15～20），育肥羊舍为 1∶（12～15）。

二、畜禽环境的调控措施

畜禽的生产潜力，只有在适宜的环境条件下才能充分发挥。生产实践中，采取有效的环境调控措施，给畜禽创造适宜的环境条件，可显著提高其生产力。

（一）加强消毒卫生

消毒卫生是净化畜禽舍空气环境、消除病原污染的重要措施。畜禽场应严格执行规范化、程序化的消毒防疫和卫生管理制度，合理设计清粪工艺和消毒方法，及时清除粪便和污水，认真搞好畜禽舍周围的绿化，降低空气中的尘埃和微生物，保证畜禽健康。

（二）控制饲养密度

畜禽舍的饲养密度受其类型、品种、年龄、体重、气候和饲养方式等因素的影响。饲养密度过大，采食时间延长，睡眠时间缩短，个体之间的争斗频繁，影响采食量和休息，同时舍内的有害气体、水汽、灰尘和微生物含量增高，造成应激增加和生产力降低，免疫力下降，发病率上升；饲养密度过小，使畜禽舍的建筑面积增加，成本升高，不利于提高生产效益。因此，各类畜禽应按照合理的饲养密度进行饲养管理。

（三）合理通风换气

自然通风的条件下，应充分利用畜禽舍的地脚窗、天窗（钟楼或半钟楼式）、通风屋脊、屋顶风管等，合理布置进气口与排气口，保证使各处的畜禽都能享受到凉爽的气流，但要防止穿堂风对畜禽的危害。自然通风不足时应增设机械通风，特别是大型封闭式畜禽舍，尤其无窗舍，设置进、排气管时均需注意以下问题：一是进、排气管设置要均匀，并保持适当间距，使两管之间无死角区，但也应防止重复进气与排气；二是进、排气管内均设置调节板，以调节气流的方向和通风换气量；三是进、排气口间应保持一定距离，以防发生“通风短路”，即新鲜空气直接从进气口到排气口，不经过活动区而直接被排出。不管是自然通风还是机械通风，都要满足畜禽舍内适宜的温、湿度要求和良好的空气质量，保证畜禽处在一个健康的生产生活环境当中。

(四)冬季防寒保温

合理设计畜禽舍的方位、防潮、采光和通风换气，提高屋顶和墙壁的保温性能；适时堵塞圈舍缝隙，控制门窗开启，加大饲养密度，认真做好日常保温工作；日常保温达不到要求时，可采用集中供暖保温，即利用锅炉等热源，将热水、蒸汽或预热后的空气，通过管道输送到舍内或舍内的散热器，或利用阳光板、玻璃钢窗、塑料暖棚、火炕、火墙等设施来保温。

(五)夏季防暑降温

合理设计畜禽舍的方位、采光、隔热和通风换气，周围栽植树木，绿化遮阴；降低饲养密度，地面洒水，运动场设立遮阴棚；日常保温达不到要求时，可采用机械通风、湿帘降温、滴水降温、喷雾降温等措施来防暑。

(六)预防潮湿霉变

圈舍内湿度过大对畜禽的危害明显。高温低湿使圈舍空气干燥，畜禽皮肤和外露黏膜发绀，易患呼吸道病和疥癣病；高温高湿使畜禽体表水分蒸发受阻，导致畜禽的食欲降低，甚至厌食，导致生产性能下降，还可使饲料、垫草等霉变而滋生细菌和寄生虫，诱发畜禽患病；低温高湿使畜禽体表散发热量增多，寒冷加剧，降低增重和饲料利用率，使畜禽产生风湿、瘫痪、水肿、下痢和流感等疾病。畜禽生产中，舍内湿度过大可采取以下防止措施：①加强通风换气，尽量减少舍内水汽来源；②及时清理粪尿污水，保持圈舍的干燥和卫生；③合理设计圈舍建筑，保证舍内防潮和排污良好；④提高屋顶和墙壁的保温性能，防止水汽凝结。

(七)合理安排光照

实践证明，光照时间和光照强度在一定条件下不仅影响畜禽的健康和生产力，而且影响管理人员的工作环境。因此，不同类别的畜禽舍应根据其采光系数要求，合理设计畜禽舍的有效采光面积和适宜的光照时间，尽量保证光照强度符合畜禽的生理生产要求。一般情况下，牛舍、羊舍、猪舍大多以自然光照为主，晚间辅以适度的人工光照，要求仔畜和生长畜给予的光照时间较长，而成年畜则根据各自的生产特点合理安排适宜的光照时间，产奶畜和妊娠畜光照时间较长。禽类对光照敏感且影响明显。光照不仅影响鸡的饮水、采食、活动，而且对鸡的繁殖有决定性的刺激作用(鸡的性成熟、排卵和产蛋等性能)。在这里主要谈谈鸡的合理光照制度。

(1)光照时间的控制　对于雏鸡和肉仔鸡，光照的作用主要是使它们能熟悉周围环境，进行正常的饮水和采食；对于育成鸡，在 12～26 周龄期间日光照时间长于 10 h，或处于每日光照时间逐渐延长的环境中，会促使生殖器官发育、性成熟提早。相反，若光照时间短于 10 h 或处于每日光照时间逐渐缩短的情况下，则会推迟性成熟期；对于产蛋鸡，每天给予的光照刺激时间达到 14～16 h，才能保证良好的产蛋水平，而且必须稳定。

(2)光照强度的控制　光照强度对鸡的生长发育、性成熟和产蛋都可产生影响。强度小时，鸡表现安静，活动量和代谢产热较少，利于生长；强度过大，则会表现烦躁，啄癖发生较多。5 lx 光照强度已能刺激肉用仔鸡的最大生长，而强度大于 100 lx 对生长不利。对于产蛋，光照强度以 5～45 lx 为宜。

(3)光照颜色的控制　鸡对光色比较敏感。在红、橙、黄光下鸡的视觉较好，在红光下趋于安静，啄癖极少，成熟期略迟，产蛋量稍有增加，蛋的受精率较低；在蓝光、绿光或黄光下，鸡增重较快，成熟较早，产蛋量较少，蛋重略大，饲料利用率略低，公鸡交配能力增强，啄癖极少。总之，没有任何一种单色光能满足鸡生产的各种要求。在生产条件下多数仍使用白光。

(4)光照管理制度　育雏期前 1 周保持较长时间的光照，以后逐渐减少；育成期光照时间应保持恒定或逐渐减少，不可增加。即逐渐减少每天的光照时数，产蛋期逐渐延长光照时数，达到 16～17 h 后恒定；或者育成期内每天的光照时数恒定不变，产蛋期逐渐延长光照时数，达到 16～17 h 后恒定；产蛋期光照时间逐渐增加到 16～17 h 后保持恒定，不可少。

(八)重视噪声危害

噪声对畜禽的食欲、采食量、生长、增重等均有一定的影响，特别是突然发出的噪声，会使畜禽受到惊吓而猛然起立、狂奔，发生撞伤、跌伤或损坏设备。舍内噪声超过 80 dB，会引起家禽产蛋率明显下降，母畜流产率升高、仔畜生长发育减慢等不良现象。此外，强烈的噪声还会影响工作人员的健康，使其工作效率下降。降低畜禽场噪声可采取以下措施：

(1)畜禽场应远离工矿企业、避免交通干线的干扰。

(2)圈舍内机械化作业时，应尽量降低噪声，人员应避免大声喧哗。

(3)畜禽舍周围大量植树。好的绿化条件，可使外界噪声降低 10 dB 以上。

三、畜禽粪污的生态利用

畜禽场粪污综合利用的基本原则是源于农业，回到农业，要求粪便与污水分收、分治；粪便处理无害化和堆肥处理后还田；污水处理通过厌氧工艺(如 USR、CSTR、BFR 工艺等)循环利用，出水用于林果树木、农作物、蔬菜大棚等方面的灌溉。进而促使畜牧业、种植业、林果业之间的可持续发展。

(一)粪污收集技术

1.猪场粪污收集技术

主要有水冲粪工艺、干清粪工艺、水泡粪工艺、生态床工艺等。

(1)水冲粪工艺　水冲粪工艺的主要方法是排放的粪、尿和污水混合进入粪沟，每天数次放水冲洗，粪水顺粪沟流入粪便主干沟或附近的集污池内，然后用排污泵经管道将其抽送到粪污处理区即可。该工艺的主要目的是及时、有效地清除畜舍内的粪便、尿液，保持畜舍环境卫生，减少粪污清理过程中的劳动力投入，提高养殖场自动化管理水平。优点是可保持猪舍内的环境清洁，有利于动物健康，劳动强度小、效率高，也有利于养殖场工人的健康，在劳动力缺乏的地区较为适用；缺点是耗水量大(万头猪场每天需耗水 200～250 t)，污染物浓度高(COD 为 11 000～13 000 mg/L，BOD 为 5 000～6 000 mg/L，SS 为 17 000～20 000 mg/L)，处理难度大。经固液分离出的固体部分养分含量低，肥料价值低。

(2)干清粪工艺　干清粪工艺的主要方法是粪尿一经产生便粪尿分流，干粪由机械或人工收集、清扫、运走，尿及冲洗水则从下水道流出，分别进行处理。该工艺的主要目的是及时、有效地清除畜舍内的粪便、尿液，保持畜舍环境卫生，充分利用劳动力资源丰富的优势，减少粪污清理过程中的用水、用电，保持固体粪便的营养物，提高有机肥肥效，降低后续粪尿处理的成本。优点是只需用一些清扫工具、人工清粪车等，设备简单，不用电力，一次性投资少，还可以做到粪尿分离，便于后面的粪尿处理，缺点是人工清粪劳动量大，生产率低。机械清粪可以减轻劳动强度，节约劳动力，提高工效。机械清粪包括铲式清粪和刮板清粪，缺点是一次性投资较大，故障发生率较高，维护费用及运行费用较高。

(3)水泡粪工艺　水泡粪工艺的主要方法是在猪舍内的排粪沟中注入一定量的用水，粪尿、污水一并排入漏粪地板下的粪沟中，储存一定时间后（一般为1～2个月），待粪沟装满后，打开出口的闸门，将沟中粪污排出，粪便流入主干沟或经过虹吸管道，进入地下贮粪池或用泵抽吸到地面贮粪池即可。该工艺是在水冲粪工艺的基础上改造而来的，优点是可保持猪舍内的环境清洁，有利于动物健康。劳动强度小，劳动效率高，有利于养殖场工人健康，比水冲粪工艺节省用水；缺点是由于粪便长时间在猪舍中停留，形成厌氧发酵，产生大量的有害气体，如 H_2S（硫化氢），CH_4（甲烷）等，恶化舍内空气环境，危及动物和饲养人员的健康，需要配套相应的通风设施。经固液分离后的污水处理难度大，固体部分养分含量低。

(4)生态床工艺　生态床工艺的主要方法是利用活性强大的有益功能微生物复合菌群，长期、持续和稳定地将动物粪尿废弃物转化为有用物质与能量，同时实现将畜禽粪尿完全降解的无污染、零排放目标。它是综合利用微生物学、生态学、发酵工程学、热力学原理，以活性功能微生物作为物质能量"转换中枢"的一种生态养殖模式，优点是节约清粪设备需要的水电费用，节约取暖费用，地面松软能够满足猪的拱食习惯，有利于猪只的身心健康；缺点是粪便需要人工填埋，物料需要定期翻倒，劳动量大；温湿度不易控制；饲养密度小，使生产成本提高。不适于规模猪场。

2.鸡场粪污收集技术

主要有即时清粪工艺、集中清粪工艺、生态养殖工艺等。

(1)即时清粪工艺　该工艺大都采用机械清粪，投资大，舍内空气质量较好，常用的机械有刮粪机清粪，用于阶梯式笼养鸡舍及少数网上平养鸡舍。系统组成主要由控制器、电动机、减速器、刮板、钢丝绳等设备组成；履带式清粪，用于叠层式笼养鸡清粪。系统由控制器、电机、履带等组成。常几个配合使用，直接将粪便输送到运粪车上。

(2)集中清粪工艺　该工艺主要适用于高床单层笼养或高床网上平养的方式。机械设备投资较少、劳动效率高。鸡粪在舍内堆积发酵产生霉败臭气，影响鸡生长发育和正常产蛋。

(3)生态养殖工艺　主要有生态发酵床养殖和野外散养两类。生态发酵床养殖是一种舍饲散养模式，是将菌种、米糠、锯末、玉米粉等按比例混合作为鸡舍的垫料，再利用鸡的翻扒习性使鸡粪、尿和垫料充分混合，通过垫料的分解发酵，使鸡粪、尿中的有机物质得到充分的分解和转化的养殖工艺。野外散养是利用林下昆虫或牧草等食物进行饲养的方式。特点是节水、节约饲料、患病少、肉质好，但发酵床饲养夏季温度太高，饲养密度小，占地多，不易维护。野外散养，要注意轮牧，保持鸡、草、林之间食物供应及粪便消纳的生态平衡。

3.牛场粪污收集技术

主要有人工清粪工艺、机械清粪工艺、水泡粪工艺等。

(1)人工清粪工艺　用铁锨、笤帚等工具将粪便收集成堆或直接装入小粪车，运到舍外集粪点或粪便处理场。国内拴系式的肉牛育肥场采取人工清粪的相当普遍，由于人工清粪，工具简单，操作方便，粪尿分离彻底，在牛场规模较小及拴系饲养的条件下，仍具有一定的生命力。肉牛育肥场采用这种清粪方式的较多。

(2)机械清粪工艺　采用刮粪板将粪便刮进粪沟或贮粪池，再运到粪污处理场或用铲车直接装车运出的清粪方式。舍外运动场的粪便清理常用机械清理。刮粪板多用于奶牛舍内使用，舍外多用铲车、刮板车等机械收集，工作效率较高，设备投资大。

(3)水泡粪工艺　在牛床及牛通道区域设漏缝地板，让牛排出的粪尿直接漏进下面的贮粪池，当有粪便不能漏下时，可采用刮粪板。在耕种时抽出直接施于农田，或进行深度处理。优点是地面相对较干，比较卫生，节约劳动力，缺点是要有较多的土地相配套，基建投资较大。在土地多、劳力少的一些欧洲国家较多。

4.羊场粪污收集技术

主要有即时清粪工艺、集中清粪工艺等。

(1)即时清粪工艺　分人工清粪和羊床下机械清粪两种。前者不设羊床，采用扫帚、小推车等简易工具清扫运出，特点是投资少，劳动量大；后者采用刮粪板将粪便集中到一端，用粪车运走，容易实现机械化，但适于较长的羊舍，设备投资大，易损坏。

(2)集中清粪工艺　分高床集中清粪和加垫料集中清粪两种。前者设羊床，床下70～80 cm高，池底设一定坡度，尿液排出舍外，粪便自然发酵。此方法，粪尿分离，集中出粪，利于机械化清粪，投资较大；后者不设羊床，经常增加垫料，让粪尿与垫料自然混合发酵，当达到一定高度时，集中清理。此方法投资少，节省劳动力，舍内空气质量较差，在北方寒冷地区冬季采取这种模式的较多。

(二)粪便减排技术

1.自然发酵后直接还田

是指粪便在堆粪场或储粪池自然堆腐熟化，作为肥料供农作物吸收消化的处理方式。该处理方法简单，成本低，但机械化程度低，占地面积大，劳动效率低，卫生条件差。该模式适用于远离城市、土地宽广且有足够农田消纳粪便污水的经济落后地区，特别是种植常年需施肥作物的地区，规模较小养殖场。

2.好氧堆肥法生产有机肥

主要以常温发酵工艺为主，好氧微生物在适宜的水分、酸碱度、碳氮比、空气、温度环境因素下，将畜禽粪便中各种有机物分解产热生成一种无害的腐殖质肥料的过程。特点是设备采用机械化操作，主要流程为：加菌、混合、通气、抛翻、烘干、筛分、包装。比自然堆肥生产效率高，占地较少。主要方式有：

(1)条形堆腐处理　在敞开的棚内或露天将畜禽粪便堆积成宽1.5 m、高1 m的条形，进行自然发酵，根据堆内温度，人工或机械翻倒，堆制时间需3～6个月。

(2)大棚发酵槽处理　修筑宽8～10 m，长60～80 m，高1.3～1.5 m水泥槽，畜禽粪便置入槽内并覆盖塑料大棚，利用翻倒机翻倒，堆腐时间20 d左右。

(3)密闭发酵塔堆腐处理　利用密闭型多层塔式发酵装置进行畜禽废弃物堆腐发酵处理，堆腐时间7～10 d。

(4)烘干处理　大多利用横式圆通装置，烧煤直接烘干的处理方法，多用于鸡粪处理。好氧堆肥法生产有机肥工艺如图2-109所示。

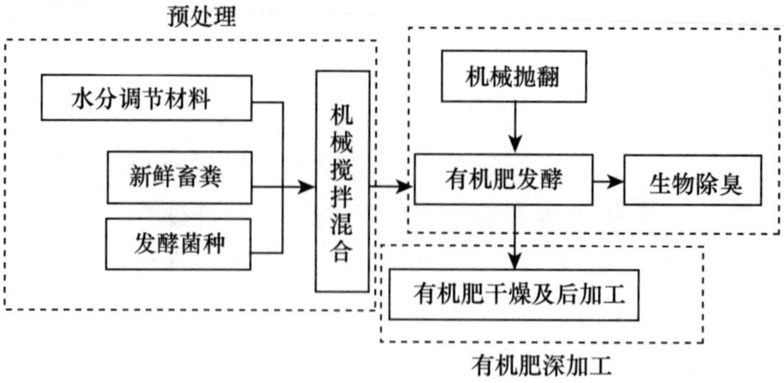

图 2-109 好氧堆肥法生产有机肥工艺

3. 自动化高温生产有机肥

从原料混合到发酵采用一体化处理，混合、搅拌、控温、通气，实现自动控制。采用 90～95℃高温处理，使病菌、寄生虫卵、草籽被彻底杀灭，避免了二次污染，产品质量较高。主发酵时间只需 24 h 完成，节约空间，节约时间，生产效率高。自动化高温生产有机肥如图 2-110 所示。

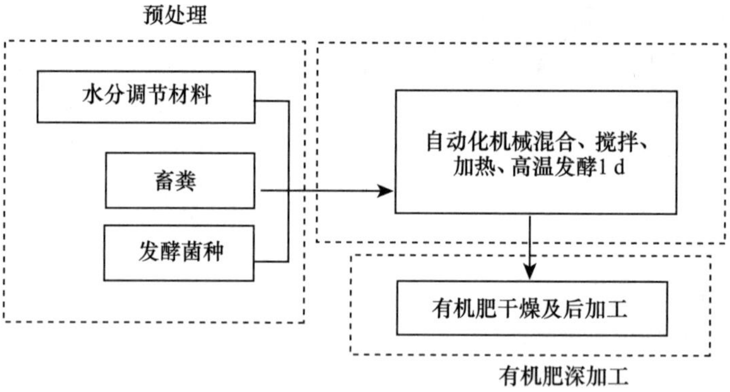

图 2-110 自动化高温生产有机肥工艺

4. 有机肥深加工生产工艺

主要是将发酵腐熟的有机肥进一步进行深加工，根据不同植物对营养的需求，加入辅料，制成各种专用肥。

5. 病死牲畜处理工艺

主要有填埋井填埋处理(或化尸池)、焚烧炉焚烧处理 、无害化处理(加工有机肥)。

(三)污水减排技术

(1)直接还田利用　这是一种采用物理沉淀和自然发酵来达到粪污减排目的的方法。养殖场内的污水/尿液在储存池内进行沉淀和自然发酵，沉淀后出水供周边农田或果园利用，池底沉积粪污作为有机肥直接利用或和固体粪便一起进行有机肥生产。该方法建设简单，操作方便，成本较低，但对粪污处理不够彻底，处理效率低下，需要经常清淤，且周边要有大量农田消纳粪污，部分小型养殖场采用。

(2)厌氧—沼液沼渣农业综合利用　污水和尿液经过格栅(固液分离)，将残留的干粪和残渣出售或生产有机肥。而污水则进入厌氧池进行发酵。发酵后的沼液还田利用，沼渣可直接还田或制造有机肥。特点："养—沼—种"结合，没有沼渣、沼液的后处理环节，投资较少，能耗低，需专人管理，运转费用低。需要有大量农田（蔬菜大棚、水生作物）来消纳沼渣和沼液，要有足够容积的储存池来贮存暂时没有施用的沼液。该方法适用于气温较高、土地宽广、有足够的农田消纳养殖场粪污的农村地区。

（3）厌氧—好氧—深度处理　污水和尿液经厌氧发酵后，厌氧出水再经好氧及自然处理系统处理，达到国家和地方排放标准，既可以达标排放，也可以作为灌溉用水或场区回用。工艺流程如图2-111所示。

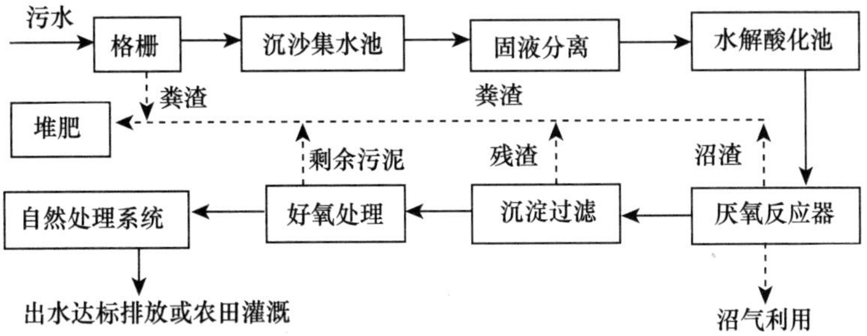

图2-111　厌氧—好氧—深度处理工艺

特点：占地少，适应性广，但投资大，能耗高，运行费用大，机械设备多，维护管理复杂。

畜禽污水自然处理系统有人工湿地、土地处理和稳定塘技术。如表2-17所示。

表2-17　畜禽污水自然处理系统

反应器名称	优点	缺点	适用范围
CSTR（高温厌氧处理器）	投资小、运行管理简单。	容积负荷率低，效率较低，出水水质较差。	适用于SS含量很高的污泥处理。
UASB（上流式厌氧污泥床处理器）	处理效率高，耐负荷能力强，出水水质相对较好。	投资相对较大，对废水SS含量要求严格。	适用于SS含量低的有机水。
USR（一体化氧化沟处理器）	处理效率较高，投资较省、运行管理简单，容积负荷率较高。	对进料均布性要求高，当含固率达到一定程度时，必须采取强化措施。	适用于含固量高的有机废水。

【能力训练】

技能一　畜禽舍饲养环境的评价

一、训练内容

某畜禽场地处我国西北地区，2013年4月技术人员对其猪舍、鸡舍、牛舍、羊舍的环境卫生指标进行了调查研究和数据检测统计，如表2-18至表2-22所示。

表 2-18 猪舍适宜的空气温度和相对湿度

猪舍类别	空气温度/℃	相对湿度/%
空怀妊娠母猪舍	20～25	40～50
哺乳母猪舍	25～30	80～90
保育猪舍	15～20	60～70
生长育肥猪舍	10～15	50～60

表 2-19 鸡舍适宜的空气温度和相对湿度

鸡舍类别	空气温度/℃	相对湿度/%
育雏鸡舍	33～36	60～70
育成鸡舍	18～25	50～60
产蛋鸡舍	13～27	50～60

表 2-20 牛舍适宜的空气温度和相对湿度

牛舍类别	空气温度/℃	相对湿度/%
犊牛舍	20～25	80～85
育肥牛舍	18～20	55～75
一般牛舍	10	50～80
分娩牛舍	10～15	50～60

表 2-21 羊舍适宜的空气温度和相对湿度

羊舍类别	空气温度/℃	相对湿度/%
羔羊舍	20～25	50～80
育肥羊舍	8～10	50～80
一般羊舍	5～10	30～50
分娩羊舍	10～18	50～80

表 2-22 畜禽舍适宜的空气卫生指标 mg/m³

畜禽舍类别	氨	硫化氢	二氧化碳
猪舍	≤30	≤15	≤2 000
鸡舍	≤20	≤15	≤1 500
牛舍	≤25	≤15	≤2 000
羊舍	≤25	≤10	≤1 500

请根据 GB/T 19525.2—2004《畜禽场环境质量评价标准》，对表 2-18 至表 2-22 所示的各类畜禽舍环境指标是否满足要求进行评价。

二、评价标准

根据 GB/T 19525.2—2004《畜禽场环境质量评价标准》规范要求，对各类畜禽舍环境参数矫正后的适宜值，如表 2-6 至表 2-10 所示。

技能二　畜禽舍湿帘-风机降温系统的应用

一、训练内容

某畜禽场地处我国干燥炎热地区，夏秋季节气温很高，畜禽热应激现象明显。为了有效降低圈舍温度，技术人员设计安装了湿帘-风机降温系统，改进了畜禽舍的温、湿度条件。畜禽的生长发育和生产性能趋于正常。如图 2-112、图 2-113 所示。

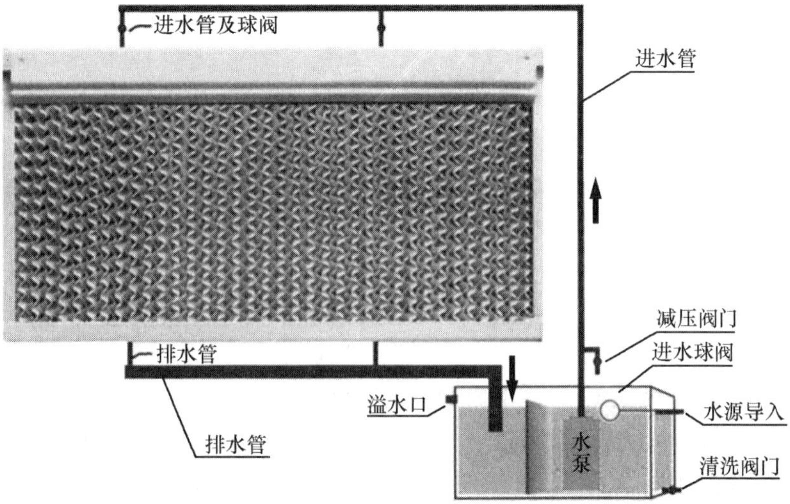

图 2-112　湿帘降温系统结构示意图

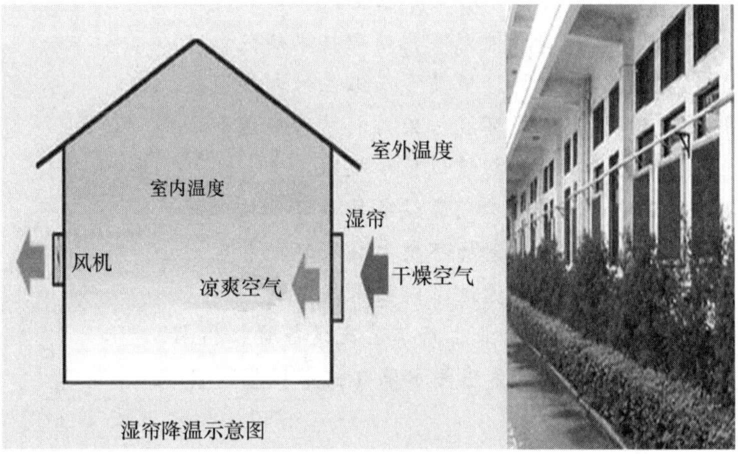

图 2-113　湿帘-风机降温系统安装示意图

请根据图 2-112 和图 2-113 的示意，说明湿帘-风机降温系统的工作原理和操作方法。

二、评价标准

(一)工作原理

湿帘-风机降温系统主要由循环水箱、水泵、供水管道、湿帘、风机、回水管道及相应的调节阀等组成。要求湿帘和风机分别装在密闭房舍的两面山墙上。风机抽风时，造成室内负压，迫使室外未饱和的空气流经湿帘多孔湿润表面，引起水分蒸发吸收大量潜热，从而降低空气自身的温度。湿帘风机降温系统运行时，将源源不断地把蒸发降温后的低温空气引入室内进行降温。

(二)操作方法

湿帘风机-降温系统主要是通过湿帘和风机将空气、水和通风联合起来，达到降温的目的。

(1)降温操作　在通风的条件下，畜禽舍干燥闷热时，先开启水帘；开启水帘时应先关掉负压风机，待水帘上的水从上方流到下方，看到水帘内水珠和水珠之间连成一线时，再把负压风机打开，这样就会使外面的新鲜空气通过水帘不断地被吸进来，进而达到降温的目的。

(2)通风操作　如果天气凉爽或畜禽舍不需要降温时，可选择只开风机不开水帘，风机开启台数依天气情况而定，此功能可以把闷热的空气、粉尘和有害气体等全部排出舍外。

(3)湿帘操作　当阴雨天气时，关小水帘上面的水量调节阀，水帘上分布的水少，进入室内的空气湿度下降；当天气炎热时，开大水量调节阀，只要不喷水出来，都是在调节的范围之内，此时水帘上分布的水多，进入室内的空气湿度升高，舍温下降。机组运行一年后，应对水泵、调水阀进行保养，对蒸发介质进行一次彻底的清洗。若长时间停用应关闭供水管阀门及自来水球阀，以防损坏系统及蚊虫滋生。

【信息链接】

1. GB/T 8186—2005《挤奶设备结构与性能》
2. NY/T 1168—2006《畜禽粪便无害化处理技术规范》
3. NY/T 1167—2006《畜禽场环境质量及卫生控制规范》
4. NY/T 1169—2006《畜禽场环境污染控制技术规范》
5. NY/T 1237—2006《草原围栏建设技术规程》
6. NY/T 1023—2006《饲料加工成套设备质量评价技术规范》
7. GB/T17824.3—2008《规模猪场环境参数及环境管理》
8. NY/T 1755—2009《畜禽舍通风系统技术规程》
9. GB/T 23491—2009《饲料企业生产工艺及设备验收指南》
10. GB/T 27522—2011《畜禽养殖污水采样技术规范》

Project 3

畜禽的饲料加工与生产供应

学习目标

了解畜禽的常用饲料及配合生产；掌握畜禽的饲料加工及调制方法；理解畜禽场的饲料筹措及合理供应。

【学习任务】

任务5 畜禽的饲料类型与加工调制

一、畜禽的常用饲料

畜禽的常用饲料其组成主要包括能量饲料、蛋白质饲料、矿物质饲料、饲料添加剂、粗饲料和青饲料六大类。

(一)能量饲料

能量饲料是畜禽配合饲料的基础原料。指在干物质中粗纤维含量小于18%,粗蛋白含量低于20%,每千克含消化能在10.46 MJ以上的饲料。包括禾本科植物籽实及其副产品(玉米、大麦、米糠、小麦麸等)、块根块茎瓜果类(甘薯、马铃薯、胡萝卜、南瓜等)和其他加工副产品(如油脂、糖蜜、乳清粉、草籽等)。

(1)玉米 玉米是配合饲料中主要的能量供应原料,适口性好,能量值高,但赖氨酸、蛋氨酸和色氨酸含量较低,饲用过多会使畜禽体内的脂肪增加,使用比例一般为50%~70%。

(2)小麦麸 小麦麸质地松散,容积大,适口性好,含有轻泻性的镁盐,有助于胃肠蠕动和通便润肠,是妊娠母畜的良好饲料,但幼畜不宜过多使用。使用比例一般为10%~20%。

(二)蛋白质饲料

蛋白质饲料是畜禽配合饲料的基础原料。指干物质中粗纤维含量小于18%,粗蛋白含量大于20%的饲料。蛋白质饲料包括植物性蛋白质饲料(豆类籽实、饼粕类)和动物性蛋白质饲料(鱼粉等)。

(1)植物性蛋白质饲料 植物性蛋白质饲料主要包括豆饼、豆粕、菜籽饼、胡麻饼等,蛋白质含量丰富,粗纤维含量低,能量值较高,是配合饲料中常用的原料。一些饼粕类饲料中含有毒素及抗营养因子,在配合日粮时,必须进行处理。使用比例一般不超过10%~30%。

(2)动物性蛋白质饲料 动物性蛋白质饲料主要包括鱼粉、蚕蛹和乳类等,蛋白质含量高(如鱼粉含粗蛋白质55%~75%)、氨基酸较平衡,钙、磷多且平衡性好,生物学效价高。另外此类饲料体积小、纤维素含量很低,是配合饲料中良好的蛋白质补充料。由于价格高,使用比例一般在10%以下。

(三)矿物质饲料

矿物质饲料是指天然和工业合成的为畜禽提供常量元素的饲料,如食盐、石粉、贝壳粉、骨粉、蛋壳粉等。矿物质饲料营养物质单一、用量较小,但不可缺少。配合饲料中常用的矿物质饲料以补充钙、磷、钠、氯等常量元素为主。添加量随畜禽类别和生产特点不同而不同,一般在畜禽日粮中的添加量不超过1%~5%。

(四)饲料添加剂

饲料添加剂包括补充微量元素(主要有铁、铜、锌、锰、碘、钴和硒等)、维生素(B族维生素和维生素D等)和氨基酸(如赖氨酸、蛋氨酸和色氨酸)的营养性添加剂和保证饲料使用效果的非营养性添加剂,如防腐剂、防霉剂、抗氧化剂、着色剂、调味剂、药物保健剂及生长促进剂等。添加剂在畜禽日粮中所占比例很小，但作用很大，使用时应严格按照使用说明掌握其用法、用量。另外，添加剂化学稳定性差，相互之间容易发生化学反应，畜禽场不宜自行生产和配制添加剂，建议从可靠的生产厂家和经销单位选购符合标准的添加剂产品。一般在畜禽日粮中的添加量不超过1%～3%。

(五)粗饲料

畜禽的粗饲料是指干物质中粗纤维含量达到或超过18%，粗蛋白质含量小于14%，并以风干物形式饲喂的饲料。主要包括青干草、秸秆、秕壳和树叶等，是牛、羊养殖最常用的饲料类别之一。粗饲料来源广，成本低，粗纤维含量高，适口性差，消化率和营养价值也较低。但由于粗饲料容积较大，质地粗硬，对家畜肠胃的蠕动有一定刺激作用，对牛、羊而言，这种刺激有利于正常反刍和消化，是饲养过程中不可缺少的一类饲料。猪、禽日粮中添加较多的是苜蓿草粉，使用比例多为20%～30%；牛、羊日粮中添加较多的是苜蓿草粉、玉米、大麦、燕麦、青稞及小麦等农作物的秸秆，使用比例多为50%～70%。一般情况下，牛、羊日粮结构中的精粗比多为50∶50、40∶60。

(六)青饲料

(1)青贮饲料　青贮饲料是指把青贮的原料如全株玉米、秸秆、苜蓿或其他牧草，切碎后装入青贮窖、青贮塔、青贮壕内，压实密封，经微生物发酵而制成的具有酸性芳香味的一类饲料，适口性好，营养素丢失少，可以全年均衡供应，在牛、羊饲料中广泛应用。它是利用乳酸菌发酵产生大量乳酸，降低pH，使饲料呈酸性，从而抑制有害菌生长，保护青饲料营养价值的一种保存方法。优质青贮饲料应为：颜色黄绿、柔软多汁、气味酸香、适口性好。如玉米秸秆青贮带有很浓的酒香味。青贮饲料的生产用量应视牛、羊的品种、年龄、用途和青贮的质量而定。给牛、羊饲喂青贮饲料时，应由少到多，逐渐增加，1周左右增至正常饲喂量。牛只饲喂青贮饲料的用量，如以青贮饲料作为全部粗料时，饲喂时需添加一定量的小苏打，要求青年牛及成年母牛按每天每100 kg体重饲喂2.0～3.0 kg，产奶牛每天每100 kg体重饲喂4.0～6.0 kg计算即可；羊只饲喂青贮饲料的用量按成年羊体重的2%～3%，育成羊体重的3%～4%，育肥羊体重的4%～5%计算即可。

(2)青绿饲料　主要包括天然野草、人工栽培牧草、青刈作物和可利用的新鲜树叶等，这类饲料分布很广，养分比较完全，而且适口性好，消化利用率较高。有条件时给处于妊娠和哺乳阶段的母畜及生长、种用的畜禽，补饲青绿饲料，可有效提高其繁殖性能。在畜禽生产中，由于这类饲料受季节、来源等因素的限制，青绿饲料大多用来制作青干草和青贮饲料，而直接用于畜禽饲喂，常见于千家万户的农民养畜。

二、畜禽的饲料加工

为了提高饲料的适口性、去除某些有毒有害物质、便于消化和吸收，畜禽饲料在饲喂前一般都要进行加工和调制。饲料原料的加工方式主要有粉碎、制粒、发酵、青贮、碱化、氨化、微贮、晾晒等；调制方式主要有蒸煮、焙炒、发芽、糖化、打浆、湿润等。

(一)粉碎

粉碎是所有配合饲料产品加工中的必要工段，也是能耗最高的工段之一，既是满足畜禽采食消化饲料所必需，又是实现后续的配料、混合、成型加工的前提条件，一般分粉碎、微粉碎和超微粉碎三种类型。粉碎是指通过撞击、剪切、研磨或其他方法，使物料颗粒变小；微粉碎是指将物料粉碎至全通过 0.42 mm 筛孔(40 目筛)的粉碎；超微粉碎是指将物料粉碎至95%通过 0.15 mm 筛孔(100 目筛)的粉碎。选用的畜禽饲料不但要关注其营养成分，而且还应关心如何粉碎才能使其养分被畜禽充分利用。饲料的粉碎粒度应大小适中，过粗不利于畜禽的消化利用，过细易导致畜禽患溃疡病。饲料的最佳粉碎粒度因不同的畜禽品种、饲养阶段、原料组成、调质熟化和成型方式而不同。一般分为谷物饲料的细粉碎(≤1 mm)和粗粉碎(1～2 mm)及秸秆类饲料的铡短切碎(5～10 mm)等形式。谷物籽实在猪、禽饲料中常以细粉碎为多，在牛、羊饲料中常以粗粉碎为多；干草及秸秆类饲料在牛、羊生产中应用广泛，如果单独饲喂，可铡短、揉搓、切碎进行，如果与精饲料混合饲喂，以粗粉碎为主进行；品质良好的青干草在猪、禽日粮中搭配使用，应以细粉碎方式为主进行。

(二)制粒

颗粒饲料是配合饲料产品中的一种，是一种由混合料或单一饲料(牧草、饼粕等)经挤压作用而制成型的粒状饲料。优点是适口性增加，饲料损失减小，限制畜禽挑食，减少饲料浪费，同时还能提高纤维素和一些被束缚的营养素的利用率，如尼克酸，植酸磷等；缺点是制粒成本较高，引起部分营养素生物学价值降低，如赖氨酸、维生素等。

1.干挤法

这是小型饲料厂常用的一种方法。即用一台制粒机将粉料在压力的作用下挤压成颗粒，不加水，不加蒸汽。它只是由机器外压制成，没有发生任何化学变化。

2.蒸汽调质法

这种方法包括几道工序，如制粒、冷却、破碎、分级等工序。

(1)制粒工艺　调质工艺是制粒过程中最重要的环节，调质的好坏直接决定着颗粒饲料的质量。调质目的即将配合好的粉料用饱和蒸汽调质成为具有一定水分、一定温度、有利于制粒的粉状饲料。制粒工艺是物料在供料区基本不受外力作用，处于原粉料的固结状态。随着模辊的转动，物料进入压紧区。在此区域内，物料受到模辊的挤压作用，粉料间产生相对运动，随着物料向前推进，挤压力逐渐增大，移动速度加快，物料间产生了一定的连接。物料进入挤压区后，挤压力急剧加大，粉料进一步排紧，接触面进一步增大，产生了好的连接。当挤压力继续增加，超过模孔内料栓的摩擦力时，具有一定密度和连接力的物料则被挤压进入模孔。在模孔内，经过一定时间挤压后，形成颗粒饲料。

(2)冷却工艺　在制粒过程中由于通入了高温、高湿的蒸汽，同时物料被挤压产生大量的热，使得颗粒饲料刚从制粒机出来时，含水量达 16%～18%，温度高达 75～85℃。在这种条件下，颗粒饲料容易变形破碎，贮藏时也会产生黏结和霉变现象，必须使其水分降至 14%以下，温度降低到比空气温度高 8℃以下，这就需要冷却。不同的冷却工艺，颗粒饲料的冷却过程不同，但颗粒饲料的冷却过程都既是蒸发冷却过程，也是湿热传递过程。

(3)破碎工艺　在颗粒机的生产过程中，为了节省电力，增加产量，提高质量，往往是将物料先制成一定大小的颗粒，然后再根据畜禽饲用时的粒度用破碎机破碎成合格的产品。冷却后的物料经活门进入破碎机，这时物料稳定均匀地流入一对转速不同、向内反向旋转、齿行不同的轧辊间，受到轧辊的剪切和挤压作用而破碎。

(4)分级工艺　颗粒饲料经破碎工艺处理后，会产生一部分粉末凝块等不符合要求的物料，因而破碎后的颗粒饲料需要筛成颗粒整齐、大小均匀的产品。物料进入分级筛，分级筛不停地振动，符合要求的产品进入料仓称重打包，不符合要求的产品重新返回制粒机制粒。

(三)发酵

发酵是通过微生物的作用增加饲料中的B族维生素和各种酶、醇等芳香刺激性物质。发酵饲料是指用饲料发酵剂(酶制剂、微生态制剂、活性肽制剂等)对秸秆、泔水、豆渣、畜禽粪便等进行厌氧处理，形成的产品不但具有适口性好、均质、蓬松、消化利用率高等特点，而且还能提高畜禽免疫力，节约饲养成本，降低劳动强度。发酵步骤如下：

(1)菌种制作　筛选脱毒效果好，生长繁殖旺盛，产酸能力强的菌种作为生产菌种并严格控制逐级扩大培养的过程，保证菌种无杂菌污染。

(2)原料粉碎　严格控制粉碎粒度，以保证发酵物料接种量均匀。

(3)料菌混合　严格控制混合时间，保证饲料水分和接种均匀。

(4)厌氧发酵　发酵池严格按消毒规程杀菌消毒，要求严格密闭控制和厌氧环境，温度控制在20～40℃。发酵完毕，尽快包装，要求物料压实和密闭。

(5)发酵实例　利用酵母菌处理粉状饲料，按每100 kg粉碎的籽实加酵母0.5～1.0 kg。方法为：先用温水将酵母稀释，在150～200 kg(30～40℃)的温水中边搅拌、边倒入100 kg的饲料搅拌均匀，以后每30 min搅拌1次，经6～9 h发酵完成。发酵箱内的饲料厚度以30 cm为宜，温度为20～27℃，并要求有良好的通气条件。

(四)青贮

青贮饲料是养殖规模较大的奶牛场、育肥牛场、种羊场的首选粗饲料，适口性好，营养成分全面，经济效益显著。青贮的技术要点和方法步骤如下：

1.技术要点

(1)选择合适的原料　乳酸菌发酵需要一定的糖分，青贮原料中含糖量不宜少于1.0%～1.5%，否则会影响乳酸菌的正常繁殖，青贮饲料的质量难以保证。对于含糖少的原料，可以和含糖多的原料混合青贮，也可以添加3%～5%的玉米面或麦麸单独青贮。

(2)确定适宜的时间　利用农作物秸秆青贮，要掌握好时机，过早或过迟会影响青贮质量。青贮玉米秸秆在籽实蜡熟而秸秆上又有一定数量的绿叶、茎秆中水分较多时进行较好。

(3)排除空气　乳酸菌是厌氧菌，只有在厌氧条件下才能进行繁殖。因此在青贮时，原料要切得长短适宜，尽量踩实，排除空气，并缩短铡短装料的过程，密封严实。

(4)创造适宜的温度　原料温度在25～35℃时，乳酸菌会大量繁殖，很快占主导优势，致使其他一切杂菌都无法活动繁殖，若原料温度在50℃以上时，丁酸菌就会生长繁殖，使青贮料出现臭味，以致腐败。

(5)掌握好水分　适于乳酸菌繁殖的含水量为70%左右，过干，不易踩实，温度易升高；过湿，酸度大，牛、羊不爱吃。玉米植株70%的含水量相当于下边有3～5片干叶；如果全株青贮，砍后可以晾晒半天，青黄叶比例各半。

2.方法步骤

(1)设施与设备　制作青贮饲料需要有一定的容器，如青贮窖(坑)、青贮塔、青贮缸和青贮饲料袋等，这些都要提前选择、购置或建造。根据青贮原料的品种和数量确定容器的容量。青贮窖(坑)最好是用砖砌、水泥抹面，并选择地势高燥、地下水位低和土质僵硬向阳的地方，以防渗水、倒塌。挖好窖后，应晾晒1～2 d，以减少窖壁水分，增加窖壁硬度，窖的四周应有排水沟，以防雨水流入窖内。旧窖（坑）在使用前要清理出杂物，修补并消毒。

（2）收割和切短　待到原料植株达到收割适期时，选择晴好的天气收割。原料收割后立即运到青贮地点，将青贮秸秆原料切短，长度为 2～5 cm。

（3）装填和压实　装窖前先在窖底铺一层 15～20 cm 厚的麦草或其他秸秆，窖壁四周可铺一层塑料薄膜，加强密封，防止透水漏气。如果原料含水量大，在装填时要掺入适量的糠麸以调节含水量。装填青贮秸秆时，应逐层装入，每层装 15～20 cm，随装随压实。添加糠麸、谷实等进行混合青贮时，要在压紧前分层混合。压实的方法：小型窖可用人力踩踏，大型长壕可用链轨拖拉机等，要特别注意压紧窖的边缘和四角。这样层层装填、压实，直至高出窖口 50～60 cm 为止。

（4）密封和管理　装满秸秆后即可加盖封顶。先覆盖一层塑料薄膜，再盖一层厚 20～30 cm 切短的秸秆或软草，然后盖上厚 30～50 cm 洁净的湿土，并做成馒头形（圆窖）或屋脊形（长窖），盖土的边缘要超出窖口四周外围，以利排水。用塑料袋做青贮时，装满秸秆后用细绳扎紧袋口即可。青贮后 1 周内，随时检查、修整封土裂缝、下陷等，避免雨水流入和漏气。青贮秸秆装窖密封，经 1.5 个月后，便可开窖饲喂。

（五）碱化

利用强碱液处理秸秆，破坏植物细胞壁及纤维素构架，易被消化液渗透，从而使粗纤维素消化率提高至 50%以上，同时增加采食量 20%～45%。

（1）石灰液处理法　用 100 kg 切碎的秸秆，加 3 kg 生石灰或 4 kg 熟石灰，食盐 0.5～1 kg，水 200～250 L，浸泡 12 h 或一昼夜捞出晾晒 24 h 即可饲喂，不必冲洗。

（2）氢氧化钠液处理法　100 kg 切碎秸秆，用 6 kg 的 1.6%的氢氧化钠溶液均匀喷洒，然后洗去余碱，制成饼块，分次饲喂。秸秆经碱化处理后，有机物质的消化率由原来的 42.4%提高到 62.8%，粗纤维消化率由原来的 53.5%提高到 76.4%，无氮浸出物消化率由原来的 36.3%提高到 55.0%。

（六）氨化

秸秆的氨化处理是指利用尿素、液氨、碳铵和氨水等，在密闭的条件下对秸秆进行氨化处理。其优点是操作简便、成本低，可提供一定的氮素营养，能明显提高秸秆的消化率和粗蛋白水平，改善适口性，提高采食量，对环境基本无污染，氨化处理秸秆在世界范围内被广泛应用。根据采用的氮源不同而常分为以下 3 种方法：

（1）尿素氨化法　按秸秆量的 3%加入尿素，即将 3 kg 尿素溶解于 60 kg 水中，逐层均匀地喷洒在 100 kg 秸秆上，用塑料薄膜压紧。由于秸秆中含有脲酶，在该酶的作用下，尿素分解放出氨，从而达到氨化的目的。在尿素短缺的地方，用碳铵也可进行秸秆氨化处理，其方法与尿素氨化法相同，只是由于碳铵含氨量较低，其用量须酌情增加。

（2）液氨氨化法　将切碎的秸秆喷入适量水分，使其含水量达到 15%～20%，混匀堆垛，上盖塑料薄膜，底边四周用泥土密封，在垛长轴的中心埋入一根带孔的硬塑料管，与液氨罐相连，按秸秆干物质重量的 3%通进液氨，氨气很快遍及全垛。氨化处理时间取决于气温，气温低于 5℃时需 8 周以上；5～15℃需 4～8 周；15～30℃需 1～4 周。启封后通风 12～24 h 待氨味消失，即可饲喂。

（3）氨水氨化法　用含氨量 15%的农用氨水，按秸秆重 10%的比例，把氨水逐层均匀喷洒于秸秆上。喷洒完氨水后，用塑料薄膜将垛封严。该方法在气温不低于 20℃时，5～7 d

氨化完成，启封后 12～24 h 待氨味消失即可饲喂，也可按上述液氨的“堆垛法”处理。

研究结果表明，液氨氨化法和尿素氨化法处理秸秆效果最好，氨水和碳铵效果稍差。用液氨氨化效果虽好，但必须使用特殊的高压容器（氨瓶、氨罐、氨槽车等），从而增加了成本，也增加了操作的危险性。相比之下，尿素氨化不仅效果好，操作简单、安全，也无须任何特殊设备，无疑是一种秸秆氨化处理的好方法。

（七）微贮

即利用微生物在发酵过程中分解秸秆中的半纤维素、纤维素等，再连同菌体饲喂。微贮对改善秸秆的营养价值、提高粗蛋白含量有一定效果。目前秸秆的生物加工处理方法有两种，即秸秆发酵处理和酶-酵母加工处理。

1. 秸秆发酵处理

对秸秆饲料发酵处理，一般采用两种方法：一种是将含糖物质（糖蜜或粉碎的甜菜）加在碎秸秆上，通过掺入过磷酸钙和尿素来培养酵母；另一种就是先对纤维素进行水解，然后再进行发酵，现分别加以简要介绍。

（1）掺入酵母发酵法　先将粉碎的秸秆用热水浸湿并掺入酵母，分层装入木箱或塑料袋中，置于 24～26℃的条件下，发酵 12 h 以上。采用此法，原理是使盐溶液在温度 100～105℃和较高的压力下，作用于秸秆，使部分纤维转化为糖类。将加工处理过的秸秆冷却到 32～35℃，然后加入发酵剂（均占秸秆重的 3%～5%）进行搅拌，在 27～30℃的温度下发酵 2 昼夜即可。

（2）掺糖类物质发酵法　将 400～600 L 水注入容积 3～7 m^3 的贮罐中，通入蒸汽，将水加热到 60～65℃，然后再将秸秆装入贮罐。如贮罐可容纳 1 t 饲料，则经过粉碎的秸秆数量不应超过混合物重量的 30%～35%，其余 65%～70%应为掺入的含淀粉或糖类的粉碎饲料，如谷物、糖用甜菜和糖蜜等。此外，贮罐中还应加入过磷酸钙和硫酸铵的萃取物，以及 10～15 kg 的麦麸和 0.2～0.3 L 浓盐酸。待上述工序完成后，将混合饲料用搅拌器拌匀，通入蒸汽，使混合料在 80～90℃下保持 1.5～2 h，然后在 28～30℃下通风冷却，再按贮罐中内容物的重量加入 5%～8%的发酵剂，并仔细搅拌，每隔 2～3 h 一次，这样经过 9～12 h 即可。

2. 秸秆饲料酶——酵母加工处理

是用酵母菌将秸秆进行发酵处理，以产生酵母发酵饲料的一种秸秆调制方法，采用这种方法加工处理的饲料，具有禾本科牧草青贮料的面包香酸味，饲料中蛋白质和纤维素的消化率可分别提高到 80%和 85%，与谷物饲料的水平相当。这种方法在拥有饲料车间和配备有搅拌和蒸煮设备的畜牧场均可使用。具体方法如下：

（1）先将切碎的 500～700 kg 秸秆送入搅拌—蒸煮设备中，启动搅拌器，并依次加入尿素 10～15 kg、磷酸二铵 10 kg、磷酸二氢钙 10 kg 和食盐 10 kg，之后继续加料，并每隔 5～10 min 给搅拌-蒸煮容器送一次蒸汽，直到加料工序结束，使饲料混合物在 90～100℃的条件下蒸煮 50～60 min。在此期间，搅拌器应每运转 10～15 min 间歇一次，这样便达到了高温灭菌和饲料与各种矿物质盐及添加剂充分混合的目的，并能使尿素分解产生氨气，使纤维进一步得到破坏。

（2）高温灭菌后为防止酶失去活性，应采用自来水或空气将混合料冷却至 50～55℃以下，然后再按每吨秸秆 5 kg 的比例，向搅拌机中加入各种酶制剂，发酵应持续 2 h，其间搅拌机每运转 10～15 min 间歇 10 min，发酵结束时，混合料中的温度应降至 28～32℃。此时，再向搅拌机内加入 100～150 L 的“酵母乳”。

(3)制取“酵母乳”的方法　每4.5～5.0 t秸秆混合料应用30～40 kg的麸皮或面粉或20 kg糖蜜，将其拌入100～150 L热水中，在28～32℃的条件下，向这种液态混合物中按4∶1的比例加入10 kg的面包酵母和0.5 kg的酶制剂，充分搅拌后，再充分暴露于空气之中，以强化酵母生长。

(八)晾晒

牧草的晾晒方法主要有三种，即自然干燥法、人工干燥法(牧草烘干机)和物理化学干燥法。自然干燥法不需要特殊的设备、成本低，但易受自然气候条件的制约，而且劳动强度大、效率低，调制的干草质量差一些；人工干燥法则是利用一定的干燥设备来调制干草的方法，这种方法可以克服自然干燥法对天气状况的依赖，并减少微生物、生理化过程、雨淋和枝条折断等因素对干草质量的影响，但人工干燥法的成本高；物理化学干燥法是利用物理和在草中添加化学物质加快牧草干燥的方法。

1.自然干燥法

自然干燥法不需要特殊的设备、成本低，但易受自然气候条件的制约，而且劳动强度大、效率低，调制的干草质量差一些。

(1)地面干燥法　采用地面干燥法干燥牧草的具体过程和时间，随地区气候的不同而有所不同。牧草含水降至38%时，植物酶和微生物酶对养分的分解才能减慢。所以牧草收割后，应薄层平铺暴晒6～7 h，使其凋萎(含水40%～50%)后，用搂草机搂成松散草垄，继续干燥4～5 h；使含水降至35%～40%(叶子开始脱落前)时，用集草器集成小草堆，继续干燥1.5～2 d即可制成青干草(含水15%～18%)进行贮存。

(2)草架干燥法　在潮湿地区由于牧草收割时多雨，地面经常是潮湿的，在生产上多采用草架干燥法来晒制干草。首先把割下来的牧草在地面上干燥0.5 d或1 d，使其含水量降至45%～50%，无论天气好坏都要及时用草叉将草自上而下上架。最底层应高出地面，不与地面接触，这样既有利于通风，也避免与地面接触吸潮。在堆放完毕后应将草架两侧牧草整理平顺，这样遇雨时，雨水可沿其侧面流至地表，减少雨水浸入草内。这种方法可以大大地提高牧草的干燥速度，保证干草品质，减少各种营养物质的损失。

2.人工干燥法

人工干燥法是利用一定的干燥设备来调制干草的方法，这种方法可以克服自然干燥法对天气状况的依赖，并减少微生物、生理化过程、雨淋和枝条折断等因素对干草质量的影响，但人工干燥法的成本较高。

(1)吹风干燥法　利用吹风机、送风器等设备，对设置栅栏通风道的草堆或草垛进行不加温干燥的方法，吹风干燥法适合用于牧草收获时期，且昼夜相对湿度低于75%而温度高于15℃的地方使用。在特别潮湿的地方，吹风用的空气可以适当加热，以提高干燥的速度。

(2)高温干燥法　利用烘干机将牧草水分快速蒸发掉，含水量很高的牧草在烘干机内经过几分或几秒钟，其水分便下降到5%～10%。此法调制干草对牧草的营养价值及消化率影响很小，但需要较高的投入，成本会大幅增加。

3.物理化学干燥法

运用物理和化学的方法来加快干燥以降低牧草干燥过程中损失的方法，物理化学干燥法是利用物理和在草中添加化学物质加快牧草干燥的方法。目前应用较多的物理方法是压裂草茎干燥法，化学方法是干燥剂添加干燥法。

(1)压裂草茎干燥法　牧草干燥时间的长短主要取决于其茎秆干燥所需要的时间，叶片干燥的速度比茎秆要快得多，所需的时间短。如豆科牧草，当叶片水分干燥到15%～20%时，其茎的水分含量为35%～40%。为了使牧草茎叶干燥保持一致，减少叶片在干燥中的损失，常利用牧草茎秆压裂机将茎秆压裂压扁，消除茎秆角质层和维管束对水分蒸发的阻碍，加快茎中水分蒸发的速度。最大限度地使茎秆的干燥速度与叶片干燥速度相同步。压裂茎秆干燥牧草的时间要比不压裂干燥缩短1/3～1/2。

(2)化学添加剂干燥法　将一些化学物质添加或者喷洒到牧草上，然后经过一定的化学反应使牧草表皮的角质层破坏，以加快牧草株体内的水分蒸发，提高干燥的速度。目前应用较多的干燥剂主要有碳酸钾、碳酸钙、碳酸钠、氢氧化钾、磷酸二氢钾、长链脂肪酸酯等。这种方法不仅可以减少牧草干燥过程中叶片损失，而且能够提高干草营养物质消化率。

三、畜禽的饲料调制

1.蒸煮

饲料原料中常带有沙门氏菌和其他有害致病菌，以及一些对畜禽正常生理造成危害或影响营养物质吸收的抗营养物质，如胰蛋白酶抑制因子、血细胞凝集素、抗维生素因子、脲酶等。因此，有必要对粉状饲料进行适当的热处理，杀灭其中的有害病菌，使不耐热的抗营养因子变性失活，从而提高蛋白质的利用率，改善饲料的饲喂价值。如生豆类饲料含有抗胰蛋白酶等有毒成分，生喂或未经充分加热处理，常会引起畜禽的中毒。饲喂前在100℃高温条件下蒸煮30 min，可破坏其抗胰蛋白酶并增加适口性；棉籽饼中含有棉酚和环丙烯类脂肪酸，对畜禽神经、血管及肝、肾等实质器官细胞等，可产生慢性毒害作用，进入消化道易引起胃肠炎，对畜禽繁殖机能也有明显的影响。将棉籽饼加入水中煮沸1～2 h，或加水拌湿用蒸汽蒸1 h，蒸煮脱毒后饲喂效果良好。

2.焙炒

焙炒是指将用于加工的籽实类饲料，置于膨化机或炒锅内将其加热至130～150℃，促使其熟化，提高籽实饲料的适口性。试验表明，豆类焙炒或其他热处理可以破坏抗胰蛋白酶因子，有助于提高饲料的适口性和蛋白质的消化利用率；玉米焙炒可使一部分淀粉转变为糊精，增加香味，也可提高饲料的适口性，利于消化。

3.发芽

先把准备发芽的籽实(如大麦)用水浸泡，在温暖的地方放置12 h后，移到发芽盆里进行发芽。发芽饲料有两种：一种是短芽，芽长0.5～1 cm，富含维生素和各种酶；另一种是长芽，经1周后芽长6～8 cm，富含胡萝卜素。籽实发芽的目的在于补充饲料中维生素的不足。调制方法是将准备发芽的大麦用15～16℃清水浸泡1 d，然后把水倒掉，将籽实放在盆或其他容器内，上面盖一湿布，保持15℃。3 d后出根须，用清水冲洗，移入发芽盘中，保持15～20℃室温。经6～8 d芽的长度达6～8 cm即可切碎饲喂畜禽。

4.糖化

糖化是利用谷物籽实和麦芽中淀粉酶的作用，把饲料中的淀粉转化为麦芽糖，从而提高饲料的适口性。在磨碎的籽实饲料中加入2.5倍水，搅拌均匀后置于55～60℃的温度下，4 h后饲料中的含糖量增加8%～12%。如果加入2%的麦芽，糖化作用更快。

5. 打浆

青绿多汁饲料打浆，便于采食与咀嚼，有利于消化液与食糜的充分混合，从而提高饲料利用率。据试验，打浆生喂比切碎生喂采食快，前者猪吃饱需 24.9 min，后者需 62.2 min。干物质和蛋白质的消化率，打浆后分别为 63.5%和 50%，切碎后为 61.2%和 49.2%。

6. 湿润

湿润是指在干粉料中加入一定量的水，将其调制成湿拌料的过程。湿润处理时，料水比例以 1∶(0.5～2.0)为好，料水比例超过 1∶2.5 浸泡多用于硬实的籽实或油饼类饲料，经过浸泡后饲料变得膨胀柔软，便于咀嚼和消化。浸泡的时间应掌握好，浸泡时间不可过长，否则会造成营养成分的损失，适口性也随之降低。一般饲料浸泡 4～12 h 为宜。

任务 6　畜禽的饲料配合与生产供应

畜禽的饲料配合是养殖生产的重要环节之一。不同类别的畜禽由于其生理特点和生产性能的不同，所需要的饲料配方也不尽相同。不管哪种畜禽的饲料配方，都要求按照各自的营养需要特点，选用不同的原料，确定合理的配比，并对所组成的原料，按照配方要求和采食特点，进行合理的加工、调制和配合生产。

畜禽的饲料筹划是畜禽场生产管理的核心内容之一。目前，很多养殖场分三个方面进行饲料筹划。一是采购玉米、麦麸、豆粕、菜粕、鱼粉、浓缩饲料、预混料、添加剂等配制猪禽的全价饲料；二是采购粗饲料如青干草、玉米秸秆和青贮饲料等进行加工调制，搭配精饲料配置牛羊的全混合日粮；三是直接采购全价料进行饲喂，如乳猪料、雏鸡料、犊牛料、羔羊料等。畜禽场管理者应该在饲料的采购、贮存、加工和供应计划等方面，做出认真的分析和评估，以提高其经济效益。

一、畜禽的饲料配合

(一)配合饲料的原料组成

畜禽的配合饲料按照生产应用和配合程度，可划分为添加剂预混料、浓缩饲料、全价配合饲料等类别。如图 3-1 所示。

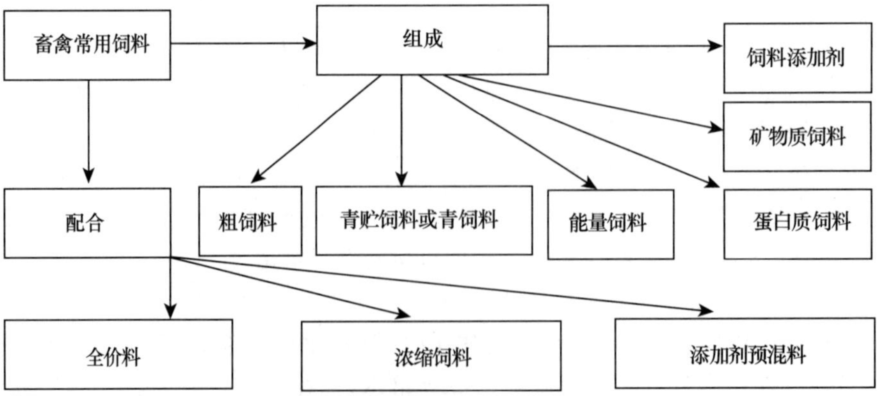

图 3-1　畜禽的饲料配合及组成

(二)配合饲料的生产类型

配合饲料是根据饲养标准将各种饲料包括添加剂，按一定配方混合均匀，制备而成，营养全面，使用方便，有利于畜禽的集约化生产。

1.全价配合饲料

这类饲料产品亦称为完全配合饲料或全日粮配合饲料。通常可根据畜禽种类、年龄、生产用途等划分为各种型号，能够全面满足饲喂对象的营养需要，用户不必另外添加任何营养性饲用物质而直接饲喂动物，但必须注意选择与饲喂对象相符合的全价配合饲料。这类饲料能量、蛋白质、矿物质及各种微量营养素等种类齐全、数量充足、比例恰当，能充分满足畜禽的生产需要，可直接用于饲喂。全价饲料饲喂畜禽，省工省时，但成本较高。

2.浓缩饲料

浓缩料是指按照饲养标准的要求，按照科学配比加上一定比例的能量饲料(如玉米、麸皮等)混合而成。浓缩料是畜禽日粮的精华部分，主要特点是蛋白质含量很高，达35%以上，各种必需氨基酸、维生素、无机盐也有足够分量。畜禽养殖场或农户可按畜禽不同的生产阶段，配制或生产不同品种的全价料。浓缩料在畜禽日粮中的比例，依其营养含量而异，一般来讲在日粮中的使用比例多为25%～40%。浓缩料使用简单、方便，适合农户需要或养殖户使用。目前有的农户饲养少量畜禽时，所用的饲料营养不平衡，突出的问题是蛋白质不足，结果导致畜禽生长发育迟缓。这些问题可以通过合理搭配浓缩料来解决。

3.添加剂预混料

添加剂预混料是由同一类的多种添加剂或不同类型的多种添加剂按一定比例配制而成的均质混合物。添加剂预混料是一种添加量少但作用大的饲料产品，是全价配合饲料的核心，具有补充营养，促进生长和繁殖，预防疾病，保护饲料品质，改善畜禽产品质量等作用。预混料中含有畜禽生长发育所必需的维生素、微量元素、氨基酸等营养成分及药物等功能性添加剂，在畜禽日粮中的使用比例很小，大多为1%～5%。使用预混料应依据畜禽生长发育的需要和不同生长阶段的特点，制作全价料。即按照推荐配方，选用优质的能量饲料和蛋白质饲料或者浓缩料，经过粉碎与之混合即可使用。在畜禽生产中，预混料只要使用得当，可显著提高饲料质量，降低生产成本，并能取得良好的效果。使用预混料须知：

(1)贮放时间不宜过长　放置时间过长，预混料会分解变质，色味全变，一般有效期为夏季最多3 d，其他季节不得超过6 d。要求贮放在通风、干燥、避光、阴凉处，以免受潮变质，进而造成损失。

(2)合理选用配方类别　要按不同的畜禽种类和畜禽的生长、生产阶段，正确选用不同比例的预混料品种，添加准确，搅拌均匀，切忌乱用。

(3)合理确定使用比例　尽量按照推荐配方配合饲料，主观上不要随意改变。改变配方往往会使微量营养素之间的均衡性变差，影响对畜禽的饲养效果。

(4)更换循序渐进　突然更换预混料畜禽不适应，影响采食和生长。使用中应逐渐增加新料用量，减少旧料用量，大约1周时间过渡到完全使用新预混料。

(5)防止氧化酸败　预混料不能直接饲喂畜禽，存放时防止日晒、受潮和发霉，以免破坏营养物质。购入多种预混料时，不要将预混料与其他品种预混料混合使用，以免影响效果。

二、畜禽的饲料供应

饲料供应是畜禽养殖生产重要的管理环节之一，主要包括饲料供应计划制订和饲料的生产、筹集、库存等内容，它是畜禽养殖场正常生产经营的保证。

(一)计划制订

畜禽场的饲料供应计划多以周用料计划为基础，然后计算月、季和年度供应量计划，一般包括周、月及年度用料计划。制订时要求明确以下几个条件：

(1)掌握畜禽各阶段在出栏、产仔、育成、销售、死亡、淘汰等方面的周转数量，明确畜禽的结构和存栏数量。

(2)掌握各类畜禽的日量定额标准，计算各类畜禽月、季、年各时段的饲料需要量。

(3)按照饲料损耗率(猪：0.5%～1%；鸡：1%～3%；牛、羊：精饲料 3%～5%，粗饲料 5%～10%)制订畜禽月、季、年各时段的饲料供应量。

(4)掌握畜禽饲料配方中各种原料的配比，计算出畜禽月、季、年各时段各种饲料原料的供应量。

每个畜禽场年初都必须按照畜禽的结构和数量，制订饲料供应计划，以防止因饲料不足或比例不稳而影响生产的正常进行。饲料供应计划要有一定的库存数(至少能保证 1 个月的耗料量)，也不能一次进料过多，防止不必要的损失。

(二)采购管理

1.饲料原料的采购

饲料原料要选择质量可靠、货源稳定的生产厂家或供应商，供需双方需签订合同，内容包括原料产地、名称、规格、等级、价格、运输质量保证、违约责任等。原料入库前，要进行抽检，检查色泽是否正常，有无杂质，是否结块霉变，饱满度、均匀度是否正常，如麦麸中掺杂米糠，豆粕中掺杂泥沙，鱼粉中掺杂羽毛粉、血粉等。在感官鉴定合格的基础上，要进一步进行理化检验。如玉米、豆粕、麦麸及鱼粉等要进行水分含量的测定；豆粕、鱼粉等要进行粗蛋白含量的测定，矿物质饲料如磷酸氢钙要进行钙、磷的含量测定。而且每批原料都要留样备检。

一般情况下，自配饲料必须严格按照国家有关要求进行配制，严禁添加任何违禁药物。购进的蛋白质饲料必须检查《饲料生产企业审查合格证》和三聚氰胺检验合格证；饲料添加剂严格执行中华人民共和国农业部发布的《药物饲料添加剂使用规范》。

2.全价饲料的采购

畜禽使用的全价饲料及饲料添加剂，应来自于正规饲料生产企业生产的饲料产品。要检查企业的生产许可证、产品批准文号、审查合格证、动物源性饲料产品生产企业安全卫生合格证、产品合格证和饲料标签等是否合格或者过期。

全价配合饲料出厂前受原料品质、配方设计、加工工艺等诸多因素的影响，因此，如果畜禽场无条件自行生产全价配合饲料，应选择重品质、有品牌、讲信誉的中大型饲料生产供应商，不要经常更改饲料类型。众所周知，畜禽对饲料适口性和口味变化非常敏感，尤其是原料及饲料配方发生变化时，即使是质量好，如果经常更换，也会在一定时期和一定程度上影响畜禽的采食量。另外，对于质量控制手段单一，管理粗放的饲料厂，由于原料选择受限，设备简陋，加工工艺水平低，供应的配合饲料往往质量不很稳定，饲养效果也较差。用这样的配合饲料饲喂畜禽，会对畜禽的生产性能造成很大影响，且对畜禽健康不利。因此，如何选择生产厂家和确保产品质量，是全价配合饲料采购管理的关键环节。

(三)库存管理

为畜禽准备的饲料原料、全价饲料及自配饲料，应严格按照畜禽场的年度饲料供应计划，认真做好库存量与采购量之间的最优配置，并加强贮存管理，防止污染、发霉、变质、虫蛀等现象的发生。

(1)入库登记　饲料入库时要及时登记，标明品种、数量、生产日期及保质期，按照“先进先出”的原则用料，保证先购进的饲料优先使用。

(2)贮藏保质　饲料仓库应通风良好、防雨、防湿和卫生整洁，特别要防止饲料因结块和水分过高而发霉变质。一般要求原料水分不得高于14%，贮存室相对湿度不得高于65%；饲料中有多种成分，经光照射后会引起化学变化而被破坏分解，如核黄素、叶酸及维生素等对光较为敏感，应尽量避光保存。在高温高湿地区且无良好存放场所时，饲料应在最短时间内用完。

(3)灭鼠杀虫　饲料原料和成品料的贮藏，应配备防鸟、防鼠设施，以防止对饲料的污染和浪费，减少疫病传播。有条件时还可在饲料中添加防霉剂和抗氧化剂，如不能添加，饲料应尽快用完。

(4)及时供应　饲料库存与采购要相互兼顾，科学安排，既要防止断料导致生产被动，也要避免大量库存。畜禽饲用的饲料品种比较多，有的是大宗原料，使用量大，如玉米、豆粕等。有的是小宗原料，使用量较少，如预混料、添加剂等。其中货源供应和运输可以控制的原料，在没有特殊因素的影响下，库存的大小至少要维持4～7 d的使用量；货源供应和运输不是很充足的非可控原料，库存量的大小最好能维持公司15～20 d的需要；货源充足但运输不可控的原料，库存量的大小最好能维持公司10～15 d的需要；货源比较充足，运输也方便，但供应不可控的原料，以及其他的用量不稳定的原料，可根据实际情况确定。比如玉米，货源比较多，但供应商不可控。

(5)减少浪费　畜禽饲料在饲喂过程中造成的浪费，是影响养殖场经济效益的重要原因之一，其中有人为因素，也包含一些隐性的浪费。因此，畜禽的饲料管理，应加强库管员、饲养员的技术培训，认真做好饲料的保存、分发和科学的投料方法，避免饲料的过度浪费。

【能力训练】

技能一　配合饲料生产加工工艺及设备组件识别

一、训练内容

目前，饲料工业已步入工业化生产的新时代，畜禽生产中的饲料加工和配合，设施设备现代、工艺技术先进、自动化程度高，并已成为大型养殖场供应畜禽饲料的主要手段。现代化饲养的牛、羊、猪、鸡及鱼、虾、鳗等动物，均是直接饲喂全价饲料，饲料生产中将粗饲料、精饲料及矿物料和预混料等，按照动物的营养需要标准搭配，可以制成畜禽全价配合饲料，它的优点是营养全面，饲喂效果好，节省饲料，成本低，能有效促进动物的生长和生产。根据饲料生产的基本流程，可将饲料加工工艺分成原料接收及清理、粉碎、配料、混合、成型与包装等工序。请根据项目三《畜禽饲料配合和供应计划》相关知识和要求，认真分析图 3-2 显示的案例资料，说明配合饲料先粉碎后配合生产加工工艺基本流程。

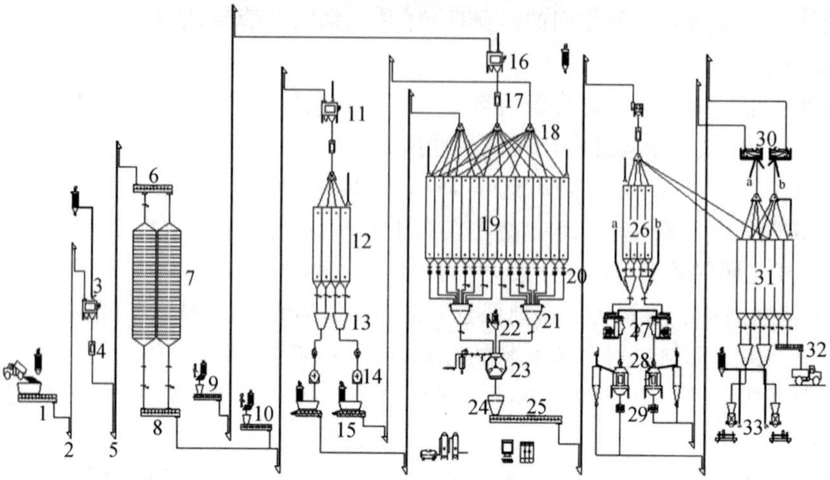

图 3-2　配合饲料生产设备组件及工序示意图

1.粒料坑　2.斗式提升机　3.圆筒初清筛　4.永磁筒　5.斗式提升机　6.分配输送器　7.立筒仓　8.刮板输送机　9.不需粉碎饲料进料口　10.粒料进料口　11.圆筒初清筛　12.粉碎仓　13.给料器　14.粉碎机　15.粉料进料口　16.圆筒初清筛　17.永磁筒　18.分配器　19.配料仓　20.给料器　21.配料秤　22.人工投料口　23.混合机　24.储料箱　25.刮板输送机　26.制粒仓　27.制粒机　28.冷却机　29.破碎机　30.分级筛　31.成品仓　32.刮板输送机　33.打包机　a、b.微量成分(液态)进料口

二、评价标准

图 3-2 显示的配合饲料先粉碎后配合生产加工工艺流程如图 3-3 所示。

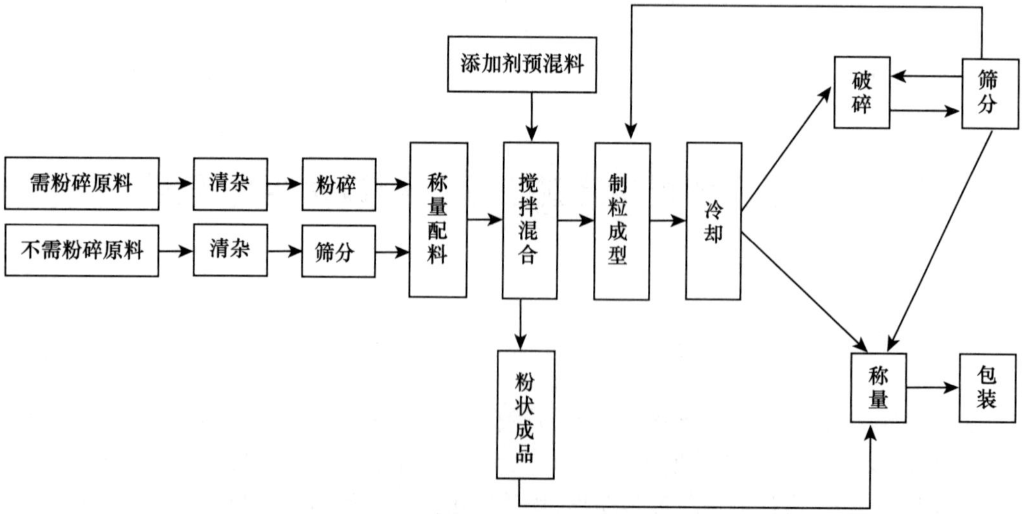

图 3-3　配合饲料先粉碎后配合生产加工工艺流程示意图

技能二　畜禽的年度饲料供应计划编制

一、训练内容

根据项目三相关知识和要求，认真分析案例资料(表3-1)，编制该养殖场2015年度的饲料供应计划。

表3-1　养殖场畜禽的生产周转指标及饲料的头日平均饲喂量

畜禽场别	畜禽类别	年度生产计划指标	饲料平均饲喂量/[kg/(头·日)]			
			猪禽专用全价料	牛、羊精料补充料	粗饲料	青贮料
种猪场	仔猪	基础母猪200头，种公猪10头；配种受胎率85%，分娩率96%，产仔胎数2.1窝，平均窝产仔数10头，仔猪成活率95%；育成猪成活率98%，育成期末按种猪年更新数的4倍留种，剩余的用于育肥生产；培育合格的后备猪用于种猪淘汰数的补充，剩余的销售处理；种猪的年更新淘汰率为30%。	0.6			
	育成猪		1.6			
	育肥猪		2.0			
	后备猪		2.1			
	成年母猪		3.0			
	种公猪		2.5			
种鸡场	雏鸡	种母鸡10 000只，种公鸡400只，饲养至当年10月份淘汰，空舍消毒1个月；当年6月份引入母雏11 000只，公雏1 000只，育雏期42 d，母雏合格率97%，公雏合格率70%；转入育成舍的母雏10 670只，公雏700只，育成期140 d，育成母鸡留种合格率95%，育成公鸡留种合格率60%，饲养至11月份结束时转入种鸡舍，其中母鸡的淘汰率为1%，公鸡的淘汰率为4%。	0.06			
	育成鸡		0.09			
	种母鸡		0.12			
	种公鸡		0.14			
奶牛场	犊牛	成年母牛500头，配种受胎率92%，产犊率98%；犊牛成活率96%，公犊淘汰，母犊留种；育成牛成活率98%，育成期末牛只的留种率47%，剩余的销售处理；培育合格的留种牛用于成年母牛淘汰数的补充；成年母牛年更新淘汰率为20%。	1.5	1.5	1	
	育成牛			3	3	15
	成年母牛			12	5	20

续表 3-1

畜禽场别	畜禽类别	年度生产计划指标	饲料平均饲喂量/[kg/(头·日)]			
			猪禽专用全价料	牛羊精料补充料	粗饲料	青贮料
种羊场	羔羊	成年母羊 1 000 只，种公羊 50 只；母羊的年配种受胎率 90%，分娩率 98%，产羔率 110%，羔羊成活率 96%，母羔全部留种，公羔按种公羊年更新数的 4 倍留种，剩余的用于育肥生产；育成羊成活率 98%，培育合格的留种羊用于成年羊淘汰数的补充，剩余的销售处理；成年羊年更新淘汰率为 30%。	0.3	1.0	0.5	
	育成羊			0.4	1.0	2.0
	成年母羊			0.5	1.5	1.5
	种公羊			0.8	1.5	2.0

二、评价标准

(1)根据畜禽的年度生产计划指标和饲养日数，推算养殖场各类畜禽的年计划饲养头数和年计划饲养头日数。如表 3-2 所示。

表 3-2 养殖场畜禽的年计划饲养头数和年计划饲养头日数

畜禽场别	畜禽类别	畜禽的年计划头数	畜禽的饲养日数	畜禽的年计划饲养头日数
种猪场（基础母猪 200 头）	仔猪	3 427	60	205 620
	育成猪	3 256	60	195 360
	育肥猪	2 939	60	176 340
	后备猪	252	120	30 240
	成年母猪	200	365	73 000
	种公猪	10	365	3 650
种鸡场（种鸡 10 000 只）	雏鸡	12 000	42	50 400
	育成鸡	11 370	140	1 591 800
	种母鸡	10 000	335	3 350 000
	种公鸡	400	335	134 000
奶牛场（成年母牛 500 头）	犊牛	225	180	40 500
	育成牛	216	180	38 880
	成年母牛	500	365	182 500
种羊场（成年母羊 1 000 只）	羔羊	970	90	87 300
	育肥羊	406	90	36 540
	育成羊	526	180	94 680
	成年母羊	1 000	365	36 500
	种公羊	50	365	18 250

（2）根据畜禽的年计划饲养头日数和饲料的头日平均饲喂量，计算养殖场各类畜禽的年度饲料需要量。如表 3-3 所示。

表 3-3 养殖场畜禽的年度饲料需要量 kg

畜禽场别	畜禽类别	猪禽专用全价料	牛、羊精料补充料	粗饲料	青贮料
种猪场（基础母猪 200 头）	仔猪	123 372			
	育成猪	312 576			
	育肥猪	352 680			
	后备猪	63 504			
	成年母猪	219 000			
	种公猪	9 125			
	小计	1 080 257			
种鸡场（种鸡 10 000 只）	雏鸡	30 240			
	育成鸡	143 262			
	种母鸡	402 000			
	种公鸡	18 760			
	小计	594 262			
奶牛场（成年母牛 500 头）	犊牛		60 750	60 750	40 500
	育成牛		116 640	116 640	583 200
	成年母牛		219 000	912 500	3 650 000
	小计		2 367 390	1 089 890	4 273 700
种羊场（成年母羊 1 000 只）	羔羊		26 190	87 300	43 650
	育肥羊		14 616	36 540	73 080
	育成羊		47 340	94 680	189 360
	成年母羊		182 500	547 500	547 500
	种公羊		14 600	27 375	36 500
	小计		285 246	793 395	890 090
合计		1 674 519	2 652 636	1 883 285	5 163 790

（3）根据饲料损耗率（猪 1%；鸡 3%；牛、羊精饲料 2%，粗饲料 5%，青贮料 4%），计算养殖场各类畜禽的年度饲料供应量。如表 3-4 所示。

畜禽的年度饲料供应量＝年度需要量×饲料损耗率＋年度需要量

表 3-4　养殖场畜禽的年度饲料供应量　　kg

畜禽场别	畜禽类别	猪禽专用全价料	牛、羊精料补充料	粗饲料	青贮料
种猪场（基础母猪 200 头）	仔猪	124 606			
	育成猪	315 702			
	后备猪	356 207			
	育肥猪	69 854			
	成年母猪	221 190			
	种公猪	9 216			
	小计	1 096 775			
种鸡场（种鸡 10 000 只）	雏鸡	31 147			
	育成鸡	147 560			
	种母鸡	414 060			
	种公鸡	19 323			
	小计	612 090			
奶牛场（成年母牛 500 头）	犊牛		61 965	63 788	42 120
	育成牛		118 973	122 472	606 528
	成年母牛		2 233 800	958 125	3 796 000
	小计		2 414 738	1 144 385	4 444 648
种羊场（成年母羊 1 000 只）	羔羊		26 714	91 665	45 396
	育肥羊		14 908	38 367	76 003
	育成羊		48 287	99 414	196 934
	成年母羊		186 150	547 845	569 400
	种公羊		14 892	28 744	37 960
	小计		290 951	833 065	925 693
合计		1 708 871	2 705 689	1 977 450	5 370 341

(4)根据不同类别畜禽的年度饲料供应量和所使用的饲料配方，计算养殖场各类饲料原料的年度供应量。并以此为据，认真做好原料的收购、加工、配合和库存管理。

【信息链接】

1. NY/T 119—1989《饲料用小麦麸》
2. NY/T 5127—2002《无公害食品 肉牛饲养饲料使用准则》
3. GB/T 19164—2003《鱼粉》
4. NY/T 728—2003《禾本科牧草干草质量分级》
5. GB/T 19541—2004《饲料用大豆粕》
6. NY/T 65—2004《中国瘦肉型猪饲养标准》

7. NY/T 33—2004《鸡饲养标准》
8. NY/T 34—2004《奶牛饲养标准》
9. NY/T 815—2004《肉牛饲养标准》
10. NY/T 816—2004《肉羊饲养标准》
11. GB/T 20193—2006《饲料用骨粉及肉骨粉》
12. NY/T 1170—2006《苜蓿干草捆质量》
13. GB/T 16764—2006《配合饲料企业卫生规范》
14. GB/T 1029—2006《仔猪、生长育肥猪维生素预混合料》
15. NY/T 1245—2006《奶牛用精饲料》
16. GB/T 20804—2006《奶牛复合微量元素维生素预混合饲料》
17. GB/T 16764—2006《配合饲料企业卫生规范》
18. NY/T 1574—2007《豆科牧草干草质量分级》
19. GB/T 17890—2008《饲料用玉米》
20. GB/T 23184—2008《饲料企业 HACCP 安全管理体系指南》
21. GB/T 5915—2008《仔猪、生长猪配合饲料》
22. GB/T 21513—2008《畜牧用盐》
23. GB/T 23184—2008《饲料企业 HACCP 安全管理体系指南》
24. NY/T 471—2010《绿色食品 畜禽饲料及饲料添加剂使用准则》
25.《饲料和饲料添加剂管理条例》(2011 年 10 月 26 日国务院第 177 次常务会议修订通过,自 2012 年 5 月 1 日起施行)
26.《中国饲料成分及营养价值表》(2012 年第 23 版,中国饲料数据库)

Project 4

畜禽的引种繁育与杂交改良

学习目标

了解畜禽的生活习性；记住常用畜禽品种的特征；知道畜禽的选种、选配、引种和杂交利用方法；懂得畜禽的繁殖规律和适时配种；掌握家畜的发情鉴定、人工授精、妊娠诊断、接产护理和家禽的人工授精、孵化管理技术。

【学习任务】

任务7 畜禽的生活习性与品种特征

一、畜禽的生活习性

畜禽在进化过程中形成了多种生物学特性，不同的畜禽，既有其种属的共性，又有它们各自的特性。在生产实践中，应不断认识和掌握畜禽的生活习性，并按适当的条件加以利用和改造，实行科学饲养，进而达到高产、优质、高效的生产目的。畜禽的生活习性如下：

(一)猪的生活习性

(1)多胎高产、周转期短　猪是多胎动物，常年发情，繁殖力强。我国猪种一般3～4月龄达到性成熟，6～8月龄即可配种，国外引入猪种晚1～2月龄；猪的发情周期平均为21 d，发情持续期3～5 d，每个发情期一般排卵12～25枚，多在发情开始24 h之后排卵，每胎产仔数8～12头，年产胎次可达2～2.4胎；猪妊娠期平均114 d，一般断奶后3～10 d可再发情配种。

(2)生长较快，产肉良好　猪出生后生长发育特别快，28～35日龄时体重可达8～10 kg，为初生时的8～10倍，70日龄体重可达20～25 kg，5～6月龄体重增至90～100 kg；生长期饲料转化率高，料肉比一般在(2.8～3.0)∶1。因此，要供给充足的营养，促进其生长发育，特别是抓住前期生长快的特点，使其充分发育生长。

(3)杂食特性，饲料广泛　猪是杂食动物，门齿、犬齿和臼齿都较发达，胃是肉食动物的简单胃和反刍动物的复杂胃之间的中间类型，因而能利用各种动植物和矿物质饲料，并且对饲料的利用能力强，其产肉效率高于牛、羊，但比肉鸡低；猪对粗纤维的消化力较差，仅靠大肠的微生物的分解作用，这远比不上反刍动物的瘤胃，猪日粮中粗纤维含量越高，消化率也就越低。猪对饲料的消化率可根据下式估算：

$$\text{猪对饲料的消化率}=92.5\%-1.68x$$

式中，x为饲料干物质中粗纤维的百分比，一般仔猪料粗纤维低于4%，育肥料低于7%，种猪料为8%～10%。

(4)小猪怕冷，大猪怕热　仔猪体小、皮薄、毛稀，体温调节能力差。成年猪的汗腺退化，皮下脂肪厚，阻止体内热量散发。当环境温度达30～35℃时，猪食欲下降，不利于其生长和繁殖，高温季节运输也很危险，易造成中暑死亡。与大猪相反，仔猪因低温可使其体温下降，甚至冻僵冻死。猪的适宜温度为：仔猪1～3日龄30～34℃，4～7日龄28～32℃，以后每周下降2～3℃，种猪为15～22℃。

(5)神经敏感，反应较快　猪的视觉很弱，对光线强弱和物体形象的分辨能力不强，近乎色盲；猪的听觉很灵敏，能鉴别出声音的强度、音调和节律，容易对呼名、口令和声音刺激物的调教养成习惯；猪的嗅觉也特别发达，仔猪在生后几小时便能鉴别气味而固定乳头(哺乳母猪靠信号声音呼唤仔猪吃奶，放奶时间约45 s，放奶时发出哼哼声)，猪能依靠嗅觉有效地寻找地下埋藏的食物，能识别群内个体(合群咬斗)，在性本能中也起很大作用。

(6)爱好清洁,群居性强　猪有爱好清洁的习性,不在吃睡的地方排泄粪尿,喜欢排在墙角、潮湿、阴、有粪便处,若猪群过大过挤或圈栏过小它就无法表现出好洁性。仔猪同窝出生,喜过群居生活,合群性较好。群居生活加强了它们的模仿反射,例如:不会吃料的仔猪会跟着会吃料的仔猪学着吃料。

(二)鸡的生活习性

(1)消化特殊,肌胃发达　鸡没有牙齿,在颈食道和胸食道之间有一暂存食物的嗉囊,之后为腺胃和肌胃,肌胃内层是坚韧的筋膜;鸡采食饲料主要依靠肌胃蠕动磨碎食物,因此在鸡饲料中要加入适当大小的石粒,以帮助消化食物;鸡体重小,消化道短,肠道长度只有体长的5～6倍,食物通过消化道的时间短,有些氨基酸在鸡体内不能合成,大多依靠饲料供给,除盲肠可消化少量的纤维素外,其余消化道不消化纤维素,因此鸡不适于喂粗饲料;鸡没有膀胱,但有特殊的排泄器官(泄殖腔),连接肾脏的输尿管直接开口于泄殖腔,消化系统直肠下端也连接泄殖腔,生殖系统子宫生殖道也开口于泄殖腔,粪便、黏液和鸡蛋产出均经过泄殖腔,鸡蛋产出后容易受到污染,表面并存有大量的细菌,因此,产出的种蛋应在2 h内收集并做熏蒸消毒。

(2)繁殖较快,产蛋率高　通常1只产蛋鸡一年可以生产出其体重8～10倍的鸡蛋,这是任何哺乳类动物无法比拟的繁殖性能。近年来,通过遗传学家的努力,鸡能在短短的一个产蛋周期(80周龄)中产342.6个蛋,肉仔鸡49日龄体重可达3 022 g。

(3)没有汗腺,热应激高　鸡的全身覆盖羽毛,当环境温度升高时,其体热散发也比较困难。只能靠张口呼吸,加强口腔内液体蒸发带走热量而降温。因此,养鸡只有在最适宜的环境温度和湿度下,才能保证鸡生产潜力的正常发挥。养鸡各小群之间不要随意调换,以免引起打斗而增加饲料消耗。

(4)体温较高,代谢旺盛　鸡的正常体温比哺乳动物高5℃左右,一般为41.5℃,基础代谢水平比大牲畜高2倍,单位体重在单位时间内的耗氧量是哺乳动物的2.2倍。因此,在配合鸡的饲料时必须保证鸡对能量的需要。在日常管理中必须注意通风换气,使鸡舍内充满新鲜空气才能满足鸡新陈代谢所需要的氧气。另外,鸡的体温还有明显的昼夜变化,下午体温略高,高温季节不要在这一段时间喂料。

(5)神经敏感,易受惊吓　鸡胆小怕事,神经类型敏感,对环境温度、湿度和噪声大小反应明显。鸡遇到惊吓、噪声、震动都会炸群,影响生产性能,甚至会压死鸡;另外鸡的心率高(250～350次/min),呼吸频率快(22～110次/min),这说明鸡生命之钟转得快,寿命相对较短。

(6)抗病力差,成活率低　鸡具有气囊,充满空气,体重减轻,有利于飞翔。气囊与肺相通,病原体很容易经肺呼吸而入全身各处,如支原体、曲霉菌等;鸡不具有横膈膜,没有胸腔、腹腔之分,因此细菌、病毒侵入任何脏器都很容易发生连锁性内脏病变;鸡有淋巴管而无淋巴结,等于缺少阻止病原菌在体内通行的关卡;鸡只有淋巴管与血管直接相接,因而脾脏作为防御器官具有非常重要的作用。因而,鸡抗病力差、成活率低。所以鸡场的生物安全应牢固树立"防重于治,养防结合"的思想。

(7)鸡有免疫器官——法氏囊　鸡的泄殖腔后上方有一个特殊的免疫器官,即法氏囊。法氏囊能产生体液抗体,具有免疫作用。如发生法氏囊病时鸡的免疫功能降低,容易激发新城疫和大肠杆菌感染。因此,鸡孵出后应根据母源抗体,适时接种法氏囊疫苗。

(8)其他　鸡除了具有以上的生理学特点外,还具有就巢性、飞翔性、合群性和顺位性。

生产实践中，应充分结合鸡的生物学特性进行科学饲养管理，获取最大的经济效益。

(三)牛、羊的生活习性

(1)复胃结构，反刍特征明显　牛、羊是复胃动物(瘤胃、网胃、瓣胃和真胃)，靠腮腺分泌唾液，唾液中不含淀粉酶，对富含淀粉的精饲料消化不充分，但含有大量的碳酸氢盐和磷酸盐，可中和瘤胃发酵产生的有机酸，维持瘤胃内的酸碱平衡；牛、羊摄食时饲料不经过充分咀嚼即吞入瘤胃，在瘤胃内浸泡和软化，休息时较粗糙的饲料刺激网胃、瘤胃前庭和食管沟黏膜的感受器，能将这些未经充分咀嚼的饲料逆呕到口腔，经仔细咀嚼后重新混合唾液再吞入胃，以便更好地消化。这一过程即反刍，是牛羊的典型消化特征。

(2)草食动物，粗料利用率高　牛、羊是草食动物，可以采食大量的青绿牧草、青干草和作物的秸秆。牛羊的瘤胃、网胃、瓣胃没有消化腺，不能分泌胃液，主要起贮存食物、水和发酵分解粗纤维的作用，皱胃才是具有分泌胃液的真胃。它的瘤胃虽不能分泌消化液，但胃内含有大量的微生物，是细菌和纤毛虫生存繁殖的主要场所，其中的微生物对粗饲料的分解和合成起着极为重要的作用。

(3)采食灵活，放牧性能良好　牛、羊是草食性家畜，味觉和嗅觉敏感，能依靠牧草的外表和气味识别不同的植物，喜带甜味、咸味的饲料和青绿的禾本科、豆科牧草。牛依靠灵活有力的舌卷食饲草，咀嚼后将粉碎的草料混合成食团吞入胃中反刍利用，牧草矮于 5 cm，不易采食；羊的嘴尖，唇灵活，牙齿锐利，上唇中央有一纵沟，下颚切齿向前倾斜，对采食地面很短的牧草、小草和灌木枝叶等都很有利，对草籽的咀嚼也很充分。所以，在马、牛放牧过的草场或马、牛不能利用的草场，羊都可以正常放牧采食，生产中可以进行牛羊混牧。

(4)单胎家畜，繁殖周期较长　牛是常年发情的家畜，其中以春、秋两季较多。牛的发情周期一般为 18～24 d，发情持续时间 10～26 h，发情结束后 4～16 h 排卵，妊娠期为 280 d 左右；羊是季节性多次发情的家畜，绵羊的发情周期为 16～20 d，山羊的发情周期为 17～22 d，发情持续时间 18～26 h，妊娠期平均 150 d 左右。牛、羊的初配年龄多为 1.5～2.0 岁，如果 1 岁时的体重能达到成年体重的 70%及以上，可以提早配种，相比猪禽而言，牛、羊的繁殖周期较长。在绵羊生产中，有些品种在饲养管理条件较好的前提下呈现多胎特征，如我国小尾寒羊常年发情，每胎可产 2～3 羔，最多可产 7 羔，产羔率达 270%左右。

(5)适应性强，性格较为温顺　牛、羊的地理分布范围广泛，对环境的适应性特征为耐寒不耐热，但瘤牛耐热性较强；牛、羊神经类型没有猪禽敏感，反应相对迟钝，性格也显得温顺。

(6)合群性好，味觉嗅觉发达　牛、羊是群居家畜，合群行为明显，喜欢结群采食和活动，放牧时主要通过视、听、嗅、触等感官活动，来传递和接受各种信息，以保持和调整群体成员之间的活动。放牧时虽分散采食，但不离群，一有惊吓或驱赶便马上集中，尤其在羊群中领头羊的作用比较明显。牛、羊的味觉、嗅觉比视觉、听觉更灵敏，这与其发达的腺体有关。利用这一优势，牛、羊可以识别哺乳期的羔羊、牛犊，辨别植物种类、食物和饮水的清洁度，发现被污染、践踏或霉变有异味的食物和饮水，都会拒食。所以保持草料的清洁卫生，是科学饲养的基本要求。

二、畜禽的品种特征

畜禽品种依照其来源和培育方式可分为地方品种、培育品种和引入品种。畜牧生产实践中人们大多从经济利用角度出发，根据畜禽的生产方向划分其经济类型。其中猪的经济类型主要有脂肪型、瘦肉型和兼用型等；鸡的经济类型主要有蛋用型、肉用型、观赏性、药用型和兼用型等；牛有黄牛、牦牛、奶牛、瘤牛和水牛之分，其经济类型主要有乳用型、肉用型、役用型和兼用型等；羊有绵羊和山羊之分，绵羊的经济类型主要有肉用、毛用（细毛羊、半细毛羊、粗毛羊）、毛皮用（羔皮羊、裘皮羊）和兼用（肉毛或毛肉兼用）等，山羊的经济类型主要有乳用、肉用、毛皮用、毛用、绒用和兼用等。生产实践中常用的畜禽品种如表 4-1 至表 4-5 所示。

表 4-1　常用猪品种简介

名称	产地	体型外貌	生产性能	生产利用
		地方品种		
1. 民猪	产于东北和华北部分地区。	全身被毛黑色，鬃长毛密，冬季密生绒毛。头中等大小，面直长、耳大下垂、体躯扁平、背腰狭窄、臀部倾斜、四肢粗壮、体质强健，乳头 7～8 对。	成年公猪体重 195 kg，成年母猪体重 151 kg。经产母猪平均产仔数 13.5 头，仔猪初生重 0.98 kg。18～92 kg 育肥期平均日增重 458 g，90 kg 屠宰时，屠宰率 72.5%，胴体瘦肉率 46.1%。该猪的优点是抗寒、耐粗饲、产仔多、肉脂品质好，但后腿肌肉不丰满，饲料利用率低。	以民猪为母本分别与大约克夏猪、长白猪和杜洛克猪等进行经济杂交，效果良好。
2. 太湖猪	主要分布于长江下游，江苏省、浙江省和上海市交界的太湖流域。	全身被毛稀疏，但各类群间有一定差别，毛黑色或青灰色。头大额宽，额部多深皱褶，耳特大下垂。卧系、凹背斜尻，腹大下垂，腹部皮肤多呈紫红色，梅山猪、枫泾猪和嘉兴黑猪的四肢末端为白色。乳房发育良好，乳头 8～9 对。	成年梅山公猪体重 193 kg，成年梅山母猪体重 173 kg。经产母猪平均产仔数 15.83 头，是我国乃至全世界猪种中产仔数最多的品种。梅山猪在体重 25～90 kg 阶段，平均日增重 439 g。90 kg 体重屠宰，屠宰率 65%～70%，胴体瘦肉率 40%～45%。太湖猪具有产仔多，泌乳力强，母性好，肉鲜味美等优点，但大腿欠丰满，增重较慢。	太湖猪最宜作杂交母本，以太湖猪为母本与杜洛克、长白猪和大约克夏猪杂交，效果良好。
3. 两广小花猪	分布于广东省和广西壮族自治区相邻的浔江、西江流域的南部。	体型较小，具有头短、颈短、身短、耳短、脚短和尾短的特点，故有“六短猪”之称。额较宽，有“O”形或菱形波纹，中间有三角形白斑。耳小向外平伸，背腰宽而凹下，腹大触地。被毛稀疏，毛色为黑白花，乳头 6～7 对。	成年公猪体重 130.96 kg，成年母猪体重 112.12 kg。经产母猪平均产仔数 10.36 头。陆川猪在体重 15～90 kg 阶段，平均日增重 307 g。体重 75 kg 屠宰，屠宰率 68%，胴体瘦肉率 37.2%。两广小花猪具有早熟易肥、产仔较多、母性强、肉脂好等优点。但存在凹背、腹大拖地、生长发育较慢等缺点。	以两广小花猪为母本同长白猪、大约克夏猪杂交，效果较好。

续表 4-1

名称	产地	体型外貌	生产性能	生产利用
		地方品种		
4. 华中两头乌猪	产于湖北、湖南、江西、广东等省和沿江滨湖平原及江南丘陵地区。	头和臀部为黑色，四肢、躯干为白色。头短宽，额部皱纹呈菱形，耳中等大下垂，背腰微凹，腹大下垂，后躯欠丰满，乳头多为6～7对。	成年公猪体重100 kg，成年母猪体重90 kg。经产母猪平均产仔数11头。中等营养水平下，育肥猪在15～80 kg阶段，平均日增重400 g。体重75 kg屠宰，屠宰率71%，胴体瘦肉率41%～43%。华中两头乌猪具有早熟易肥，生长较快、肉脂细嫩、肉味鲜美等优点。	以华中两头乌猪作母本，与长白猪、大约克夏猪、杜洛克猪等猪种杂交，表现较好杂种优势。
5. 荣昌猪	原产于四川省荣昌和隆昌两县，主要分布在永川、泸县和江津等10余个县市。	体型较大，全身被毛除两眼周围或头部有黑斑外，其余均为白色。头大小适中，面部微凹，耳中等大小而下垂，额部皱纹横行，有旋毛。背腰微凹，腹大而深，臀部稍倾斜，四肢细致、结实，乳头6～7对。	成年公猪体重158 kg，母猪体重144.2 kg。经产母猪平均产仔数12头。育肥猪平均日增重488 g。育肥猪体重87 kg屠宰，屠宰率69%，胴体瘦肉率42%～46%。荣昌猪具有早熟易肥、耐粗饲、肉脂优良、鬃毛洁白刚韧等优点，但抗寒力稍差，后腿欠丰满。	用大约克夏猪、长白猪、杜洛克猪、汉普夏猪等猪种作父本与荣昌猪杂交，一代杂种猪均有一定杂种优势。
6. 香猪	是我国超小型地方猪种之一，分布在贵州省从江县和三都县以及广西壮族自治区环江县等地。	体躯短小、头较直、耳较小而薄、略向两侧平伸或稍下垂。背腰宽而微凹，腹大丰圆触地，后躯较丰满。四肢细短，后肢多卧系。毛色多全黑，但亦有“六白”或不完全“六白”特征。乳头5～6对。	成年公猪体重37.4 kg，成年母猪体重40 kg，经产母猪平均产仔数5～8头。在较好的饲养条件下，从90日龄体重3.72 kg育肥至180日龄体重22.61 kg，平均日增重210 g。体重38.8 kg屠宰，屠宰率65.7%，胴体瘦肉率46.7%。香猪具有早熟易肥，皮薄骨细，肉嫩味美，乳猪和断奶仔猪无奶腥味等优点。	香猪用作烤乳猪、腊肉别有风味。微型香猪作为实验动物和城镇家庭宠物，具有很大的发展潜力。
		培育品种		
7. 三江白猪	原产于黑龙江佳木斯地区，现主要分布在黑龙江东部三江平原地区。	全身被毛白色，毛丛稍密，体型近似长白猪，具有典型的瘦肉型猪的体躯结构。头轻嘴直，耳大下垂，背腰宽平，腿臀丰满，四肢粗壮，蹄质结实，乳头7对，排列整齐。	成年公猪体重250～300 kg，成年母猪体重200～250 kg。经产母猪平均产仔数12.4头。6月龄育肥猪体重达90 kg以上，平均日增重666 g，饲料利用率3.5以下。育肥猪90 kg屠宰，胴体瘦肉率58.6%。三江白猪具有生长较快、耗料少、瘦肉多，肉质好，抗寒力强等优点。	三江白猪与杜洛克猪、汉普夏猪等品种具有较好的配合力，既可以作杂交父本，也可以作杂交母本。

续表 4-1

名称	产地	体型外貌	生产性能	生产利用
		培育品种		
8. 湖北白猪	原产于湖北省武汉市，在湖北省大部分市县均有分布。	全身被毛白色，体型中等，头颈较轻，面部平直或微凹，耳中等大前倾或稍下垂，背腰较长，腹线较平直，前躯较宽，中躯较长，腿臀肌肉丰满，四肢粗壮，体质结实，乳头6对。	成年公猪体重250～300 kg，成年母猪体重200～250 kg。经产母猪平均产仔数12头以上。6月龄育肥猪体重达90 kg以上，20～90 kg阶段平均日增重600～650 g，饲料利用率3.5以下。育肥猪90 kg屠宰，胴体瘦肉率59%以上。湖北白猪具有瘦肉多、肉质好、生长发育快、繁殖性能优良、适应性强、耐高温能力强等优点。	以湖北白猪为母本，与杜洛克猪、汉普夏猪杂交均具有较好的配合力，特别是与杜洛克猪杂交效果明显。
9. 苏太猪	原产于江苏省苏州市，现已向全国十余个省、市、自治区推广。	被毛黑色，耳中等大向前下方下垂，头部有清晰皱纹，嘴中等长而直，四肢结实，背腰平直，腹部紧凑，后躯丰满，乳头7对，分布均匀。	6月龄后备公猪体重70～85 kg，后备母猪体重72～88 kg。经产母猪平均产仔数14.45头。6月龄体重达90 kg以上，育肥猪体重25～90 kg阶段，平均日增重623 g，屠宰率72.88%，胴体瘦肉率56%。	苏太猪是理想的杂交母本，与长白猪、大约克猪杂交，效果良好。
10. 哈尔滨白猪	产于黑龙江省南部和中部地区，并广泛分布于滨洲、滨绥和牡佳等铁路沿线。	体型较大，全身被毛白色，头中等大，耳直立，颜面微凹，背腰平直，腹稍大但不下垂，腿臀丰满，四肢强健，体质结实，乳头7对以上。	成年公猪体重200～250 kg，成年母猪体重180～200 kg。经产母猪平均产仔数11.3头。育肥猪体重15～120 kg阶段，平均日增重587 g。体重115 kg屠宰，屠宰率74.75%，胴体瘦肉率45.1%。近年来经过选育提高的哈白猪平均日增重达650 g，胴体瘦肉率56%以上。哈白猪具有抗寒力强、耐粗饲、生长较快、耗料较少等优点，是产区优良的杂交母本。	用哈白猪做母本，与杜洛克猪、长白猪、大约克夏猪进行杂交，具有较好的杂交效果。
11. 上海白猪	产于上海近郊的上海和宝山两县，分布于上海市郊各县。	全身被毛白色，面部平直或略凹，耳中等大，略向前倾，体躯较长，背宽平直，腹较大，腿臀丰满，四肢强健，体质结实，乳头7对。	成年公猪体重158 kg，成年母猪体重177.6 kg。经产母猪平均产仔数12.93头。育肥猪体重22～89.7 kg阶段平均日增重615 g，饲料利用率3.5左右。体重90 kg屠宰时，屠宰率73%，胴体瘦肉率52.49%。上海白猪具有生长较快、胴体瘦肉率较高、产仔较多等优点，但青年母猪发情不明显。	用上海白猪作母本，与杜洛克猪、大约克夏猪进行杂交，具有较好的杂交效果。

续表 4-1

名称	产地	体型外貌	生产性能	生产利用
		培育品种		
12. 北京黑猪	产于北京市各区县。	全身被毛黑色，体型中等，结构匀称。头大小适中，两耳向前上方直立或平伸，面部微凹，额较宽，颈肩结合良好，背腰宽平，腹部不下垂，四肢健壮，腿臀较丰满，体质结实，乳头 7 对以上。	成年公猪体重 262 kg，成年母猪体重 220 kg。经产母猪平均产仔数 11.52 头。生长育肥猪在体重 20～90 kg 阶段，平均日增重 650 g，饲料利用率 3.36。体重 90 kg 屠宰时，屠宰率 73%，胴体瘦肉率 56%。北京黑猪具有体形较大、生长较快、肉质好等特点。	用长白公猪与北京黑猪杂交，杂种母猪作母本，再用杜洛克猪或大约克夏猪作父本进行经济杂交，效果明显。
		引入品种或配套系		
13. 约克猪	原产于英国北部的约克郡及附近地区，于 18 世纪末育成，现分布于世界各地，是世界上分布最广的品种之一。	体型较大，全身被毛白色，眼角、额部皮肤允许有小块黑斑，头大小适中，颜面宽且呈中等凹陷，耳薄直立，背腰平直或稍呈弓形，腹充实而紧，四肢较高，后躯宽长，腿臀丰满，乳头 7 对。	成年公猪体重 350～380 kg，母猪体重 250～300 kg。经产母猪平均产仔数 12 头以上。平均日增重达 800 g 左右，饲料利用率 2.8 以下，体重 100 kg 屠宰时，屠宰率 71%～73%，胴体瘦肉率 62% 以上。生长快、饲料利用率高、胴体瘦肉率高、适应性强、产仔多，但体质欠结实。	用大约克夏猪作父本与许多培育品种和地方良种杂交，效果明显。大约克夏猪也常用作杂交母本，如杜长大组合，效果十分突出。
14. 长白猪	原产于丹麦，因其体躯长，毛色全白，故称为长白猪。分布于世界各地，是世界上分布最广的品种之一。	全身被毛白色，头小而清秀，鼻筒长直，面直而狭长，耳大前倾或下垂，颈长，体躯长，前轻后重呈楔形，外观清秀美观，背腰平直或微弓，腹线平直，腿臀肌肉发达，乳头 7 对。	成年公猪体重 250～350 kg，成年母猪体重 220～300 kg。经产母猪平均产仔数 11～12 头。生长育肥猪体重 25～90 kg 阶段平均日增重 600～800 g，饲料利用率 2.8 以下，体重 100 kg 屠宰时，屠宰率 72%～74%，胴体瘦肉率 62% 以上。长白猪具有生长快、饲料利用率高、胴体瘦肉率高、产仔多等优点，但存在抗逆性较差，四肢尤其是后肢比较软弱，对饲料要求较高等缺点。	长白猪与我国大多数培育品种和地方良种均有较好的配合力。如长民哈、长荣等杂交组合，长白猪也常用作杂交母本猪，如杜大长组合。
15. 杜洛克猪	原产于美国东北部的新泽西州，是目前世界上生长速度快，饲料利用率高的优秀品种之一。	全身被毛棕红色，也有少数棕黄或浅棕色。头较小而清秀，嘴短，颜面微凹，耳中等大小，略向前倾，耳根较硬，耳尖稍下垂。体躯长，背腰呈弓形，胸宽而深，腹浅平直，后躯发达，肌肉丰满，四肢结实粗壮，蹄呈黑色。	成年公猪体重 340～450 kg，成年母猪体重 300～390 kg，经产母猪产仔数 9.78 头。育肥猪体重 25～90 kg 阶段，平均日增重 750 g 以上，饲料利用率 2.8 以下，育肥猪 100 kg 屠宰时，屠宰率 72%以上，胴体瘦肉率 65%。杜洛克猪具有性情温顺、生长快、瘦肉多、肉质好、耗料少、抗逆性强、杂交效果好等优点，但产仔较少、泌乳力低。	杜洛克用作父本与地方品种或培育品种的二元或三元杂交，效果都优于其他猪。如杜长太、杜长哈、杜汉太、杜长民、杜长大等都是性能良好的杂交组合。

续表 4-1

名称	产地	体型外貌	生产性能	生产利用
		引入品种或配套系		
16.汉普夏猪	原产于美国肯塔基州，是北美分布较广的品种。	该品种突出特点是在肩颈结合部(包括肩部和前肢)有一白色的肩带，其余部位均为黑色，故有“银带猪”之称。头中等大，嘴较长而直，耳中等大小而直立，体躯较长，背腰呈弓形，后躯臀部肌肉发达，性情活泼。	成年公猪体重 315～410 kg，成年母猪体重 250～340 kg。经产母猪平均产仔数 8.66 头。育肥期平均日增重 800 g 以上，育肥猪 90 kg 屠宰时，屠宰率 71%～75%，胴体瘦肉率 60%以上。汉普夏猪具有生长快、胴体瘦肉率高、杂交效果好等优点，但发情不明显、繁殖力低。	以汉普夏猪为父本与我国大多数培育品种和地方良种杂交，进行二元或三元杂交，可以明显提高杂种仔猪初生重和商品率。
17.皮特兰猪	原产于比利时，是近年来欧洲流行的胴体瘦肉率最高的瘦肉型猪。	毛色灰白，并夹有黑色斑块，头部轻秀，嘴大且直，耳中等大且略向前倾，体躯呈圆柱形，背直而宽大，臀部肌肉丰满，向后向两侧突出，呈双肌臀。全身肌肉纹理清晰，肢蹄强健有力。	经产母猪平均产仔数 9.7 头，背膘薄，胴体瘦肉率 70%左右，是目前世界上胴体瘦肉率最高的猪种，杂交时能显著提高后代的胴体瘦肉率。但皮特兰猪应激反应敏感，肉质不佳，尤其肉色较淡，肌纤维较粗。1991 年以后，比利时、德国和法国已培育出抗应激皮特兰新品系。	在经济杂交中用作终端父本，可显著提高后代腿臀围和胴体瘦肉率。一般杂交方式有：皮×杜、皮×长大、皮×大、皮杜×长大、皮×地方猪种。
18.迪卡配套系猪	迪卡配套系猪是美国迪卡公司在 20 世纪 70 年代开始培育的优秀配套系品种。迪卡配套系猪包括曾祖代（GGP)、祖代(GP)、父母代(PS)和商品杂优代(MK)。	迪卡配套系种公猪肩、前肢毛为白色，其他毛为黑色；母猪毛色全白，四肢强健，耳竖立前倾，后躯丰满。	迪卡猪具有产仔数多、生长速度快、饲料利用率高、胴体瘦肉率高的突出特征，除此之外，还具有体质结实、群体整齐、采食能力强、肉质好、抗应激等一系列优点。5 月龄体重达 90 kg，平均日增重 600～700 g，料重比为 2.8：1，胴体瘦肉率 65%，屠宰率 74%。迪卡猪初产母猪平均产仔数 11.7 头，经产母猪平均产仔数 12.5 头。	迪卡猪与我国地方品种母猪有良好的杂交优势。

续表 4-1

名称	产地	体型外貌	生产性能	生产利用
		引入品种或配套系		
19.斯格配套系猪	原产于比利时，主要由比系长白、英系长白、荷系长白、法系长白、德系长白、丹系长白经杂交合成，为专门化品系杂交成的超级瘦肉型猪。	斯格猪体型外貌与长白猪相似，后腿和臀部十分发达，四肢比长白猪短，嘴筒也较长白猪短。	斯格猪生长发育迅速，28日龄体重6.5 kg，70日龄27 kg，170～180日龄达90～100 kg，平均日增重650 g以上，饲料利用率2.85～3.0，胴体品质良好，平均背膘厚2.3 cm，后腿比例33.22%，胴体瘦肉率60%以上。斯格猪繁殖性能好，初产母猪平均产活仔数8.7头，仔猪初生重1.34 kg，经产母猪产活仔数10.2头，仔猪成活率在90%以上。	利用斯格猪作父本开展杂交利用，在增重、饲料消耗和提高胴体瘦肉率方面均能取得良好效果。

表 4-2 常用家禽品种简介

名称	产地	体型外貌	生产性能	备注
		标准品种		
1. 白来航鸡	原产于意大利，有12个品变种。	体型小而清秀，全身羽毛白色而紧贴，冠大鲜红，公鸡冠较厚而直立，母鸡冠较薄而倒向一侧；喙、胫、趾和皮肤均呈黄色，耳叶白色。性情活泼好动，善飞跃，富于神经质，易受惊吓和发生啄癖。	标准体重公鸡约2 kg，母鸡约1.5 kg；年平均产蛋量为200枚以上，优秀品系可超过300枚，平均蛋重为54～60 g。蛋壳白色。具有成熟早，无就巢性，产蛋量高而饲料消耗少等特点。	世界著名高产蛋用型鸡品种，也是现代白壳蛋鸡配套系的育种素材。
2. 洛岛红鸡	育成于美国洛德岛州，属兼用型。	该鸡羽毛为酱红色，喙褐黄色，胫黄色或带微红的黄色，耳叶红色，皮肤黄色。有伴性遗传基因金黄色绒羽，生产的商品蛋鸡可按羽色自别雌雄。	6月龄开产，年产蛋量160～180枚，蛋重60～65 g，蛋壳褐色。成年公鸡体重3.5～3.8 kg，母鸡2.2～3.0 kg。	是现代培育褐壳蛋鸡的主要素材，用作商品杂交配套系的父本。

续表 4-2

名称	产地	体型外貌	生产性能	备注
			标准品种	
3. 白洛克鸡	育成于美国，肉蛋兼用型。	全身羽毛为白色，单冠，耳叶为红色，喙、胫、皮肤为黄色。	年产蛋 150～160 枚，蛋重 60 g 左右，蛋壳浅褐色。成年公鸡体重 4.0～4.5 kg，母鸡 3.0～3.5 kg。	被广泛用作生产现代杂交肉鸡的专用母系。
4. 白科尼什鸡	原产于英国的康瓦尔，属肉用型。	羽毛为显性白羽，豆冠，喙、胫、皮肤为黄色，喙短粗而弯曲，胫粗大，站立时体躯高昂，好斗性强。	肉用性能好，体躯大，胸宽，腿部肌肉发达，早期生长速度快，60 日龄体重可达 1.5～1.75 kg，成年公鸡体重 4.5～5.0 kg，母鸡 3.5～4.0 kg，年产蛋 120 枚左右，蛋重 54～57 g，蛋壳浅褐色。	目前主要用作生产商品肉用仔鸡的父本。
5. 新汉夏鸡	育成于美国新汉夏州，属兼用型鸡种。	羽色樱桃红色，羽毛带有黑点，耳叶红色，皮肤黄色，喙、胫、趾黄色，胫无毛。羽毛呈浅红色，尾羽黑色，体躯呈长方形，头中等大，单冠。脸部、肉垂和耳叶均鲜红色，喙褐黄色，胫、趾黄色或微带红色，皮肤黄色。	年产蛋量为 180～200 枚。蛋重为 56～60 g，蛋壳褐色。标准体重，公鸡为 3.0～3.5 kg，母鸡为 2.5～3.0 kg。成年公鸡平均体重 3.58 kg，母鸡 2.9 kg。母鸡平均开产日龄 210 d，年产蛋 180～220 枚，蛋重 56～60 g。蛋壳褐色，有就巢性。	现代肉鸡生产中的红羽肉鸡父系多是由它选育而来的，然后和隐性白羽肉用母鸡杂交，后代为有色羽的商品肉鸡。
6. 丝毛乌骨鸡	又称乌骨鸡或泰和鸡。原产于我国，主要产区有江西、广东、福建等省。	体小躯短，头小腿矮，桑葚冠，羽毛白丝状，有“十全”特征：缨头、绿耳、胡须、毛腿、丝毛、五趾、紫冠、乌皮、乌骨、乌肉。眼、喙、脚、内脏、脂肪、血液等都是乌黑色。	成年公鸡体重 1.3～1.8 kg，母鸡 1.0～1.5 kg，年产蛋 80～120 枚，蛋重 40～45 g，蛋壳淡褐色，就巢性强。	用作药用和观赏。
			现代品种	
7. 海兰白 W-36 蛋鸡	白壳蛋鸡，是美国海兰国际公司（HY-LINE INTERNATIONAL）培育的四系配套优良蛋鸡系。	体型小而清秀，全身羽毛白色、紧贴，冠大鲜红，公鸡的冠较厚而直立，母鸡冠薄而多倒向一侧，喙、胫和皮肤均为淡黄色，耳叶白色。	成熟早，产蛋量高，156～157 日龄开产，高峰期产蛋率达 93%～94%，至 80 周龄产蛋数 282～290 枚，蛋料比 1∶2.43，平均蛋重 58.8 g。18 周龄成活率为 97%～98%，体重达 1.28 kg。	目前在全国有多个祖代或父母代种鸡场，是白壳蛋鸡中饲养较多的品种之一。

续表 4-2

名称	产地	体型外貌	生产性能	备注
		现代品种		
8. 海兰褐蛋鸡	海兰褐壳蛋鸡是美国海兰国际公司(HY-LINE INTERNATIONAL)培育的四系配套优良蛋鸡系。	全身羽毛基本(整体上)红色,尾部上端大都带有少许白色。该鸡的头部较为紧凑,单冠,耳叶红色,也有带部分白色的。皮肤、喙和胫黄色。体形结实,基本呈元宝形。	具有饲料报酬高、产蛋多和成活率高的优良特点。1~18 周龄成活率为 96%,体重 1.55 kg,每只鸡耗料量 5.7~6.7 kg。产蛋期(至 80 周龄)高峰产蛋率 94%~96%,入舍母鸡产蛋数至 60 周龄时为 246 枚,至 74 周龄时为 317 枚,至 80 周龄时为 344 枚。19~80 周龄每只鸡日平均耗料 114 g,21~74 周龄每 kg 蛋耗料 2.11 kg,72 周龄体重为 2.25 kg。	是在国内褐壳蛋鸡中饲养较多的品种之一。
9. 艾维茵肉鸡	艾维茵肉鸡是美国艾维茵国际有限公司培育的三系配套白羽肉鸡系。	艾维茵肉鸡为显性白羽肉鸡,体型饱满,胸宽、腿短、黄皮肤,具有增重快、成活率高、饲料报酬高的优良特点。	父母代生产性能:入舍母鸡产蛋 5% 时,成活率不低于 95%,产蛋期死淘率不高于 8%~10%;高峰期产蛋率 86.9%,41 周龄可产蛋 187 枚,产种蛋数 177 枚,入孵种蛋最高孵化率 91% 以上。	
10. 安卡红鸡	原产于以色列国。是目前国内生长速度最快的四系配套黄羽肉鸡。	体貌黄中偏红,部分鸡颈部和背部有麻羽。胫趾为黄色,黄皮肤,黄喙。单冠,公、母鸡冠齿以 6 个居多,肉髯、耳叶均为红色,较大、肥厚。体型较大、浑圆。	6 周龄体重达 2 kg,累计料肉比 1.75∶1;7 周龄体重达 2.4 kg,累计料肉比 1.94∶1;8 周龄体重达 2.87 kg,累计料肉比 2.15∶1。淘汰周龄为 66 周龄,每只入舍母鸡产蛋总数 176 个,其中可做种蛋数 164 个,出雏 140 只。种蛋孵化率达 87%。0~21 周龄成活率 94%,22~26 周龄成活率 92%~95%。	与国内地方鸡种杂交有很好的配合力。国内目前多数的速生型黄羽肉鸡都含有安卡红血液。国内部分地区使用安卡红公鸡与商品蛋鸡或地方鸡种杂交,生产“三黄”鸡。
		地方品种		
11. 仙居鸡	原产于浙江省仙居县,是著名的蛋用型良种。	体型较小,腿高颈长尾翘,结实紧凑,富于神经质,羽毛以黄色居多,也有黑、白、麻黄等色。	有就巢性。母鸡 5 月龄开产,现代年产蛋量 210 枚,最高为 269 枚,蛋重 42 g,蛋壳淡褐色。成年公鸡体重 1.5 kg,母鸡 1.2 kg。	
12. 北京油鸡	原产于北京北郊,属肉用型。	体躯宽短,冠多皱褶呈 S 形,毛冠、毛髯、毛腿。有黄色油鸡和红褐色油鸡两个类型。	母鸡 7 月龄开产,年产蛋量 120 枚左右。黄色油鸡蛋重 60 g,成年公鸡体重 2.5~3.0 kg,母鸡 2.0~2.5 kg;红褐色油鸡成年公鸡体重 2.0~2.5 kg,母鸡 1.5~2.0 kg,蛋重 56 g 左右。	

续表 4-2

名称	产地	体型外貌	生产性能	备注
			地方品种	
13. 浦东鸡	又称九斤黄鸡，原产于上海市黄浦江以东地区，属肉用型。	体型硕大，腿高骨粗，羽色有黄色、麻黄色、麻褐色等，有少量胫羽和趾羽，单冠，喙、脚为黄色或褐色，皮肤黄色。	以体大、肉肥、味美而著称。7～8月龄开产，年产蛋量 120～150 枚，蛋重 55～60 g，蛋壳深褐色。3 月龄体重可达 1.25 kg，成年公鸡体重 4.0～4.5 kg，母鸡 2.5～3 kg。	
14. 寿光鸡	原产于山东省寿光县，属肉蛋兼用型，以产大蛋而著称。	有大、中两型，体躯高大，腿高胫粗，胸深背长，羽毛黑色，喙及脚灰黑色。	大型寿光鸡成年公鸡体重 3.8 kg，母鸡 3.1 kg，年产蛋量 90～100 枚；中型寿光鸡成年公鸡体重 3.6 kg，母鸡 2.5 kg，年产蛋量 120～150 枚。平均蛋重 65 g 以上，蛋壳红褐色。	
15. 固始鸡	原产于河南省固始县，属蛋肉兼用型。	有单冠和复冠，直尾和“佛手尾”。毛色以黄、麻黄居多，黑、白色很少，喙、脚青色。	6～7 月龄开产，年产蛋量 96～160 枚，蛋重 48～60 g，蛋壳棕黄色。成年公鸡体重 2～2.5 kg，母鸡 1.2～2.4 kg。	
16. 北京鸭	原产于北京西郊玉泉山一带，是世界著名的肉用鸭标准品种。	全身羽毛洁白，喙、脚为橘红色，虹彩蓝灰色，初生雏鸭绒毛金黄色，称为“鸭黄”。适宜于集约化饲养。公鸭尾部有 4 根向背部卷曲的性羽。	性成熟早，一般 5～6 月龄开产，年产蛋量 200～240 枚，蛋重 90～95 g，蛋壳白色，无就巢性。配套系商品肉鸭 49 日龄体重可达 3.0 kg 以上，料肉比（2.8～3.0）∶1。北京鸭填饲 2～3 周，肥肝重可达 300～400 g。	具有体型硕大丰满，生长发育快，育肥性能好，肉味鲜美、性情温顺，好安静，较爱清洁，喜合群，及适应性强等特点。
17. 瘤头鸭	原产于南美洲和中美洲热带地区，俗称“骡鸭”。	瘤头鸭生长快、体重大、肉质好，善飞而不善游泳，适合舍饲。蛋壳多白色，也有淡绿色或深绿色。	母鸭有就巢性，孵化期 33～35 d。成年公鸭体重 2.5～4 kg，母鸭 2～2.5 kg，仔鸭 90 日龄体重公鸭 2.7～3 kg，母鸭 1.8～2.4 kg，料肉比 3.2∶1。母鸭 6～7 月龄开产，一般年产蛋量 80～120 枚，蛋重 65～70 g。	雌雄体重相似、性情驯顺，耐粗饲，增重快而肉质好，被广泛用于肉鸭和肥肝生产。
18. 樱桃谷鸭	由英国樱桃谷公司引进北京鸭和埃里期伯里鸭杂交培育而成的配套系鸭种。	雏鸭绒毛呈淡黄色，成鸭全身白羽，少数有零星黑色杂羽，喙、脚橘红色。	商品代 49 日龄活重 3.3 kg，全净膛屠宰率 72.55%，瘦肉率 26%～30%，皮脂率 28%，料肉比为 2.6∶1。近年来，英国樱桃谷公司培育出 SM2 系超级肉鸭，其父母代母鸭 66 周龄产蛋 235 枚，商品代肉鸭 47 日龄活重 3.45 kg，料肉比 2.32∶1。	

续表 4-2

名称	产地	体型外貌	生产性能	备注
		地方品种		
19. 绍兴鸭	原产于浙江省绍兴地区。	该鸭体躯狭长，母鸭以麻雀羽为基色，分两种类型：带圈白翼梢，颈中部有白羽圈，公鸭羽色深褐，头、颈墨绿色，主翼羽白色，虹彩蓝灰，喙黄色，胫、蹼橘红色；红毛绿翼梢，公鸭深褐羽色，头颈羽墨绿色，喙、胫、蹼橘红色。	绍兴鸭早熟，一般 4～5 月龄开产，年产蛋量 250～300 枚，高产群可达 310 枚以上。蛋重 66～68 g。蛋壳多为白色。公母鸭成年体重 1.35～1.5 kg。圈养条件下料蛋比 2.75∶1。	具有产蛋多、成熟早、体型小、耗料少，适于圈养的特点。
20. 高邮鸭	原产于江苏省高邮、宝应、兴化一带，苏北京杭大运河两侧地区。	高邮鸭母鸭全身羽毛褐色，有黑色细小斑点，如麻雀羽；主翼羽蓝黑色；喙豆黑色；虹彩深褐色；胫、蹼灰褐色，爪黑色。公鸭体型较大，背阔肩宽，胸深躯长呈长方形。头颈上半段羽毛为深孔雀绿色，背、腰、胸为褐色芦花毛，臀部黑色，腹部白色。喙青绿色，趾蹼均为橘红色，爪黑色。	一般 6 月龄开产，经选育后平均年产蛋量 180 枚，蛋重 80～85 g，蛋壳多白色，双黄蛋率约 0.3%。在放牧条件下，56 日龄体重可达 2.25 kg，肉质鲜美。成年公鸭体重 3～3.5 kg，母鸭 2.5～3 kg。	以产双黄蛋著称。具有体型大、生长快、善潜水、觅食能力强、耐粗饲等特点，适宜于以放牧为主的饲养环境。
21. 狮头鹅	原产于广东饶平县，是世界上著名的大型灰棕色鹅种。	狮头鹅前额肉瘤发达，向前突出，覆盖于喙上。两颊有左右对称的肉瘤 1～2 对，肉瘤黑色。颌下咽袋发达。	成年公鹅体重 8.85 kg，母鹅 7.86 kg。70 日龄平均体重公鹅 6.42 kg，母鹅 5.82 kg。母鹅开产日龄为 180～240 d，年产蛋量 25～35 枚，平均蛋重 203 g，就巢性强。狮头鹅肥肝性能良好，平均肥肝重 706 g，最大肥肝可达 1.4 kg，肝料比为 1∶40。	是我国生产肥肝的专用鹅种。
22. 皖西白鹅	原产于安徽省西部丘陵山区和河南固始县一带。	全身羽毛洁白，部分鹅头顶部有灰毛。喙橘黄色，喙端色较淡，胫、蹼均为橘红色，爪白色。皮肤为黄色，肉色为红色。颈长呈弓形，胸深广，背宽平。头顶肉瘤呈橘黄色，圆而光滑无皱褶。	母鹅 6 月龄开产，年产两期蛋，抱两次窝。年产蛋量 25 枚左右，平均蛋重 142 g，蛋壳白色。成年公鹅体重 6.5 kg，母鹅 6.0 kg。皖西白鹅产绒性能好。羽绒洁白，尤其以绒朵大而著称。平均每只鹅可产羽绒 349 g，其中纯绒 40～50 g。	具有生长快、觅食力强、耐粗饲、肉质好、羽绒品质优等特点。

续表 4-2

名称	产地	体型外貌	生产性能	备注
		地方品种		
23. 豁眼鹅	原产于山东莱阳地区。	眼呈三角形，两眼上眼睑处均有明显的豁口。	母鹅7月龄开产，年产蛋量120～180枚，蛋重120～140 g，蛋壳白色，无就巢性。成年公鹅体重4.0～4.5 kg，母鹅3.5～4.0 kg。	该鹅以产蛋多著称。

表 4-3 常用牛品种简介

名称	产地	体型外貌	生产性能	主要特点
		地方品种		
1. 秦川牛	因产于陕西关中的“八百里秦川”而得名。现群体总数约80万头。	属大型牛，骨骼粗壮，肌肉丰厚，前躯发育良好，具有役肉兼用牛的体型。角短而钝、多向外下方或向后稍弯。毛色多为紫红色及红色。鼻镜肉红色。部分个体有色斑。蹄壳和角多为肉红色。公牛颈上部隆起，鬐甲高而厚，母牛鬐甲低，荐骨稍隆起。缺点是后躯发育较差，常见尻稍斜个体。	在中等饲养水平下，18月龄时的平均屠宰率为58.3%，净肉率为50.5%。	我国五大良种黄牛之一，全国21个省、自治区曾引进改良本地黄牛，效果良好。
2. 南阳牛	河南省南阳地区白河和唐河流域的广大平原地区。现有145万头。	毛色为深浅不一的黄色，另有红色和草白色，面部、腹下、四肢下部毛色较浅。体型高大，结构紧凑，公牛多为萝卜头角，母牛角细。鬐甲较高，肩部较突出，公牛肩峰8～9 cm，背腰平直，荐部较高，额部微凹，颈部短厚而多皱褶。部分牛胸欠宽深，体长不足，尻部较斜，乳房发育较差。	产肉性能良好，15月龄育肥牛屠宰率55.6%，净肉率46.6%，眼肌面积92.6 cm^2。	我国五大良种黄牛之一，全国22个省有引入，适应性、采食性和生长能力较好。

续表 4-3

名称	产地	体型外貌	生产性能	主要特点
		地方品种		
3. 晋南牛	产于山西省西南部的运城、临汾地区。现有66万余头。	毛色以枣红为主，红色和黄色次之。鼻镜粉红色。体型粗大，体质结实，前躯较后躯发达。额宽，顺风角，颈短粗，垂皮发达，肩峰不明显，胸宽深，臀端较窄，乳房发育较差。	18月龄时屠宰，屠宰率53.9%。经强度育肥后屠宰率59.2%。眼肌面积79.00 cm^2。	我国五大良种黄牛之一，曾用于四川、云南、甘肃、安徽等地黄牛改良，效果良好。
4. 鲁西牛	主产于山东省西南部的菏泽、济宁地区。	毛色以黄色为主，多数牛有“三粉”特征，即眼圈、口轮、腹下与四肢内侧毛色较浅，呈粉色。公牛多平角或龙门角；母牛角形多样，以龙门角居多。公牛肩峰宽厚而高。垂皮较发达。尾细长，尾毛多，扭生如纺锤状。体格较大，但日增重不高，后躯欠丰满。	18月龄育肥，公、母牛平均屠宰率为57.2%，净肉率为49.0%，眼肌面积89.1 cm^2。	我国五大良种黄牛之一。
5. 延边牛	主产于吉林省延边朝鲜族自治州及朝鲜。	公牛头方额宽，角基粗大，多向外后方伸展呈一字形或倒八字形。母牛角细而长，多为龙门角。毛色为深浅不一的黄色，鼻镜呈淡褐色，被毛长而密。胸部宽深，皮厚而有弹力。公牛颈厚隆起，母牛乳房发育良好。	18月龄育肥牛平均屠宰率57.7%，净肉率47.2%，眼肌面积75.8 cm^2。	我国五大良种黄牛之一，善走山路，耐寒、耐粗，抗病力强。
6. 蒙古牛	原产于蒙古高原地区。广泛分布于我国北方各省区。	毛色多样，但以黑色、黄色者居多。头短宽、粗重，角长，向上前方弯曲。垂皮不发达。鬐甲低下，胸较深，背腰平直，后躯短窄，尻部倾斜，四肢短，体质坚实，皮肤较厚。	中等膘情的成年阉牛，平均屠宰率为53.0%，净肉率44.6%，眼肌面积56.0 m^2。	耐干旱和抗寒，发病率低。主产区总数约300万头。

续表 4-3

名称	产地	体型外貌	生产性能	主要特点
		地方品种		
7. 中国水牛	主要分布于淮河以南的水稻产区，其中四川、广东、广西、湖南、湖北、云南数量最多。	全身被毛深灰色或浅灰色且稀疏，颈下和胸前多有浅色颈纹和胸纹，皮粗糙而有弹性，鬐甲隆起，肋骨弓张。眼大突出，角左右平伸，呈新月形或弧形。背腰宽而略凹。腰角大而突出，后躯差，尻部斜，尾粗短，着生较低，四肢粗短。	宜于水田作业。泌乳期 8～10 个月，泌乳量 500～1 000 kg，乳脂率 7.4%～11.6%。乳蛋白率 4.5%～5.9%，肉用性能较差，屠宰率 46%～50%，净肉率 35%左右。	属沼泽型水牛。典型代表为湖北滨湖水牛、四川德昌水牛、云南德宏水牛和广西的西林水牛。
8. 西藏高山牦牛	产于西藏自治区东部的高山草场，以嘉黎县牦牛最佳。在西藏南部山区，海拔 4 000 m 以上的高寒草场也有分布。总头数 250 万余头。	牦牛体躯较大，结构紧凑，身长腿短，皮松而厚。头大额宽，面稍凹，多有角，角向外上方开张。眼圆有神，无垂皮，背平，心肺发达，腹大而不下垂，尻部窄而斜。前肢短而端正，后肢呈刀状，筋骨结实，蹄小而坚实。胸腹体侧和股侧着生长毛，尾毛如帚状，被毛多黑色。	成年公牦牛体重 420.6 kg，体高 130.0 cm；母牦牛 242.8 kg，体高 107.0 cm，平均日产乳 1.03 kg，屠宰率为 55%，净肉率 46.8%。公、母、阉牛剪毛量分别为 1.76 kg、0.45 kg、1.70 kg，毛绒比 1∶(1～2)，驮力大，有“高原之舟”之称。	
9. 天祝白牦牛	产于甘肃省天祝藏族自治州，以西大滩、抓喜秀龙滩、永丰滩和阿沿沟草原为主要产地。是我国地方珍稀牦牛类群，受到国内外的重视。	毛色纯白，公牛额毛卷曲，鬐甲隆起，前躯发育良好，背线呈凹陷状；母牛全身毛长，额部毛长而厚密，且覆盖眼睛，腹下和四肢上部毛较长。四肢较短，蹄小而质地致密，蹄壳呈黑色。	成年公牦牛体重为 264.1 kg，母牦牛为 189.7 kg，6 月龄剪毛，剪毛量公牛 3.6 kg、绒 0.4 kg、尾毛 0.6 kg，母牛 1.2 kg、绒 0.8 kg、尾毛 0.4 kg，产乳量 400 kg/胎，屠宰率 54%～55%，净肉率 36%～39%，驮载或骑乘性能良好。	

续表 4-3

名称	产地	体型外貌	生产性能	主要特点
			培育品种	
10. 中国荷斯坦牛	原称中国黑白花牛，是国外各类型的荷斯坦公牛与我国各地黄牛杂交选育而成。产奶高、数量多、分布广。		305 d 各胎次平均产乳量为 6 359 kg，平均乳脂率为 3.56%。经育肥 24 月龄的公牛屠宰率为 57%。中国荷斯坦牛性成熟早，具有良好的繁殖性能，年平均受胎率为 88.8%，长期受胎率为 48.9%。	历经 100 多年的培育而形成目前我国唯一的专用奶牛品种。1992 年，“中国黑白花奶牛”品种更名为“中国荷斯坦牛”。现已分布全国各地。
11. 三河牛	原产于内蒙古呼伦贝尔草原。主要分布在呼伦贝尔盟三河地区。目前，大约有 11 万头。	被毛为界限分明的红白花，头白色或有白斑，腹下、尾尖及四肢下部为白色。角向上前方弯曲。	平均年产乳量为 2 500 kg 左右，在较好的饲养条件下可达 4 000 kg。乳脂率 4.10%～4.47%。产肉性能良好，2～3 岁公牛屠宰率为 50%～55%。耐粗饲，抗病力强，适合高寒条件放牧。体格较大，平均活重公牛 1 050 kg，母牛 547.9 kg。犊牛初生重：公牛 35.8 kg，母牛 31.2 kg。	是我国培育的第一个乳肉兼用品种，含西门塔尔牛的血统。
12. 中国草原红牛	原产吉林、辽宁、河北和内蒙古。分布于吉林白城地区、内蒙古赤峰市、锡林郭勒盟南部和河北张家口地区。目前，大约有 14 万头。	毛色多为深红色，少数牛腹下、乳房部分有白斑，尾帚有白毛。全身肌肉丰满，结构匀称。乳房发育较好。耐粗抗寒，适应性强，发病率低。生产性能不稳定，后躯发育欠佳。	泌乳期 220 d，平均产奶量 1 662 kg，乳脂率 4.02%，最高个体产奶量为 4 507 kg。18 月龄的阉牛，经放牧育肥，屠宰率为 50.8%。短期催肥后屠宰率为 58.1%。成年公牛体重 825.2 kg，成年母牛体重 482 kg。犊牛初生重：公牛 31.9 kg，母牛 30.2 kg。	1985 年 8 月 20 日，经农牧渔业部授权吉林省畜牧厅，在赤峰市对该品种进行了验收，命名“中国草原红牛”。含有乳肉兼用型短角牛血统。
			引入品种	
13. 乳用型荷斯坦牛	美国、加拿大、以色列、澳大利亚和日本等国的荷斯坦牛均属此类型。	被毛细短，毛色呈黑白斑块（少量为红白花），界限分明、额部多有白星（三角星或广流星），腹下、四肢下部及尾尖为白色。体格高大，结构匀称，皮薄骨细，皮下脂肪少，乳静脉粗大而多弯曲，乳房特别大，且结构良好，具有典型的乳用型外貌。	乳用型荷斯坦牛产奶量为各乳牛品种之冠。母牛平均年产奶量一般为 6 500～7 500 kg，乳脂率为 3.6%～3.8%。美国 2000 年登记的荷斯坦牛平均产奶量达 9 777 kg，乳脂率为 3.66%、乳蛋白率为 3.23%。公牛体重为 900～1 200 kg、母牛 650～750 kg，犊牛初生重平均 40～50 kg。	乳脂率较低，不耐热，高温时产奶量明显下降。因此，夏季饲养，尤其南方要注意防暑降温。

续表 4-3

名称	产地	体型外貌	生产性能	主要特点
		引入品种		
14.乳肉兼用型荷斯坦牛	荷兰本土的荷斯坦牛群基本上都属此类，欧洲国家如德国、法国、丹麦、瑞典、挪威等国的荷斯坦牛也属此类型。	兼用型荷斯坦牛的全身肌肉较乳用型丰满，皮下脂肪较多，体格较小，四肢短而开张，肢势端正，体躯宽深略呈矩形，尻部方正且发育好；乳房附着良好，前伸后展，发育匀称呈方圆形，乳头大小适中，乳静脉发达。其体重比乳用型略小。	兼用型牛平均产奶量比乳用型低，年平均产奶量 4 500～6 000 kg，但乳脂率比乳用型高，一般为 3.8%～4.0%。屠宰率 55%～60%。成年公牛体重 900～1 100 kg、母牛 550～700 kg，犊牛初生重平均 35～45 kg。	
15.娟姗牛	是英国培育的专门化小型奶牛品种，以乳脂率高、乳房形状好而闻名。以耐热、性成熟早、抗病力强而著称。	体型小而清秀，头小而轻，耳大而薄。角中等大小，琥珀色，角尖黑，向前弯曲。颈细小，有皱褶，颈垂发达。乳房发育匀称，乳头略小。后躯较前躯发达，体型呈楔形。被毛细短有光泽，毛色有灰褐、浅褐及深褐色，以浅褐色为最多。鼻镜及舌为黑色，嘴、眼周围有浅色毛环，尾尖为黑色。	一般年平均产奶量为 3 500～4 000 kg，乳脂率平均为 5.5%～6.0%，是奶牛中少有的高乳脂率品种。	我国于 19 世纪中叶引入娟姗牛，由于该品种适应炎热的气候，所以，在我国南方地区可列为今后引种的较佳选择。
16.夏洛来牛	原产于法国中西部到东南部的夏洛来省和涅夫勒地区。是世界闻名的大型肉用牛品种。	被毛白色或乳白色，皮肤常带有色斑。全身肌肉特别发达，骨骼结实，四肢强壮。头小而宽，嘴端宽、方，角圆而较长，并向前方伸展。颈粗短，胸宽深，肋骨方圆，背宽肉厚，体躯丰满呈圆桶状，后臀肌肉发达，并向后和侧面突出。	最显著的特点是生长速度快，瘦肉率高，耐粗饲。在良好的饲养条件下，6 月龄公犊可达 250 kg。日增重可达 1.4 kg。屠宰率为 60%～70%，胴体瘦肉率为 80%～85%。该牛纯种繁殖时难产率高达 13.7%。夏洛来牛肌肉纤维比较粗糙，肉质嫩度不够好。成年公牛体重 1 100～1 200 kg，母牛 700～800 kg。	夏洛来牛是我国肉牛生产配套系的父本和轮回杂交的亲本，与本地黄牛杂交，夏杂后代体格明显加大，增长速度加快，杂种优势明显。

续表 4-3

名称	产地	体型外貌	生产性能	主要特点
		引入品种		
17. 利木赞牛	原产于法国中部的利木赞高原。数量仅次于夏洛来牛，为法国第二大品种。目前有 54 个国家引入利木赞牛，属大型肉用牛品种。	被毛红色或黄色，口、鼻、眼圈周围、四肢内侧及尾帚毛色较浅，角为白色，蹄为红褐色。头较短小，额宽，胸部宽深，体躯较长，后躯肌肉丰满，四肢粗短。	产肉性能高，胴体质量好，眼肌面积大，前后肢肌肉丰满，出肉率高。10 月龄体重即可达 408 kg，哺乳期平均日增重为 0.86～1.0 kg。8 月龄小牛即可具有大理石花纹的肉质。难产率极低，一般只有 0.5%。成年公牛平均体重 1 100 kg，母牛 600 kg。在法国公牛活重可达 1 200～1 500 kg，母牛达 600～800 kg。	我国于 1974 年开始从法国引入，主要分布在黑龙江、辽宁、山东、安徽、陕西、河南和内蒙古等地，杂交优势显著。
18. 皮埃蒙特牛	原产于意大利北部皮埃蒙特地区。属于大型肉用牛品种，是目前国际公认的终端父本。主要分布在我国山东、河南、黑龙江、北京和辽宁省。	被毛灰白色，鼻镜、眼圈、肛门、阴门、耳尖，尾帚等为黑色。犊牛出生时被毛为浅黄色，以后慢慢变为白色。中等体型，皮薄，骨细。全身肌肉丰满，外形很健美。后躯特别发达，双肌性能表现明显。	皮埃蒙特牛生长快，育肥期平均日增重 1.5 kg。生长速度为肉用品种之首。肉质细嫩，瘦肉含量高，屠宰率一般为 65%～70%，胴体瘦肉率达 84.13%，脂肪和胆固醇含量低。公牛体重不低于 1 000 kg，母牛平均为 500～600 kg。公、母牛的体高分别为 150 cm 和 136 cm。	我国 1986 年引进皮埃蒙特牛的冻精和冻胚，皮杂后代生长速度达到国内领先水平，杂交效果良好。
19. 海福特牛	原产于英格兰西部的海福特郡。世界上最古老的中小型早熟肉牛品种。	体躯毛色为橙黄色或黄红色，具有"六白"特征，即头、颈垂、鬐甲、腹下、四肢下部及尾尖为白色。分为有角和无角两种。公牛角向两侧伸展，向下方弯曲，母牛角向上挑起。颈粗短，体躯肌肉丰满，呈圆桶状，背腰宽平，臀部宽厚。肌肉发达，四肢短粗。	在良好条件下，7～12 月龄日增重可达 1.4 kg 以上。一般屠宰率为 60%～65%。18 月龄公牛活重可达 500 kg 以上。	我国于 1974 年首批从英国引入海福特牛。与我国本地黄牛的杂种一代牛，体型趋向于父本，体躯低矮，生长快，抗病耐寒，适应性好。

续表 4-3

名称	产地	体型外貌	生产性能	主要特点
		引入品种		
20.安格斯牛	原产于英国的阿伯丁、安格斯和金卡丁等郡。是英国最古老的小型肉用牛品种之一。占美国肉牛总数的1/3。	安格斯牛无角，头小额宽且表现清秀，体躯宽深，呈圆桶状，背腰宽平，四肢短，后躯发达，肌肉丰满。被毛为黑色，光泽性好。近些年来，美国、加拿大等国家育成了红色安格斯牛。	增重性能良好，平均日增重约为1.0 kg。肉牛中胴体品质最好，成年公牛体重700～900 kg，母牛500～600 kg，屠宰率60%～70%。难产率低。	早熟，耐粗饲，放牧性能好，但较神经质，易受惊。性情温顺，耐寒，适应性强。是国际肉牛杂交体系中最好的母系。
21.西门塔尔牛	原产于瑞士西部的阿尔卑斯山区，主要产地是西门塔尔平原和萨能平原。是瑞士数量最多的牛品种，为世界著名的大型乳、肉、役兼用品种。	西门塔尔牛毛色多为黄白花或淡红白花，头、胸、腹下、四肢下部、尾帚多为白色。额与颈上有卷毛。角较细，向外上方弯曲。后躯较前躯发达，体躯呈圆筒状。四肢强壮，大腿肌肉发达。乳房发育中等。适应性强，耐粗放管理。我国目前约有中国西门塔尔牛30 000余头。	乳用和肉用性能均较好。泌乳期平均产奶量在4 000 kg以上，乳脂率4%。周岁内平均日增重0.8～1.0 kg，育肥后公牛屠宰率65%左右；瘦肉多，脂肪少，肉质佳。成年母牛难产率为2.8%。成年公牛活重平均为800～1 200 kg，母牛600～750 kg。犊牛初生重为30～45 kg。核心群平均产奶量已突破4 500 kg。	西门塔尔牛是改良我国黄牛范围最广，数量最多，杂交效果最成功的牛种。杂交后代无论是体型、产奶量还是产肉量均有显著提高。
22.丹麦红牛	丹麦	被毛红或深红色，公牛毛色通常较母牛深。鼻镜浅灰至深褐色，蹄壳黑色，部分牛只乳房或腹部有白斑毛。乳房大，发育匀称。体格较大，体躯深长。具有良好产肉性能。	美国2000年53 819头母牛的平均产奶量为7 316 kg，乳脂率4.26%；最高单产12 669 kg，乳脂率5%。成年公牛体重1 000～1 300 kg，成年母牛体重650 kg。犊牛初生重40 kg。屠宰率一般为54%。	以乳脂率、乳蛋白高而著称，1984年我国引进丹麦红牛，用于改良延边牛、秦川牛和复州牛，效果良好。
23.摩拉水牛	原产于印度西北部。饲养有摩拉水牛3 000万头，占其水牛总数的47%。	毛色通常为黑色，尾帚为白色，被毛稀疏。角短、向后向上内弯曲，呈螺旋形。尻部斜，四肢粗壮。公牛头粗重，母牛头较小、清秀。公牛颈厚，母牛颈长薄，无垂皮和肩峰。乳房发达，乳头大小适中，距离宽，乳静脉弯曲明显。	平均泌乳期为251～398 d，泌乳期平均产奶量1 955.3 kg。个别好的母牛305 d泌乳期产奶量达3 500 kg。公牛在19～24月龄育肥165天，平均日增重为0.41 kg；屠宰率为53.7%，成年公、母牛体重分别为969.0 kg和648 kg。	耐热、耐粗饲、适应性强。情偏于神经质。我国1957年开始从印度引进摩拉水牛，数量逐年上升。南方各省均有饲养，尤其以广西较多。

表 4-4　常用绵羊品种简介

名称	产地	体型外貌	生产性能	生产利用
		地方品种		
1. 蒙古羊	原产于内蒙古自治区。	被毛异质。体质结实，骨骼健壮，头中等大小，鼻梁隆起。公羊有螺旋形角，母羊无角或有小角。耳大下垂，脂尾短，呈椭圆形。尾中有纵沟，尾尖细小呈S状弯曲。胸深，背腰平直，四肢健壮有力，善于游牧。体躯被毛白色，头、颈、四肢部黑、褐色的个体居多。	成年公羊体重69.7 kg，剪毛量1.5～2.2 kg；成年母羊体重54.2 kg，剪毛量1.0～1.8 kg，净毛率77.3%，屠宰率为50%左右。每年产羔一次，双羔率3%～5%。	是我国分布最广、数量最多的三大粗毛羊品种之一。
2. 西藏羊	原产于青藏高原，主要分布在西藏、青海、甘肃、四川及云南、贵州两省的部分地区。	体格高大粗壮，体质结实，鼻梁隆起，公羊和大部分母羊均有角，呈螺旋状向上、向外伸展，头、四肢多为黑色或褐色。体躯被毛以白色为主，被毛异质，两型毛含量高，毛辫长度18～20 cm，有波浪形弯曲，弹性大，光泽好。	成年公羊体重44.03～58.38 kg，成年母羊38.53～47.75 kg。成年公羊剪毛量1.18～1.62 kg，成年母羊0.75～1.64 kg。净毛率为70%左右。屠宰率43%～48.68%。母羊每年产羔一次，双羔率极低。产肉性能较好，屠宰率较高50.18%。	是饲养在高海拔地区的三大粗毛羊品种之一。
3. 哈萨克羊	原产于新疆维吾尔自治区，主要分布在新疆及甘肃、青海、新疆三省(自治区)交界处。	公羊多数有螺旋形大角，母羊多数无角。鼻梁隆起，体质结实，背腰宽平，后躯发达，四肢高而结实，骨骼粗壮。脂尾分成两瓣高附于臀部。被毛异质，干死毛多。抓膘力强，终年放牧，适应性强。	成年公羊体重60.34 kg，剪毛量2.03 kg，净毛率57.8%；成年母羊体重45.8 kg，剪毛量1.88 kg，净毛率68.9%。成年羯羊屠宰率为47.6%，1.5岁羯羊为46.4%。产羔率102%。	三大粗毛羊品种之一。适于高山草原放牧，具有较高的产肉性能。
4. 小尾寒羊	原产于鲁豫苏皖四省交界地区，主要分布在山东省菏泽地区和河北省境内。	体格高大，头略长，鼻梁隆起，耳大下垂，四肢较高、健壮。公羊有螺旋形大角，母羊有小角或无角。公羊前胸较深，鬐甲高，背腰平直。母羊体躯略呈扁形，乳房较大，被毛多为白色，少数个体头、四肢部有黑、褐色斑。被毛异质。	周岁公羊体重60.83 kg，屠宰率55.6%；周岁母羊41.33 kg。成年公羊体重94.15 kg，成年母羊48.75 kg。6月龄公羔体重达38.17 kg，母羔37.75 kg。成年公羊剪毛量为3.5 kg，成年母羊剪毛量为2 kg，毛长11～13 cm，净毛率63%。该品种羊生长发育快，常年发情，经产母羊产羔率达270%。	是世界上著名的高繁殖力绵羊品种之一。

续表 4-4

名称	产地	体型外貌	生产性能	生产利用
		地方品种		
5. 湖羊	产于太湖流域，主要分布在浙江和江苏等地。	头形狭长、鼻梁隆起，公、母羊均无角，体躯较长呈扁长形，肩胸较窄，背腰平直，后躯略高，全身被毛白色，四肢较细长。	成年公羊体重 48.68 kg，成年母羊体重 36.49 kg。成年公羊剪毛量 1.65 kg，成年母羊剪毛量为 1.17 kg。净毛率 50%左右。湖羊繁殖率高，母羊常年发情，产羔率 228.9%。	湖羊是我国特有羔皮羊品种，也是目前世界上少有的白色羔皮羊品种。
6. 滩羊	主要产于宁夏贺兰山东麓的银川市附近各县，与宁夏毗邻的甘肃、内蒙古、陕西也有分布。	体格中等大小，体质结实，体躯窄长，四肢较短，鼻梁稍隆起，公羊角呈螺旋形向外伸展，母羊一般无角或有小角。背腰平直，胸较深。属脂尾羊。体躯毛色多为白色，部分个体头部有褐、黑、黄色斑块。被毛异质，干死毛少，毛股明显呈长毛辫状。长脂尾，尾根部宽大而尖部细、呈三角形，下垂至飞节以下。	成年公羊体重为 47.0 kg，成年母羊体重为 35.0 kg。成年公羊剪毛量 1.6～2.2 kg，成年母羊剪毛量 0.7～2.0 kg，净毛率 65%左右。成年羯羊屠宰率 45%，成年母羊屠宰率 40%，产羔率 101%～103%。	我国独特的白色裘皮羊品种。
		培育品种		
7. 新疆毛肉兼用细毛羊	我国 1954 年育成于新疆巩乃斯羊场。	体格大，体质结实，结构匀称，颈短而圆，胸宽深，背腰平直，体躯长深，后躯丰满，四肢肢势端正。少数个体眼圈、耳、唇有小色斑。公羊大多数有螺旋形角，鼻梁微有隆起，颈部有 1～2 个完全或不完全的横褶皱。母羊无角或有小角，颈部有横褶皱或发达的纵褶皱。	成年公羊剪毛量为 12.42 kg，成年母羊为 5.46 kg。羊毛平均长度成年公、母羊分别为 11.2 cm、8.74 cm。成年公羊体高 75.3 cm，体长 81.7 cm，体重 93 kg。成年母羊体高 65.9 kg，体长 72.7 cm，体重 46 kg。经夏季放牧的 2.5 岁羯羊宰前活重可达 65.5 kg，屠宰率平均为 49.5%，净肉率为 40.8%。夏季育肥的当年羔羊（9 月龄羯羊）宰前活重为 40.9 kg，屠宰率可达 47.1%。	是我国育成的第一个细毛羊品种。

续表 4-4

名称	产地	体型外貌	生产性能	生产利用
		培育品种		
8. 中国美利奴羊	由内蒙古嘎达苏种畜场、新疆的巩乃斯种羊场和紫泥泉种羊场、吉林的查干花种羊场联合育成。	全身被毛呈毛丛结构，闭合性良好，密度大，有明显的大、中弯曲，油汗含量适中，呈白色或乳白色，头部毛密而长，着生至两眼连线。前肢着生至腕关节，后肢着生至飞节，腹毛着生良好。羊毛细度以 64 支为主，净毛率可达 59%。	成年公羊剪毛量为 16.0～18.0 kg，成年母羊为 6.4～7.2 kg。成年公羊毛长为 12.0～13.0 cm，成年母羊为 10.0～11.0 cm。成年公羊体高 72.5 cm，体长 77.5 cm，胸围 105.9 cm，体重 91.8 kg；成年母羊分别为 66.1 cm、77.1 cm、88.2 cm、43.1 kg。2.5 岁羯羊宰前重为 51.9 kg，胴体重 22.94 kg，净肉重 18.04 kg，屠宰率为 44.19%，净肉率为 34.78%。	1985 年 12 月经鉴定验收命名。我国培育的第一个毛用细毛羊品种。
9. 青海高原毛肉兼用半细毛羊	1987 年育成于青海省的英得尔种羊场和河卡种羊场。	罗茨新藏(蒙)型羊头稍宽短，体躯粗深，四肢较短，蹄壳多为黑色或黑白相间，公、母羊均无角。茨新藏(蒙)型羊体型、外貌近似于茨盖羊，体躯较长，四肢较高，蹄壳多为乳白色或黑白相间。公羊大多有螺旋形角，母羊无角或有小角。被毛白色，羊毛品质好，具有纤维长、弹性好、光泽好等特点。	成年公羊剪毛前体重 76.9 kg，平均剪毛量 5.9 kg，净毛率 55%，毛长 11.72 cm；成年母羊剪毛前体重 38.0 kg，平均剪毛量 3.1 kg，净毛率 60%，毛长 10.01 cm。羊毛细度 48～58 支，以 50～56 支为主。	我国培育的第一个半细毛羊品种。
10. 中国卡拉库尔羊	主要分布在新疆和内蒙古境内。	头稍长，鼻梁隆起，耳大下垂，公羊多数有角，呈螺旋形伸展，母羊无角或有小角。胸深体宽，尻斜。四肢结实。尾肥厚，毛色主要为黑色，灰色、彩色较少，毛被颜色随年龄增长而变化。	成年公羊体重为 77.3 kg，成年母羊体重为 46.3 kg。成年公羊剪毛量为 3.0～3.5 kg，成年母羊剪毛量为 2.5～3.0 kg。毛长 8～13 cm。产羔率为 105%～115%。	1982 年育成的羔皮羊品种。

续表 4-4

名称	产地	体型外貌	生产性能	生产利用
培育品种				
11. 高山美利奴羊	由中国农业科学院兰州畜牧与兽药研究所联合甘肃省绵羊繁育技术推广站等 7 家单位，历经 20 载，成功培育的我国首例适应高海拔高山寒旱生态区的细型细毛羊新品种。	体质结实，结构匀称，体型呈长方形。细毛着生头部至两眼连线，前肢至腕关节，后肢至飞节。公羊有螺旋形大角或无角，母羊无角。公羊颈部有横皱褶或纵皱褶，母羊颈部有纵皱褶，皮肤宽松无皱褶。被毛白色呈毛丛结构、闭合良好、整齐均匀、密度大、光泽好、油汗白色或乳白色、弯曲正常。	高山美利奴羊成年公、母羊平均体重 89.25 kg、46.97 kg。成年公羊羊毛纤维直径 19.63 μm，毛长 10.47 cm，剪毛量 9.74 kg，净毛量 6.40 kg；成年母羊羊毛纤维直径 19.92 μm，羊毛长度 9.30 cm，剪毛量 4.36 kg，净毛量 2.72 kg；在放牧饲养条件下，成年羯羊屠宰率 48.48%，胴体重 43.26 kg，胴体净肉率 75.98%；成年母羊屠宰率 48.07%，胴体重 22.58 kg，胴体净肉率 75.34%。繁殖率 110%～125%，羔羊成活率 95%以上。	2015 年 11 月 25 日通过国家畜禽遗传资源委员会审定，并正式命名为高山美利奴羊。填补了世界高海拔高山寒旱生态区细型细毛羊育种的空白。
引入品种				
12. 澳洲美利奴羊	是世界著名细毛羊品种，原产澳大利亚。	体型近似长方形，腿短，体宽，背部平直，后肢肌肉丰满。公羊颈部有 1～3 个横褶皱，母羊有发达的纵褶皱。被毛结构良好，密度大，细度均匀，油汗白色，弯曲均匀、整齐、明显，光泽良好。头毛至两眼连线，前肢至腕关节或以下，后肢至飞节或以下。	成年公羊，剪毛后体重平均为 90.8 kg，剪毛量平均为 16.3 kg，毛长平均为 11.7 cm。细度均匀，羊毛细度为 20.79～26.4 μm，有明显的大弯曲，光泽好，净毛率为 48.0%～56.0%。油汗呈白色。毛丛结构好、羊毛长、油汗洁白、弯曲呈明显大中弯、光泽好、剪毛量和净毛率高。属毛用型羊。	用于新疆细毛羊、东北细毛羊、内蒙古细毛羊品种的导入杂交和中国美利奴羊的杂交育种工作，对我国细毛羊品种的培育和改良起了重要作用。
13. 萨福克羊	原产于英国英格兰东南部的萨福克郡。	公、母羊均无角，体躯主要部位被毛白色，头、面部、耳与四肢下端为黑色。头较长，耳大，颈短粗，胸宽深，背腰平直，肌肉丰满，后躯发育良好，四肢粗壮结实。	成年公羊体重 100～110 kg，成年母羊 60～70 kg。4 月龄公羔胴体重达 24.2 kg，母羔 19.7 kg，屠宰率 55%～60%。剪毛量 3～4 kg，细度 50～58 支。胴体脂肪含量低，肉质细嫩，肌肉大理石纹明显。可全年发情，产羔率 130%～140%。	萨福克羊具有早熟、产肉多、肉质好、屠宰率高的特点。是理想的肉羊生产的杂交父本之一。

续表 4-4

名称	产地	体型外貌	生产性能	生产利用
引入品种				
14. 无角陶赛特羊	原产于澳大利亚和新西兰。	体质结实，公、母羊均无角，颈粗短，胸宽深，背腰平直，体躯长、宽而深，肋骨开张良好，体躯呈圆桶状，四肢粗壮，后躯丰满，肉用体型明显。被毛白色，同质，具有生长发育快、易育肥、肌肉发育良好、瘦肉率高的特点。	成年公羊体重 90～110 kg，成年母羊为 65～80 kg，毛长 7.5～10 cm，剪毛量 2～3 kg。净毛率 55%～60%。细度 50～56 支。产肉性能高，胴体品质好。经过育肥的 4 月龄羔羊胴体重可达 20～24 kg。屠宰率 50%以上。产羔率 110%～140%，高者达 170%。	该品种羊具有生长发育快，早熟，产羔率高，母性强，常年发情配种，适应性强，遗传力强等特点，是理想的肉羊生产的终端父本之一。
15. 杜泊羊	原产于南非	杜泊羊分白头和黑头两种。体躯呈独特的桶形，公、母羊均无角，颈粗短，肩宽厚，背平直，肋骨拱圆，前胸丰满，后躯肌肉发达，四肢短粗，肉用体型好。头上有短、暗、黑或白色的毛，体躯有短而稀的浅色毛（主要在前半部），腹部有明显的干死毛。	成年公羊体重 100～110 kg，成年母羊 75～90 kg 左右；周岁公羊体重 80～85 kg，周岁母羊 60～62 kg。成年公羊产毛量 2.0～2.5 kg，成年母羊 1.5～2.0 kg。羔羊初生重大，可达 5.5 kg，生长速度快，平均日增重达 300 g 以上，成熟早，瘦肉多，胴体质量好，3.5～4 月龄羔羊活重达 36 kg，胴体重 16 kg 左右。	肉中脂肪分布均匀，肉质细嫩、多汁、色鲜、瘦肉率高，为高品质胴体，是生产肥羔的理想品种，国际上誉为“钻石级肉”。
16. 特克赛尔羊	原产于荷兰	体格大，体质结实，体躯较长，呈圆筒状，颈粗短，前胸宽，背腰平直，肋骨开张良好，后躯丰满，四肢粗壮。公、母羊均无角，耳短，头、面部和四肢下端无羊毛着生，仅有白色的发毛，全身被毛白色、同质，眼大突出，鼻镜、眼圈部位皮肤为黑色，蹄质为黑色。	成年公羊体重 115～140 kg，成年母羊 75～90 kg。平均产毛量 3.5～4.5 kg，毛长 10～15 cm，羊毛细度 46～56 支。羔羊生长速度快，4～5 月龄羔羊体重可达 40～50 kg，屠宰率 55%～60%，瘦肉率高。眼肌面积大，较其他肉羊品种高 7%以上。母羊泌乳性能良好，产羔率 150%～160%。	该品种羊产肉和产毛性能好，肌肉发育良好，适应性强。具有多胎、早熟、羔羊生长迅速、母羊繁殖力强等特点，被用于肥羔生产的杂交父本。

表 4-5　常用山羊品种简介

名称	产地	体型外貌	生产性能	生产利用
		地方品种		
1. 辽宁绒山羊	原产于辽宁省辽东半岛及周边地区。	体格大，毛色纯正，结构匀称。公羊角发达，由头顶部向两侧呈螺旋式平直伸展，母羊多板角，向后上方伸展。颌下有髯，颈宽厚，颈肩结合良好，背平直，后躯发达，四肢粗壮。被毛白色，具有丝光光泽，毛长而无弯曲，外层为粗毛，内层由纤细柔软的绒毛组成。	成年公羊体重 51.7 kg，体高 63.6 cm，体长 75.7 cm；成年母羊体重 44.9 kg，体高 60.0 cm，体长 72.8 cm。成年公羊平均产绒量 540 g，最高 1 375 g，成年母羊平均产绒量 470 g，最高 1 025 g。山羊绒自然长度 5.5 cm，伸直长度 8～9 cm，细度 16.5 μm，净绒量 70%以上。屠宰率 50%左右，产羔率 120%～130%。	是我国珍贵的优良地方绒用山羊品种。
2. 内蒙古白绒山羊	原产于内蒙古西部地区。	公、母羊均有角，角后外上方弯曲伸展，呈倒八字形。公羊角粗大，母羊角细小。头清秀，鼻梁平直或微凹，体质结实，结构匀称，体躯近似方形，后躯略高，背腰平直，尻略斜，四肢粗壮结实，蹄质坚硬，被毛白色，由外层的粗毛和内层的绒毛组成异质毛被。	成年公羊体重 45～52 kg，产绒量为 400 g，粗毛产量为 350 g。成年母羊体重 30～45 kg，产绒量为 360 g，剪毛量为 300 g。羊绒长度为 5.0～6.5 cm，羊绒细度为 14.2～15.6 μm，强度 4.24～5.45 g，净绒率 50%～70%，成年羯羊屠宰率为 46.9%。公、母羊 1.5 岁开始配种，产羔率为 103%～105%。	是我国珍贵的优良地方绒用山羊品种。
3. 济宁青山羊	原产于山东省西南部的菏泽和济宁两地区。	体格小，俗称为“狗羊”。公、母羊均有角，两耳向前外方伸展，有髯，额部有卷毛，被毛由黑、白两色毛混生，特征是“四青一黑”，即背毛、唇、角和蹄皆为青色，两前膝为黑色，毛色随年龄的增长而变深。	成年公羊体重 30 kg，成年母羊体重 26 kg。产绒量 30～100 g，成年公羊粗毛产量 230～330 g，成年母羊为 150～250 g。成年羯羊屠宰率为 50%。一般 4 月龄初配种，母羊一年可产 2 胎或 2 年 3 胎，一胎多羔，平均产羔率为 293.65%，羔羊出生重 1.3～1.7 kg。	是优良的羔皮用山羊，主要产品“青猾子皮”。

续表 4-5

名称	产地	体型外貌	生产性能	生产利用
		地方品种		
4. 中卫山羊	原产宁夏回族自治区的中卫、中宁、同心、海源及甘肃省的景泰、靖远等县。	体质结实，体格中等，体型短深近似方形。头清秀，额部有卷毛，颌下有须，背腰平直，四肢端正。公羊有向上、向后、向外伸展的捻曲状大角，母羊有镰刀状细角。被毛多为白色，少数呈现纯黑色或杂色，光泽悦目，形成美丽的花案。	成年公羊体重 30～40 kg，产绒量 164～200 g，粗毛产量 400 g；成年母羊体重 25～30 kg，产绒量 140～190 g，粗毛产量 300 g，羊绒细度 12～14 μm，母羊毛长 15～20 cm，光泽良好。成年羊屠宰率 40%～50%，产羔率 103%。	是我国独特而珍贵的裘皮山羊品种。
		培育品种		
5. 南江黄羊	原产于四川省南江县。	被毛黄褐色，面部多呈黑色，鼻梁两侧有一条浅黄色条纹，从头顶至尾根沿脊背有一条宽窄不等的黑色毛带，前胸、肩、颈和四肢上段着生黑而长的粗毛。体型较大，大多数公、母羊有角，颈部较粗，背腰平直，后躯丰满，体躯近似圆筒状，四肢粗壮。	成年公羊体重 66.87 kg，母羊 45.64 kg。成年羊屠宰率为 55.65%。6 月龄胴体重 11.89 kg，12 月龄胴体重 18.70 kg。最佳适宜屠宰期为 8～10 月龄，肉质好。南江黄羊性成熟早，且四季发情，但母羊最佳初配年龄为 8 月龄，公羊 12～18 月龄可配种，产羔率为 187%～219%。	是我国培育的第一个肉用山羊品种。
6. 关中奶山羊	原产于陕西省的渭河平原。	体质结实，结构匀称，乳用体型明显，头长额宽，鼻直嘴齐，眼大耳长。母羊颈长，胸宽背平，乳房大，四肢端正，蹄质坚硬。全身毛短色白，皮肤粉红色，耳、唇、鼻及乳房皮肤上偶有大小不等的黑斑，部分羊有角和肉垂。	成年公羊体重 78.6 kg，体高 82 cm 以上；母羊体重 44.7 kg，体高 69 cm 以上。优良个体平均产奶量为，一胎 450 kg，二胎 520 kg，三胎 600 kg，高产个体可达 700 kg 以上，脂乳率 3.8%～4.3%。一胎产羔率平均为 130%，二胎以上平均为 174%。	是我国培育的奶山羊品种。

续表 4-5

名称	产地	体型外貌	生产性能	生产利用
引入品种				
7. 波尔山羊	原产于南非。	具有良好的肉用体型，皮肤松软，有褶皱，被毛短密呈白色，头颈红褐色，额中至鼻端有白色毛带。头平直，耳大下垂，前额隆起，颈粗厚，体躯呈圆桶状，肌肉发达，后躯丰满，四肢短粗。公羊角较宽且向上向外弯曲，母羊角小而直。	成年公羊体重 90～100 kg，成年母羊体重 65～75 kg。羔羊生长速度快，6 月龄内日增重为 225～255 g。肉用性能好，屠宰率 50%～60%，肉质细嫩。波尔山羊繁殖性能好，母羊 6～7 月龄可初配，春羔当年可配种，1 年产 2 胎或 2 年产 3 胎。初产母羊产羔率 150%，经产母羊产羔率 220%。	是目前世界上公认的最受欢迎的肉用山羊品种之一。
8. 安哥拉山羊	原产于土耳其安哥拉地区。	体格中等，公、母羊均有角，鼻梁平直或微凹，耳大下垂，颈部细短，体躯窄，骨骼细。被毛白色，由波浪形毛辫组成，毛辫长可及地。	成年公羊体重 50～55 kg，母羊 32～35 kg。成年公羊剪毛量 4.5～6.0 kg，母羊剪毛量 3.0～4.0 kg。羊毛长度 18～25 cm，净毛率 65%～85%，羊毛细度 40～60 支，一般年剪毛 2 次。安哥拉山羊生长发育慢，性成熟晚，繁殖力低，产羔率 100%～110%。	是世界上最著名的毛用山羊品种，以生产优质“马海毛”而著名。
9. 萨能奶山羊	原产于瑞士。	具有乳用家畜的楔形体型。体躯高大，背长而直，后躯发达。被毛白色或淡黄色，头长、颈长、躯干长、四肢长。公、母羊均有须，大多无角，耳长直立，部分个体颈下有 1～2 个肉垂。乳房发达，四肢坚实。	成年公羊体重 75～100 kg，母羊 50～65 kg。泌乳期 10 个月左右，年平均产奶量 600～1 200 kg，乳脂率为 3.2%～4.0%。性成熟早，一般 10～12 月龄配种，秋季发情，经产母羊多为双羔或多羔，产羔率 160%～220%。	是世界著名的奶山羊品种。

任务 8　畜禽的良种引入与配种产仔

一、畜禽的引种方法

畜禽的引种是指将区外（省外或国外）优良品种、品系或类型引入本地，直接推广或作为育种材料。畜禽场引入种畜关系到未来的发展。引入生产性能好、健康水平高的畜禽，可以为畜禽场的后续发展打下良好的基础。畜禽场应结合自身实际情况，根据引种计划，确定所引品种和数量。如果是加入核心群进行育种，应购买经过生产性能测定的种公畜或种母畜。新建畜禽场应从畜禽场的生产规模、产品市场和未来发展方向等方面综合考虑，确定引种数量、品种和等级。

(一)引种准备

(1)制订引种计划　主要是确定引入的品种、数量、年龄、等级及引种地点、人员、资金、时间和运输方式等，应根据畜禽场性质、规模或场内畜群血缘更新的需求来确定。

(2)选择引种地点　选择适度规模、信誉度高、并有当地畜牧主管部门颁发的种畜禽生产经营许可证、有足够供种能力且技术服务水平较高的畜禽场。要确保畜禽场的畜群种质可靠，健康状况良好，系谱清楚，售后服务体系完善。必要时可进行采血化验，合格后再行引种。

(3)筹措饲草饲料　饲料是物质基础，有了充足的饲料，养殖就成功了一半。精料一般市场供应充足，来源容易。粗饲料、农作物秸秆、农副产品等必须在引种前有必要的储备。

(4)掌握饲养技术　引种前应进行必要的技术咨询、培训，参加必要的畜牧生产实践，才能保证畜群引得来，养得活，长得快，效益高。

(5)确定引种时间　在调运时间上应考虑两地之间的季节差异。如由温暖地区向寒冷地区引种畜，应选择在夏季为宜；由寒冷地区向温暖地区引种应以冬季为宜。其次在启运时间上要根据季节而定，尽量减少途中不利的气候因素对畜禽造成影响。如夏季运输应选择在夜间行驶，防止日晒；冬季运输应选择在白天行驶。

(6)安排引种人员　引种人员应对所引进的品种进行全面的了解，没有经验者可邀请具有养殖经验的专业人员，选择所需的种畜，把好品种关、适应关和质量关，并协助进行饲养、检疫、防疫、办理手续等。

(二)引种方式

(1)引进畜禽活体　即直接购进种畜，这是常用的引种方式。这种方式对引进种畜有比较直观的了解，并可直接使用，但引种运输中的管理较为麻烦，风险较大，经费投资也较大。

(2)引进冷冻精液　引进优良公畜的冷冻精液，然后进行人工授精。这种引种方式仅需液氮罐，携带运输轻便、安全，投资不大，而且易于推广。现阶段，我国多地已普遍采用，是一种较好的引入方式，但要注意冷冻精液的质量。

(3)引进冷冻胚胎　引进良种畜禽的冷冻胚胎，然后进行胚胎移植，生产优良个体。这种方式不需引进种母畜就可以生产，且运输方便，但对技术要求较高，在一般生产中推广有一定的难度。

(三)个体选择

(1)把好体型外貌关　体型外貌和生产性能紧密相关，引种时要高度关注畜禽的体型外貌。首先应有一个统一、协调的整体理念，不能仅仅“以貌取畜”，更不能偏重某一方面过度选择。一般选择结构匀称、头颈结合好、背腰平直、腹部发育充分但不下垂、没有突出缺点、四肢端正、健壮结实的畜禽，即外貌鉴定等级高，符合品种标准特征。选择外貌时还要兼顾体重和年龄，最好以育成阶段的畜禽为宜。

(2)把好生产性能关　畜禽的生产类型很多，引入畜禽时，对还没有充分表现生产性能的个体，应主要根据系谱、外貌、健康和生长发育等因素进行选择，但要做好畜禽体型外貌与生产性能相关性的评估；对已充分表现生产性能的个体，应主要根据相应生产类型的评估指标，调阅引种场被选畜禽从出生到成年阶段的育种资料，检查其祖先、本身和后代的相关生产性能指标，并对照品种标准和选育目标，认真进行选留。必要时可进行现场观察和测定。引种时都希望引进的畜禽各方面都很优秀，实际上很难做到，可以有重点地选择某方面具有突出表现地种用畜禽，其他方面基本符合要求即可。

(3)把好身体健康关　引种前首先应对目标畜禽场及所在地区的疫病流行情况进行调查，避免从疫区引进畜禽。考察目标畜禽场的兽医卫生制度是否健全，管理是否规范，疫病免疫制度是否完整。要求仔细检查备选畜禽的健康状况、精神状态、皮毛光泽、粪便尿液及生理指标等是否有异常。通过现场检查，基本上可以判定畜禽的健康状况，必要时对可能存在的传染病开展实验室检测。

(4)把好环境适应关　生产实践中，大多数引种者往往只重视畜禽品种自身的体型外貌、生产性能和健康状态，而忽视品种原产地的生态环境，引种后往往达不到预期效果。有时引进的畜禽健康水平很高，但引进后不适应当地实际情况，很难饲养，甚至死亡。因此，畜禽场引种时要综合考虑本场与供种场在地域大环境和小环境上的差异，认真做好环境适应性过渡，使本场饲养管理环境和供种场相一致。

(四)注意事项

(1)运输护理　畜禽选好应及时运输，以尽快发挥作用。要求运输前办理好各项手续，如检疫证明、车辆消毒证明、非疫区证明等，车辆进行彻底清洗消毒并搭设遮阳棚或保暖棚。面积充足，车厢底部应铺上垫草或锯末；畜禽装车前不宜饱食，上车后防止途中争斗受伤，应尽可能将同类畜禽混于一栏；为防止畜禽途中应激过大，可在畜禽饲喂和饮水时添加抗应激药物，避免急刹骤停，保持车辆平稳行驶；兽医人员应跟车并配备注射器械及镇静、抗生素类药物，必要时途中停车检查畜禽状况，发现异常及时处理。

(2)隔离饲养　新引进的畜禽到达目的地后，应先饲养在隔离舍观察 30～45 d。隔离舍应适当远离原有畜禽场，隔离舍饲养人员不能与原场人员交叉活动。

(3)分栏组群　新引进的畜禽要按品种、性别、年龄、体格大小及体质强弱分群饲养，有条件时可小群或单栏饲养。

(3)饲喂饮水　入场后先给畜禽提供清洁饮水，休息 6～12 h 后少量喂料，第二天开始逐渐增加饲喂量，5 d 后达到正常饲喂量。为增强畜禽抵抗力，缓解应激，可在饲料中加入抗生素和电解多维等药物。

(5)防疫检疫　引进的畜禽隔离期间应严格检疫，高度重视疫病检查，认真做好疫病的抗体检测、免疫接种和驱虫保健，严防引种畜禽带入新的疫病或引发传染病。

(6)过渡转群　为保证引进的畜禽与原有群体的饲养管理条件相适应，可以采取以下两种方法：一是利用引进畜禽场和原有畜禽场的饲料逐渐过渡，交叉饲喂；二是隔离舍的环境条件应尽可能保持与引种畜禽场条件一致。隔离期结束后，进一步检查引进畜禽的体质健康，确认无传染病后，对引入的畜禽进行体表消毒，即可并入大群饲养。

二、畜禽的繁殖技术

(一)一般繁殖规律

1.性成熟

公、母畜生殖器官已发育完全，具备了繁殖能力，称为性成熟期。性成熟后就能够配种、妊娠并繁殖后代，但此时身体的生长发育尚未成熟，故性成熟时并不意味着已达到最适配种年龄。

2.体成熟

公、母畜性成熟后再经过一段时间的发育，器官、组织发育基本完成，并且具有本品种固有的外貌特征，能承担繁衍后代的能力，可进行配种，称为体成熟(初配适龄)。一般母畜体重达到成年体重的 70%时即可配种。

畜禽性机能发育的各阶段时间见表 4-6。

表 4-6 畜禽性机能发育各阶段时间

畜禽种类	初情期/月龄	性成熟期/月龄	初配适龄	体成熟期	繁殖机能停止期/岁
黄牛	8～12	10～14	1.5～2.0 岁	2～3 岁	13～15
奶牛	6～12	12～14	1.3～1.5 岁	2～3 岁	13～15
猪	3～6	5～8	8～12 月龄	9～12 月龄	6～8
绵羊	4～5	6～10	1～1.5 岁	12～15 月龄	8～11
山羊	4～6	6～10	1～1.5 岁	12～15 月龄	7～11

3.发情

指母畜发育到一定阶段所表现的一种周期性的性活动现象。母畜发情包括三个方面的变化：一是母畜的精神状态常常表现兴奋不安，对外界刺激反应敏感，食欲减退，有交配欲。如猪的“跑圈”、羊的“鸣叫”、牛的“吊线”；二是生殖道的变化，在雌激素的作用下，生殖道发生了一系列有利于交配活动的生理变化，如外阴松弛、充血、肿胀，阴蒂勃起，阴道充血、松弛并分泌有利于交配的黏液。子宫颈口开张、肿胀并有黏液分泌。子宫体增长、基质增生、充血、肿胀，为受精卵发育做好准备。卵巢发情前 2～3 d 卵泡发育加快，卵泡内膜增厚，卵泡液增多，卵泡部分突出卵表面，卵子被颗粒层细胞包围。

(1)发情持续期　指母畜每次发情后持续的时间称为发情持续期。不同畜禽发情持续期为：牛 1～2 d，绵羊 1～1.5 d，山羊 1～2 d，猪 2～3 d。由于季节、饲养管理状况、年龄及个体条件的不同，母畜发情持续期的长短也有所差异。

(2)发情周期　指母畜从上一次发情开始到下次发情间隔时间。在一个发情期内，未经配种或虽经配种未受孕的母畜，其生殖器官和机体发生一系列周期性变化，到一定时间会再次发情。不同畜禽发情周期的时间因动物种类、品种、个体不同而有所差异，一般绵羊发情周期平均为 17 d，牛、猪、山羊平均为 21 d。

4.排卵

成熟卵泡破裂、释放卵子的过程，称为排卵。排卵前，卵泡体积不断增大，液体增多，增大的卵泡开始向卵巢表面突出，卵泡表面的血管增多，卵泡中心的血管逐渐减少。生长发育到一定阶段，卵泡成熟破裂排卵，随着卵泡液的流出，卵子与卵丘脱离而被排出卵巢外，由输卵管伞部接纳。根据家畜排卵的特点和黄体功能，排卵可分为两种类型。

(1)自发性排卵　卵泡成熟后便自发排卵和自动形成黄体，发情周期中黄体的功能可以维持一定时期，且具有功能性。如牛、羊、猪。

(2)诱导性排卵　必须通过交配或其他途径使子宫颈受到某些刺激才能排卵，并形成功能性黄体。如兔、猫。

(3)排卵时间及数目　牛为发情终止后 8～12 h，一般每次排卵 1 枚(个别的可排 2 枚)；羊为发情终止时，一般每次排卵 1～3 枚，山羊一般每次排卵 1～5 枚；猪为发情终止前 8 h 左右，持续排卵时间 6～10 h，一般每次排卵 10～25 枚。

5. 妊娠

从配种受精开始到分娩这一过程称妊娠。精子和卵子在受精部位融合形成胚泡，胚泡经过卵裂、桑葚胚、囊胚，附植于子宫内，并在子宫内游离一段时间后与子宫内膜发生组织和生理上的联系，进而固定下来，即附植(又称着床)。胚泡附植时间在受精后的第 22 天左右。母畜妊娠后，由于胎儿、胎盘及黄体的存在，整个机体出现许多形态及生理变化，这些变化为妊娠诊断提供依据。家畜的妊娠期平均为：牛 285 d，绵羊 150 d，猪 114 d。

(1)卵巢　受精后的黄体持续存在，其体积比发情周期黄体略有增大，并产生较多的孕酮，以维持妊娠。

(2)子宫　随着妊娠的进展，子宫渐渐扩大，子宫增生、生长、扩展。

(3)体重　妊娠后不久，母畜新陈代谢变得旺盛，食欲增加。由于胚胎的生长发育、子宫内容物的增加和产后母畜的泌乳贮备等原因，体重增加很快。

6. 分娩

分娩是胎儿发育成熟后，借子宫和腹肌的收缩，将胎儿和胎膜排出体外的过程。正常分娩时间持续 1～4 h，多胎家畜每隔 5～25 min 排出一头仔畜，在仔畜全部产出后 2～3 h 胎衣排出。

(二)发情鉴定技术

发情鉴定是家畜生产中的一个重要环节，是实现母畜稳产高产的重要基础条件。通过发情鉴定，可以判断家畜是否发情，发情处于哪一阶段，预测排卵时间，以便确定配种适期及适时输精，从而达到提高受胎率的目的。

1. 外部观察法

母畜发情时，外部表现明显，精神兴奋不安，食欲减退，跳栏(圈)，鸣叫，并做弯腰弓背姿势，排尿频繁；外阴红肿有光泽，阴道黏膜充血，有少量黏液；爬跨其他母畜，主动接近公畜。以上表现随发情进展，由弱到强。待发情近结束时，又逐渐减轻并恢复正常。牛、羊、猪都可采用这种方法。例如，母牛发情时，最明显的特征是“爬跨”行为(图 4-1)；母猪发情时，最明显的特征是“跑圈”行为；母羊发情时，最明显的特征是“鸣叫”行为。生产中通过外观初步确认

图 4-1　母牛发情时的爬跨行为

(耿明杰.动物繁殖技术.2013)

发情母畜，再用其他方法做进一步检查，最终判定发情与否及发情阶段，确定最佳的输精时间。

2. 试情法

试情法就是选择性欲旺盛、营养良好、健康无病且有性经验的公畜对母畜进行试情，观察母畜的反应，发现有站立不动并愿意接近公畜，特别是接受爬跨的母畜，可认定此母畜已发情。为了防止试情公畜偷配母畜，试情公畜需要做输精管结扎或阴茎移位手术，如无手术条件，也可带上试情布。为了能够准确判断母畜发情程度，常用试情法结合外部观察法，来鉴定母畜是否发情及发情程度。生产中母羊的发情鉴定常采用试情法，以 1∶(40～50)搭配试情公羊与母羊的比例，每日一次或早、晚各一次定时将试情公羊放入母羊群中进行试情；母猪的发情鉴定也可以人为按压有发情症状的母猪，到发情盛期时，母猪静立不动，尾翘向一侧，两后肢撑开作交配态，称“静立反射”。

3. 阴道检查法

阴道检查法就是将开膣器插入母畜阴道，借助一定光源，观察阴道黏膜的色泽，充血程度，子宫颈松软状态、子宫颈外口的颜色、充血肿胀程度及分泌物的颜色、黏稠度及量的多少，来判断母畜发情程度的方法。若发情，母畜阴道黏膜充血、呈红色、表面光亮湿润，有透明液体流出，子宫颈口充血、松弛、开张，有黏液流出。此法常用于牛、羊、猪的辅助检查。

4. 直肠检查法

直肠检查法在生产中主要适用于牛，是指术者将手伸进母牛的直肠内，隔着直肠壁触摸检查卵巢上卵泡发育的情况。是目前判断母牛发情比较准确而最常用的方法。具体操作步骤如下：

(1)准备工作

①备全用品　保定栏、保定绳、洗手盆、一次性直检手套、毛巾、肥皂、温水等。

②动物准备　助手将待检母牛牵入保定栏内保定，将牛尾拉向一侧，使肛门充分外露，并清洗消毒。

③术者准备　术者将伸入直肠内的手(通常为左手)指甲剪短、磨光，将袖口高高挽起至腋下，用温水清洗手臂并涂抹肥皂润滑。

(2)操作方法

①排出宿粪　术者站在牛的正后方，将左手五指并拢呈锥状旋转伸入肛门，进入直肠。进入直肠后，用力将小臂向上翘起，使冷空气进入直肠，同时手臂在直肠内由里向外来回推动，当直肠受到一定刺激后，引起排便反射，此时牛的肠壁、膈肌、腹肌一起收缩(努责强烈)，肠道内的粪便向后聚集并力图排出。术者尽力阻挡，当排便反射力量较强大，可使粪便一次排出。

②寻找并触摸卵巢　将手伸入骨盆腔中部后，将手掌展平，掌心向下，慢慢下压并左右抚摸，在骨盆底的正中感到前后长而稍扁的棒状物，即为子宫颈。试用拇指、中指及其他手指将其握在手里，感受其粗细、长短和软硬。将拇指、食指和中指稍分开，顺着子宫颈向前缓缓伸进，在子宫颈正前方由食指触到一条浅沟，此为子宫角间沟。沟的两旁各有一条向前弯曲的圆筒状物，粗细近似于食指，这就是左右两子宫角。摸到后手继续前后滑动，沿子宫角的大弯，向下向侧面探摸，可以感到有扁圆、柔软而有弹性的卵巢。

摸完一侧卵巢后，再将手移至子宫分叉部的对侧，并以同样的方法触摸另侧卵巢。找到卵巢后，可用食指和中指固定卵巢，然后用拇指触摸卵巢，体会卵巢的大小、形状、质地和其表面卵泡的发育情况，按同样的方法可触摸另一侧卵巢。在直肠检查过程中，检查人员应小心谨慎，避免粗暴。如遇到母牛强烈努责时，应暂时停止检查，等待直肠收缩缓解时再行操作。

③结果判定　牛的卵泡发育是一个连续不断的过程，为了便于区分，确定最佳的输精时间，通常将卵泡发育分为四个时期。第一期（卵泡出现期）：卵巢体积比静止期稍增大，卵巢形态发生变化，呈“梨形”，卵泡多在游离缘，此端稍增大，触诊时感到硬而光滑，卵泡直径为0.5～0.7 cm。此期母牛已有发情表现，持续6～10 h，一般母牛已开始出现发情症状，但此期不予配种。第二期（卵泡发育期）：卵巢游离缘明显增大，约为附着缘的2倍，卵泡直径增大到1～1.5 cm，并突出于卵巢表面，呈小球状，触摸时感觉卵泡光滑有弹性，略有波动。持续期10～12 h。母牛的发情表现由显著到逐渐减弱，此期一般不配或酌配。第三期（卵泡成熟期）：卵泡体积不再增大，但卵泡液增多，卵泡壁变薄，紧张性增强，用手指触压，弹性弱，波动强，有一触即破之感。此期母牛外部发情表现趋于结束，进入发情末期，持续6～8 h，此期必须抓紧配种。第四期（排卵期）：卵泡成熟破裂，卵泡液流出，卵子随之排出。卵泡壁变松软，形成凹陷，捏之有两层皮的感觉。排卵约在母牛发情结束后10 h，排卵后6～8 h即形成黄体，并突出卵巢表面，卵巢恢复正常大小，触之有肉样感觉，从此再也摸不到排卵处的凹陷。排卵时间通常在性欲消失之后的10～11 h，而夜间排卵者较白天排卵者多，右侧卵巢的排卵比左侧多，此期不宜再配。牛的直肠检查法如图4-2所示。

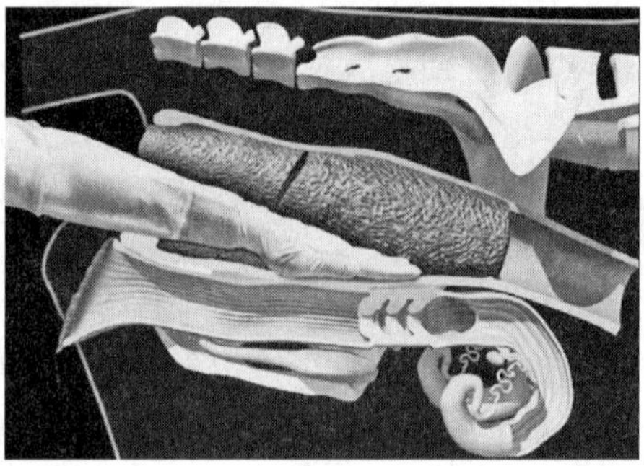

图 4-2　牛的直肠检查法

5. 生物和理化鉴定

（1）生殖激素检测法　应用激素测定技术，通过对雌性动物体液中生殖激素（如雌激素、孕激素）水平的测定，依据发情周期中生殖激素的变化规律，判断发情状况。这种鉴定方法虽然科学，但限于所用器材设备和标准药品制剂较贵，目前生产中尚难以普及。

（2）生殖道黏液 pH 测定法　母畜发情周期中，生殖道黏液 pH 呈现一定的变化规律，一般在发情盛期为中性或偏碱性，黄体期则偏酸性。如母牛子宫液 pH 一般为6.0～7.8，研究证明，经产母牛 pH 在为6.7～6.8时输精受胎率较高，处女牛 pH 在6.7时输精受胎率最高。

（3）电测法　应用电阻表测定雌性动物阴道黏液的电阻值来进行发情鉴定，以便确定最适宜的输精时间。此法的研究开始于20世纪50年代，经反复证实研究，黏液和黏膜的总电阻变化与卵泡发育程度有关，与黏液中的盐、糖和酶类等含量有关。一般来说，在发情期电阻值降低，而在发情周期其他阶段则会升高。母畜发情排卵测定仪如图4-3所示。

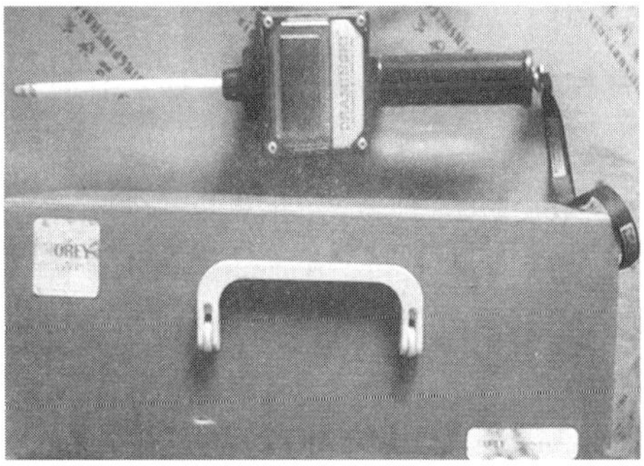

图 4-3 母畜发情排卵测定仪

(三)适时配种确定

1.初次配种年龄

母畜到达性成熟时,虽然已经具备了繁殖后代的能力,但由于其骨骼、肌肉和内脏各器官仍处在快速生长阶段,如果过早地交配,不仅会影响其本身的正常发育和生产性能,并且还会影响到幼畜的健康。因此,育成阶段母畜不能过早配种。决定母畜初配的年龄,主要根据畜禽的生长发育速度、饲养管理水平、气候和营养等因素综合考虑,但更重要的是根据畜禽的体重确定。一般情况下,育成母畜的体重达到成年母畜体重的70%左右才可进行第一次配种。

2.发情配种时间

从发情表现看,母畜精神状态从不安到发呆,阴户由红肿到淡白,有皱褶,黏液由稀薄变黏稠,表示已达配种适期。当阴户黏膜干燥,拒绝配种时,表示配种时间已过。生产中最佳配种时间可根据以下情况确定:①阴户变化。发情初期为粉红色,当阴户变为深红色,水肿稍消退,有稍微皱缩时为最佳时间;②黏液变化。发情初期用手捻,无黏度,当有黏度且颜色为浅白时为最佳时间。发情母畜排卵时间存在一定差异,适宜配种时间也略有不同。

牛:母牛排卵一般在发情结束后10~12 h,卵子排出以后在输卵管内保持受精能力的时间为8~12 h,适宜配种时间应安排在排卵前6~8 h为好。在使用冷冻精液时,更应掌握好输精的时机。在生产实践中,都是早晨发情(接受爬跨)傍晚配种;下午发情第二天上午配种。在一个发情期内配种两次,受胎率有所提高。

羊:母羊的排卵时间在发情结束时,如果母羊群每天试情2次,发现发情时配种1次,间隔12~18 h第二次配种。人工授精时由于羊的输精部位浅,为了防止倒流,输精量要小(0.05~0.1 mL),有效精子数为5 000万个。

猪:母猪排卵一般在发情前10~12 h,建议母猪一个情期配种2次。第一次为主配,是母猪最佳配种时机;第二次为辅配,有利于增加母猪受孕机会,提高受胎率和产仔数。如果每天查情2次,一般母猪第一次配种的最佳时机在发现发情后12~18 h,第二次配种在前一次配种后12~18 h。

(四)配种方式安排

(1)单次配种　在母畜一个发情期内,只用一头公畜交配一次,在适时配种的情况下,能获得较高的受胎率,并可减轻公畜的负担。一旦配种时间掌握不好,受胎率和产仔数会下降。

(2)重复配种　在母畜的一个发情期内,用同一头公畜先后配种两次。发情开始后 20～32 h 配种一次,间隔 10～12 h 再配一次。育种场可采用此法,既可增加产仔数,又不会混乱血统关系,但增加了公畜饲养头数。

(3)双重配种　在母畜的一个发情期内,用不同品种的两头公畜或同一品种的两头公畜,前后间隔 10～30 min 各配一次。弥补因配种时间不适、精液品质欠佳和排卵时间掌握不当等因素造成的损失,进而提高母畜的受胎率和产仔数。

(五)人工授精技术

畜禽由人工方法采取精液,经检查处理后按一定剂量给母畜授精的方法。这种方法大大地提高了种公畜的利用率和母畜受胎率。

1.场地准备

适宜的采精环境,容易使公畜建立起巩固的条件反射,同时能够防止精液污染,保证人、畜安全。采精最好在专用的室内采精场进行,以确保采精不受外界气候的影响。采精场应选择宽敞、明亮、安静、平坦、清洁的场地。场内应安装采精架或安装假台畜,采精场应与人工授精操作室(实验室)相连,通过窗口传递采精用品和精液。牛、猪采精室要有人员躲避公畜进攻的安全区。

2.台畜准备

台畜有真假台畜之分。真台畜应健康、体壮、大小适中、性情温顺,尤其是发情旺盛的母畜较为理想。假台畜又称采精台,是模仿母畜体型高低大小,选用金属材料或木材做成的一个具有一定支撑力的装置。

我国牛、羊采精多采用真台畜,猪采精基本采用假台畜。成年猪假台猪的规格如下:长 100～120 cm,宽 30～35 cm,高 60～70 cm。假台猪构造如图 4-4 所示。种公鸡可固定在专用的训练栏中操作。

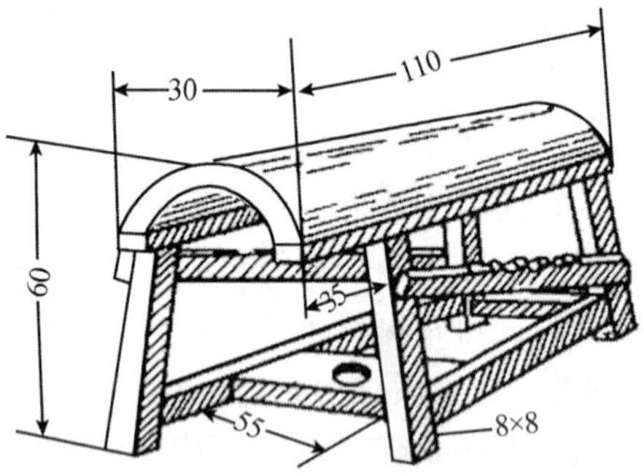

图 4-4　假台猪规格结构图(单位:cm)

3.器材准备

畜禽人工授精器材,要求先用品质好的洗涤液洗涤,然后用清水冲洗 2～3 次,再置于室内无尘处晾干;洗涤的各种用具、润滑剂及稀释液等均需蒸汽灭菌 30 min,玻璃、胶管、金属器材等可用 75%的酒精消毒,直接接触精液的集精杯和输精器材,使用前均用稀释液冲洗数次;假阴道法采精时应准备好假阴道,包括外壳、内胎、集精杯、胶皮漏斗、气卡、双链球、胶塞组等,应做好检查、清洗、安装、消毒、灌水、调压、涂油和测温等工作。手握法采精前,采精员应戴好双层无毒无菌的一次性手套,准备好无毒无菌的集精杯。

4.调教训练

采精前,用发情母畜的尿液或阴道内的黏液,喷涂在台畜的后躯上,引诱公畜爬跨,反复训练几次即可;也可将发情旺盛的母畜赶到台畜旁,让被调教的公畜爬跨,待公畜性欲达到旺盛时将母畜赶走,再引诱公畜爬跨台畜;畜体体表应进行认真刷拭,扫除体表的灰尘,尤其是下腹部和外阴部,要用湿毛巾认真擦净。种公鸡可按照按摩法单独训练。

5. 采精方法

畜禽采精方法很多，主要有假阴道法、手握法、按摩法、电刺激法等。假阴道法是生产中最常用的采精方法，适用于牛、羊；手握法是公猪采精最普遍的方法；按摩法主要用于禽类。

（1）假阴道采精　牛、羊采精采用假阴道法。一般将种公畜牵到台畜旁，采精员手持假阴道，站在台畜右后侧，面向台畜，随时准备操作。当公畜阴茎挺出，前肢跃起爬上台畜的瞬间，采精员迅速将假阴道外口向后下方倾斜与公畜阴茎伸出方向呈一直线，用左手扶住包皮口后方，掌心向上托住包皮使阴茎向右偏，将阴茎导入假阴道内。公畜向前一冲，说明射精完成。公畜射精结束后，采精员持假阴道随公畜后移并使集精杯一端略向下，让阴茎自然脱落后。将假阴道直立，放气，取下集精杯。公羊、公牛的假阴道采精如图 4-5、图 4-6 所示。

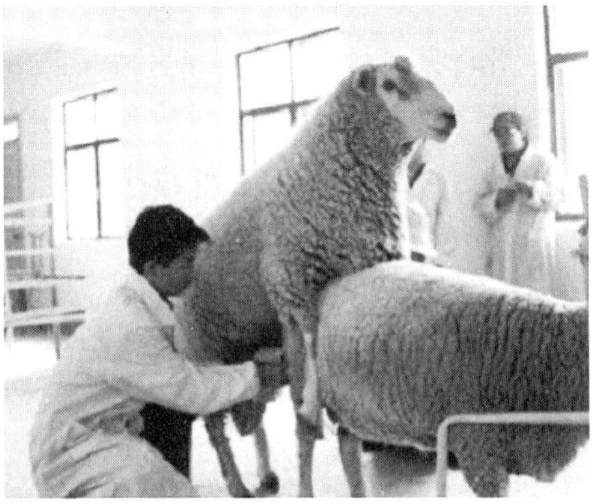
图 4-5　种公羊采精图

图 4-6　种公牛采精图

（2）手握式采精　手握式采精又称徒手采精法，这是目前采集公猪精液应用最广泛的一种方法。猪的手握式采精方法如图 4-7 所示。

图 4-7　猪的手握式采精

采精时应穿套装工作服，工作服上衣口袋放盐水瓶、手套、纱布、卫生纸等；采精瓶应是经过消毒的专用集精瓶或量杯等，上面盖以消毒纱布，以过滤精液胶状物；公猪爬上采精架时，采精员蹲在假台猪的右侧后方，戴好手套，挤净公猪包皮内尿液，脱丢手套，用生理盐水清洗包皮和阴茎头，用手抓住公猪伸出的阴茎，紧握伸出的公猪阴茎螺旋状龟头，顺其向前冲力将阴茎的“S”状弯曲延直，握紧阴茎龟头防止其旋转，待公猪尾根和肛门有节奏地收缩，并开始射精时，收集浓份或全份精液于集精杯内，最初射出的少量(5 mL 左右)精液较清，应丢弃，之后收集乳白色的精液，直到阴茎变软。为避免污染，采精瓶不能放于地面，采集的精液应避光、立即送检。为防止尿液流入采精瓶，采精员用纸巾包在阴茎上，或抬高阴茎头部并高于包皮。

(3)按摩法　按摩法适用于禽类采精，大多采用双人按摩训练，目的是建立条件反射，这是目前采集种公鸡精液最常用的方法。

①公鸡的保定　助手双手握住公鸡两侧大腿的基部，并用大拇指压住部分主翼羽以防翅膀扇动，使其双腿自然分开，尾部朝前、头部朝后，保持水平位置或尾部稍高，固定于右侧腰部旁边，高度以适合采精者操作为宜。

②按摩训练　采精者右手持采精杯或试管，夹于中指与无名指或食指中间，站在助手的右侧，采精杯的杯口向内并将杯口握在手心，右手虎口部紧贴鸡后腹部。左手大拇指与其余四指分开，手掌贴在公鸡的背部，从背部向尾部按摩 3～5 次，接着左手顺势将尾部翻向背部，拇指和食指跨捏在泄殖腔两侧，位置稍靠上。与此同时，采精者在鸡腹部的柔软处施以迅速而敏感的抖动按摩，然后迅速地轻轻用力向上抵压泄殖腔，此时公鸡性感强烈。采精者右手拇指与食指感觉到公鸡尾部和泄殖腔有下压感觉，左手拇指和食指即可在泄殖腔上部两侧下压，使公鸡的泄殖腔翻开并排出精液，在左手施加压力的同时，右手迅速将采精杯的口置于翻开的泄殖腔下方盛接精液。

③采取精液　在实际生产中，训练好的公鸡在采精的时候一般不需要按摩。当保定人员将公鸡保定好后，采精者只要用左手把其尾巴压向背部，拇指、食指在其泄殖腔上部两侧稍施加压力即可采出精液。采精者也可以直接用左手握住公鸡尾巴并用大拇指和中指挤压泄殖腔两侧，右手持采精杯或试管即可直接接取精液。

④注意事项　保持采精场所的安静和清洁卫生；采精人员固定且不能随意更换；捕捉、保定公鸡时动作不能过于粗暴，防止惊吓；挤压公鸡泄殖腔要及时并用力适当；采精过程保持清洁卫生；采出的精液在 30 min 内输精完毕。

6.精液检查

通过精液品质检查，可以保证可用精液含有足够的有效精子数，确保畜禽的受胎率，这是人工授精优于本交的特点之一。精液品质检查的项目很多，原精液品质检查包括直观检查项目(射精量、色泽、气味、云雾状等)和微观项目(精子活力、精子密度等)。

(1)精液量评定　精液量是公畜一次采精所排出的精液总量(mL)。采精量的多少，与畜禽本身的健康水平和个体差异有关，也与采精方法有关。若发现每次射精量过少，应及时查明原因，解决问题。

(2)色泽、气味检查　精液的感官检查主要是色泽和气味的观察。畜禽正常精液由于精子密度不同而呈现从淡灰白色到浓乳白色或乳黄色，精子密度越高白色越浓厚。鸡、牛、羊精子密度较高，呈乳白色或乳黄色；猪精子密度较低，呈淡灰白色或乳白色。畜禽不正常的色泽有：红褐色，可能混有血液；黄色有臭味，可能有尿液；淡绿色，可能有脓液；若精液中混有毛或其他杂物，说明精液已被污染。畜禽精液一般无味或略带畜禽本身固有的气味；牛、羊精液略有膻味；猪精液略带腥味。

(3)云雾状　由于精子成群运动而形成原精液液体翻滚现象，称为云雾状。云雾状越明显，说明精液的精子密度越高，活力越强。鸡、牛、羊精液的密度大，当活力强时，可看到云雾状；猪精液密度小，云雾状不太明显。

（4）精子活力检查　精子活力是指原精液在 37℃条件下，直线运动的精子数占总精子数的比率，一般采用十级评分法评定。方法是将一滴原精液滴在一块加热的显微镜载玻片上，在 400 倍显微镜下观察，显微镜工作台应保持在 37℃。若直线运动的精子数占 100％则评定为 1 分；90％则评定为 0.9 分；80％则评定为 0.8 分；70％则评定为 0.7 分；依此类推。从采精到输精，分别在精液采出后、稀释后、输精前做 3 次活力检查。

（5）精液密度检查　精液密度是指单位体积精液中所含有的精子数目，一般测定精液密度的方法常采用精子计数法和光电比色法。畜禽精子密度受个体差异、采精方法、收集习惯等因素影响，有较大的变化范围。各种畜禽的精液生理指标如表 4-7 所示。

表 4-7　各种畜禽的精液生理指标

项目	乳牛	肉牛	水牛	猪	绵羊	山羊	鸡
平均每次射精量/mL	5～10	4～8	3～6	150～300	0.8～1.2	0.8～1.5	0.4～0.6
精子密度/（亿/mL）	8～20	8～20	1～6		20～30		
平均每次射出精子总数/亿	50～150	50～100	36～89	300～600	16～36	15～60	

7.精液稀释

（1）稀释液的配制　稀释液要求现配现用，稀释液和蒸馏水必须保持新鲜，蒸馏水选择双蒸水效果更佳。奶粉卵黄稀释液，先将 10 g 奶粉溶于少量水中呈糊状，再加蒸馏水 100 mL，用纱布过滤，95℃水浴 10 min，待冷却后加入卵黄 15 mL、青霉素 10 万 IU、链霉素 10 万 IU；葡萄糖稀释液：5 g 葡萄糖溶于 100 mL 蒸馏水中，过滤后再煮沸消毒，待冷却后加入磺胺粉。配制稀释液时，凡是与精液直接接触的用具都必须严格消毒，使用前用少量等温稀释液冲洗，现配现用。精液稀释过程中，尽量减少稀释剂和精液之间的温度、渗透压和 pH 差异，卵黄、抗生素用时加入。

（2）稀释倍数确定　精液稀释的目的是让畜禽的配种能力比自然交配时扩大多倍，且受胎率不下降，稀释液应对精子的密度、活力等没有影响。猪精液多采用剂量 80～120 mL 输精，总精子数 20 亿～50 亿个，一般稀释 3～9 倍；牛颗粒冻精每剂体积 0.1 mL，解冻后有效精子数 1 200 万个，一般稀释 2～4 倍；牛细管冻精每剂量 0.25 mL，解冻后有效精子数不低于 800 万个，一般稀释 5～10 倍；绵、山羊多采用高密度和低剂量输精，一般稀释 2～4 倍；鸡精液也采用低剂量高密度输精，一般采用 1～2 倍稀释。

（3）稀释方法　采精后精液应尽快稀释，原精液放置时间过长会影响其活力，一般宜在 30 min 以内完成稀释。原精液与稀释液等温处理后，将稀释液沿瓶壁缓缓倒入原精液中，并轻轻摇动盛精液的容器。稀释时防止剧烈震荡、日光照射和其他异物进入。如果高倍稀释应分次进行，先低倍后高倍，防止精子所处环境突然改变，造成稀释打击。精液稀释后应立即镜检，如果活率下降，说明稀释或操作不当。

8.精液保存

精液的保存方法有三种:常温保存(15～25℃)、低温保存(0～5℃)和冷冻保存(－196～－79℃)。生产上猪、鸡精液常采用常温或低温保存,已稀释的精液应保存于17℃恒温冰箱,此时精子消耗营养最低,pH 变化小。如果温度低于 14℃,会杀死精子;超过 20℃时,精子消耗营养多,产生废物多,易死亡;牛、羊精液常采用冷冻保存,已广泛应用于生产,并形成了完善的工艺流程,是目前畜禽精液保存最成功的一项技术。

9.输精操作

(1)母牛的输精　母牛的输精方法有阴道开张器输精和直肠把握输精。阴道开张器输精法操作简单、容易掌握,但输精部位浅,容易使精液倒流,影响受胎率。因此,目前采用最多的是直肠把握输精法。牛的阴道开张器输精方法和直肠把握输精法如图 4-8 和图 4-9 所示。

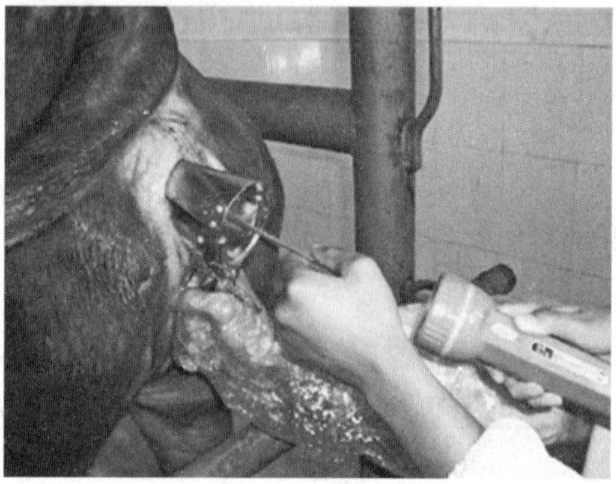

图 4-8　阴道开张器输精法

(耿明杰.动物繁殖技术.2013)

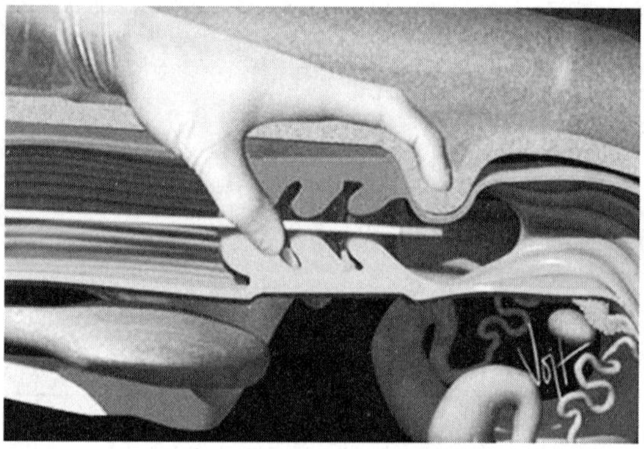

图 4-9　牛直肠把握输精法

(耿明杰.动物繁殖技术.2013)

①阴道开张器输精法　将经发情鉴定确认可以输精的母牛,牵入输精架内进行保定,将尾巴拉向一侧,用温水清洗外阴后,再用 75%的酒精棉球擦拭消毒。将合格的精液吸入经消毒的输精枪或输精管中备用。一手持消毒过的阴道开张器,涂抹少量石蜡油,打开母牛阴道,借助光源找到子宫颈口。另一只手将吸有精液的输精枪或输精管伸入子宫颈口内 2～3 cm,慢慢注入精液。然后,慢慢取出输精枪或输精管。将开张器闭合并轻轻旋转一周,确认没有夹住阴道黏膜后,慢慢拉出。

②直肠把握输精法　先将母牛的外阴部用高锰酸钾溶液消毒清洗、擦干。在手臂上擦一些肥皂,然后手握成楔形,插入肛门,将直肠内的粪便掏尽。排粪后再将外阴部擦净,右手将阴门撑开,左手将吸有精液的输精器,从阴门先倾斜向上插入阴道 5～10 cm,再向前水平插入抵子宫颈外口,右手从肛门插入直肠,隔着直肠壁寻找子宫颈,将子宫颈半握在手中并注意握住子宫颈后端,不要把握过前,以免造成子宫颈口角度下垂,导致输精器不易插入。正确操作时,两手协同配合,就能顺利地将输精器插入子宫颈内 5～8 cm,随即注入精液,如果在注精液时感到有阻力,可将输精器稍退后,即可输出,然后退出输精器。输精完毕,稍按压母牛腰部,防止精液倒流。

(2)母羊的输精　母羊输精最好选用横杠式输精架,将一根圆木或钢管利用支架担起,距离地面 50 cm 左右,输精母羊的后肋担在横杠上,前肢着地,后肢悬空,数只或十余只母羊同时担在横杠上，输精时比较方便。母羊最常用的输精方法是开膣器输精法。

①操作方法　将待配母羊固定在输精架上，母羊输精前，对外阴部进行清洗，以 1/3 000 新洁尔灭溶液或酒精棉球进行擦拭消毒，待干燥后再用生理盐水棉球擦拭。把已消毒的开膣器插入阴道并轻轻摇动找到母羊的子宫颈，然后将输精器通过开膣器插入子宫颈内 0.5～1 cm，用拇指轻压输精器的管塞，将 0.05～0.1 mL 精液注入子宫颈内即可。如图 4-10 所示。

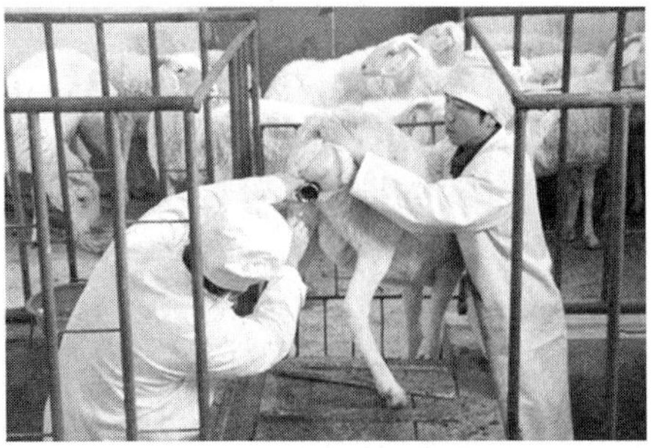

图 4-10　母羊的输精方法

②输精次数　母羊一般输精 2 次，重复输精的间隔时间为 8～10 h。

③输精时机　绵、山羊应该在发情中期(即发情 12～16 h)或中后期输精。由于母羊的发情周期短，当发现母羊发情时，母羊已经发情一段时间，因此，应及时输精，早晨发现的发情母羊当日早晨输精 1 次，傍晚再输精 1 次。

(3)母猪的输精　发情母猪出现静立反射后 8～12 h 进行第 1 次输精，之后每间隔 8～12 h 进行第 2 次或第 3 次输精；显微镜检查精子活力，精子活力 0.7 以上的精液，方可使用；清洁、消毒过的输精管进行输精。具体做法如下：

①输精人员消毒清洁双手。

②清洁母猪外阴、尾根及臀部周围，再用温水浸湿毛巾，擦干外阴部。

③从密封袋中取出灭菌后的输精管，在其前端涂上润滑液。

④输精员一手张开母猪阴门，一手持输精管，将输精管 45°角向上插入母猪生殖道内，当感觉有阻力时，缓慢逆时针旋转，同时前后移动，直到感觉输精管被子宫颈锁定，确认输精部位。

⑤从精液贮存箱取出品质合格的精液，确认公猪品种、耳号。

⑥缓慢颠倒摇匀精液，用剪刀剪去瓶嘴(或撕开袋口)，接到输精管上，确保精液能够流出输精瓶(袋)。

⑦通过控制输精瓶(袋)的高低和对母猪的刺激强度来调节输精时间，输精时间要求 3～10 min。

⑧当输精瓶(袋)内精液排空后，放低输精瓶(袋)约 15 s，观察精液是否回流到输精瓶(袋)，若有倒流，再将其输入。

⑨在防止空气进入母猪生殖道的情况下，使输精管在生殖道内滞留 5 min 以上，让其慢慢滑落。

⑩登记母猪输精记录表。母猪的输精操作如图 4-11 所示。

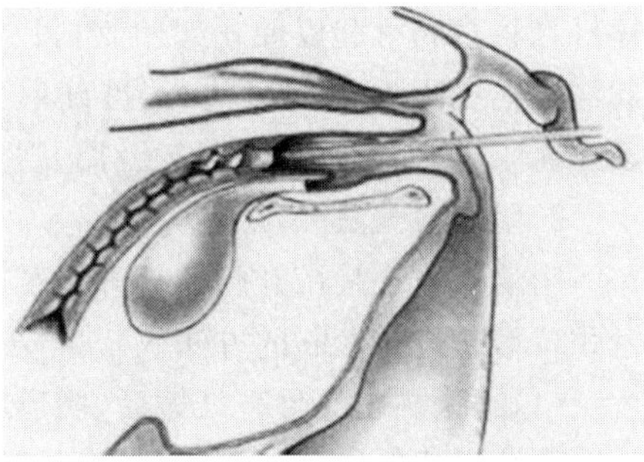

图 4-11　母猪的输精方法

(4)母鸡的输精

①输精方法　目前最常见的输精方法是输卵管口外翻输精法。输精时助手打开笼门用一只手抓住母鸡双腿将母鸡后躯拉出笼门，另一只手的大拇指放在肛门下方、其余四指放在肛门上方稍施压力，泄殖腔即可翻开露出输卵管开口，输精人员将输精管插入输卵管即可输精。

②输精深度与剂量　以输卵管开口处计算，输精器插入深度 2～3 cm。若未经稀释液，鸡每次输精剂量为 0.025～0.03 mL；若按有效精子数计算，每次输入量不少于 0.7 亿个。

③注意事项　抓取母鸡和输精动作要轻缓，插入输精管时不能用力太大以免损伤输卵管；输入精液的同时要放松对母禽腹部的压力，防止精液回流；抽出输精管之前，不要松开输精管的皮头（以免输入的精液被吸回管内），然后轻缓地放回母禽；按压母鸡后腹部使其泄殖腔外翻时，有可能会导致母鸡排粪，有的母鸡粪便会黏附在泄殖腔的内壁上，甚至在输卵管开口处，遇到这种情况，需要用棉球将粪便擦去，然后再输精。

（六）妊娠诊断方法

家畜的早期妊娠诊断是指家畜配种后 20～30 d 进行的妊娠检查，它对减少空怀、做好保胎、提高繁殖率具有十分重要的意义。妊娠诊断常用的方法有以下几种：

1.外部观察法

外部观察法是通过观察母畜的外部症状进行妊娠诊断的方法，此法适用于各种母畜。母畜妊娠后，表现不再发情，行动谨慎，食欲增加，被毛光亮，膘情逐渐转好。妊娠初期，外阴部干燥收缩、紧闭，有皱纹，至后期呈水肿状。妊娠中、后期，可见腹围增大，且向一侧突出（牛、羊为右侧，猪为下腹部）。同时，乳房胀大，四肢下部或腹下出现浮肿现象，排粪、排尿次数增加。

2.腹部触诊法

腹部触诊法是用手触摸母畜的腹部，感觉腹内有无胎儿或胎动来进行妊娠诊断，此法多用于猪和羊。腹部触诊法只适用于妊娠中后期。

（1）猪的触诊　先用手抓痒法使猪侧卧，然后用一只手在最后两乳头的上腹壁下压，并前后滑动，如能触摸到若干个大小相似的硬块（胎儿），即为妊娠。

（2）羊的触诊　羊的触诊采用直肠-腹壁触诊法。将待检查母羊用肥皂水灌洗直肠排出粪便后使其仰卧，然后用直径 1.5 cm，长约 50 cm，前端圆如弹头状的光滑木棒或塑料棒做触诊棒，涂抹润滑剂，经母羊肛门向直肠内插入 30 cm 左右（注意贴近脊椎），一只手用触诊棒轻轻将直肠挑起以便托起胎胞，另一只手则在腹壁上触摸，如有胞块状物体即表明妊娠。此法一般在配种后 60 d 进行，准确率可达 95%，85 d 后准确率达 100%。但在使用此法时，动作要小心，以防损伤直肠触及胎儿过重引起流产。

3.阴道检查法

阴道检查法是用开膣器打开母畜的阴道，根据妊娠母畜阴道黏膜的色泽、黏液性状及子宫颈口形状进行诊断的方法。

（1）阴道黏膜　母畜妊娠后，阴道黏膜为苍白色，但用开膣器打开阴道后，很短时间内即由白色又变成粉红色；而空怀母畜黏膜始终为粉红色。

（2）阴道黏液　孕畜的阴道黏液呈透明状，量少、浓稠，能在手指间牵成线。如果黏液量多、稀薄、颜色灰白，则视为未孕。

（3）子宫颈　孕畜子宫颈紧闭，色泽苍白，并有浆糊状的黏块堵塞在子宫颈口，人们称之为“子宫栓”。

阴道检查法的缺点是当母畜患有持久黄体、子宫颈炎或阴道炎时，易造成误诊；同时，妊娠后期阴道黏膜苍白，表面干燥、无光泽、干涩，插入开膣器时阻力较大，如果操作不慎还会导致孕畜流产。生产中在牛、羊的妊娠诊断中只作为一种辅助诊断法。

4.直肠检查法

直肠检查法是隔着直肠壁触诊子宫、卵巢及其黄体变化，以及有无胚泡(妊娠早期)或胎儿的存在等情况来判定是否妊娠，这是牛早期妊娠检查最为准确可靠的方法，被广泛用于生产实践中。

(1)检查方法　检查人员将指甲剪短、磨光，戴上长臂手套，伸入直肠(初学者不戴手套感觉更为清晰)，先排除直肠中的宿粪，再进行检查。在检查过程中牛的直肠常发生收缩、努责，操作人员要耐心，待直肠松弛后继续检查。当手进入直肠后，先摸到子宫颈，再将中指向前滑动，寻找子宫角间沟，然后手指向前、向下寻找，把两侧子宫角掌握在手掌中，分别触摸子宫角的形状、大小、左右对称情况及有无胎儿存在等。再进一步触摸卵巢，仔细体会有无黄体或卵泡的存在，最后综合确定是否妊娠。

(2)结果判定

①未孕特征　未孕牛子宫颈、子宫体、子宫角及卵巢均位于骨盆腔内，经产多次的牛，子宫角可垂入骨盆入口前缘的腹腔内。两角大小相等，形状亦相似，弯曲如绵羊角状，经产牛有时右角略大于左角，弛缓，肥厚。能够清楚地摸到子宫角间沟，经过触摸子宫角即收缩，变得有弹性，几乎没有硬的感觉，能将子宫握在手中，子宫收缩像一球形，前部并有角间沟将其分两半，卵巢大小及形状视有无黄体或较大的卵泡而定。

②妊娠特征　妊娠 18～25 d:子宫角变化不明显，一侧卵巢上有黄体存在，则疑似妊娠。妊娠 30 d:两侧子宫角不对称，孕角比空角略粗大、松软，有波动感，收缩反应不敏感，空角弹性较强。妊娠 45～60 d:子宫角和卵巢垂入腹腔，孕角比空角约大 2 倍，孕角有波动感。用指肚从角尖向角基滑动中，可感到有胎囊由指间掠过，胎儿如鸭蛋或鹅蛋大小，角间沟稍变平坦。妊娠 90 d:孕角大如婴儿头，波动明显，空角比平时增大 1 倍，子叶如蚕豆大小。孕角侧子宫动脉增粗，根部出现妊娠脉搏，角间沟消失。妊娠 120 d:子宫沉入腹底，只能触摸到子宫后部及子宫壁上的子叶，子叶直径 2～5 cm。子宫颈沉移耻骨前缘下方，不易摸到胎儿。子宫中动脉逐渐变粗如手指，并出现明显的妊娠脉搏。

③注意事项　做早期妊娠检查时，要抓住典型征状。不仅检查子宫角的形状、大小、质地的变化，也要结合卵巢的变化，做出综合的判断。母牛配种后 20 d 且已妊娠，偶有假发情个体，直肠检查妊娠征状不明显，无卵泡发育，外阴部虽有肿胀表现，但无黏液排出，对这种牛也应慎重对待，无成熟卵泡者不应配种；怀双胎母牛的子宫角，在 2 个月时，两角是对称的，不能依其对称而判为未孕。正确区分妊娠子宫和子宫疾病，妊娠 90～120 d 的子宫容易与子宫积液、积脓等相混淆。积液或积脓使一侧子宫角及子宫体膨大，重量增加，使子宫有不同程度的下沉，卵巢位置也随之下降，但子宫并无妊娠征状，牛无子叶出现。积液可由一角流至另一角。积脓的水分被子宫壁吸收一部分，会使脓汁变稠，在直肠内触之有面团状感。

5.超声波诊断法

超声波探测仪是一种先进的诊断仪器，是利用超声波的物理特性和动物体内组织结构声学特点密切结合的一种物理学的检查方法，用它做早期妊娠诊断便捷可靠。如图 4-12 所示。

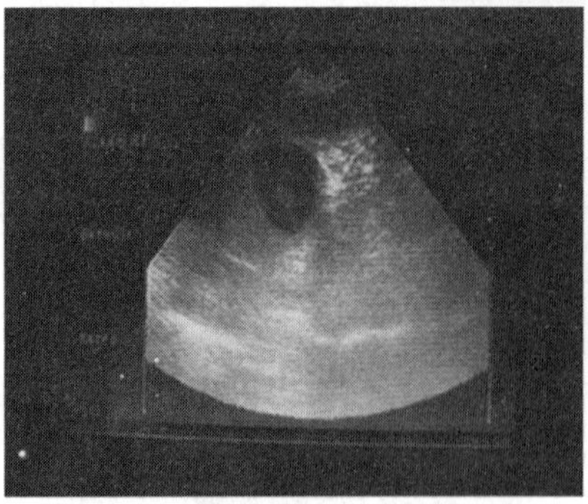

未孕母牛子宫角

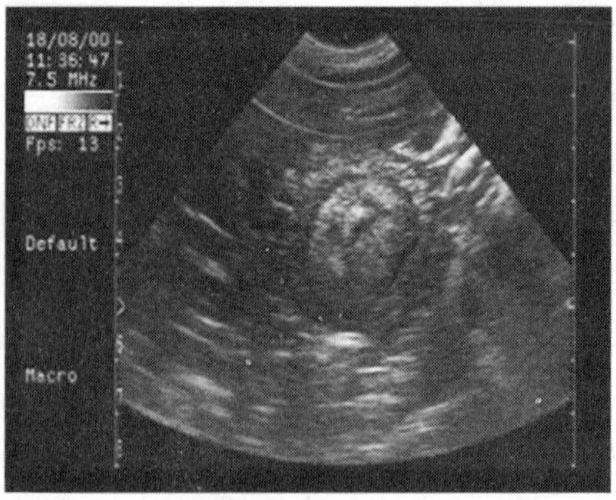

妊娠30 d母牛子宫角

图 4-12　母牛超声波妊娠诊断图像

（王璐菊.养牛生产技术.2014）

其方法是：将待查母畜保定后，选择母畜乳房两侧及膝皱襞之间无毛区域涂上凡士林或石蜡油，将超声波探测仪的探头对着骨盆入口方向探查，左右两侧各做 15°～45°摆动，然后贴随皮肤移动点再做摆动，同时密切注意屏幕上出现的图像进行识别，直至出现满意图像为止。

根据空怀母牛的子宫声像图显示：子宫体呈实质均质结构，轮廓清晰，内部呈均匀的等强度回声，子宫壁很薄。妊娠母牛子宫声像图显示：出现胚囊和胚斑，33 d 时胚囊实物如一指大小，胚斑实物 1/3 指大小。声像图中子宫壁结构完整，边界清晰，胚囊液性暗区大而明显，液性暗区内不同的部位多见胚斑，胚斑为中低灰度回声，边界清晰。妊娠 30～40 d 时，B 超诊断的主要依据是声像图中见到胚囊或同时见到胚囊和胚斑。妊娠 40 d 以上时，声像图表现更明显，胚囊和胚斑均明显可见，有时还可见胎心搏动。

（七）接产护理技术

1.预产期推算

从母畜配种受胎至胎儿产出的这段时间称为妊娠期。一般猪平均妊娠期 114 d；黄牛、奶牛 280 d，水牛 300 d，牦牛 255 d；羊 150 d。妊娠期的长短受品种、年龄、季节、饲养管理和胎儿性别等因素的影响。为了做好产前的准备工作，必须较准确地计算出母牛的预产期。

（1）牛预产期推算方法　黄牛将配种月减 3，配种日加 6。水牛采用配种月减 1，配种日加 2；牦牛采用配种月减 4，配种日加 10。在利用公式推算时，若配种月份在 1、2、3 三个月，需借一年（加 12 个月）再减。若配种日期加 6 的天数超过 1 个月，则减去本月天数，余数移到下月计算。

（2）羊预产期推算方法　依据母羊配种记录，可按照配种日期“月加 5，日减 3”的方法来推算预产期。例如 2013 年 6 月 6 日配种妊娠的母羊，其预产期应为 2013 年 11 月 3 日。

（3）猪预产期推算方法　主要有计算法和“三三三”推算法。计算口诀为月份加 4，日期减 6，再减过大月数，过 2 月加 2 d（闰年过 2 月加 1 d）。例如，一头母猪 3 月 18 日配种，其预产期为：月份加 4（3＋4＝7），日期减 6（18－6＝12），再减去 2 个大月数即 12－2＝10，该头母猪的预产期是 7 月 10 日。“三三三”推算法是母猪的妊娠期为 3 个月 3 个星期加 3 d。

2.分娩征兆

随着胎儿的逐步发育成熟，母畜在临产前发生了一系列的变化，根据这些变化，可以估计分娩时间，以便做好接产工作。

(1)乳房膨大　产前半个月左右，乳房开始膨大，到产前2～3 d，乳房明显膨大，可从前两个乳头挤出淡黄色黏稠的液体，当能挤出乳白色的初乳时，分娩可在1～2 d内发生。

(2)外阴部肿胀　约在产前1周开始，阴唇逐渐肿胀、柔软、皱褶展平，黏膜潮红、稀薄滑润，子宫颈松弛。

(3)骨盆韧带松弛　骨盆的耻骨联合，荐髂关节以及骨盆两侧的韧带活动性增强，在尾根及两侧松软，肷窝明显凹陷。用手握住尾根做上下活动，感到荐骨向上活动的幅度增大。

(4)体温变化　母畜产前1周比正常体温高0.5～1℃，但到产前12 h左右，体温又下降0.4～1.2℃。

(6)行为变化　临产前子宫颈扩张，腹部阵痛，母畜行为发生改变。当母畜表现不安，食欲减退，时起时卧，频频排尿，头向腹部回顾，不断努责和鸣叫，表明母畜即将分娩。

3.分娩过程

分娩是母畜借助子宫和腹肌的收缩，把胎儿及其附属膜排出来的过程。分娩过程可分为以下三个时期。

(1)开口期　从子宫开始阵缩到子宫颈完全扩张与阴道之间的界限消失为止称开口期。持续时间：牛0.5～24 h；绵羊3～7 h；猪2～12 h。

(2)胎儿产出期　从子宫颈完全开张到胎儿排出母体外为止称为胎儿产出期。胎儿的前置部分进入产道后，阵缩和努责同时进行，但努责是胎儿产出的主要动力。母畜烦躁不安，呼吸加快加剧，侧卧，四肢伸直，努责十分强烈。产出期一般牛0.5～4 h；羊1.5～3 h；猪产出2个胎儿的间隔时间通常是5～20 min，产出所用时间依胎儿多少而有不同，需2～6 h。

(3)胎衣排出期　当胎儿排出后，母畜即安静下来，经过几小时，子宫主动收缩，有时还配合轻度努责而使胎衣排出。由于各种家畜胎盘构造类型不同，胎膜排出的持续时间差异较大。牛在胎儿产出后2～8 h排出胎衣；羊需1～4 h；猪在胎儿全部娩出后10～60 min。

4.接产护理

(1)产房准备　产房应宽敞、光照充足，通风良好；产房地面铺上清洁、干燥的垫草，并保持安静的环境。使用前应进行全面的消毒，将墙壁和地面、运动场、饲草架、饲槽、分娩栏等打扫干净，并用3%～5%的氢氧化钠溶液或10%～20%的石灰乳水溶液或者商品消毒液(如百毒杀等)进行彻底的消毒。

(2)人员准备　接产需要专人值班，并具备接产的基本技术。接产人员要求穿戴工作服，指甲剪短磨光，手臂洗净消毒。

(3)材料准备　产房内必须准备好接产用具和药品。如清洁的水盆、桶之类用具及肥皂、毛巾、刷子、绷带、消毒用药(如0.1%新洁尔灭、70%酒精、碘酒等)、产科绳、剪刀、弹簧秤、耳号钳、剪牙钳等，还应有体温计、听诊器、注射器和强心剂、催产药等。有条件的最好准备一套产科器械。

(4)母畜准备　临产母畜应在预产期前1～2周送入产房，以便使其熟悉产房环境，并能随时注意观察分娩预兆，及时刷拭畜体并清洗消毒畜体的乳房部、后躯部等；接产前先剪净临产母畜乳房周围和后肢内侧的被毛，然后用温水洗净乳房，挤出几滴乳汁，再将母畜的尾根、外阴部、肛门洗净，用1%来苏儿消毒即可。

(5)胎位观察　母畜分娩时，接产人员应随时监视母畜表现。一般情况下，经产比初产母畜产仔快，羊膜破裂数分钟至 30 min 左右，仔畜便能顺利产出。正常仔畜一般是两前肢先出，头部附于两前肢之上，随着母畜的努责，仔畜可自然产出。产多胎时，间隔 10～20 min，个别间隔较长。当母畜产出第一胎后，仍有努责、阵痛表现，是产多胎的征候，此时接产人员要仔细观察和认真检查。

(6)擦干黏液　仔畜出生后，应立即用干净的毛巾将口鼻的黏液擦干净，以利呼吸畅通，以免误吞羊水，引起窒息或异物性肺炎。仔畜身上黏液，在接产人员擦拭同时，还要让母畜舔干，既可促进新生仔畜的血液循环，又有助于母畜认羔。

(7)剪断脐带　仔畜出生后，多数情况下都会自己扯断脐带，在人工助产下分娩的仔畜或没有能力自行断脐的，可进行人工断脐，把仔畜脐带内血液向腹部方向挤压，在距离仔畜脐带根部 4～5 cm 处，用手指掐断脐带，并用碘酊消毒。为防止出血，可用结扎线进行结扎。

(8)假死处理　仔畜产出后，如发现有假死现象时，应先提起后腿，用手轻轻拍打胸部或背部，促其将咽喉与鼻腔内的黏液排出，一般情况下都可复活；还可以进行人工呼吸，让仔畜仰卧在垫草上，反复曲伸其两前肢，亦可复活。如因受冻而假死，要立即实行温水浴，水温由 38℃开始，逐渐上升为 45℃，水浴 20～30 min，同时进行人工呼吸，即可复活。浴后要擦干全身，以防再次受冻。

(9)难产处理　羊膜破水 30 min 后，如母畜努责无力，仔畜仍未产出时，应立即助产。助产人员应将指甲剪短，磨光，消毒手臂，涂上润滑油，根据难产情况采取相应的处理方法。如胎位不正，先将胎儿露出部分送回阴道，将母畜后躯抬高，手入产道校正胎位，然后才能随母畜有节奏的努责，将胎儿拉出；如胎儿过大，可将仔畜两前肢反复数次拉出和送入，然后一手拉前肢，一手扶头，随母畜努责缓慢向下方拉出。切忌用力过猛，或不根据努责节奏硬拉，以免拉伤阴道。若仔畜体重过大，母畜难以产出时，可进行剖腹产手术。在助产过程中，切不可用力过猛，强拉胎儿，以防子宫翻转脱出，并注意避免脐带断在脐孔内。

(10)产后护理　刚刚产后的母畜，整个机体特别是生殖器官发生剧烈的变化，产道黏膜表皮可能造成损伤，产后子宫内又积存大量的恶露，即为微生物的侵入创造了条件，同时，母畜失水失血过多，机体抵抗力显著下降。因此，对分娩后期的母畜应加以护理。主要措施包括保持母畜外阴部的清洁；供给足够的盐水和麸皮汤；供给适量的优质、易消化饲料；及时观察胎衣的排除和清理产仔形成的污物；勤换垫草并保持产房的清洁卫生。

(八)家禽孵化技术

1. 卫生消毒

孵化前 1 周，对孵化室、孵化机和孵化用具进行清洗，最后消毒。消毒药品用福尔马林溶液和高锰酸钾晶体。操作方法：按孵化室每立方米容积用福尔马林溶液 30 mL 加高锰酸钾 15 g。将消毒药品放入非金属容器，封闭环境，消毒时间为 0.5～1 h。

2. 种蛋选择

种蛋应来源于生产性能高、无疫病传播、受精率高、饲喂全价料、管理良好的鸡群。要求蛋用种禽受精率 90%以上，肉用种禽受精率 85%以上为好；种蛋表面要清洁，不应被粪便或其他污物污染；保持适宜的蛋重，符合相应品种标准。一般要求蛋用鸡种蛋重为 50～65 g，肉用鸡种蛋 52～68 g，鸭蛋 60～80 g；蛋形椭圆形，指数为 1.30～1.35，剔除细长、短圆、橄榄形(两头尖)、腰凸等异形蛋；蛋壳颜色正常，均匀致密，厚薄适度，剔除裂纹、砂皮、钢皮、气室异常、蛋黄上浮、蛋黄沉散和带有血斑等现象的异常种蛋。

3.用具准备

为保证孵化有序进行，应事先准备好孵化机、发电机、供暖设备、照蛋器、温度计、登记表格、消毒药品及设备、防疫注射器材、孵化计划表等材料设备。

4.检修调试

孵化机开机前应打开电源开关，启动各系统，试机 1～2 d，安排值班人员，做好机器运行情况记录，运转正常即可入孵；检查电动机，看运转是否正常；检查恒温电气控制系统的水银导电表、继电器触点、指示灯、电热盘、超温报警装置及加湿系统等是否正常；校对温度计，测试机内不同部位的温度差别；检查蛋盘、蛋架是否牢固，翻蛋装置加足润滑油。

5.种蛋消毒

种蛋消毒的方法有熏蒸消毒法、药液喷雾消毒法、药液浸泡消毒法、紫外线消毒法及臭氧发生器消毒法等，生产中常用的是福尔马林熏蒸消毒法。

6.码盘入孵

入孵前种蛋预热，从蛋库取出的种蛋或在冬天孵化的种蛋需放在孵化室（室内温度 22～25℃）预热 12 h；孵化时将种蛋钝端向上放置在孵化蛋盘上，有利于胚胎的气体交换；码满蛋盘，做好标记（时间、批次等）；入孵时间最好安排在 16 时左右，利于白天出雏和雏鸡运输；蛋盘码满后插入蛋架，保证蛋盘卡入蛋架滑道内，顺序为由下至上；采用八角式蛋架孵化机上蛋时，应注意蛋架前后、左右蛋盘数量相等，重量平衡，以防一侧蛋盘过重，导致蛋架翻转；种蛋在码盘后或上完蛋架后立即进行消毒。

7.日常管理

（1）检查孵化机的正常运转情况　孵化机如出现故障要及时排除，孵化机最常见的故障有皮带松弛或断裂，风扇转慢或停止转动，蛋架上的长轴螺栓松动或脱出造成蛋的翻倒等。因此，对皮带要经常检查，发现有裂痕或张力不足应及时更换，风扇如有松动，特别是发出异常声响应及时维修，另外，如发现电子继电器不能准确控制温度应立即更换，如检查电动机听其音响异常，手摸外壳烫手，应立即维修或换上备用电动机。此外，还应注意孵化机内的风扇、电动机及翻蛋装置工作是否正常。

（2）温度观察与调节　温度是孵化的重要条件，掌握得适当与否会直接影响孵化效果。孵化温度偏高，胚胎发育偏快，出雏时间提前，雏禽软弱，成活率低，当超过 42℃，经过 2～3 h 胚胎就死亡。孵化温度偏低时，胚胎发育变慢，出壳时间推迟，也不利于雏禽生长发育，孵化率降低，若温度低于 24℃，经 30 h 胚胎全部死亡。孵化温度对孵化期的影响见表 4-8。

表 4-8　孵化温度与孵化期

温度/℃	受精蛋孵化率/%	所需孵化时间/d	温度/℃	受精蛋孵化率/%	所需孵化时间/d
36.1	50	22.5	37.2	80	21
36.7	70	21.5	37.8	88	19.5

一般适宜的孵化温度是 37.5～38.2℃，在出雏机内的出雏温度为 37.2～37.5℃。生产中，上蛋方式不同，供温标准也不一样。

①整批上蛋　就是一个孵化机内一次性上满种蛋，同时出雏，孵化机内是同一胚龄的蛋，随着胚龄的增加胚胎自身产热增加，孵化温度要逐渐下降，所以整批上蛋的孵化机应采用变温孵化，温度掌握的原则是前期高，中期平，后期低。以鸡为例，1～5 d适宜温度为38.2℃，6～12 d为37.9℃，13～19 d为37.7℃，而出雏机内（20～21 d）则保持37.2～37.5℃。

②分批上蛋　就是一个孵化机内分几次上蛋，一般每隔5～7 d上一批种蛋，“新蛋”和“老蛋”的蛋盘交错放置以相互调节温度，分批上蛋的孵化机内有不同胚龄的蛋，所以应采用恒温孵化，孵化机内温度一般保持37.8℃恒定不变，而出雏机内则保持37.2～37.5℃。

③观察调节　孵化器控温系统，在入孵前就要校正。检验并试机运转正常，一般不要随意更动；刚入孵时，开门入蛋引起热量散失以及种蛋和孵化盘吸热，因此孵化器里温度暂时降低，是正常的现象；待蛋温、盘温与孵化器里的温度相同时，孵化器温度就会恢复正常；要求每隔半小时通过观察窗观察一次里面的温度计温度，每2 h记录1次温度。在生产实践中，存在着三种温度要加以区别，即孵化给温（显示温度）、蛋面温度和门表温度。上述三种温度是有差别的，只要孵化器设计合理，温差不大且孵化室内温度不过低，则门表所示温度可视为孵化给温，并定期测定胚蛋温度，以确定孵化时温度掌握得是否正确。如果孵化器各处温差太大，孵化室温度过低，观察窗仅一层玻璃，尤其是停电时，则门表温度绝不能代表孵化温度，此时要以测定胚蛋温度为主。

（3）湿度观察与调节　湿度也是孵化成功的重要条件，适宜的孵化湿度可使胚胎初期受热均匀，后期散热加强，既有利于胚胎发育，又有利于破壳出雏；湿度虽然不像温度那么要求严格，但必须尽量给不同胚龄的胚蛋创造适宜的湿度。上蛋方式不同，供湿标准也不同。

①整批上蛋　整批孵化时湿度应掌握“两头高，中间低”的原则，即孵化初期相对湿度为60%～65%；中期相对湿度为50%～55%；后期相对湿度为65%～70%。出雏期湿度为70%～75%。

②分批上蛋　分批孵化时，孵化机内相对湿度应保持在50%～60%，出雏机内湿度为70%～75%。

③观察调节　现代孵化机都是自动控湿，要随孵化期的不同及时调节湿度。另外，在孵化器观察窗内挂一干湿球温度计，定期观察记录，并换算出机内的相对湿度。与显示湿度对照，若有较多差距，说明湿度显示不灵敏，要及时检修。要注意包裹湿度计棉纱的清洁，并加蒸馏水。也可根据胚蛋气室大小，失重多少和出雏情况判定。

（4）通风观察与调节　通风换气供给胚胎发育所需O_2，排出胚胎发育产生的CO_2；通风良好，孵化机内各空间温度均衡，湿度适宜；通风不良，空气不流畅，湿度大，温度不均衡；通风过大，则温度、湿度都难以保持。控制孵化机通风换气量的原则：是在保证正常温度、湿度的前提下，通过对孵化机内通风孔位置、大小和进气孔启开程度，控制空气的流速及路线；通风与温度的调节要彼此兼顾，冬季或早春孵化时，机内外温差较大，冷热空气对流速度增快，故应严格控制通风量；夏季机内外温差较小，冷热空气交换量的变化不大，注意加大通风量；要定期检查出气口开闭情况，根据胚龄决定开启大小，整批孵化的前5 d（尤其是冬季），进出气孔可不打开，应随着胚龄的增加逐渐打开进出气孔，出雏期间进出气孔全部打开；分批入孵，进出气孔可打开 1/3～2/3；同时还要注意孵化室的通风换气和清洁卫生，以防止影响孵化质量。

（5）翻蛋观察与调节　改变种蛋的孵化位置和角度称翻蛋，其作用是改变胚胎位置，使胚胎受热均匀，防止与壳膜粘连而死亡，翻蛋可促进胚胎运动和改善胚胎血液循环。

一般每隔 2 h 翻蛋 1 次，若翻蛋的角度以水平位置为标准，鸡蛋前俯后仰的角度各 45°为宜；鸭蛋以 50°～55°为宜；鹅蛋以 55°～60°为宜；机器孵化落盘后可停止翻蛋。操作时应注意每次翻蛋的时间和角度，对不按时翻蛋和翻蛋速度过大或过小的现象要及时处理解决，停电时定时手动翻蛋。

（6）凉蛋观察与调节　凉蛋的目的是驱散孵化机内余热，保持适宜的孵化温度，同时供给新鲜空气，排除孵化机内污浊的气体，促使胚胎良好发育并增加将来雏禽对外界气温的适应能力。一般每天上、下午各凉蛋 1 次，每次 20～40 min。凉蛋时间的长短，应根据孵化日期、孵化季节、蛋温而定；也可用眼皮来试温，即以蛋贴眼皮，感到微凉（31～33℃）就应停止凉蛋。夏季高温情况下，应增加孵化室的湿度后再凉蛋，时间也可长些。

（7）孵化记录与统计　整个孵化期间，每天必须认真做好孵化记录和统计工作，它有助于孵化工作顺利进行和对孵化效果的判断。孵化结束时要统计受精率、孵化率和健雏率。孵化室日常管理记录和生产记录如表 4-9、表 4-10 所示。

表 4-9　孵化室日常管理记录

机号________　　　　第____批　　　胚龄________　　　________年____月____日

时间	机器情况					孵化室		停电	值班员
	温度	湿度	通风	翻蛋	凉蛋	温度	湿度		

表 4-10　孵化记录表

批次	入孵日期	种蛋来源	品种	入孵数量	头照			二照		出雏				受精率/%	受精蛋孵化率/%	入孵蛋孵化率/%	健雏率/%
					无精	死胚	破损	死胚	破损	落盘数	毛蛋数	弱死雏	健雏数				

8. 照蛋检查

（1）种蛋孵化期　胚胎在孵化过程中发育的时期称为孵化期。家禽种类不同，孵化期也不一样，各种家禽孵化期如表 4-11 所示。

表 4-11　各类家禽的孵化期　　d

家禽种类	孵化期	家禽种类	孵化期
鸡	21	火鸡	28
鸭	28	珠鸡	26
鹅	30～32	鹌鹑	17～18
番鸭	33～35	鸽	18

(2)胚胎发育期　孵化期胚胎发育中各胚龄期的主要形态特征如表 4-12 所示。

表 4-12　鸡、鸭、鹅胚胎发育不同日龄的主要形态特征

胚龄/d			照蛋特征（俗称）	胚胎发育的主要形态特征
鸡	鸭	鹅		
1	1～1.5	1～2	“鱼眼珠”	器官原基出现。
2	2.5～3	3～3.5	“樱桃珠”	出现血管,胚胎心脏开始跳动。
3	4	4.5～5	“蚊虫珠”	眼睛色素沉着,出现四肢原基。
4	5	5.5～6	“小蜘蛛”	尿囊明显可见,胚胎头部与胚蛋分离。
5	6～6.5	7～7.5	“单珠”	眼球内黑色素大量沉着,四肢开始发育。
6	7～7.5	8～8.5	“双珠”	胚胎躯干增大,活动力增强。
7	8～8.5	9～9.5	“沉”	出现明显鸟类特征,可区分雌雄性腺。
8	9～9.5	10～10.5	“浮”	四肢成形,出现羽毛原基。
9	10.5～11.5	11.5～12.5	“发边”	羽毛突起明显,软骨开始骨化。
10～10.5	13～14	15～16	“合拢”	尿囊合拢,胚胎体躯生出羽毛。
11	15	17		尿囊合拢结束。
12	16	18		蛋白由浆羊膜道输入羊膜囊中。
14	18～18.5	20～21	胚胎继续发育血管变粗,胚体逐渐变大。	
15	19～19.5	22～22.5		
16	20	23		蛋白被尿囊绒毛膜吸收,16 d时蛋白用完。
17	20.5～21	23.5～24	“封门”	蛋白全部输入羊膜囊内。
18	22～23	25～26	“斜口”	胚胎转身,喙伸向气室,蛋黄开始进入腹腔。
19	24.5～25	27.5～28	“闪毛”	颈部、翅突入气室,蛋黄大部进入腹腔,尿囊萎缩。
20	25.5～27	28.5～30	“起嘴”	喙进入气室,肺呼吸开始,大批啄壳,少量出雏。
21	27.5～28	30.5～31	“出壳”	出雏结束。

豆卫.禽生产.2001.

①蛋中胚胎发育　成熟的卵子，落入输卵管喇叭部受精后不久就开始发育。受精卵在输卵管大约停留 24 h 左右，经过不断分裂，发育到胚胎原肠期，外观呈白色的圆形盘状，故称为胚盘。胚盘中央较薄的透明部分为明区，周围较厚的不透明部分为暗区。胚胎在胚盘的明区部分开始发育，分化形成内胚层和外胚层。胚胎形成两个胚层之后蛋即产出。蛋产出体外后因温度下降(23.9℃以下)，发育暂时停止。

②孵化胚胎发育　受精蛋入孵后，胚胎即开始第二阶段发育，在原有两个胚层的基础上很快形成中胚层，以后就从内、中、外三个胚层分化形成新个体的所有组织和器官。外胚层形成羽毛、皮肤、喙、趾、感觉器官和神经系统；中胚层形成肌肉、骨骼、生殖泌尿器官、血液循环系统、消化系统的外层及结缔组织；内胚层形成呼吸系统的上皮、消化器官的黏膜部分以及内分泌器官。

③胚胎发育特征　从形态上看，家禽胚胎发育大致分为四个阶段。以鸡为例，1～4 d(鸭 1～5 d，鹅 1～6 d)为内部器官发育阶段；5～14 d(鸭 6～16 d，鹅 7～18 d)为外部器官发育阶段；15～20 d(鸭 17～27 d，鹅 19～29 d)为胚胎生长阶段；20～21 d(鸭 28 d，鹅 30～32 d)为出壳阶段。

(3)胚胎检查期　在孵化过程中，可根据胚胎发育特征，通过照蛋，检查胚胎发育是否正常，以便及时调整孵化条件，保证胚胎的正常发育，获得优良的孵化效果。

①照蛋的意义　照蛋是检查胚胎发育状况和调节孵化条件的重要依据。照蛋即在禽蛋孵化到一定的时间后，用照蛋器在黑暗条件下对胚蛋进行透视，检查禽胚胎发育情况，剔除无精蛋、死胚蛋和破损蛋的过程。孵化期中应照蛋 3 次。孵化正常情况下，一般孵化厂每批胚蛋照蛋 2 次(10～11 d 时的抽样照检省去)。在大型孵化厂，为节省工时、减轻劳动强度和避免照蛋对胚胎产生的应激反应，通常在 5～7 d 时只照 1 次。

②照蛋的时间　主要安排三次照蛋，如表 4-13 所示。

表 4-13　三次照蛋的时间　　d

家禽种类	头照	二照	三照
鸡	5～7	10～11	18～19
鸭	6～7	13～14	25
鹅	7～8	15～16	27～28

③照蛋变化　头照的主要目的是剔除无精蛋、死胚蛋，区别弱胚蛋和正常胚蛋。第一次照检时蛋的表征如图 4-13 所示。

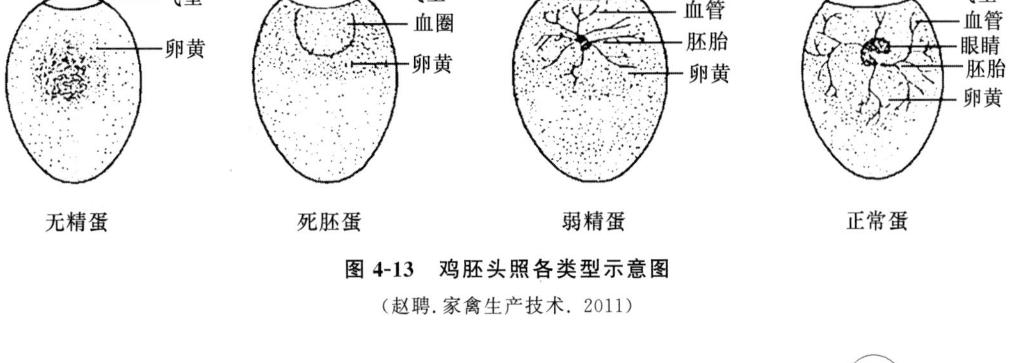

图 4-13　鸡胚头照各类型示意图

(赵聘. 家禽生产技术. 2011)

其中正常胚蛋特征为整个蛋暗红色(除气室外),气室界限清楚,胚胎发育像蜘蛛形态,其周围血管鲜红、明显,扩散面占蛋体的 4/5,胚胎的黑色眼点清楚,将蛋微微晃动,胚胎亦随之而动;弱胚蛋特征为发育缓慢,胚体较小,血管淡而纤细,扩散面不足蛋体的 4/5,黑色眼点不明显;死胚蛋俗称"血蛋",特征为只见蛋内有不规则的血线、血点或紧贴内壳面的血圈,有时可见到死胚小黑点贴壳静止不动;无精蛋俗称"白蛋",特征为蛋内发亮,只见蛋黄阴影稍扩大,颜色淡黄,看不见血管及胚胎。

二照一般抽样进行,主要目的是检查胚胎发育是否正常,以便及时调节孵化条件,此时胚胎的典型特征是"合拢",即尿囊血管已延伸至蛋的小头,将蛋白包裹。照检时,若有 60%～70%的胚蛋"合拢",说明胚胎发育正常;若有 90%以上的"合拢",说明胚胎发育偏快,应适当降低孵化温度;若只有 20%～30%的胚蛋"合拢",说明胚胎发育偏慢,应适当升高孵化温度。

三照一般结合落盘进行,主要目的是检查胚胎发育情况,将发育差或死胚蛋剔除。正常活胚蛋特征可见蛋内全为黑色,小头部不透光(已"封门"),气室口变斜,气室边界弯曲明显,有时可见胚胎颤动(俗称"闪毛"),触摸蛋发热;弱胚蛋可见气室边界平整,血管纤细,看不见胎动,有的小头有少部分透亮;死胚蛋可见气室口未变斜,气室边界颜色较淡,无血管分布,蛋小头透亮,摸之感觉发凉。三照时禽胚蛋发育特征如图 4-14 所示。

图 4-14　鸡胚三照时各类型蛋示意图

(赵聘.家禽生产技术.2011)

照蛋时动作要快,轻拿轻放。胚蛋在室温中放置不超过 25 min,室温要求保持在 22～28℃,操作过程中不小心打破胚蛋应及时剔出。

9.胚胎落盘　(也叫"移盘")

鸡胚孵至 19 d(鸭 25 d,鹅 28 d),经过最后一次照蛋后,将胚蛋从入孵器的孵化盘移到出雏器的出雏盘的过程,称移盘或落盘。落盘时,如有条件应提高室温,动作要轻、稳、快,尽量减少碰破胚蛋;最上层出雏盘加铁丝网罩,以防雏鸡窜出。

10.拣雏饲养

鸡蛋孵化满 20 d,鸭蛋满 27 d 就开始出雏,应及时拿出绒毛已干的雏禽和空蛋壳;出雏高峰期,应每 4 h 拣雏一次,并拣出蛋壳,以防蛋壳套在其他胚蛋上闷死雏鸡;每次拣完后进行拼盘,取出的雏禽放入箱内,置于 25～28℃室温内存放;对少数未能自行脱壳的雏禽,应进行人工助产。助产时只需破去钝端蛋壳,拉直头颈,然后让雏禽自行挣扎脱壳,不能全部人为拉出,以防出血而引起死亡。

任务9 畜禽的选种选配与杂交选育

一、畜禽的选种选配

畜禽的选种选配是提高畜禽综合品质和扩群繁殖的重要育种手段，选种的效果必须要通过选配才能体现，二者相互促进、相互制约，对稳定畜禽的遗传性能，改进遗传品质，提高生产性能具有重要的实践意义。

(一)畜禽的选种方法

种畜禽的选择是指考察被选个体在系谱、本身和后裔方面的品质特点，并抓住体型外貌、生长发育、生产性能、健康状态和适应性等方面的性状优劣和遗传力表现，把那些符合育种方向和留种目标的个体补充到畜禽的种群当中。

1.选择依据

(1)体型外貌

①猪的体型外貌评定　主要是对猪的一般外貌、头颈、前躯、中躯、后躯、肢蹄、乳房和生殖器官等项目，进行评分鉴定，依据等级结果确定是否选留，公猪等级至少在一级以上，母猪等级至少在三级以上。外貌等级优秀的种猪如图4-15所示。

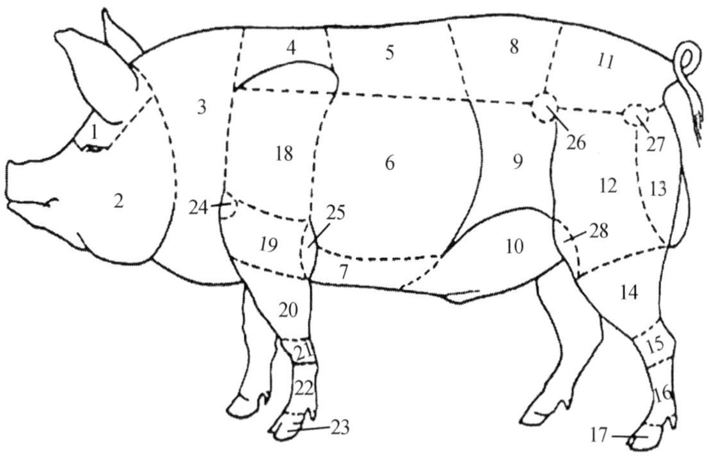

图4-15　优秀种猪的体型外貌

1.颅部　2.面部　3.颈部　4.鬐甲　5.背部　6.胸侧部(肋部)　7.胸骨部　8.腰部　9.腹侧部　10.腹底部　11.荐臀部　12.股部　13.股后部　14.小腿部　15.跗部　16.跖部　17.趾部　18.肩部　19.臂部　20.前臂部　21.腕部　22.掌部　23.指部　24.肩关节　25.肘突　26.髋结节　27.髋关节　28.膝关节

具体要求：体质结实，结构匀称，各部结合良好。头部清秀，毛色、耳型符合品种要求，眼明亮有神，反应灵敏，具有本品种的典型特征。体躯长，背腰平直或呈弓形，肋骨开张良好，腹部容积大而充实，腹底平直，大腿丰满，臀部发育良好，尾根附着要高。四肢端正结实，步态稳健轻快。被毛短、稀而富有光泽，皮薄而富有弹性。睾丸和阴户发育良好，乳头在6对以上，无反转、瞎、凹乳头等。

②鸡的体型外貌评定　主要是对鸡的头部、颈部、体躯、尾部和腿部进行肉眼鉴定。

具体要求：身体结实、体格较大，品种或品系特征明显；头部清秀，眼大有神，冠厚而直立，肉垂大、鲜红，喙短稍弯；颈部较长，转动灵活，羽毛具有第二性征，母鸡颈羽端部圆钝，公鸡羽端尖形，像梳齿一样，蛋用型鸡颈较细长，肉用型鸡颈较粗短；胸部宽、深而发达，腹部紧凑且容积较大，特别是产蛋母鸡，耻骨联合开张良好，腹部容积要大；腿部结实端正，脚型正常，无关节肿胀、跛脚或畸形，脚色要符合品种特征，尾部端正而不下垂。外貌等级优秀的种鸡如图4-16所示。

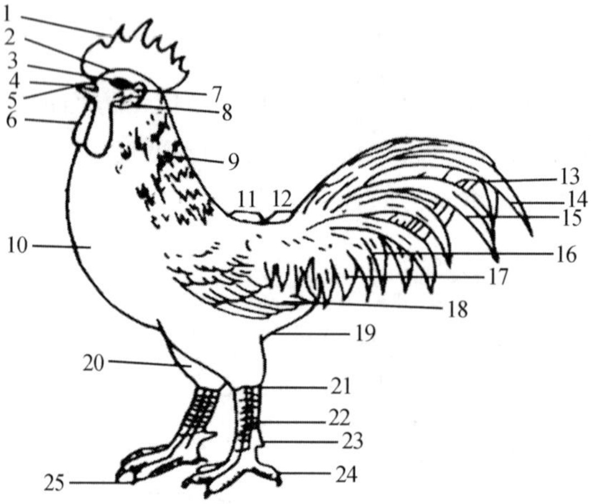

图4-16　鸡的外貌部位

1.冠　2.头顶　3.眼　4.鼻孔　5.喙　6.肉髯　7.耳孔　8.耳叶　9.颈和颈羽　10.胸　11.背　12.腰　13.主尾羽　14.大镰羽　15.小镰羽　16.覆尾羽　17.鞍羽　18.翼羽　19.腹　20.小腿　21.踝关节　22.跖(胫)　23.距　24.趾　25.爪

③牛的体型外貌评定　不同生产类型的牛，由于长期各组织器官利用强度、选育目的和培育条件不同，体型外貌存在一定的差异。外貌等级优秀的奶牛如图4-17所示。

乳用牛要求：外形清秀，身体细致紧凑，有“三宽，三大”的特征，即背腰宽，腹围大，腰角宽，骨盆大，后裆宽，乳房大，后躯显著发达，从侧望、前望、腑望均呈“楔形”或“三角形”。各部位的特征是皮薄骨细，血管显露，被毛短而有光泽，骨骼舒展，肌肉发育适中，皮下脂肪沉积少，胸腹宽深，后躯和乳房发达。

肉用牛要求：皮薄骨细，体躯宽深而低垂，全身肌肉高度丰满，皮下脂肪发达、疏松而匀称。属于细致疏松体质类型。肉牛的体型，前后躯都很发达，前望、侧望、上望(俯视)和后望，四个侧面均呈现“长方形”，整体呈现“长方砖形”或圆桶状。肉牛体形方正，在比例上前后躯较长而中躯较短，以致前、中、后躯的长度趋于均等。全身显得粗短紧凑。被毛细密而富有光泽，呈现卷曲状态的，是优良肉用牛的特征。

役用牛要求：皮厚骨粗，肌肉强大而结实，皮下脂肪不发达。属于粗糙紧凑体质类型。役牛胸部宽深、肌肉发达，鬐甲高而结实，前躯发育充分，后躯相对较弱，前高后低。因此从侧望呈“倒梯形”，与乳牛的正常体型相反。

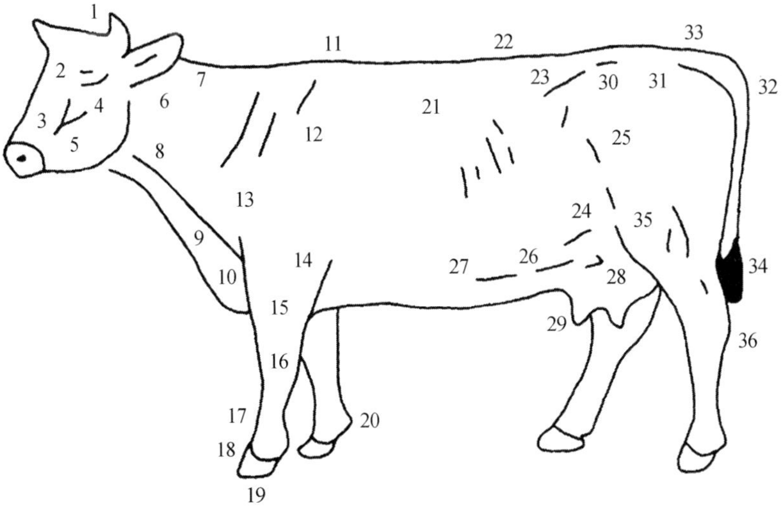

图 4-17　牛体各部位名称

1.枕骨脊　2.额　3.鼻梁　4.颊　5.下额　6.颈　7.后颈　8.喉　9.垂皮　10.胸部　11. 鬐甲　12.肩　13.肩关节　14.肘　15.前臂　16.腕　17.管　18.系　19.蹄　20.附蹄　21.肋　22.背　23.腰　24.后肋　25.股　26.乳静脉　27.乳井　28.乳房　29.乳头　30.腰角　31.荐骨　32.坐骨结节　33.尾根　34.尾帚　35.膝关节　36.飞节

④羊的体型外貌评定　种羊的体质应结实，前胸宽深、四肢粗壮、肌肉发达。公羊要求头大雄壮、眼大有神、睾丸发育匀称、性欲旺盛，阴囊紧缩，特别要注意是否单睾或隐睾。母羊要求体大，前后躯发达，乳房发育良好，富有弹性，乳静脉明显，乳头大小、长短适中。采食量大，产羔多，母性强，哺乳性能好，产乳量高，产奶高峰期长。

各部位的具体要求：毛用羊头颈部较长，面部较大，颈部一般有 2～3 个皱褶，肉用羊的头颈部相对短而宽，无皱褶，肌肉和脂肪发达；毛用羊的鬐甲大多比背线高；肉用羊的鬐甲宽，与背部呈水平线；毛用羊的背腰较窄，肉用羊背腰平直，宽而多肉；毛用羊的胸腔长而深，容量较大，肉用羊的胸部宽而短，容量较小。不管哪种类型的羊只，都要求腹线与背线平行且近似一条直线，防止出现"凹背"、"凸背"、"垂腹"，四肢高矮适中，肢势端正而直立。外貌等级优秀的种羊如图 4-18 所示。

(2)生长发育　畜禽的生长速度和体尺指标是反映其生长发育的直接指标，也是畜禽选种的重要依据之一。它能准确反映畜禽体重的增长和体表部位的发育情况，弥补肉眼鉴别的缺陷。

①生长速度　畜禽的生长速度检查主要包括畜禽各阶段体重的大小(初生、断奶、出栏、初配、成年等)、增重速度和饲料利用率等。衡量方法如下：

体重：根据不同畜禽的日龄特点，早饲前空腹称重，单位用 kg 表示。

增重速度：通常以平均日增重来表示。平均日增重是指畜禽在一定的生长期内，平均每天体重的增长量，用 g/d 表示。

饲料利用率：是指生长期内畜禽单位增重所消耗的饲料量。

②体尺指标　畜禽各阶段体格大小的检查主要包括体长、体高、胸围、管围、腰角宽、尻长、十字部高、荐高、腿臀围等，适于留种的畜禽个体其主要指标应达到或超过相应日龄时的

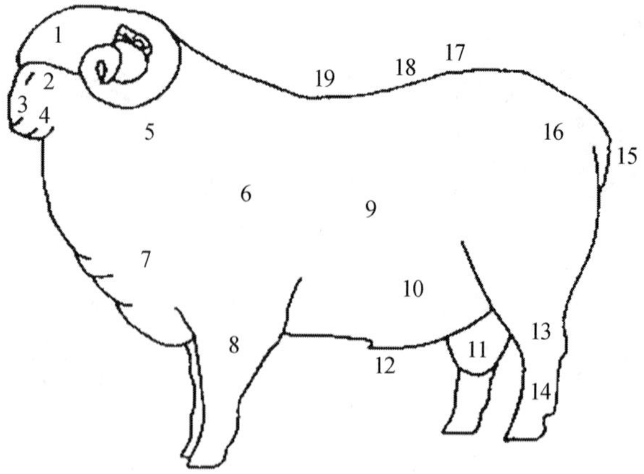

图 4-18　绵羊体表各部位名称

1.头　2.眼　3.鼻　4.嘴　5.颈　6.肩　7.胸　8.前肢　9.体侧　10.腹　11.阴囊　12.阴筒　13.后肢　14.飞节　15.尾　16.臀　17.腰　18.背　19.鬐甲

品种标准。测量时畜禽要站立自然且正直，场地平坦，光线充足，要求生长发育指标达到或超过品种相应日龄时的体尺指标。衡量方法如下：

体长：猪的体长从两耳根连线的中点沿背线至尾根的长度；鸡的体长是用皮尺测量锁骨前上关节到坐骨结节间的距离；牛、羊的体长分为体斜长和体直长；前者是从肩端前缘至坐骨结节后缘的斜直线距离，后者是从肩端前缘向下引垂线至坐骨结节后缘向下所引垂线之间的水平直线距离，单位 cm，用皮尺量取。

体高：家畜的体高是指从鬐甲最高点至地面的垂直距离，单位 cm，用测杖量取；家禽常常通过胫长，了解体高和长骨的发育，是指跖骨关节到第三趾与第四趾间的垂直距离，单位 cm，用卡尺度量。

胸围：家畜的胸围是沿肩胛后角绕胸一周的周径，单位 cm，用皮尺量取；家禽常常通过胸骨长了解体躯的发育情况，用皮尺度量胸骨前后两端间距离，胸宽也是了解家禽胸腔发育的重要指标，是指两肩关节之间的直线距离，单位 cm，用卡尺度量。

腿臀围：家畜的腿臀围是从左侧膝关节前缘，经肛门绕至右侧膝关节前缘的距离。单位 cm，用皮尺量取；家禽则是利用两耻骨联合之间的宽度来衡量其发育情况，单位 cm，用卡尺度量。

(3)生产性能

①繁殖性能　畜禽的繁殖性能检查主要包括基本性能（性欲表现、发情规律、排卵数目和精液品质等）和繁殖成绩（产仔率、孵化率、成活率等）。计算公式如下：

$$受配率=\frac{配种母畜数}{适繁母畜数}\times 100\%$$

$$总受胎率=\frac{本年度末受胎母羊数}{本年度内参加配种母羊数}\times 100\%$$

$$情期受胎率=\frac{妊娠母畜头数}{情期配种母畜数}\times 100\%$$

$$分娩率=\frac{分娩母畜数}{妊娠母畜数}\times 100\%$$

$$产仔率=\frac{产出仔畜数}{分娩母畜数}\times 100\%$$

$$仔畜成活率=\frac{成活仔畜数}{产出活仔畜数}\times 100\%$$

$$平均产蛋量=\frac{全年产蛋总数}{总饲养日/365}$$

$$受精率=\frac{受精总蛋数}{入孵蛋数}\times 100\%$$

$$受精蛋孵化率=\frac{出雏数}{受精蛋数}\times 100\%$$

$$入孵蛋孵化率=\frac{出雏数}{入孵蛋数}\times 100\%$$

$$育雏成活率=\frac{育雏期末成活雏禽数}{入舍雏禽数}\times 100\%$$

②产肉性能　畜禽的产肉性能检查主要包括屠宰指标和肉质品质两个方面，前者主要通过测定宰前体重、胴体重、皮重、骨重、脂肪重、瘦肉重等指标，并以此为据计算其屠宰率、净肉率和瘦肉率；后者主要通过测定肉色、肌纤维直径、肌肉嫩度、肌肉 pH、肌肉剪切力、背膘厚和眼肌面积等指标来衡量。屠宰率、净肉率和瘦肉率的衡量方法如下：

屠宰率：是指畜禽胴体重占宰前空腹体重的百分比。

净肉率：是指畜禽净肉重占胴体重的百分比。

瘦肉率：是指畜禽瘦肉重占胴体重的百分比。

③产奶性能　家畜的产奶性能检查对一般家畜而言，主要是通过母畜在泌乳达到高峰或即将回落时仔畜的体重大小来评定；而专门的奶牛、奶羊主要是通过个体产奶量、群体产奶量和乳脂率等指标来评定。衡量方法如下：

个体产奶量：是指在每头牛（羊）每次挤奶后称量登记（机挤），每天计算，每月统计，年终或泌乳期结束进行总和。目前，以产奶为主的现代化牛羊场，每日产奶量由电脑信息管理系统记录并储存。为便于比较，常常通过校正系数计算牛羊个体以标准天数为基数的标准产奶量；自产犊后泌乳第一天开始到干乳为止的累计产乳量；自本年度 1 月 1 日起至 12 月 31 日为止的全年产奶量（包括干奶阶段）；母牛各个胎次全泌期实际产乳量的总和。

群体产奶量：群体产奶量是衡量群体产奶性能的一项重要指标，它是具体反映一个场或一个地区奶牛、奶羊饲养管理水平高低的一项综合指标。统计方法如下：

为进行成本核算，提高管理水平和总体效益，需要计算成母牛（羊）的全年平均产奶量。计算公式如下：

$$成母牛（羊）全年平均产奶量(kg/头)=\frac{全群全年总产奶量(kg)}{全年平均每天饲养成母牛（羊）头数(头)}$$

式中成年母牛(羊)包括泌乳牛(羊)、干奶牛(羊)、转进或买进的成母牛(羊),卖出或死亡以前的成母牛(羊),以及其他在群母牛(羊)。将上述母牛(羊)在各月的不同饲养天数相加,除以 365 d,即可计算出全年平均每天饲养的成母牛(羊)头数;全群全年总产奶量是指全年中每头产奶牛(羊)在该年度内各月实际产奶量的总和。

泌乳牛(羊)全年平均产奶量计算公式如下:

$$泌乳牛(羊)全年平均产奶量(kg/头)=\frac{全群全年总产奶量(kg)}{全年平均每天饲养成泌乳牛(羊)头数(头)}$$

牛(羊)群全年各月实际泌乳牛(羊)头日数累加,除以 365 d,即为全年平均每天饲养泌乳牛(羊)头数。泌乳牛(羊)全年平均产奶量较成母牛(羊)全年平均产奶量高,它反映了一个牛(羊)群的质量,也作为个体选种的一个重要指标。

平均乳脂率:可在奶牛(羊)1、3、5 胎和每胎第 2、5、8 个泌乳月分别进行测定。计算公式如下:

$$平均乳脂率=\frac{F_1\times(1\sim3)泌乳月产奶量+F_2\times(4\sim6)泌乳月产奶量+F_3\times(7\sim9)泌乳月产奶量}{1\sim9\ 泌乳月总产奶量}$$

式中:F_1 为产后第 2 个泌乳月所测定的乳脂率;F_2 为产后第 5 个泌乳月所测定的乳脂率;F_3 为产后第 8 个泌乳月所测定的乳脂率。

标准乳:由于个体牛(羊)所产的奶,含脂率不尽相同,为了便于比较,需校正到统一含脂率。国际上一般以含脂率 4%的乳作为标准乳。计算公式如下:

$$FCM=M\times(0.4+0.15F)$$

式中:FCM 为 4%标准乳(kg);M 为泌乳期产乳量(kg);F 为该期所测得的平均乳脂率(计算时直接代入%前的数字)。

排乳性能:包括单位时间排乳量大小和乳房 4 个乳区排乳量的均衡性等,在机械化挤乳条件下,乳牛(羊)的排乳速度对于劳动生产率的提高很有影响。据研究,至少包括 4 个方面的指标:完成挤乳的时间长短($h^2=0.02\sim0.30$)、平均排乳流量($h^2=0.30\sim0.40$)、挤乳过程中任一单位时间(1 min 最大流量,$h^2=0.35\sim0.45$)和 2 min 内挤出乳量($h^2=0.35\sim0.45$)。

④产毛性能　家畜的产毛性能主要是对毛用羊而言,主要包括产毛量和羊毛品质两个方面,前者主要通过测定原毛量、净毛量等指标,并以此为据计算其净毛率(普通净毛率、标准净毛率);后者主要通过测定羊毛的细度、长度、匀度、弯曲、色泽、强度、伸度、弹性、吸湿性等指标来衡量。原毛量、普通净毛率、标准净毛率的衡量方法如下:

原毛量:指从羊体上剪下未经任何处理,其中含有粪渣、草屑、皮屑、汗液、油脂、沙土和植物质等杂质的羊毛重量。

净毛率:指纯净的羊毛纤维在规定回潮率条件下的重量占原毛样重的百分率。净毛率可分为普通净毛率和标准净毛率。

普通净毛率:指经过洗涤后的净毛重量占该毛样原毛重量的百分数。净毛重包括水分(所含水分应与原毛含水量用相同方法计算)、油脂(不超过净毛的 1.5%)、植物质(不超过净毛的 2%)。

标准净毛率：是国际羊毛贸易中采用的净毛率计算方法。其组成为：绝干净毛占86%，水分占12%，油脂占1.5%，灰分占0.5%，植物质为0。

⑤产蛋性能　家禽的产蛋性能检查主要包括产蛋力和蛋品质两个方面，前者主要测定开产日龄、产蛋量、产蛋率和蛋重等指标来衡量；后者主要通过测定蛋形指数、蛋白高度和蛋黄比例及相关营养指标等指标来衡量。家禽开产日龄、产蛋量、产蛋率和蛋重等指标的衡量方法如下：

开产日龄：个体记录以产第一枚蛋的日龄计算；群体记录以蛋鸡按全群日产蛋率达50%的日龄作为该鸡群的开产日龄。

产蛋量：指母鸡在一定时间内的产蛋数量，或一个鸡群在一定时间内平均产蛋数量。是养鸡生产的重要经济指标。可用饲养日产蛋量和入舍母鸡产蛋量来表示，计算公式如下：

$$\text{饲养日产蛋量(枚)}=\frac{\text{统计期内总产蛋数}}{\text{统计期内的总饲养日}}\times\text{统计日数}$$

$$\text{入舍母鸡产蛋量(枚)}=\frac{\text{统计期内总产蛋数}}{\text{入舍母鸡数}}$$

目前普遍使用500日龄(72周龄)入舍母鸡产蛋量表示鸡的产蛋数量。计算公式如下：

$$\text{500 日龄(72 周龄)入舍母鸡产蛋量(枚)}=\frac{\text{500 日龄(72 周龄)的总产蛋数}}{\text{入舍母鸡数}}$$

产蛋率：指母鸡在统计期内的产蛋百分率，通常用饲养日产蛋率、入舍母鸡产蛋率、日产蛋率来表示。计算公式如下：

$$\text{饲养日产蛋率}=\frac{\text{统计期内的总产蛋量}}{\text{统计期内的总饲养日}}\times 100\%$$

$$\text{入舍母鸡产蛋率}=\frac{\text{统计期内的总产蛋量}}{\text{入舍母鸡数}\times\text{统计日数}}\times 100\%$$

$$\text{日产蛋率}=\frac{\text{当日产蛋总数}}{\text{当日存栏鸡数}}\times 100\%$$

蛋重：是衡量蛋鸡产蛋性能的重要指标，一般用平均蛋重和总蛋重表示。

平均蛋重：从300日龄开始计算，以g为单位。个体平均蛋重以连续称取3个以上的蛋重求其平均数；群体平均蛋重需连续称取鸡群3 d的总蛋重求其平均数；大型禽场按日产蛋量5%称测蛋重求其平均数。

$$\text{总蛋重(kg)}=\text{平均蛋重(g)}\times\text{产蛋量}\div 1\,000$$

畜禽的选种依据除上面所表述的体型外貌、生长发育、生产性能外，还要进一步结合其养殖环境条件、品种形成历史、生理生化指标以及采食、活动、排泄等方面的具体表现，确切掌握其身体的健康状态和对环境的适应性表现，以保证选种的可靠性。

2.选择方法

畜禽的选留应根据被选个体的年龄，充分依据其祖先、本身和后裔在体型外貌、生长发育、生产性能、健康状态和适应性等方面的鉴定结果和遗传表现，合理使用系谱考察、个体选择和同胞、半同胞及后裔测定等方法进行选留。

(1)仔畜(雏鸡)阶段的选择　以个体的系谱和表型为主要依据,重点考察其祖先品质、品种特征、生长发育和健康状态等方面的表现,要求被选个体的祖先品质好、无遗传疾患,自身初生重大,生长发育好,健壮活泼,所在群体死亡率低,外貌优秀且无不良缺陷,生殖器官正常;断奶体重和相关体尺指标达到或超过品种标准,头型、耳型、毛色和体躯结构符合本品种特征。

仔猪的选择:要求被选仔猪的祖代系谱清楚,外貌等级高、生产成绩优秀、遗传品质好;选留仔猪应尽可能在产仔数多、成活率高、初生重大、断奶窝重大、发育整齐和无遗传疾患的窝中选择;个体品种特征明显、体格大,健壮活泼。小母猪可按预留数 2～3 倍选择,小公猪按预留数的 3～4 倍选择。

雏鸡的选择:要求所孵雏鸡的种蛋来源健康且产自品质优秀的种鸡群,选择的雏鸡应体重较大、健壮结实、活泼有力、生长迅速、羽毛丰满、没有生理缺陷,同群育雏成活率高,疫病少。

犊牛和羔羊的选择:选留的犊牛和羔羊要求初生重大、断奶体重高、平均日增重快,系谱清楚,祖代的外貌等级高、生产成绩优秀、遗传品质好;体尺、体重指标达到或超过品种标准,头型、耳型、毛色和体躯结构符合本品种特征,对不符合标准的个体应及时淘汰。新生牛、羊有明显的外貌与遗传缺陷,如失明、畸形、毛色异常、关节粗大、肢势异常、体型偏小等现象,应及时淘汰。乳用犊牛和羔羊还要观察乳房的发育及乳头的分布位置,有无副乳头、乳头是否较长等。一般情况下,每年选留的雌性犊牛和羔羊应不少于基础母畜的 1/3。

(2)育成阶段的选择　以个体的外貌等级、增重表现、体尺指标、品种特征、繁殖规律和健康状态为主要依据,重点考察其体型外貌、生长发育、品种特征和基本繁殖性能表现等指标,要求外貌等级高、品种特征明显,体重和相关体尺指标达到或超过品种标准,母畜发情明显而规律,公畜性欲旺盛,体质结实。

育成猪的选择:育成猪的选择一般可在 2～4 月龄、6～8 月龄和配种前三个关键阶段进行。第一阶段以个体的生长发育为主要依据,要求体重和日增重应达到选育标准制定的目标,外形结构良好,肢蹄坚实;第二阶段以体型外貌鉴定和基本繁殖规律为主,要求品种特征明显,外貌等级较高,生长发育迅速,第二性征表现规律,做到综合考查,严格淘汰;第三阶段可淘汰生长发育慢、达不到选育指标,或繁殖机能差的个体。对 7 月龄仍无发情征兆或在一个发情期内连续配种三次未受孕的母猪应淘汰。公猪性欲低下、精液品质差者需淘汰。

育成鸡的选择:育成鸡的选择一般在 18～20 周龄,并结合转群或接种疫苗进行,要求体重适中,羽毛紧凑,体质结实,采食力强,活泼好动,开产日龄正常。在饲养过程中应认真做好外貌、体重、均匀度和相关体尺等项目的检查。发现外貌存有缺陷、骨骼发育不良、精神状态欠佳、体重在平均体重 10%以下的个体,应严格淘汰。

育成牛、羊的选择:育成牛、羊的选择一般可在断奶选择的基础上,安排在 12～18 月龄和配种前两个关键阶段进行。断奶至配种前是育成牛、羊一生当中生长发育最快的时期,应当仔细记录其体重大小、生长速度、繁殖规律、外貌等级、体尺指标、膘情体况、乳房发育和采食量等指标,要求体重和日增重应达到选育标准制定的目标,品种特征明显,外貌鉴定等级高,乳房发育良好,第二性征表现规律,膘情适中,采食饲料特别是粗料的能力强;配种阶段可淘汰生长发育慢、达不到选育指标或繁殖机能差的个体。牛、羊在育成阶段若有垂腹、卷腹、弓背或凹腰、生长缓慢、繁殖障碍、不发情、久配不孕、易流产和体型有缺陷等诸多现象，应一律淘汰。

(3)生产阶段的选择　以个体的生产性能和后代表现为主要依据，重点考察其生产力(产仔、产肉、产蛋、产奶、产毛等)、后裔、产品、体格、体质等方面的定型表现，要求被选个体所表现出的产仔性能、产肉性能、产毛性能、产蛋性能和后代的综合品质等指标，达到或超过品种标准，特别是自身优秀性状的遗传稳定性要高，无遗传疾患，配种繁殖能力强，后代成活率高，即畜禽的种用价值高。一般要求种公畜(禽)的外貌等级不低于一级，种母畜(禽)至少在三级以上。

种猪的选择：母猪外貌鉴定等级三级及以上，公猪一级及以上，最好为特级。种公猪中上等膘情、精液量符合标准、精液品质好、配种能力强；种母猪产仔数多、带仔能力强，后代生长速度快、成活率高、肉质好、体格大。适合留种的猪都要保证优秀性状的遗传力可靠。

种鸡的选择：鸡的外貌鉴定等级高，体型发育好。种公鸡体质健壮、雄性特征明显，性欲发达，采精量多，受精率高；种母鸡产蛋量、产蛋率、蛋重等指标符合选育标准，所产种蛋的孵化率和雏鸡成活率高。适合留种的鸡都要保证优秀性状的遗传力可靠。

种用牛、羊的选择：母畜外貌鉴定等级三级及以上，公畜一级及以上，最好为特级。体型外貌符合各自的生产方向类型(奶用和肉用)，其中种公畜体质结实、性欲旺盛，精液品质好，配种能力强；母牛受胎率、产犊率、产奶量、乳脂率和母羊受胎率、产羔率及公母羊剪毛量、羊毛品质等指标符合选种目标；所产后代的生长速度快、成活率高、肉质好、体格大。适合留种的牛、羊都要保证优秀性状的遗传力可靠。

(二)畜禽的选配计划

1.选配的目的

畜禽的选配是指合理安排畜禽公、母个体之间的配对组合，并尽最大可能保证双亲的优秀性状遗传给后代，以达到培育和利用良种的目的。经选种获得的两个优秀个体交配，其后代的品质还会有很大的差异，这与双亲性状的遗传力、亲和力和后代生长发育所需的条件密切相关。生产实践中，为了保证配对的双亲通过繁殖组合尽可能多地获得优秀后代个体，应认真做好畜禽的选配计划和落实，避免随机交配。另外，通过选配还可以改变畜禽群体的遗传结构，稳定遗传性，加强变异性，对畜群的选育提高及品种改良也具有重要的意义。

2.选配的原则

(1)配对目的明确　无目的的选配达不到预期目标，根据预期目标，确定选配的方法和配偶，可从遗传上稳定和巩固畜禽的优点，克服缺点。

(2)个体亲和力好　尽量选择亲和力好的公、母个体间配对繁殖。亲和力是指交配双方的配对效果，即能否产生优良的后代。在制订选配计划时，应对畜禽过去的选配结果进行分析，在此基础上确定产生优良后代的选配组合。

(3)公畜等级要高　畜禽的选配应遵守公畜的等级(品质)优于母畜。因公畜数量少，与配母畜数量多，故对后代影响远大于母畜。生产中应充分使用鉴定出的特、一级个体，并根据选配方法保证其优秀品质在群体中的稳定遗传和扩大；对于二、三级的个体应控制使用，母畜可适当放宽。

(4)避免缺点配对　例如两个凹背的个体配种，可能会使后代背部变凹；如果用凹背和凸背个体组合，不但改变不了彼此的缺点，反而会使缺点加深。因此，应选择理想型配理想型，或理想型配非理想型，使非理想型得以改进和提高。

(5)慎重采用近交　近交具有纯化遗传结构(基因型)，稳定优良性状的作用。如果随意使用近交，易导致近交衰退现象出现，使后代生活力和生产性能下降。因此，近交应根据选育的要求慎重使用。

(6)年龄选配合适　畜禽的选配要求双方应体质强健，年龄配对合适。一般来讲，壮龄配壮龄最好，其他配对组合，效果较差，应尽量避免。

(7)选配方法正确　畜禽的选配方法要充分考虑育种的方向、改良的目的、群体的共性和个体的品质差异。选用品质相似的种畜禽公、母个体间配对繁殖，目的是巩固和稳定群体优良性状的遗传能力；而选用品质不同的种畜禽公、母个体间配对繁殖，目的是改进群体的不良性状或丰富后代的优秀性状。必要时同质和异质选配可以相互交替使用。

3.选配的方法

(1)品质选配　品质选配亦称表型选配，即根据公、母畜双方的品质来安排交配组合的方法。可以分为同质选配和异质选配两种。

①同质选配　是指选用品质相同，性能表现一致的优秀畜禽个体来配对繁殖的方法，以期获得与亲代品质相似的优秀后代。主要作用是：尽可能促使亲本的优良性状稳定地遗传给后代，使优良性状得以保持与巩固。例如选用体长、膘薄的公猪配体长、膘薄的母猪，期望双亲的优良性状在后代群体中得到稳定和巩固；或选用体大毛长的母羊与体大毛长的公羊相配，以便使后代在体格大和羊毛长度上得到继承和发展。

同质选配时应注意以下问题：配对双方品质同质，但应是优秀而不是中等以下的配偶组合，并避免近交；交配的双方除要求同质外，应无其他共同的品质缺陷；长期使用同质选配，会使群体的变异范围缩小，生活力下降。因此，必须加强选择，严格淘汰体质衰弱或有遗传缺陷的个体。必要时，应与异质选配结合，交替使用，不断巩固和提高整个畜群品质。

②异质选配　是指选择表型不同的畜禽个体来配对繁殖的方法。具体可分为两种情况：一是选择具有不同优良性状的畜禽个体配对繁殖，以期将优良性状结合在一起，从而获得兼有双亲优点的后代。例如选择增重快的公猪和肉质好、适应性强的母猪交配，以期获得兼有两者优点的后代。二是选择同一性状，但优劣程度表现不同的畜禽个体配对繁殖，即所谓的以好改坏，以优改劣，以期后代能获得较大的改进和提高。例如，我国利用黄牛和奶牛的杂交后代与荷斯坦牛进行选配，既提高了产奶量，还改善了乳用牛体型和乳房结构；又如用生长发育快、肉用体型好、产肉性能高的肉用型品种公羊，与对当地适应性强、体格小、肉用性能差的蒙古土种母羊相配，其后代在体格大小、生长发育速度和肉用性能方面都显著超过母本。异质选配的作用主要是综合或集中亲本的优良性状，丰富后代的遗传基础，创造新的类型，提高后代的适应性和生活力。

同质选配和异质选配是相对的，二者在生产实践中是互为条件、相辅相成的。两者不能截然分开，只有将两者密切配合，交替使用，才能不断提高和巩固整个畜群的品质。

(2)亲缘选配　亲缘选配是指具有一定血缘关系的畜禽个体间的配对繁殖，按血缘关系的远近可分为近交和远交。使用近交可增加纯合基因和固定优良性状，而减少杂合基因，使亲代的优良性状在后代中得到迅速固定，但容易使隐性有害基因暴露出来而加以淘汰。过分的近亲繁殖会产生一系列不良后果，如生活力、繁殖力、生长发育、生产性能降低等现象。畜禽选配实践中，应慎重使用近交。

4.选配的计划

畜禽的选配计划又称选配方案，应根据畜禽场的具体情况、任务和要求编制。为了制订好选配计划，事先必须搜集一些必要的资料，如整个畜群和品种的基本情况，现有畜群的生产水平和需要改进提高的地方，以往的选配结果，参加选配的畜禽系谱和个体品质等。选配计划没有固定的格式，但一般都包括公畜和与配母畜的品种、个体号、品质特征、选配方式和预期效果等内容。畜禽选配计划如表 4-14 所示。

表 4-14　畜禽选配计划表

母畜（禽）	品种	选配方法	主要特征	与配公畜（禽）				主要特征	预期配种时间
				主配		候补			
				畜禽号	品种	畜禽号	品种		
001									
002									
003									
⋮									

畜禽的选配计划应根据畜禽场的育种目标、繁殖任务、群体更新和个体特点，提前一个月安排完成，计划执行过程中，如发生公畜精液品质变劣或伤残死亡等偶然情况，应及时对选配计划作出合理修订。选配计划执行后，在下次配种之前，应仔细分析上次选配结果，遵循“好的维持，差的重选”的原则，对上次选配计划作出修订。

二、畜禽的杂交选育

我国畜禽品种资源分布广泛，数量丰富。地方品种繁殖力强、耐粗饲、抗逆性好、肉质好，但生长速度慢、体型发育不佳、生产性能低；培育品种虽有较高的生产性能和较好的体型外貌，但与世界上优秀的畜禽品种相比仍有不小的差距。随着我国畜牧产业化的迅速发展，通过杂交改良和良种繁育来提高我国各地的畜禽良种化水平，在现代畜牧生产中将具有重要的实践意义。

(一)畜禽的杂交意义

畜禽的杂交是指不同品种、品系的种畜禽公、母个体间的交配，以产生杂种后代。这些杂种往往在生活力、生长势和生产性能等方面，在一定程度上优于亲本纯种繁殖群体，即“杂种优势”。通过杂交不仅可以有效地改进后代的品质，提高生产性能和产品价值，增强后代对环境的适应性，而且可以育成新品种。实践中大多通过经济杂交，利用杂种优势，提高畜禽的生产力，而畜禽的种质改良和育成新品种，大多采用育种杂交。

(1)加强畜禽品种改良工作是发展现代畜牧业的需要　良种是现代畜牧业最基本的生产资料，是发挥科技增产作用最重要的载体。有了足够数量的良种，才能实现畜禽产品数量的增加和质量的提高。有了数量和质量的保证，才能确保现代畜牧业又好又快的发展。

(2)加强畜禽品种改良工作是提高畜产品质量的需要　随着城乡居民生活水平的提高，人们对畜禽及其产品的需求，已不仅仅是数量上的满足，而是更加重视畜禽及其产品的质量。因此，要提高畜禽及其产品的质量就必须通过品种改良来实现。

(3)加强畜禽品种改良工作是增强竞争力的需要　只有优化资源配置，整合现有力量，做大做强种畜禽产业，培育形成一批育、繁、推一体化的种畜禽产业大户、大场，提高种畜禽生产力水平，才能达到增强畜禽产品在国内和国际市场的竞争力的目的。

(二)畜禽的杂交方法

主要目的是通过杂交提高我国低产畜禽品种种用价值，改进培育品种个别缺陷，或利用多个畜禽品种(地方品种、育成品种、引入品种)相互杂交，创造新品种。主要方法如下：

1.级进杂交

分布在我国的大部分地方品种，如荣昌猪、庄河鸡、蒙古牛、哈萨克羊等，往往都存在体格较小、生产性能低下、经济价值不高等缺陷，这类品种需要从根本上改变时，可选择引进的优良畜禽品种与其进行杂交，一代杂种继续和引进品种杂交，一般通过3～4代的级进杂交，后代的综合品质基本上接近优良品种，杂交即可停止。条件许可时，可在杂交后代中，选育组建理想型群体，然后进行横交固定，并向新品种方向过渡。例如，我国已取得明显成效的猪种改良、黄牛改良和绵羊改良等工作，广泛应用了级进杂交的方法。

2.导入杂交

分布在我国各地的大部分培育品种，如甘肃白猪、京白938鸡、延边牛、敖汉细毛羊等，具有较好生产性能和经济价值，这类品种往往符合当地社会经济发展的需要，但又存在纯种繁育不易克服的个别缺点，需要改变时可选用与该品种生产方向一致，能克服该品种缺点的引进品种杂交。一般以引进品种(公)与原品种(母)交配，一代杂种再与原品种交配，所得杂种含有1/8～1/4的引进品种血液，即可进行自交固定。这种杂交方法，多用于原品种中表现某些个别缺点的母畜，而不是在整个品种中使用。例如，我国已育成的畜禽品种在猪生长速度、鸡平均蛋重、牛尻部尖斜、羊细毛品质等方面的遗传改进和提高，广泛采用了导入杂交的方法。

3.育成杂交

指利用两个或两个以上各有特色的品种，进行品种间杂交，创造新品种的方法。用两个品种培育新品种称为简单育成杂交，用三个或三个以上品种杂交育成新品种称为复杂育成杂交。我国已育成的大部分畜禽新品种，如三江白猪、农昌2号鸡、新疆褐牛、内蒙古细毛羊等，都是利用了我国各地的多个地方品种和国外引入的优良品种，相互之间杂交，并经杂交改良、横交固定和扩群繁殖三个阶段培育而成，所采用的方法即育成杂交。

4.经济杂交

畜牧生产实践中，为提高畜禽的经济性能，通过两个或两个以上的品种之间的杂交，充分利用其杂交优势，将杂交后代作为商品畜禽使用的方法，即经济杂交。目前，经济杂交已成为我国商品畜禽生产的主要形式。国内常用的模式有二元杂交、三元杂交和配套系杂交。采用不同畜禽品种或品系进行杂交，可生产出比原品种、品系更能适应当地环境条件和高产的杂种畜禽，极大地提高了畜禽产业的经济效益。经济杂交的方法步骤如下：

(1)杂交亲本选择

①父本品种的选择　应着重选择生长速度快、饲料利用率高和胴体品质好的畜禽品种

或品系作父本。具有这些特性的一般为高度培育的品种、品系和类群。

②母本品种的选择　应着重选择繁殖性能好、产羔多、母性强和泌乳力高的品种或品系作母本。在不影响杂种生长速度的前提下，母本的体型不一定要求太大，但要求数量多、分布广且适应性强。

(2)杂交模式选择

①简单杂交　简单杂交即二元杂交，是两个品种或品系间的杂交，一代杂种无论是公是母，都不作为种用继续繁殖，而是全部用于商品生产。如图 4-19 所示。

A♂　×　B♀

↓

AB(♂♀全部作为商品育肥)

图 4-19　二元杂交示意图

实际生产中，多选用我国地方良种或培育品种作母本，外来优良品种作父本，开展杂交利用。如长白猪×东北民猪、西门达尔牛×秦川牛、萨福克羊×小尾寒羊杂交组合。

②三品种杂交　又叫三元杂交，即从两品种简单杂交所得到的杂种一代(♀)中，选留优良个体，与另一品种(♂)杂交，产生的后代作为商品畜禽使用。三元杂交是目前国内外畜禽养殖的主流杂交生产模式。如图 4-20 所示。

A♂　×　B♀

↓

C♂×AB♀

↓

ABC(♂♀全部作为商品育肥)

图 4-20　三元杂交示意图

三元杂交的优点在于既能充分利用个体的杂种优势，也能获得效果十分显著的母本杂种优势，还充分发挥了第二父本(终端父本)生长速度快、饲料利用率高、肉质好的特性。不足之处在于组织工作比较复杂，需要三个纯种群，又要保留杂种一代群，杂交繁育体系较为复杂，需进行两次配合力测定，一代(♂)杂种优势不能充分利用。实际生产中，第一母本通常选用地方良种或培育品种，两个父本品种选用引入的优良品种。为了提高经济效益和市场竞争力，也可完全使用三个引入品种开展三元杂交。

实际生产中，多选用我国地方良种或培育品种作母本，外来优良品种作第一父本或终端父本，开展杂交利用。如杜洛克猪、长白猪和大约克夏猪；夏洛来牛、西门达尔牛和蒙古牛；杜泊羊、特克赛尔羊和小尾寒羊的杂交组合。

③配套系杂交　专门化品系是指某个经济性状突出，且其他性状仍保持在一般水平上的品系。一般来说，专门化父系应集中表现生长快，饲料利用率高和胴体品质好等；专门化母系应表现良好的产仔数、泌乳力、产蛋力等。专门化品系配套杂交，以品系作为杂交对象，每个品系只选择一两个突出的性状，遗传结构纯粹。由于分化选择，目标性状集中，育成的

品系通过配套杂交计划的实施，使商品后代能综合父系、母系的优点，后代杂种优势显著。

配套系杂交的优点在于商品代的父、母本都是具有显著杂种优势的父系和母系，它充分利用了曾祖代、祖代和父母代之间的杂交优势，商品代杂种优势显著；缺点在于所需亲本过多，而且要进行各代亲本的制种，建立繁育体系非常复杂。这种杂交方式在现代化养猪、养鸡生产中广泛使用。如PIC系猪、迪卡系猪、光明系猪、爱维因肉鸡等配套组合。生产中常用的组合形式为二系、三系和四系配套组合如图4-21至图4-23所示。

祖代(GP)　A♂×B♀　C♂×D♀

↓　↓

父母代(PS)　AB♂　×　CD♀

↓

商品代(CS)　ABCD(♂♀全部作为商品育肥)

图4-21　二系配套杂交示意图

父系　母系

曾祖代(GGP)　A♂×A♀　C♂×C♀　D♂×D♀

↓　↓　↓

祖代(GP)　A♂×A♀　C♂　×　D♀

↓　↓

父母代(PS)　A♂　×　CD♀

↓

商品代(CS)　ACD(♂♀全部作为商品育肥)

图4-22　三系配套杂交示意图

父系　母系

曾祖代(GGP)　A♂×A♀　B♂×B♀　C♂×C♀　D♂×D♀

↓　↓　↓　↓

祖代(GP)　A♂　×　B♀　C♂　×　D♀

↓　↓

父代(PS)　AB♂　×　CD♀

↓

商品代(CS)　ABCD(♂♀全部作为商品育肥)

图4-23　四系配套示意图

(三)畜禽的良种选育

畜禽品种是现代畜牧业生产的基础，建立配套完善的畜禽良种繁育体系，培育、推广和利用畜禽优良品种，提高良种化程度，对于促进畜牧业向高产、优质、高效转变及持续稳定发展，具有十分重要的意义和作用。

1.基本概念

畜禽的良种选育是指通过品种内的选种选配、品系繁育，改善培养条件等措施，以提高品种性能的一种方法，不排斥利用引入杂交来改造畜禽品种的个别缺陷。确定一个畜禽品种为良种时，为提高其质量和生产性能应进行本品种选育。

（1）分布在我国的一些地方品种，若具有特殊的育种价值，而且符合当地生态条件和社会经济发展的需要，这类品种的繁育，应采用本品种选育的方法，不断提高生产性能和遗传质量。如香猪、丝毛乌骨鸡、天祝白牦牛、小尾寒羊等品种。

（2）分布在我国的一些培育品种，虽有一定的育种价值和较高的生产性能，但与世界上优秀的畜禽品种还存在一定的差距，这类品种的繁育，首先应做好纯种繁育工作，必要时，可在保持其遗传特点的基础上，通过引入杂交，提高品种的综合性能。如我国育成的湖北白猪、京白 904 鸡、中国荷斯坦牛、甘肃高山细毛羊等品种。

（3）国外引入我国的一些畜禽品种，特性突出，生产性能高，广泛应用于畜禽的杂交改良工作，对提高我国各地畜禽的良种化水平具有重要价值，这类品种的繁育，不能随意引入其他品种的血液，应通过纯种繁育工作，认真搞好风土驯化，不断提高其遗传纯度和生产性能。如国外引入的长白猪、海兰褐鸡、西门塔尔牛、杜泊羊等品种。

（4）畜禽杂交育种的最后阶段，已出现了较多的理想型个体时，为使理想群特性巩固下来且有所提高，并使畜禽群体整齐化，需要采取闭锁繁育的方法，增加理想个体的数量，稳定群体性状的遗传性能。

需要指出的是，良种繁育是结合畜禽群体培育条件的不断改善，以及综合利用各项育种方法和繁殖手段的综合性技术，也只有这样才能收到良好的效果。

2.遵守原则

（1）要求保持和发展良种原有的优点和独特性能，注意克服原品种普遍存在的缺点。

（2）要求选种应留有一定数量的可选对象，并注意合理选配性能优良的种用畜禽，否则仍会影响群体生产性能的提高和品质改进。

（3）要求建立良好的饲养管理条件。缺乏饲料，培育条件低劣，即使有再好的高产遗传基因，其高产性能也表现不出来；饲养管理粗放，原有品种的经济性能也会退化。因此，实行良种繁育时，切不可忽视培育条件的改善。

3.主要措施

（1）成立育种组织，建立依法管理环境。加大《种畜禽管理条例》的贯彻力度，依法管理种畜禽生产、经营活动，建立层次分明的“原种场-扩繁场-商品场”的繁育结构，形成宝塔式种畜禽生产链，注重上下衔接，形成配套合理的种畜禽场结构和布局，不断完善种畜禽选育工作的分级管理制度。

（2）开展性能测定，估计群体遗传参数。建立种畜禽性能测定工作站，规范后裔测验的程序、步骤和方法，严格筛选遗传性能优秀的个体，组建核心群，充分发挥优秀种畜禽的遗传改进作用。

（3）加强选种选配，实行良种登记制度。采用合理的选种选配方法，切实做好种畜禽的外貌鉴定、生长发育测定、生产性能评定和良种登记等技术工作。强化种畜禽生产的基础设施建设，提高优良品种的供种能力。

(4)开展品系繁育，提高品种综合性能。品系是指来源于同一畜禽品种内遗传性能稳定，性状特征突出，具有一定数量的特殊类群。品系繁育就是建立品系、使用品系的过程，其特点是有目的地培育畜禽群体在类型上的差异，稳定其优良差异性状的遗传性，并通过品系间的结合(杂交)，使这些不同的优良特征、特性在个体中得到结合，群体中得到增加，进而快速提高品种的综合品质。生产应用方式如下：

①建立品系、合成新系。将经过培育而各具特色的两个或更多的品系放在一个育种方案中，通过系间杂交，将各品系的不同优势和特征结合在一起，再形成一个兼有多种特征的综合品系，其后代在育种和生产中更具竞争力。合成的品系经过一段使用后，优势不太突出时，还可以和新建立的品系再行杂交，形成新的合成系。建系杂交工作反复进行，将品种不断地向更高水平发展，可以显著提高品种的繁育质量。

②建立专门化品系。专门化品系的培育和杂交，一般是将品种内的品系按父本和母本品系分别进行配套选育。父本品系要求生长快，耗料少，生产性能好；母本品系则要求繁殖性能高，适应性强。二者杂交，既可将父、母系的优势在生产中互补，又可以获得杂种优势。生产实践中，专门化品系应用于畜禽产肉、产蛋的配套系生产，其效果要优于品种间杂交。

(5)建立繁育体系，提高良种经营水平。畜禽的繁育体系是指为了开展一个地区畜禽的纯种繁育和杂交繁育而建立的一整套组织机构和各种类型的畜禽场，主要应用于高水平的育成品种，具有保存和利用价值的地方良种和新育成改良品种的巩固和提高。各个地区可依据其社会经济条件和生产力水平，以原种场为核心，扩繁场为中介，商品场为基础，建立宝塔式繁育体系，不断提高种畜禽的产业化经营水平。

我国畜禽良种繁育体系建设起步较早，特别是改革开放以来，得到了较快的发展，在畜禽良种繁育、推广、利用等方面已具有一定基础。一是通过品种培育、引入良种和杂交改良等工作，部分良种的生产性能基本达到国外先进水平；二是具有一定数量和规模的种畜禽场。这些种畜禽场构成我国现有繁育体系的主体，承担着主要的保种、育种和供种任务；三是拥有一定数量的品种改良及推广服务机构。经过几十年的建设与发展，我国良种繁育体系的基础已初步建立，育种、扩繁、推广、应用相配套的构架基本形成，对于加快畜禽品种改良，提高良种化程度，保证畜产品的质量和数量，促进畜牧业的发展起到了重要作用。

【能力训练】

技能一 猪的经济杂交方案设计

一、训练内容

广东省梅州地区某猪场利用引入的杜洛克猪、长白猪、大约克猪、皮特兰猪等猪品种或品系，设计了猪的三元杂交模式、四元杂交模式，并在生产中得到广泛的利用。如图 4-24 所示。请指出图示中的祖代、父母代和商品代猪，并谈谈不同品种猪用作父本和母本的理由。

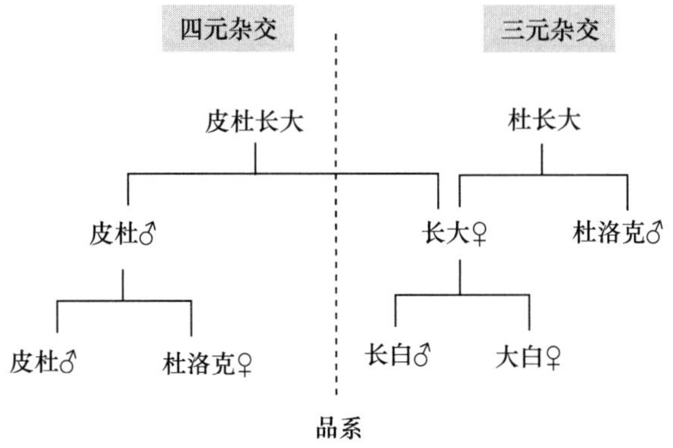

图 4-24　广东省梅州地区某猪场猪杂交优势利用示意图

二、评价标准

（一）指出图示中的祖代、父母代和商品代猪

（1）祖代　皮特兰猪、杜洛克猪、长白猪和大白猪。

（2）父母代　杜洛克猪、长大杂交一代猪、皮杜杂交一代猪。

（3）商品代　皮杜长大四元杂交猪、杜长大三元杂交猪。

（二）不同品种猪用作父本和母本的理由

（1）皮特兰猪、杜洛克猪、长白猪和大白猪是我国从国外引入较早、适应性强，生产性能高的优良品种。

（2）在猪的杂交生产中，用作父本的品种要求具有良好的生长育肥性能、较高的瘦肉率和优良的肉质；用作母本的品种要求具有良好的繁殖性能、较强的适应性，而且来源要方便。

（3）在猪的经济杂交生产中，杜洛克猪、皮特兰猪因其具有突出的生长育肥性能和良好的肉质性状，常常被选定为父本或用于培育专门化品系（父系）；大约克夏猪、长白猪因其具有突出的繁殖性能和较好的生长育肥性能，常常被选定为母本或用于培育专门化品系（母系）。图 4-24 中的三元杂交和四元杂交方法，其亲本品种的安排正是基于上述理由而设计。

技能二　鸡的胚胎发育检查

一、训练内容

鸡的孵化期为 21 d。照蛋时，不同胚龄的鸡蛋会看到胚胎发育的典型日龄特征。孵化过程中，人们按照鸡胚发育特征定时进行头照（5～7 d）、二照（10～11 d）和三照（18～19 d）检查，并据此给鸡胚提供更完善的孵化条件，提高孵化率。下图为鸡胚在不同孵化日龄时的发育特征，请根据图 4-25 所示的鸡胚发育特征写出相应的日龄和照蛋时的典型特征。

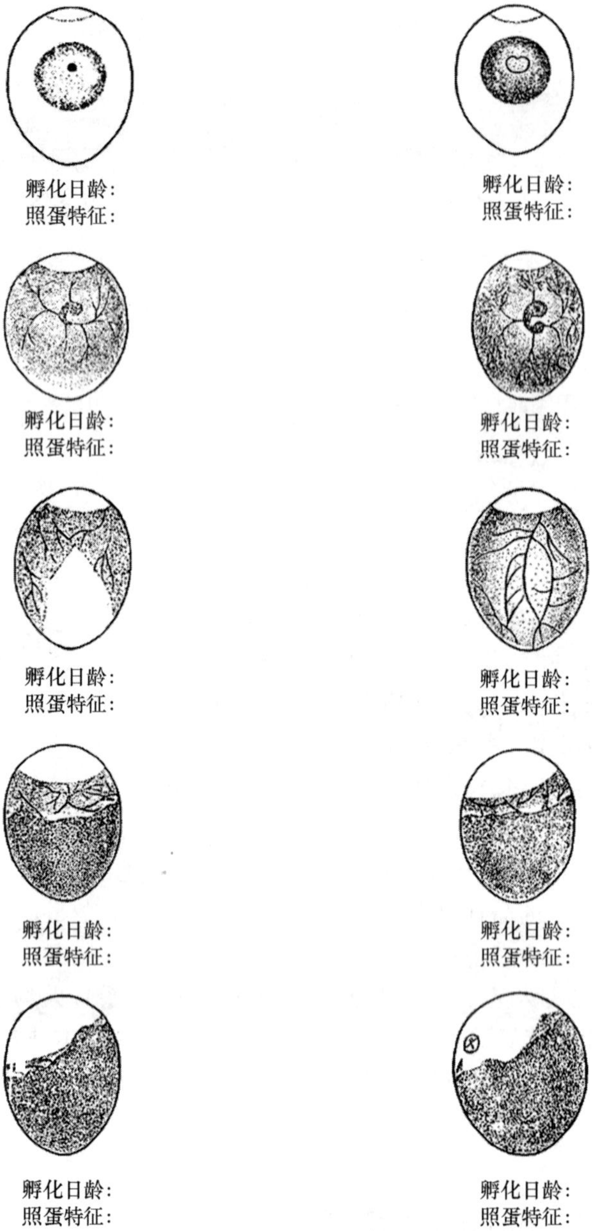

图 4-25　不同日龄的鸡胚发育图

二、评价标准

鸡胚发育的日龄和照蛋时的典型变化特征,如图 4-26 所示。

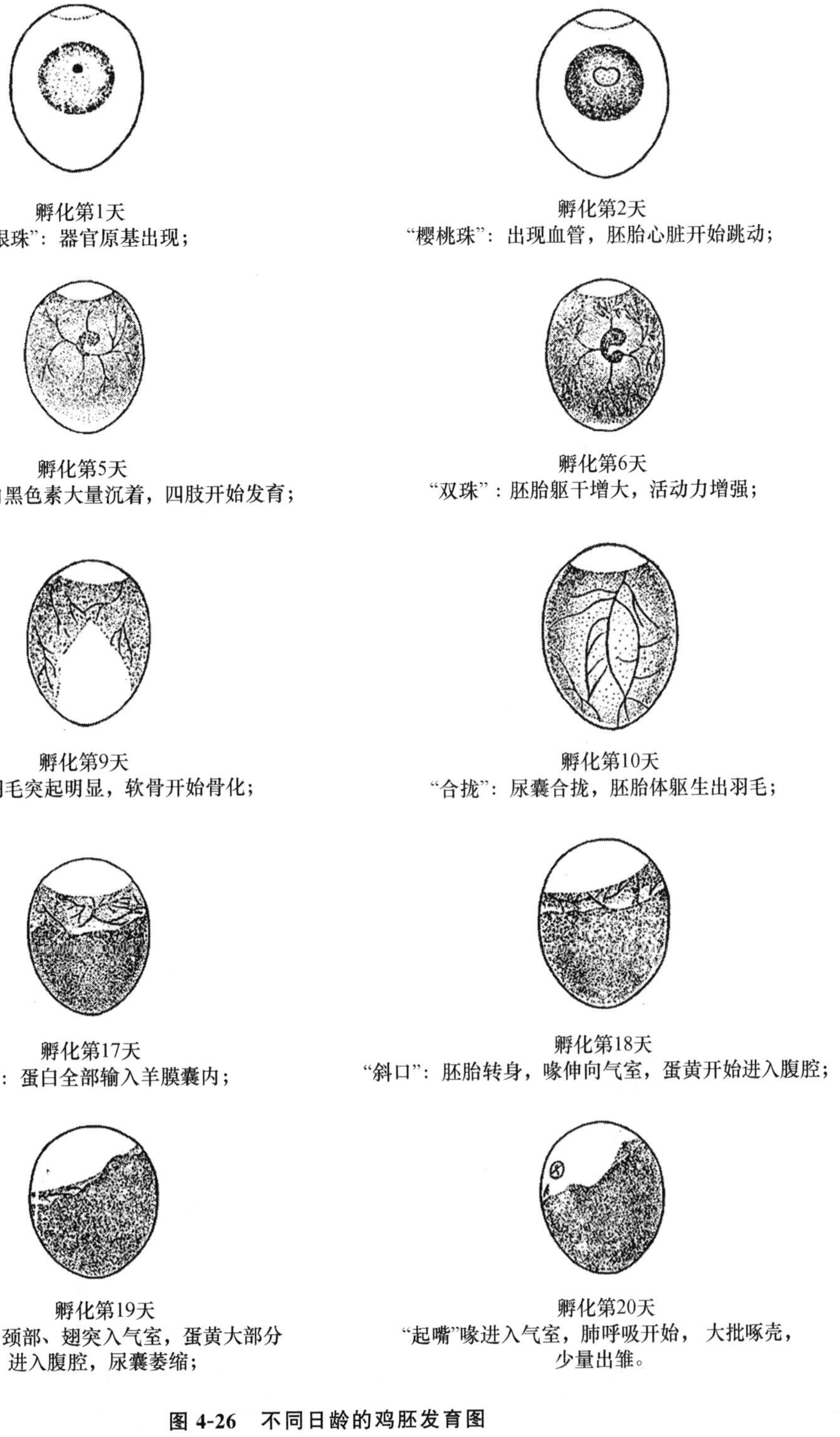

图 4-26　不同日龄的鸡胚发育图

技能三　某规模化奶牛场繁殖力现状分析

一、训练内容

上海市郊区某规模化奶牛场 2013 年繁殖力现状如表 4-15 所示，请对该奶牛场的繁殖成绩进行分析。

表 4-15　某规模化奶牛场繁殖力现状

繁殖力指标	实际水平	理想状态
初情期/月	12	12
配种适龄/月	17～19	14～16
总受胎率/%	86～88	90～95
情期受胎率/%	53	>55
年繁殖率/%	93～94	≥92
产犊间隔/d	350～370	365
流产率/%	6～7	<5
犊牛的成活率/%	97	>95

二、评价标准

(一)奶牛繁殖力现状分析

由表 4-15 可知，该牛场的初情期、年繁殖率、产犊间隔及犊牛成活率等繁殖力指标处于理想状态，而配种适龄、总受胎率、情期受胎率、流产率等繁殖力指标处于异常水平，导致该奶牛场繁殖水平偏低，直接影响了该牛场的经济效益。

(二)奶牛繁殖力异常的原因分析及对策

1.初配时间推迟的原因及解决措施

(1)原因分析　育成牛的饲养标准偏低，摄入营养不足，生长速度缓慢，14～16 月龄未达到配种体重。

(2)解决措施　育成牛阶段除饲喂优质青粗饲料以外，还必须适当补充一些精料，而且注意精料中有足够的蛋白质。如果喂给的粗饲料中有 50%以上的豆科干草，混合精料中含粗蛋白 12%～14%就能满足育成牛的需要。倘若以玉米青贮及禾本科牧草为主，混合精料中粗蛋白的含量不应低于 18%。在加强育成牛营养的同时还应加强运动，增强育成牛体质，保证正常的发情与排卵。

2.受胎率低的原因及解决措施

(1)原因分析　奶牛的发情鉴定与排卵掌握不理想、人工授精环节如精液品质检查、输精时机等不当；奶牛的膘情控制、营养供应、生殖健康和饲养管理等，也是问题产生的原因之所在。

(2)解决措施　要提高该场奶牛的受胎率，应重点做好以下几方面工作。

①搞好奶牛的饲养管理。奶牛的营养缺乏或过剩是导致母牛发情不规律、受胎率低的重要原因，配种前保持母牛呈中上等营养膘情是最理想的。适宜膘情的母牛发情症状明显，排卵率高，受胎率高。因此，合理搭配日粮，供给奶牛全价而平衡的营养饲料是非常重要的。同时，在管理方面，要加强舍饲奶牛的运动，经常刷拭牛体，保持牛舍良好的环境，如适宜的温度、湿度及卫生，这样既有利于保证牛的健康，也有利于母牛的正常发情排卵。对于产后母牛，要加强护理，尽快消除乳房水肿。合理饲喂，调整好消化机能。认真观察母牛胎衣与恶露的排出情况，发现问题及时妥善处理，防止子宫炎症发生。使子宫尽快恢复，有利于母牛产后尽早正常发情。

②准确的发情鉴定。选择母牛适宜的输精时间是提高受胎率的关键。在实际生产中，技术人员、饲养员要互相配合，注意观察，及时发现发情母牛。由于母牛发情持续期短，所以要注意对即将发情牛及刚结束发情牛的观察，防止漏情、漏配，做好输精准备或及时补配。除了采用传统的鉴定发情的方法外，还应该使用一些现代化的技术手段，例如，计步器法、激素测定法，以提高发情鉴定的准确率。

③掌握授精技术，做到准确授精。直肠把握输精法受胎率高，但要求输精人员必须细心、认真，严防损伤母牛生殖道。输入的精液必须准确到达所要求的部位，防止精液外流。同时保证精液品质优良，掌握授精标准。精液冷冻、解冻前后要检查活力，只有符合标准方可用于输精。

④及时诊治生殖系统疾病。生殖系统疾病是引起母牛情期受胎率降低的主要原因之一。造成生殖系统疾病的因素很多，其中最主要的是子宫内膜炎和异常排卵。而胎衣不下是引起子宫内膜炎的主要原因。因此，从母牛分娩时起，就应十分重视产科疾病和生殖道疾病的预防，同时要加强产后护理，这对于提高受胎率具有重要意义。

除以上方法外，还可以在母牛发情或配种期间，注射 GnRH 类似物、HCG、OXT、孕酮等激素，促进排卵、帮助精子和卵子的运行、创造良好的子宫附植环境，从而提高奶牛的受胎率。

3.流产率过高的原因及解决措施

(1)原因分析　饲料营养不全、饲喂方法不当、圈舍环境较差、疾病控制不严等是主要原因，另外，饲料变质、管理粗放、年龄老化等因素，也时常会引发流产，生产中应引起高度重视。

(2)解决对策　母牛妊娠期的中心任务是加强营养供应和做好保胎护理。

①科学饲养妊娠母牛。主要是蛋白质、矿物质和维生素。特别在冬季枯草期尤其要注意。蛋白质不足时，母牛掉膘，尽管胎儿有优先获得营养的能力，但日久即中断妊娠。维生素缺乏时，子宫黏膜和绒毛膜上的上皮细胞发生老化，妨碍营养物质的交流，母子也容易分离。维生素 E 不足，常使胎儿死亡；冬季缺乏青绿饲料时，应补喂青干草或青贮料；饲料中钙磷不足时，母牛往往动用骨骼中的钙，以供胎儿生长需要，这样易造成母牛产前和产后的瘫痪。此外要防止喂发霉变质、酸度过大、冰冻和有毒的饲料。

②做好保胎护理。孕牛运动要适当，严防惊吓、滑跌、挤撞、鞭打、顶架等。对于有些患

习惯性流产的牛，应摸清其流产规律，在流产前采取保胎措施，服用安胎中药或注射“黄体酮”等药物。对于有胃肠病的孕牛，不宜多喂多汁饲料和豆科青饲料，以防孕牛瘤胃胀气影响胎儿。同时也要做好防疫工作，以防止传染病引起的流产发生。严防有毒物质对饮水和饲料的污染。对于已受损伤或有病的孕牛应查明原因，单独饲养，对症治疗。总之要避免一切产生应激而影响妊娠的因素。

技能四　母羊的接产技术

一、训练内容

做好母羊的分娩接产工作，对于维护母羊健康，提高幼羔的成活率，促进羔羊的健康生长具有重要的作用。养羊生产实践中，应认真做好母羊的临产检查和接羔护理工作，请结合学习内容谈谈母羊的接产技术。

二、评价标准

(一)羊预产期推算

依据母羊的配种记录，可以按照配种日期以“月加 5，日减 3”的方法，推算预产期。例如 2013 年 6 月 6 日配种妊娠的母羊，其预产期应为 2013 年 11 月 3 日。

(二)临产症状确定

母羊在产前，机体的某些组织器官会发生显著的变化，母羊的全身行为也与平时不同，这些变化是为适应胎儿产出和新生羔羊哺乳的需要而做的生理准备。

(1)乳房变化　乳房在产前迅速发育，腺体充实，临近分娩时可以从乳头中挤出少量清亮胶状液体，或少量初乳，乳头增大变粗。

(2)外阴变化　临近分娩时，阴唇逐渐柔软，肿胀、增大，阴唇皮肤上的皱襞展开，皮肤稍变红。阴道黏膜潮红，黏液由浓厚黏稠变为稀薄滑润，排尿频繁。

(3)骨盆变化　骨盆的耻骨联合，荐髂关节以及骨盆两侧的韧带活动性增强，尾根及两侧松软，肷窝明显凹陷。用手握住尾根作上下活动，感到荐骨向上活动的幅度增大。

(4)行为变化　母羊精神不安，食欲减退，回顾腹部，时起时卧，不断努责和鸣叫，腹部明显下陷是临产的典型征兆，应立即送入产房。

(三)接产准备工作

(1)产前准备　临产前，应修整产房，做好产房的防寒保温工作。产房地面要打扫干净，垫草应干净、干燥，墙壁和地面要用 2%的氢氧化钠溶液或 3%的来苏儿彻底消毒；产羔前，把产羔所用的饲槽、水槽、草架、水桶、拌料用具，以及与接产有关的器械、药品、标记和记录本等用品准备齐全。

(2)临产观察　在临产期应加强看守和观察。母羊临产时，骨盆韧带松弛，腹部下垂，乳房胀大，乳头下垂，阴门红肿并有黏液流出，行动迟缓，食欲减退，频频排尿。如果母羊起卧不安，不时回顾腹部，或远离其他羊独卧，这时应把母羊赶到产房等待产羔。母羊卧地并伸直四肢努责，这是分娩的象征。

（四）母子分娩护理

接产前，先剪净临产母羊乳房周围和后肢内侧的羊毛，然后用温水洗净乳房，挤出几滴乳汁，再将母羊的尾根、外阴部、肛门洗净，用1%来苏儿消毒。

(1)分娩观察　母羊分娩时，接产人员应随时监视母羊表现。一般情况下，经产比初产母羊产羔快，羊膜破裂数分钟至30 min左右，羔羊便能顺利产出。正常羔羊一般是两前肢先出，头部附于两前肢之上，随着母羊的努责，羔羊可自然产出。产双羔时，间隔10～20 min，个别间隔较长。当母羊产出第一只羔羊后，仍有努责、阵痛表现，是产双羔的征候，此时接产人员要仔细观察和认真检查。

(2)黏液擦拭　羔羊出生后，应立即用干净的毛巾将口鼻的黏液擦干净，以利呼吸畅通，以免误吞羊水，引起窒息或异物性肺炎。羔羊身上黏液，在接产人员擦拭同时，还要让母羊舔干，既可促进新生羔羊的血液循环，又有助于母羊认羔。

(3)脐带断裂　羔羊出生后，多数情况下都会自己扯断脐带，在人工助产下分娩的羔羊或没有能力自行断脐的，可进行人工断脐，把羔羊脐带内血液向羔羊腹部方向挤压，在距离羔羊脐带根部4～5 cm处，用手指掐断脐带，并用碘酊消毒。为防止出血，可用结扎线进行结扎。

(4)假死处理　羔羊产出后，如发现有假死现象时，应先提起后腿，用手轻轻拍打胸部或背部，促其将咽喉与鼻腔内的黏液排出，一般情况下都可复活；还可以进行人工呼吸，让羊仰卧在垫草上，反复曲伸其两前肢，即可复活。如因受冻而假死，要立即实行温水浴，水温由38℃开始，逐渐上升为45℃，水浴20～30 min，同时进行人工呼吸，即可复活。浴后要擦干全身，以防再次受冻。

(5)助产技术　羊膜破水30 min后，如母羊努责无力，羔羊仍未产出时，应立即助产。助产人员应将手指甲剪短，磨光，消毒手臂，涂上润滑油，根据难产情况采取相应的处理方法。如胎位不正，先将胎儿露出部分送回阴道，将母羊后躯抬高，手入产道校正胎位，然后才能随母羊有节奏的努责，将胎儿拉出；如胎儿过大，可将羔羊两前肢反复数次拉出和送入，然后一手拉前肢，一手扶头，随母羊努责缓慢向下方拉出。切忌用力过猛，或不根据努责节奏硬拉，以免拉伤阴道。若羔羊体重过大，母羊难以产出时，需进行剖腹产手术。

(6)胎衣排出　羊的胎盘通常在产后2～4 h内排出，但一般不超过12 h，否则会引起子宫炎等一系列疾病。

(7)母羊护理　产后母羊应注意保暖、防潮、避风、预防感冒，保持安静休息。母羊产后非常疲惫，口渴，应给母羊饮温开水，水温为25～30℃，忌饮冷水，最好用食盐、红糖和麦麸或益母草等混合后的麸皮盐水汤；母羊产后，羔羊吮乳前，应剪去母羊乳房周围的长毛，并用温水洗涤乳房，擦干后，挤出一些乳汁，帮助羔羊吸乳。母羊产后一般1 h左右胎盘会自然排出，应及时取走胎盘，防止被母羊吞食养成恶习。若产后2～3 h母羊胎衣仍未排出，应及时采取措施。注意母羊恶露排出情况，一般产后4～6 d排净恶露，检查母羊乳房有无异常或硬块。

【信息链接】

1. JB/T 9809.1—1999《孵化机技术条件》
2. NY/T 636—2002《猪人工授精技术规程》
3. DB34/T 354—2003《肉用鸡种蛋孵化技术规程》
4. GB/T 19166—2003《中国西门塔尔牛》
5. DB65/T 2016—2003《绵羊人工授精操作规程》
6. DB63/T 455.5—2004《肉牛杂交组合试验技术规程》
7. NY 1—2004《细毛羊鉴定项目、符号、术语》
8. NY 814—2004《丝羽乌骨鸡》
9. NY/T 828—2004《肉鸡生产性能测定技术规范》
10. DB45T 182—2004《地方鸡种及其肉用配套系选育技术规范》
11. DB63T 4536—2004《青海省肉羊杂交试验技术规程》
12. NY/T 826—2004《绵羊胚胎移植技术规程》
13. NY/T 1236—2006《绵、山羊生产性能测定技术规范》
14. NY/T 1551—2007《禽蛋清选消毒分级技术规范》
15. GB 22283—2008《长白猪种猪》
16. GB 22284—2008《大约克夏种猪》
17. GB 22285—2008《杜洛克种猪》
18. GB/T 3157—2008《中国荷斯坦牛》
19. GB 4143—2008《牛冷冻精液》
20. NY/T 1620—2008《种鸡场孵化厂动物卫生规范》
21. GB/T 24705—2009《狼山鸡》
22. GB/T 25172—2010《猪常温精液生产与保存技术规范》
23. GB/T 25883—2010《瘦肉型种猪生产技术规范》
24. GB/T 27534.2—2011《畜禽遗传资源调查技术规范　第2部分：猪》

Project 5

畜禽的生物安全与饲养管理

学习目标

了解不同类别畜禽的生理特点和生产特点；熟悉畜禽生物安全的知识；掌握各类畜禽的饲养管理技术。

【学习任务】

任务 10 畜禽的生物安全体系建立

生物安全体系，是世界畜牧业发达国家兽医专家学者和动物养殖企业，经过数十年科学研究和对生产实践经验不断总结而提出的最优化的全面的畜牧生产和动物疫病防治系统工程。在当前市场经济条件下，畜禽生产中疾病(尤其是传染病)的发生与否，已成为养殖企业经济效益好坏的主要制约因素。为了控制疾病的发生及向人类提供安全可靠的动物源性食品，建立具有良好生物安全水平的生产体系就显得极为重要。

一、生物安全体系的概念

为了防止和杜绝致病的病毒、细菌、真菌及其毒素、寄生虫等侵入畜禽群，扑灭、控制、减少畜禽群内已存在的上述病原、传染源及其传播途径，以保障畜禽正常、健康地生长、发育和生产，并为消费者提供安全、优质、无毒、无病害、无激素、无药残的肉、奶、蛋、毛、皮等。简单地说，生物安全体系就是一种以切断传播途径为主的包括全部良好饲养方式和管理在内的预防疾病发生的生产管理体系。畜禽养殖场通过建立起合理的生物安全体系，可为药物治疗和疫苗免疫提供一个良好的环境，获得药物治疗和疫苗免疫的最佳效果，减少抗生素的使用，有效减少疫病治疗费用支出，显著提高畜禽的生产性能和经济效益。

二、生物安全体系的内容

(一)创造适宜环境

畜禽场、舍的内外环境条件是否适宜，是养殖场生物安全体系最基本的要求。一般来说，养殖场要求周围地形开阔，并具有相对的密闭性，场、舍周围 15 m 范围内的地面应进行平整和清理，方便铲割杂草，以减少一些传播疾病的昆虫、鼠类等的滋生，尽可能减少和杀灭畜禽舍周围的病原及疾病传播媒介；畜禽舍应具备有效的控温、控湿和通风设施，饲养密度适宜，要求确保提供不同年龄畜禽所需的温度、湿度、通风、采光和空气卫生条件，以免对畜禽产生应激；要保证畜禽饮水和饲料的清洁卫生，对饮水和饲料定期进行细菌、霉菌和有害物质的检测，卫生指标应符合国标要求；垫料、粪尿、污水、动物尸体，都应严格进行无害化处理，动物尸体应焚烧或深埋；畜牧生产实践中，各养殖场应根据本场的具体情况灵活采取措施，尽可能地为畜禽的生长和生产创造一个舒适的环境，减少病原体对畜禽的侵袭机会和不良的环境应激因素。

(二)做好隔离饲养

畜禽养殖场既要做到与外界环境高度隔离，又要保证场区内生产管理设施和畜禽群体的相对隔离，进而促使畜禽场内处于相对封闭的状态，利于畜禽的安全生产。

(1)空间距离隔离　畜禽养殖场场址的选择应按国家有关技术规范和标准，从保护人和畜禽的安全角度出发，选择在地势高燥、水质和通风良好、排水方便的地点建场，要求距离交通干线和居民区至少 1 km 以上，距离屠宰场、畜产品加工厂、垃圾及污水处理厂 2 km 以上，远离集中式饮用水源地；条件许可时最好建在果蔬基地、鱼塘、耕地边，利于生态循环；在风向选择上，应建在城镇或集中居住区的下风向。

(2)建筑设施隔离　畜禽养殖场的建筑物应按类型特点在空间环境中明确划分出来，即根据畜禽生物安全的要求，将其生活区、管理区、生产区和生产辅助区明确地隔离开来，各区之间应有围墙等隔离性建筑物；道路是场区之间、建筑物与设施、场内与外界联系的纽带，场内要求净污道分离，两道互不交叉，出入口分开。运输畜禽的车辆和饲料车走净道，物品一般只进不出，出粪车和病死畜禽走污道。场区内道路要硬化，道路两旁设排水沟，沟底硬化，不积水，有一定坡度，排水应沿着清洁区向污染区的方向移动。

(3)进出限制隔离　严格限制外来人员、车辆等进出场区，必须进入时，要严格进行消毒；养殖场工作人员限制任意离开场区，必须离场时，离进场都要严格进行消毒；管理区原则上要建设监控室，配备必要的监控设备，用于生产管理和接待介绍；生产区严禁工作人员及业务主管部门专业人员以外的人员进入，生产区内使用的车辆，禁止离开生产区使用，运输饲料、动物的车辆应定期进行消毒。

(4)畜禽群体隔离　畜禽养殖场应尽可能执行“全进全出”和单向生产流程制度，不同种类畜禽不能混养；畜禽分群、转群和出栏后，舍内、外要彻底进行清扫、冲洗和消毒，并空舍 5～7 d，方可调入新的畜禽；养殖场的栋舍布局应以方便生产和防疫为原则依具体情况而定，但栋舍之间距离不应少于 10～15 m；养殖场内部布局应根据科学合理的生产流程确定，各生产单元应单设并相对隔离，严禁一舍多用，严禁交叉和逆向操作；饲养、兽医及其他工作人员，要建立严格的岗位责任制，专人专舍专岗，严禁擅自串舍串岗。

(三)完善消毒方案

卫生消毒是畜禽生物安全体系的重要环节，也是养殖场控制疾病的关键措施之一。通过消毒可以减少和杀灭进入养殖场或畜禽舍内的病原，减少畜禽被病原感染的机会。

(1)门口卫生消毒　畜禽场的大门口及每栋畜禽舍的出入口都必须设立消毒池(池长为车辆车轮两个周长以上)，用以消毒来往人员的靴鞋和进出车辆的车轮。要求池内的消毒液每周更换 2～3 次，并设置喷雾消毒装置，对来往车辆的车身、车底盘进行细致、彻底的喷洒消毒；工作人员应穿上生产区的消毒鞋(套)或其他专用鞋，通过脚踏消毒池后进入生产区，同时设立洗手池，用消毒液进行洗手消毒。

(2)人员卫生消毒　工作人员在进入生产区之前，必须在消毒间用紫外线灯消毒 10～15 min，或更换工作衣、帽；有条件的地方先淋浴、更衣后再进入生产区；饲养员应远离外界畜禽病原污染源，最好不要进屠宰场和畜禽交易市场，家中禁止饲养与养殖场相同的动物(最好不要饲养动物)；尽可能谢绝外来人员进入畜禽养殖场参观访问，经批准允许进入参观的人员必须走人员专用通道并严格消毒，必要时对来场参观人员的姓名及来历等内容进行登记；生产人员应定期进行健康检查，防止人畜互感疾病，这是现代养殖生产的重要环节，必须引起高度重视。

(3)圈舍卫生消毒　采用“全进全出”饲养方式的规模场，在引进畜禽前，对空舍应彻底消毒。一般应先清除杂物、粪便及垫料，用高压水枪从上至下彻底冲洗顶棚、墙壁、地面及栏架，直到洗涤液清澈为止；后熏蒸消毒 12 h，再用消毒液喷洒消毒一次。消毒后均应用净水冲去残留药物，以免毒害畜禽。

(4)其他种类消毒　饲槽及其他饲养管理用具每天洗刷，定期用消毒液进行消毒；运动场每周消毒 2～3 次；为减少感染性病原传播，每周可进行 1～2 次的带畜禽消毒。

畜禽场常用的消毒剂及使用方法如表 5-1 所示，仅供参考。

表 5-1　常用消毒剂的种类、性质、用法与用途

（赵化民. 畜禽养殖场消毒指南. 2004）

类别	药名	理化性质	用法与用途
醛类	福尔马林	无色，有刺激性气味的液体，含 40%甲醛，90℃下易生成沉淀。	1%～2%环境消毒，与高锰酸钾配伍熏蒸消毒畜禽舍。
	戊二醛	挥发慢，刺激小，碱性溶液，有强大的灭菌作用。	2%水溶液，用 0.3%碳酸氢钠调整 pH 为 7.5～8.5 可消毒，不能用于热灭菌的精密仪器、器材的消毒。
酚类	苯酚（石炭酸）	白色针状结晶，弱碱性易溶于水、有芳香味。	杀菌力强，2%用于皮肤消毒；3%～5%用于环境与器械消毒。
	煤酚皂（来苏儿）	无色，遇光或空气变为深褐色，与水混合成为乳状液体。	2%用于皮肤消毒；3%～5%用于环境消毒；5%～10%用于器械消毒。
季铵盐类	苯扎溴铵（新洁尔灭）	无色或淡黄色透明液体，无腐蚀性，易溶于水，稳定耐热，长期保存不失效。	0.01%～0.05%洗眼和阴道冲洗消毒；0.1%外科器械和手消毒；1%手术部位消毒。
	杜米芬	白色粉末，易溶于水和乙醇，受热稳定。	0.01%～0.02%用于黏膜消毒；0.05%～0.1%用于器械消毒；1%用于皮肤消毒。
	双氯苯胍己烷	白色结晶粉末，微溶于水和乙醇。	0.02%用于皮肤、器械消毒；0.5%用于环境消毒。
醇类	乙醇（酒精）	无色透明液体，易挥发，易燃，可与水和挥发油任意混合。	70%～75%用于皮肤和器械消毒。
过氧化物类	过氧乙酸	无色透明酸性液体，易挥发，具有浓烈刺激性，不稳定，对皮肤、黏膜有腐蚀性。	0.2%用于器械消毒；0.5%～5%用于环境消毒。
	过氧化氢	无色透明，无异味，微酸苦，易溶于水，在水中分解成水和氧。	1%～2%创面消毒；0.3%～1%黏膜消毒。
	臭氧	在常温下为淡蓝色气体，有鱼腥臭味，极不稳定，易溶于水。	30 mg/m^3，15 min 室内空气消毒；0.5 mg/kg，10 min 用于水消毒；15～20 mg/kg 用于污染源污水消毒。

续表 5-1

类别	药名	理化性质	用法与用途
	高锰酸钾	深紫色结晶，溶于水。	0.1%用于创面和黏膜消毒；0.01%～0.02%用于消化道清洗。
烷基化合物	环氧乙烷	常温无色气体，沸点10.4℃，易燃、易爆、有毒。	50mg/kg密闭容器内用于器械、敷料等消毒。
含碘类消毒剂	碘酊(碘酒)	红棕色液体，微溶于水，易溶于乙醚、氯仿等有机溶剂。	2%～2.5%用于皮肤消毒。
	碘伏(络合碘)	主要剂型为聚乙烯吡咯烷酮碘和聚乙烯醇碘等，性质稳定，对皮肤无害。	0.5%～0.1%用于皮肤消毒；100 mg/kg浓度用于饮水消毒。
含氯化合物	漂白粉(含氯石灰)	白色颗粒状粉末，有氯臭味，久置空气中失效，大部溶于水和醇。	5%～10%用于环境和饮水消毒。
	漂白粉清	白色结晶，有氯臭味，含氯稳定。	0.5%～1.5%用于地面、墙壁消毒；0.3～0.4 g/kg用于饮水消毒。
	氯铵类(含氯铵B、C、T)	白色结晶，有氯臭味，属氯稳定类消毒剂。	0.1%～0.2%浸泡物品与器材消毒；0.2%～0.5%水溶液喷雾用于室内空气及表面消毒。
碱类	氢氧化钠(火碱)	白色棒状、块状、片状，易溶于水，碱性溶液，易吸收空气中的CO_2。	0.5%溶液用于煮沸消毒敷料消毒；2%用于病毒消毒；5%用于炭疽消毒。
	生石灰	白色或灰白色块状，无臭，易吸水，生成氢氧化钙。	加水配制10%～20%石灰乳涂刷畜舍墙壁、畜栏等消毒。
乙烷类(二胍类)	氯已定(洗必泰)	白色结晶，微溶于水，易溶于醇，禁忌与升汞配伍。	0.01%～0.025%用于腹腔、膀胱等冲洗；0.02%～0.05%水溶液，术前洗手浸泡5 min。

(四)严格防疫程序

对畜禽群按照正确的免疫程序进行预防接种，才能使畜禽产生坚强的免疫力，既能达到预防传染病的目的，又能提高畜禽生产群对相应疫病的特异性抵抗力，是构建畜禽养殖场生物安全体系的重要措施之一。

(1)防止免疫空白　根据畜禽群体类别和疫病流行特点，制定合理的免疫程序，做到及时免疫，防止免疫空白；实行“全进全出”的养殖场，应根据实际情况，以生产区、畜(禽)舍为单位，尽量做到同群畜禽免疫同步，体系完善。

(2)定期采血检疫　畜禽养殖场应按实验室“疫病监测计划”，按一定比例采血进行各种疫病的监测，并定期进行粪便寄生虫卵检查，同时做好资料的收集、登记、分析、总结工作。

畜禽的防疫管理，应详细记录整个畜禽群体的健康情况，出现可疑病例及时送检。确诊为传染病时，应首先划定疫区和疫点，按照“早、快、严、小”的原则及时进行封锁，并对健康畜禽进行紧急预防接种，全场进行彻底消毒；要遵循“健康第一”的选种观念，严把引种关，并对引种畜禽进行全面的血清学检查，确认无任何疫病，方可转入生产区饲养。不同畜禽场常用的免疫程序，如表 5-2 至表 5-8 所示，仅供参考。

表 5-2 猪群常用免疫程序

猪别	接种时间	免疫内容
仔猪	吃初乳前 1～2 h	超前免疫猪瘟弱毒疫苗
	初生仔猪	猪伪狂犬病弱毒疫苗
	7～15 日龄	猪气喘病灭活菌苗、传染性萎缩性鼻炎灭活菌苗
	25～30 日龄	猪繁殖与呼吸综合征(PRRS) 弱毒疫苗、仔猪副伤寒弱毒菌苗、伪狂犬病弱毒疫苗、猪瘟弱毒疫苗(超前免疫猪不免)、猪链球菌苗、猪流感灭活疫苗
	30～35 日龄	猪传染性萎缩性鼻炎、猪气喘病灭活菌苗
	60～65 日龄	猪瘟、猪丹毒、猪肺疫弱毒菌苗、伪狂犬病弱毒疫苗
初产母猪	配种前 10 周、8 周	猪繁殖与呼吸综合征(PRRS) 弱毒疫苗
	配种前 1 个月	猪细小病毒弱毒疫苗、猪伪狂犬病弱毒疫苗
	配种前 3 周	猪瘟弱毒疫苗
	产前 5 周、2 周	仔猪黄白痢菌苗
	产前 4 周	猪流行性腹泻＋传染性胃肠炎＋轮状病毒三联疫苗
经产母猪	配种前 2 周	猪细小病毒病弱毒疫苗(初产前未经免疫的)
	妊娠 60 日龄	猪气喘病灭活菌苗
	产前 6 周	猪流行性腹泻＋传染性胃肠炎＋轮状病毒三联疫苗
	产前 4 周	猪传染性萎缩性鼻炎灭活菌苗
	产前 5 周、2 周	仔猪黄白痢菌苗
	每年 3～4 次	猪伪狂犬病弱毒疫苗
	产前 10 日龄	猪流行性腹泻＋传染性胃肠炎＋轮状病毒三联疫苗
	断奶前 7 日龄	猪瘟弱毒疫苗、猪丹毒弱毒菌苗、猪肺疫弱毒菌苗
青年公猪	配种前 10 周、8 周	猪繁殖与呼吸综合征(PRRS)弱毒疫苗
	配种 1 个月	猪细小病毒病弱毒疫苗、猪丹毒弱毒菌苗、猪肺疫弱毒菌苗、猪瘟弱毒疫苗
成年公猪	配种前 2 周	猪伪狂犬病弱毒疫苗
	每半年 1 次	猪细小病毒、猪瘟弱毒疫苗、传染性萎缩性鼻炎、猪丹毒弱毒菌苗、猪肺疫弱毒菌苗、猪气喘病灭活菌苗
各类猪群	3～4 月份	乙型脑炎弱毒疫苗
	每半年 1 次	猪瘟弱毒疫苗、猪丹毒弱毒菌苗、猪肺疫弱毒菌苗、猪口蹄疫灭活疫苗、猪气喘病灭活菌苗

备注：①猪瘟弱毒疫苗常规免疫剂量，初生乳猪 1 头份/头，其他大小猪 4～6 头份/头。未作乳前免疫的，仔猪在 21～25 日龄首免，40 日龄、60 日龄各免疫 1 次，4 头份/头。②猪传染性胸膜肺炎、副猪嗜血杆菌病发病率较高的地区应列入常规免疫程序。③病毒苗与弱毒菌苗混合使用，若病毒苗中加有抗生素则可杀死弱毒菌苗，导致弱毒菌苗免疫失败。④使用活菌制剂，免疫接种前 10 d 和后 10 d，避免在饲料、饮水中添加抗菌药，或肌肉注射抗菌药。

表 5-3 种鸡常用免疫程序

日龄	疫病种类	疫苗名称	剂量	免疫方法	备注
1	马立克氏	CV1988/Rispens	0.2 mL	颈部皮下注射	
7～14	新城疫、传染性支气管炎	Ⅱ系、LaSota 株、H_{120} 株	1 羽份	点眼滴鼻、气雾	或用新支二联苗
14～21	传染性法氏囊炎 禽流感	NF_8、B_{87}、BJ_{836} 中等毒力苗 油乳剂	1 羽份 0.2 mL	饮水、滴口 皮下注射	
21～28	新城疫 禽痘	Ⅱ系、LaSota 株、克隆 30 鹌鹑化弱毒苗	1 羽份 1 羽份	点眼滴鼻、饮水、气雾 皮下刺种	油乳剂与Ⅱ系或Ⅳ系同时免疫
28～35	传染性法氏囊炎 鸡毒支原体	NF_8、B_{87}、BJ_{836} 中毒苗 TS_{200} 株活疫苗	1 羽份 1 羽份	饮水、滴口 点眼	
35～42	传染性喉气管炎 传染性鼻炎	冻干弱毒疫苗 油乳剂灭活苗	1 羽份 0.5 mL	点眼滴鼻 皮下注射	非疫区不用
42～50	传染性支气管炎 禽流感	H_{52} 株 油乳剂	 0.5 mL	滴鼻、饮水 肌内注射	或用新支二联苗
70～80	新城疫 传染性喉气管炎	Lasota 株或Ⅰ系 冻干弱毒苗	1 羽份 1 羽份	喷雾或饮水(肌注)、滴鼻点眼	根据抗体水平使用 非疫区不用
90	禽霍乱	$C_{190}E_{40}$ 弱毒苗	1 羽份	肌内注射	
110	传染性鼻炎 鸡毒支原体	油乳剂灭活苗 TS_{200} 株弱毒苗	0.5 mL 1 羽份	皮下注射 点眼	
120～140	新-支-减 传染性法氏囊炎 禽流感	油乳剂 油乳剂 油乳剂	0.5 mL 0.5 mL 0.5 mL	肌内注射 肌内注射 肌内注射	可用单苗、也可用二联或三联苗免疫
300	新城疫、 禽流感	Lasota 株 油乳剂	4 倍量 0.5 mL	喷雾或饮水 肌内注射	根据抗体水平使用

注:①商品蛋鸡在开产前不需要注射传染性法氏囊炎油苗;②各地区可根据当地实际情况增减使用疫苗,但要注意疫苗之间的干扰现象。

表 5-4 肉鸡常用免疫程序

日龄	疫病种类	疫苗名称	剂量	免疫方法	备注
1	马立克氏	CV1988/Rispens	0.2 mL	颈背皮下注射	
7～10	新城疫 传染性支气管炎	Lasota 株 H_{120} 株	1 羽份	滴鼻点眼、饮水、气雾	或用新支二联苗
10～14	传染性法氏囊炎 禽流感-新城疫	NF_8、B_{87}、BJ_{836} 二联灭活苗	1 羽份 0.3 mL	滴口、滴鼻点眼 肌内注射	

续表 5-4

日龄	疫病种类	疫苗名称	剂量	免疫方法	备注
17～21	新城疫、 传染性支气管炎	Lasota 株 H_{120} 株	1 羽份	滴鼻点眼 滴鼻、饮水	
24～28	传染性法氏囊炎	NF_8、B_{87}、BJ_{836}	1 羽份	滴口、滴鼻点眼	
30	鸡痘	禽痘弱毒苗	1 羽份	皮下刺种	按季节适时应用

注：若某场鸡群慢性呼吸道病严重时，可于第 15 日龄用鸡毒支原体活苗点眼一次。有病毒性关节炎者可加用该种疫苗。

表 5-5　牛群常用免疫程序

疫病种类	疫苗名称	用法与用量	免疫期	注意事项
口蹄疫	口蹄疫弱毒疫苗	每年春、秋两季各用与流行毒株相同血清型的口蹄疫弱毒疫苗接种一次，肌内或皮下注射，1～2 岁牛 1 mL，2 岁以上牛 2 mL。本疫苗残余毒力较强，能引起一些幼牛发病。因此，1 岁以下的牛不要接种。对猪也有致病力，故不得使用本苗给猪免疫。	注射后 14 d 产生免疫力，免疫期 4～6 个月。	接种本苗的牛、羊和骆驼不得与猪接触。
狂犬病	狂犬病灭活疫苗	对被疯狗咬伤的牛，应立即接种狂犬病灭活疫苗，颈部皮下注射两次，每次 25～50 mL，间隔 3～5 d。在狂犬病多发地区，也可用来进行定期预防接种。	免疫期 6 个月。	
伪狂犬病	伪狂犬病氢氧化铝甲醛疫苗	疫区内的牛，每年秋季接种牛、羊伪狂犬病氢氧化铝甲醛疫苗 1 次，颈部皮下注射，成年牛 10 mL，犊牛 8 mL。必要时 6～7 d 后加强注射 1 次。	免疫期 1 年。	
牛瘟	牛瘟兔化弱毒疫苗	牛瘟免疫适用于受牛瘟威胁地区的牛。牛瘟疫苗有多种，我国普遍使用的是牛瘟兔化弱毒疫苗，适用于除朝鲜牛和牦牛以外的所有品种牛。无论大小牛一律肌肉注射 2 mL，冻干苗按瓶签规定的方法使用。对牛瘟比较敏感的朝鲜牛和牦牛等牛种，可用牛瘟绵羊化兔化弱毒疫苗，每 1～2 年免疫 1 次。	接种后 14 d 产生免疫力。免疫期 1 年以上。	以制苗兔血液或淋巴、脾脏组织制备的湿苗（1∶100）。
炭疽	无毒炭疽芽孢苗	1 岁以上的牛皮下注射 1 mL，1 岁以下的牛皮下注射 0.5 mL。	以上各苗均在接种后 14 d 产生免疫力。免疫期 1 年。	
	第二号炭疽芽孢苗	大小牛一律皮下注射 1 mL。		
	炭疽芽孢氢氧化铝佐剂苗	为上述两种芽孢苗的 10 倍浓缩制品，用时以 1 份浓缩苗加 9 份 20%氢氧化铝胶生理盐水稀释后，按无毒炭疽芽孢苗或第二号炭疽芽孢苗的用法、用量使用。		

续表 5-5

疫病种类	疫苗名称	用法与用量	免疫期	注意事项
气肿疽	气肿疽明矾沉淀菌苗	近 3 年内曾发生过气肿疽的地区，每年春季接种气肿疽明矾沉淀菌苗 1 次，大小牛一律皮下接种 5 mL，小牛长到 6 个月时，加强免疫 1 次。	接种后 14 d 产生免疫力。免疫期约 6 个月。	
肉毒梭菌中毒症	肉毒梭菌明矾菌苗	常发生肉毒梭菌中毒症地区的牛，应每年在发病季节前，使用同型毒素的肉毒梭菌明矾菌苗预防接种 1 次。如 C 型菌苗，每头牛皮下注射 10 mL。	免疫期可达 1 年。	
破伤风	破伤风类毒素	多发生破伤风的地区，应每年定期接种精制破伤风类毒素 1 次，大牛 1 mL，小牛 0.5 mL，皮下注射。当发生创伤或手术(特别是阉割术)有感染危险时，可临时再接种 1 次。	接种后 1 个月产生免疫力。免疫期 1 年。	
牛巴氏杆菌病	牛出血性败血症氢氧化铝菌苗	历年发生牛巴氏杆菌病的地区，在春季或秋季定期预防接种 1 次；在长途运输前随时加强免疫 1 次，体重在 100 kg 以下的牛 4 mL，100 kg 以上的牛 6 mL，皮下或肌内注射。	注射后 21 d 产生免疫力。免疫期 9 个月。	妊娠后期的牛不宜使用。
快死症	牛型魏巴二联菌苗	无论大小牛各肌肉注射 5 mL，由魏氏梭菌和巴氏杆菌混合感染，引起最急性败血死亡。保护率 85%。	7 d 产生免疫力，免疫期 6 个月。	
布氏杆菌病	流产布氏菌 19 号毒菌苗	每年定期检疫为阴性的方可接种。只用于 6～8 月龄母牛，公牛、成年母牛及妊娠牛均不宜使用。	免疫期可达 7 年。	注意：用菌苗前后 7 d 内不得使用抗生素和含有抗生素的饲料。羊型 5 号毒菌苗对人有感染力，使用时要加强个人防护。
	布氏杆菌羊型 5 号冻干毒菌苗	用于 3～8 月龄母牛，皮下注射，注射菌数为 500 亿/头。公牛、成年母牛及妊娠牛均不宜使用。	免疫期 1 年。	
	布氏杆菌型 2 号冻干毒菌苗	公母牛均可使用，孕牛不宜使用，本品可供皮下注射、气雾吸入和口服接种，为确保防疫效果，做皮下注射较好，注射菌数为 500 亿/头。	免疫期 2 年以上。	
牛传染性胸膜肺炎	牛肺疫兔化弱毒菌苗	接种时，按瓶说明使用，用 20%氢氧化铝胶生理盐水稀释 50 倍。臀部肌内注射，牧区成年牛 2 mL，6～12 月龄牛 1 mL，农区黄牛尾端皮下注射用量减半。或以生理盐水稀释，于距尾尖 2～3 cm 处皮下注射，大牛 1 mL，6～12 月龄牛 0.5 mL。	接种后 21～28 d 产生免疫力，免疫期 1 年。	注射后出现反应者可用“914”(新胂凡纳明)治疗。

表 5-6 羊群季节免疫程序

	接种时间	免疫羊群	疫苗名称	预防疾病
春季	妊娠母羊产前1个月	妊娠羊	破伤风类毒素	破伤风
	2月下旬至3月上旬	成年羊	羊梭菌病三联苗或五联苗	羊快疫、羊肠毒血症、羊猝狙、羔羊痢疾(五联苗还可预防羊黑疫)
	羊妊娠前或妊娠后1个月	母羊	羊衣原体病灭活疫苗	羊衣原体病
	2—4月	全部羊	山羊痘活疫苗	羊痘
	3月份	全部羊	羊口疮弱毒疫苗	羊口疮
	3—4月	全部羊	羊链球菌病灭活疫苗	羊链球菌病
	3月上旬	全部羊(母羊产后1个月)	O型口蹄疫灭活苗	口蹄疫
秋季	羊妊娠前或妊娠后1个月	母羊	羊衣原体病灭活疫苗	羊衣原体病
	9月份	全部羊(母羊配种前)	O型口蹄疫灭活苗	口蹄疫
	9月下旬	全部羊	羊梭菌病三联苗或五联苗	羊快疫、羊肠毒血症、羊猝狙、羔羊痢疾(五联苗还可预防羊黑疫)
	9月份	全部羊	羊口疮弱毒疫苗	羊口疮
	9月份	全部羊	羊链球菌病灭活疫苗	羊链球菌病

表 5-7 羔羊常用免疫程序

接种时间	疫苗	接种方法	免疫期
7日龄	羊传染性脓疱皮炎灭活苗	口唇黏膜注射	1年
15日龄	山羊传染性胸膜肺炎灭活苗	皮下注射	1年
2月龄	山羊痘灭活苗	尾根皮内注射	1年
2.5月龄	O型口蹄疫灭活苗	肌肉注射	6个月
3月龄	羊梭菌病三联四防灭活苗	皮下或肌肉注射(第1次)	6个月
	气肿疽灭活苗	皮下注射(第1次)	7个月
3.5月龄	羊梭菌病三联四防灭活苗Ⅱ号炭疽芽孢菌	皮下或肌肉注射(第2次)	6～12个月
	气肿疽灭活苗	皮下注射(第2次)	7个月
产羊前6～8周(母羊、未免疫)	羊梭菌病三联四防灭活苗 破伤风类毒素	皮下注射(第1次)或肌肉注射(第1次)	6～12个月
产羔前2～4周(母羊)	羊梭菌病三联四防灭活苗 破伤风类毒素	皮下注射(第2次)	6～12个月

续表 5-7

接种时间	疫苗	接种方法	免疫期
4 月龄	羊链球菌灭活苗	皮下注射	6 个月
5 月龄	布鲁氏菌病活苗(羊 2 号)	肌肉注射或口服	3 年
7 月龄	O 型口蹄疫灭活苗	肌肉注射	6 个月

表 5-8 成母羊常用免疫程序

接种时间	疫苗	接种方法	免疫期
配种前 2 周	O 型口蹄疫灭活苗	肌肉注射	6 个月
	羊梭菌病三联四防灭活苗	皮下或肌肉注射	6 个月
配种前 1 周	羊链球菌灭活苗	皮下注射	6 个月
	Ⅱ号炭疽芽孢苗	皮下注射	山羊 6 个月,绵羊 12 个月
产后 1 个月	O 型口蹄疫灭活苗	肌肉注射	6 个月
	羊梭菌病三联四防灭活苗	皮下或肌肉注射	6 个月
	Ⅱ号炭疽芽孢菌	皮下注射	山羊 6 个月,绵羊 12 个月
产后 1.5 个月	羊链球菌灭活苗	皮下注射	6 个月
	山羊传染性脑膜肺炎灭活苗	皮下注射	1 年
	布鲁氏菌病灭活苗	肌肉注射或口服	3 年
	山羊痘灭活苗	尾根皮内注射	1 年

(五)加强应激预防

根据畜禽不同品种、不同年龄、不同季节安排适宜的饲养密度,尽可能减少日常饲养管理对畜禽群的应激因素,使畜禽保持健康稳定的免疫力。

(六)坚持自繁自养

严格畜禽引进制度,坚持自繁自养,是建立畜禽场生物安全体系的重要环节,引进新畜禽是疾病传入的重要途径之一。细菌、病毒、真菌、支原体、体内外寄生虫等,都会随引进畜禽一起进入养殖场,特别是引进无临床症状的潜在带毒种畜禽,可造成巨大损失,应引起高度重视。

(七)进行药物预防

除进行疫苗接种外,畜禽群体进行药物预防也是重要的防疫措施之一。在某些疫病流行季节之前或流行初期,建立保健药物方案,经常送检剖检病料,对分离的致病菌作药敏试验,根据实验室检测结果,选择高效药物或药物组合,将其加入饲料、饮水或添加剂中,可进行群体预防或治疗,并能取得明显的预防效果。

(八)及时杀虫灭鼠

畜禽生产中及时处理粪便,净化污水,切断产生蚊蝇的根源,是预防疫病传播的重要措施之一。对规模化畜禽场而言,开展杀虫灭鼠,消灭传染病的传递媒介和传染源,是生物安全体系建立的必然要求。

任务 11　仔猪的饲养管理

一、哺乳仔猪的饲养管理

哺乳仔猪指从出生到断奶的仔猪。哺乳仔猪由于生长发育快和生理不成熟而难饲养，如果饲养管理不当，容易造成仔猪患病多、增重慢、哺育率低。因此，根据哺乳仔猪的生长与生理特点，制定科学的饲养管理方案，是哺乳仔猪培育成功与否的关键。

（一）生理特点

(1)生长发育快，物质代谢旺盛　仔猪出生时体重小，不到成年体重的 1%，低于其他家畜（羊为 3.6%，牛 6%，马 9%～10%）。哺乳阶段是仔猪生长强度最大的时期，10 日龄体重是初生重的 2～3 倍，30 日龄达 6 倍以上，60 日龄可达 10～13 倍，60 日龄后随年龄的增长逐渐减弱。哺乳仔猪利用养分的能力强，饲料营养不全会严重影响仔猪的生长。因此，必须保证仔猪所需的各种营养物质。哺乳仔猪快速生长是以旺盛的物质代谢为基础，单位增重所需养分高，能量、矿物质代谢均高于成年猪。哺乳仔猪除哺乳外，应及早训练其开食，用高质量的乳猪料补饲。

(2)消化器官不发达，消化机能不完善　仔猪出生时胃内缺乏游离盐酸，胃蛋白酶无活性，不能很好地消化蛋白质，特别是植物性蛋白质。消化器官的重量和容积都很小，胃重 6～8 g，仅占体重的 0.44%。肠腺和胰腺发育比较完善，胰蛋白酶、肠淀粉酶和乳糖酶活性较高，食物主要在小肠内消化。所以，初生仔猪只能吃母乳而不能利用植物性饲料。

(3)缺乏先天免疫力，容易得病　猪的胎盘构造特殊，母猪血管与胎儿的脐带血管被 6～7 层组织隔开，母源抗体不能通过胎液进入胎儿体内。因此，初生仔猪没有先天免疫力，自身也不能产生抗体，只有吃初乳后，才能获得免疫力。

(4)体温调节能力差　初生仔猪大脑皮层发育不全，体温调节中枢不健全，调节体温能力差，皮薄毛稀，特别怕冷，如不及时吃母乳，很难成活。因此，初生仔猪饲养难度较大，成活率低。

（二）饲养管理

1. 抓乳食，过好初生关

饲养管理哺乳仔猪的任务是让哺乳仔猪获得最高的成活率和最大的断奶重。养好哺乳仔猪可从以下几方面着手：

(1)早吃初乳，固定乳头　初乳是指母猪产后 3～5 d 内分泌的乳汁。初乳的特点是富含免疫球蛋白，可使仔猪尽快获得免疫抗体；初乳中蛋白质含量高，含有具有轻泻作用的镁盐，可促进胎粪排出；初乳酸度较高，可弥补初生仔猪消化道不发达和消化腺机能不完善的缺陷。初生仔猪可从肠壁吸收初乳中的免疫球蛋白，出生 36 h 后不能再从肠壁吸收。因此，仔猪最好在生后 2 h 内吃到初乳。正常情况下，仔猪出生后可靠灵敏的嗅觉找到乳头，弱小仔猪行动不灵活，不能及时找到乳头或被挤掉，应给予人工辅助。

初生仔猪有抢占多乳奶头、并固定为己有的习性，开始几次吸食某个乳头，一经认定至断奶不变。固定乳头分自然固定和人工固定，应在生后 2～3 d 内完成。生产中为了使一窝仔猪发育整齐，提高仔猪成活率，可将弱小仔猪固定在前 3 对乳头，体大强壮的仔猪固定在中、后部乳头，其他仔猪自寻乳头。看护人员要随时帮助弱小仔猪吃上乳汁，这样有利于弱小仔猪的成活。

(2)加强保温，防冻防压　哺乳仔猪对环境的要求很高。仔猪出生后，必须采取保温措施才能满足仔猪对温度的要求。哺乳仔猪适宜的环境温度：1～3 日龄为 32～35℃，4～7 日龄为 28～30℃，15～30 日龄为 22～25℃，温度应保持稳定，防止过高或过低。产房内温度应控制在 18～20℃，设置仔猪保温箱，在保温箱顶端悬挂 150～250 W 的红外线灯，悬挂高度可视需要调节，照射时间根据温度随时调整；还可用电热板等办法加温，条件差的可用热水袋、输液瓶灌上热水保持箱内温度，既经济又实用，大大减少仔猪着凉、受潮和下痢的机会，从而提高仔猪成活率；南方还可用煤炉给仔猪舍加温。仔猪出生后 2～3 d，行动不灵活，同时母猪体力也未恢复，初产母猪通常缺乏护仔经验，常因起卧不当压死仔猪。所以，栏内除安装护仔栏外，还应建立昼夜值班制度，注意检查观察，做好护理工作，必要时采取定时哺乳。

(3)寄养和并窝　产仔母猪在生产中常会出现一些意外情况，如母猪产后患病、死亡或产后无奶、产活仔猪数超过母猪的有效乳头数，这时就需给仔猪找个“奶妈”，即进行仔猪寄养工作。如果同时有几头母猪产仔不多，可进行并窝。寄养原则是有利于生产，两窝产期不超过 3 d，个体相差不大。选择性情温顺、护仔性好、母性强的母猪承担寄养任务，通常等吃过初乳以后进行，如遇特殊情况也可采食养母的初乳。具体操作时，应针对母猪嗅觉发达这一特性，将要并窝或过寄的仔猪预先混味，在寄养仔猪身上涂抹“奶妈”的乳汁，也可用喷药法，寄养最好在夜间进行。

(4)及时补铁　铁是造血原料，刚出生的仔猪体内铁贮备少，只有 30～50 mg。由于仔猪每天从母乳中获得的铁只有 1 mg 左右，而仔猪正常生长每天每头需要铁 7～8 mg，如不及时补铁，仔猪就会患缺铁性贫血症；铜是猪必需的微量元素，铜的缺乏会减少仔猪对铁的吸收和血红素形成，同样会发生贫血。高铜对幼猪生长和饲料利用率有促进作用，但过量添加会导致中毒。另外，初生仔猪缺硒会引起拉稀、肝坏死和白肌病等。仔猪补铁常用的方法是生后 2～3 日龄肌肉注射 100～150 mg 牲血素或者富血来等，2 周龄再注射 1 次即可，也可用红黏土补铁，在圈内放一堆红黏土，任其舔食。

2. 抓开食，过好补料关

哺乳仔猪体重增长迅速，对营养物质的需求与日俱增，而母猪的泌乳量在产后 3 周达高峰后逐渐下降，不能满足仔猪的营养物质需求。据报道，3 周龄仔猪摄入的母乳能满足其总营养物质的 97％，4 周龄 84％，5 周龄 50％，7 周龄 37％，8 周龄 27％。如不及时补料，会影响仔猪的生长发育，及早补料不但可以锻炼仔猪的消化器官，还可防止仔猪下痢，为安全断奶奠定基础。

(1)开食补料　仔猪开食训练时使用加有甜味剂或奶香味的乳猪颗粒料或焙炒后带有香味的玉米粒、高粱粒或小麦粒等，可取得明显的效果。

(2)开食方法　仔猪开食一般在 5～7 日龄进行，因为仔猪生后 3～5 日龄活动增加，6～7 日龄牙床开始发痒，喜欢啃咬硬物或拱掘地面，仔猪对这种行为有很大的模仿性，只要一头仔猪开始拱咬东西，别的仔猪很快也来模仿。因此，可以利用仔猪的这种习性和行为来引导其采食。一般经过 7 d 的训练，15 日龄后仔猪即能大量采食饲料，仔猪 20 日龄以后随着消化机能渐趋完善和体重的迅速增加，食量大增，并进入旺食阶段，应加强这一时期的补料。补料的同时注意补水，最好安装自动饮水器。

①诱导补饲　利用仔猪喜爱香味和甜味物质及模仿母猪采食的习性，在乳猪补饲栏中放入加有调味剂(如乳猪香)的乳猪料，或者炒香的高粱、玉米、黄豆或大、小麦粒等，任仔猪自由舔食；也可将粉料调成粥状，取少许抹在仔猪嘴上或在哺乳时涂在母猪乳头上让仔猪随乳汁一起吃进，每天 3～4 次，连续 3 d，直到仔猪对饲料感兴趣为止。

②强制补饲　仔猪达 7 日龄时，每天将母仔分开，定时哺乳，造成仔猪饥饿和被迫采食饲料的欲望，然后强制性地将饲料喂进仔猪口中。仔猪一旦对所补饲料的味道熟悉后，就会形成条件反射，闻到饲料味就会走过去采食饲料，这是补料成功的重要标志。

(3)补饲全价料　仔猪开食后，应逐渐过渡到补全价混合料。先在补饲栏内放入全价混合料，再在上面撒上一层诱食料，仔猪在吃进诱食料的同时，可将全价仔猪料吃进，然后逐渐过渡到全价混合料。补料可少喂勤添，10～15 日龄每天 2 次，以后每增加 5 d，增补 1 次，及时清除剩料，定期清洗补料槽。

仔猪开食到进入旺食期是补饲的关键时期，补饲效果主要取决于仔猪饲料的品质。哺乳仔猪的饲料要求高能量、高蛋白、营养全面、适口性好、容易消化、具有抗病性和采食后不易拉稀的特点。仔猪料每千克饲粮含消化能 14.02 MJ，粗蛋白质 21%，赖氨酸不低于 1.42%，钙 0.88%，有效磷 0.54%，钠 0.25%，氯 0.25%，粗纤维含量不超过 4%。近年来，对早期断奶仔猪饲粮的研究表明，适当添加复合酶、有机酸(延胡索酸、柠檬酸等)、调味剂(奶香味调味剂)、乳清粉、香味剂、微生态制剂(乳酸杆菌、双歧杆菌)等，可提高饲粮的补饲效果，并能预防下痢。

①添加有机酸　由于仔猪消化机能不健全，胃底腺不发达，胃酸分泌不足，胃蛋白酶活性较低，再加上小肠内一些病原菌的繁殖，容易使肠道功能紊乱而发生腹泻。根据这一特性，在仔猪饮水和饲料中添加 1%～3% 的柠檬酸，可降低胃内 pH，激活消化酶，强化乳酸杆菌繁殖，提高消化能力，改善仔猪的增重速度和饲料利用率。

②添加酶制剂　在日粮中添加稳定性好、特异性强的外源消化酶(脂肪酶和淀粉酶)对改善仔猪生长和提高饲料利用率有很好的效果，它可以弥补断奶后仔猪体内酶的分泌不足，防止消化不良性腹泻。

③添加益生素　益生素是从畜禽肠道内的正常菌群中分离培养出的有益菌种，主要有乳酸菌和双歧杆菌。它可抑制病原菌及有害微生物的生长繁殖，形成肠道内良性微生态环境，从而减少仔猪腹泻，改善肠道健康，促进营养物质的消化吸收，增强机体抗病能力，有利于断奶仔猪的生长发育。

④添加抗生素　在开食料和补料中添加抗生素，既可控制病原微生物增殖，又可加速肠道免疫耐受过程，从而减轻肠道损伤，预防腹泻的发生。目前用于防止仔猪腹泻的抗生素主要有金霉素、泰乐菌素、杆菌肽锌等。

⑤添加油脂　添加油脂对仔猪补充能量、改善口味，提高断奶后第 3、4 周的增重和饲料利用率有利。椰子油最好，玉米油、豆油次之，动物油较差。

⑥添加香味剂　为改善饲料的诱食性、适口性，增加采食量，常在饲料中添加香味剂，仔猪多用奶香味调味剂。

3. 抓防病，过好断奶关

（1）预防仔猪下痢　哺乳期的仔猪，受疫病的威胁较大，发病率、死亡率都高，尤其是仔猪下痢（俗称拉稀）。引发仔猪下痢的原因很多，一是仔猪红痢病，它是由C型产气荚膜梭菌引起的，以3日龄内仔猪多发，最急性的发病快，不见拉稀便死亡，病程稍长的可见到拉灰黄和灰绿色稀便，后拉红色糊状粪便，红痢发病快，死亡率高；二是黄痢病，它是由大肠杆菌引起的急性肠道传染病，多发生在3日龄左右，临床表现是仔猪突然拉黄色或灰黄色稀薄如水的粪便，有气泡和腥臭味，死亡率高；三是白痢病，它是由大肠杆菌引起的胃肠炎，多发生在10～20日龄，表现为拉乳白色、灰白色或淡黄色的粥状粪便，有腥臭味，多发生在圈舍阴冷潮湿的环境或气候突然改变的情况下，死亡率较低，但影响仔猪增重，延长饲养期。另外，哺乳期的仔猪也常常会因饲粮营养浓度不合理，饲粮突然改变，环境卫生条件差，仔猪初生重小，各种应激和气候变化等，引起非病原性下痢。

哺乳仔猪发病率高，应采取综合措施，切实做好防病工作，提高仔猪成活率。

①搞好产房卫生与消毒，防止围产期感染。保持圈舍适宜的温、湿度，通风良好，控制有害气体的含量，定期消毒，减少仔猪感染机会。

②加强妊娠母猪和泌乳母猪的饲养管理，提高仔猪初生重，改善初乳的质量。

③供给仔猪全价饲粮，保持饲粮相对稳定，定时饲喂，注意哺乳、饲料和饮水卫生。

④利用药物预防和治疗仔猪黄痢。仔猪出生后吃初乳前口腔滴服增效磺胺甲氧嗪注射液0.5 mL或口腔滴服硫酸庆大霉素注射液1万IU，每天2次，连服3 d，如有发病继续投药，药量加倍。

⑤母猪妊娠后期注射K_{88}-K_{89}双价基因工程苗或$K_{88}K_{89}K_{987}P$三价灭活苗，使母猪产生抗体，抗体可以通过初乳或乳汁供给仔猪。预防注射必须根据大肠杆菌的血清型注射对应的菌苗才会有效，预防效果最佳的是注射用本场分离的致病性大肠杆菌制成的灭活苗。

治疗仔猪腹泻的方法很多，可用的药物也很广，如用藿香正气水加抗生素治疗，但在生产上需要注意几点：一是治疗腹泻，口服比注射效果好；二是治疗过程易产生耐药性，需经常换药；三是在治疗仔猪时对母猪也要同时治疗；四是治疗时要及时补液，对仔猪恢复有利，可以腹腔注射生理葡萄糖水或口服补液盐水；五是注意环境温度、湿度，采取综合治疗效果显著。

（2）适时安全断奶　仔猪吃乳到一定时期，将母猪和仔猪分开饲养就叫断奶。断奶时间的确定应根据猪场性质、仔猪用途及体质、母猪的利用强度和仔猪的饲养条件而定。家庭养猪可以35日龄断奶，饲养条件好的猪场可以实行21～28日龄断奶，一般不宜早于21日龄。仔猪安全断奶的方法有一次断奶、分批断奶和逐渐断奶三种。

①一次断奶　断奶前3 d减少母猪喂量，到断奶的预定日龄，断然将母仔分开。由于仔猪生存环境突然改变，会引起母猪和仔猪精神不安、消化不良、生长发育受阻，应加强母猪和仔猪的护理。此法的优点是简单易行，便于操作，但母仔应激大。大多数规模猪场在仔猪体重达到5 kg以上时一次断奶。

②分批断奶　按预定断奶时间，将一窝中体重大的、食量高的、做育肥用的仔猪先断奶，其余的继续哺乳一段时间再断奶。此法虽对弱小仔猪生长发育有利，但拖长了断奶时间，降低了母猪年产窝数。

③逐渐断奶　在预定断奶前的4～6 d，逐渐减少哺乳次数，第一天4次，第二天3次，第

三天 2 次，第四天 1 次，第五天断奶。此法虽然麻烦，但可减少母仔应激，对母猪和仔猪都比较安全，所以也叫安全断奶法。

二、保育仔猪的饲养管理

保育仔猪也叫断奶仔猪，一般指断奶至 70 日龄左右的仔猪。这个时期饲养管理的主要任务是做好饲料、饲养制度和环境的逐渐过渡，减少应激，预防疾病，及时供给全价饲料，保证仔猪正常的生长发育，为培育健壮结实的育成猪奠定基础。

(一)生理特点

保育仔猪处于强烈的生长发育时期，消化机能和抵抗力还没有发育完全；骨骼和肌肉快速生长，可塑性大，饲料利用率高，利于定向培育；仔猪由原来依靠母乳生活过渡为饲料供给营养；生活环境由产房迁移到仔猪培育舍，并伴随重新编群，更换饲料、饲养员和管理制度等一系列变化，给仔猪造成很大刺激。此时易引发各种不良的应激反应，如饲养管理不当，就会引起生长发育停滞，形成僵猪，甚至患病或死亡。

(二)饲养方法

仔猪断奶后由于生活条件的突然改变，往往表现不安，食欲不振，生长停滞，抵抗力下降，甚至发生腹泻等，影响仔猪的正常生长发育。为了养好断奶仔猪必须采取“两维持、三过渡”的办法。“两维持”即维持原圈或同一窝仔猪移至另一圈饲养，维持原饲料和饲养制度。“三过渡”即饲料的改变、饲养制度的改变和饲养环境的改变都要有过渡，每一变动都要逐步进行。因此，这一阶段的中心任务是保持仔猪的正常生长，减少和消除疾病的发生，提高保育仔猪的成活率，获得最高的平均日增重，为育肥猪生产奠定良好的基础。

(1)原圈饲养　是指仔猪断奶后仍留在原圈或产床上养育，经 1 周左右的过渡，再转移到仔猪培育舍。

(2)同栏转群　是指仔猪断奶后将同一窝仔猪转移到保育舍或另一个圈内同栏饲养，时间达到 70 日龄或体重达到 18～25 kg 时，再转入生长育肥舍分群饲养，可以有效降低仔猪的应激危害。

(3)网床培育　网床培育是指仔猪培育由地面饲养变成网上饲养的方法。目前大、中型猪场多采用此法来饲养哺乳仔猪和断奶仔猪。这种猪栏主要由金属网、围栏、自动食槽和自动饮水器组成，通过支架设在粪沟上或水泥地面上。网床离地面约 35 cm，笼底可用钢筋，部分面积也可放置木板，便于仔猪休息，有的还设有活动保育箱，以便冬季保暖。饲养密度 10～13 头，每头仔猪的面积为 0.3～0.4 m^2。这种方法的优点是：一是仔猪不与湿冷地面接触，减少冬季地面传导散热损失，有利于取暖；二是粪尿、污水随时通过漏粪地板漏到粪尿沟内，减少了仔猪直接接触污染源的机会，床面清洁干燥，降低仔猪腹泻的发生。因此，网床养育仔猪，生长发育快，仔猪均匀整齐，饲料利用率高，患病少，成活率高，有条件的猪场可推广应用。南方用炕床饲养，腹部保温效果好，减少了腹泻的发生。

(4)逐渐换料　断奶仔猪处于强烈的生长发育阶段，需要营养丰富且容易消化的饲料。由于仔猪断奶后所需营养物质完全来源于饲料，为了使断奶仔猪尽快适应断奶后的饲料，减少断奶应激造成的不良影响，应在断奶后的最初 1 周到 10 d 保持断奶前的饲料、饲喂次数和饲喂方法不变，即继续饲喂哺乳仔猪料，并在饲料中适量添加抗生素、维生素和氨基酸，以减轻应激反应，2周后逐渐过渡到断奶仔猪饲料。仔猪断奶后5 d最好限量饲喂，平均每头仔猪日喂量160 g。环境过渡时，仔猪最好留在原圈内不混群，让仔猪同槽进食或一起运动，到断奶半个月后，仔猪表现稳定时，方可调圈并窝，并根据性别、体重、采食快慢等进行分群。断奶仔猪栏安装自动饮水器，保证仔猪能随时喝到清洁的水，另外还可以在饮水中添加抗应激药物。

(三)管理要求

(1)加强定位训练　仔猪断奶转群后，要调教训练采食、躺卧和排泄三点定位的习惯，既可保持圈内清洁，又便于清扫。具体做法是：利用仔猪嗅觉灵敏的特性，在转群后3 d内排泄区的粪尿不全清除，在早晨饲喂前后及睡觉前，将仔猪赶到排粪的地方，经过1周左右时间的训练就可养成仔猪定点排泄的习惯。

(2)创造适宜环境　仔猪舍温度要适宜，30～40日龄为21～22℃，41～60日龄为21℃，相对湿度为65%～75%，通风良好，圈内粪尿及时清除。每周用百毒杀对圈舍、用具等进行1～2次消毒，随时观察仔猪采食、饮水、精神及粪便等，发现问题及时处理。

(3)搞好预防注射　根据当地疫病流行情况，认真制定仔猪的免疫程序，严格按规程执行，降低仔猪的发病率。

(四)保育仔猪舍饲养管理岗位操作程序

1.工作目标

(1)保育期成活率95%以上。

(2)7周龄转出体重15 kg以上。

(3)10周龄转出体重20 kg以上。

2.工作日程

7:30～8:30	饲喂。
8:30～9:30	治疗。
9:30～11:00	清理卫生、其他工作。
11:00～11:30	饲喂。
14:30～15:00	饲喂。
15:00～16:00	清理卫生、其他工作。
16:00～17:00	治疗、报表。
17:00～17:30	饲喂。

3.岗位技术规范

(1)转入猪前，空栏，彻底冲洗消毒，空栏时间不少于3 d。

(2)转入猪只尽量同窝饲养，进出猪群每周一批次，认真记录。

(3)诱导仔猪吃料。转入后1～2 d注意限料，少喂勤添，每日3～4次，以后自由采食。

(4)调整饮水器使其缓慢滴水或小量流水，诱导仔猪饮水，注意经常检查饮水器。

(5)及时调整猪群，按照强弱、大小分群，保持合理的密度，病猪、僵猪及时隔离饲养，注意链球菌病的防治。

(6)保持圈舍卫生，加强猪群调教，训练猪群采食、卧息、排便“三点定位”。控制好舍内湿度，有猪时尽可能不用水冲洗猪栏(炎热季节除外)。

(7)进猪后第一周，饲料中适当添加一些抗应激药物，如维力康、多维、矿物质添加剂等，适当添加一些抗生素药物如呼诺玢、呼肠舒、支原净、强力霉素、土霉素等。1 周后体内外驱虫一次，可用伊维菌素、阿维菌素等拌料 1 周。

(8)喂料时观察食欲情况，清粪时观察排粪情况，休息时检查呼吸情况。发现病猪，对症治疗，严重者隔离饲养，统一用药。

(9)根据季节变化，做好防寒保温、防暑降温及通风换气，尽量降低舍内有害气体浓度。

(10)分群合群时，遵守"留弱不留强"、"拆多不拆少"、"夜并昼不并"的原则，并圈的猪只喷洒药液(如来苏儿)，清除气味差异，防止咬架而产生应激。

(11)每周消毒两次，每周消毒药更换一次。

任务 12　育成猪的饲养管理

一、育成猪的生长发育规律

就广义的概念而言，育成猪是指保育期结束后饲养至配种前留作种用的幼龄猪。其培育的重点是合理生长发育，其中生长是指组织、器官在重量和体积方面的不断增长和加大；发育是指组织、器官在结构和性能方面的不断成熟和完善。幼龄猪生长发育规律如图 5-1 所示。

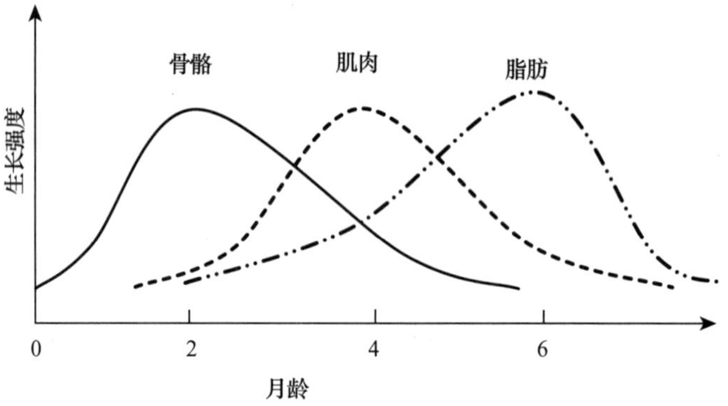

图 5-1　幼龄猪的生长发育规律

(一)体重的增长

体重是综合反映猪体各部位和组织变化的直接指标。在猪的生长发育阶段，绝对增重随日龄的增长而不断增加，并达到高峰，之后缓慢下降，到达成年时停止生长，即呈现"慢-快-慢"的变化趋势，相对增重则正好相反。猪体重的增长因品种类型而异，通常以平均日增重来表示其速度的快慢，如脂肪型猪成熟较早，体重的强烈增长期来得早，一般在活重 70～90 kg 时即达屠宰适期；现代瘦肉型品种猪成熟晚，体重的强烈增长期来得迟，但高峰期维持的时间较长，110 kg 以后才开始下降直至成年期不再增长，一般在活重 110～120 kg 时达到屠宰适期。生产中应充分利用猪的体重增长规律，通过合理的营养供应，提高育肥猪的增重速度，促使其尽早出栏。后备猪则在保证骨骼、肌肉充分发育的基础上，防止体重过度增长而形成肥胖体质。

（二）体组织的变化

猪的骨骼、肌肉和脂肪的生长强度，随体重和日龄增长而呈现一定的规律性。三种体组织的生长强度顺序为：骨骼最早，肌肉居中，脂肪最晚。一般情况下，幼龄猪在出生后 2～3 月龄（体重 20～35 kg）骨骼生长迅速，同时肌肉也维持较高的生长速度；3～4 月龄（体重 35～60 kg）肌肉生长迅速并达到高峰，同时脂肪开始加快沉积；5～6 月龄（体重 60～90 kg）以后，骨骼和肌肉的生长迅速减缓，但脂肪沉积高峰来临。人们常说的"小猪长骨，中猪长肉，大猪长膘"就是这个道理。生产中应充分利用体组织的生长时序特点，采用合理的饲养方法、饲料类型和营养水平，提高育肥猪的生长速度，改进胴体品质。后备猪则在前期自由采食、后期适当限饲的基础上，保证种用体况，以满足其配种要求。

（三）猪体化学成分的变化

猪体内的化学成分随体重和体组织的增长呈现规律性变化，水分、蛋白质和矿物质的沉积速度，随年龄和体重的增长而相对减少，脂肪则相对增加；50 kg 之后，蛋白质和灰分含量相对稳定，脂肪迅速增长，水分明显下降。猪体化学成分变化的内在规律，可以为猪群制定不同体重时期的最佳营养水平和饲养措施，提供科学合理的理论依据。

留种的幼龄猪通过生长发育阶段的定向培育，要求其体型长、高而适度宽，体格健壮，骨骼结实，组织和器官发育良好，避免过度发达的肌肉和大量的脂肪；非留种的育肥猪通过生长发育阶段的饲养管理，要求其快速生长，肌肉发达，瘦肉率高，体重达 90～110 kg 时屠宰上市。在养猪生产实践中，应根据其生长发育规律，采用合适的饲料类型、营养水平和饲养方法，制定科学合理的培育方案。

二、育成猪的饲养管理

育成猪是指从保育仔猪群中挑选出的留作种用的幼龄猪，一般饲养至 8～12 月龄时开始配种利用。培育育成猪的要求是前期（60 kg 之前）自由采食，正常生长发育，后期（60 kg 之后至配种前）限制饲养，并保持不肥不瘦的种用体况，及早发情和适时配种。

（一）饲养方法

1. 合理供给营养

掌握合适的营养水平是养好育成猪的关键。一般认为采用中上等营养水平比较适宜，注意营养全价，特别是蛋白质、矿物质与维生素的供给。如维生素 A、维生素 E 的供应，利于发情；充足的钙、磷，利于形成结实的体质；充足的生物素，可防止蹄裂等。建议日粮营养水平：60 kg 以前每千克日粮含粗蛋白 15.4%～18.0%，消化能 12.39～12.60 MJ；60 kg 以后每千克日粮含粗蛋白 13.5%，消化能 12.39 MJ。

2. 适时限量饲喂

育成猪一般在 60～70 kg 以后限量饲喂，这样可以保持适宜的种用体况，有利于发情配种。在此基础上可以供给一定量的优质青、粗饲料，尤其是豆科牧草，既可以满足育成猪对矿物质、维生素的需要，又可以减少碳水化合物的摄入，使猪不至于养得过肥而影响配种。具体可按如下程序进行：

(1)5 月龄之前自由采食,一直到体重 60～70 kg。

(2)5～6.5 月龄采取限制饲养,饲喂富含矿物质、维生素和微量元素的育成猪料,日喂量 2 kg,平均日增重应控制在 500 g 左右。

(3)6.5～7.5 月龄短期优饲,加大饲喂量,促进体重快速增长,为发情配种做好准备,日喂量 2.5～3 kg。

(4)7.5 月龄之后,视体况及发情表现调整饲喂量,母猪膘情保持 8～9 成膘。

3.采用短期优饲

初配前的母猪,适合采用短期优饲的方法,即母猪配种前 15 d 左右,在原饲粮的基础上,适当增加精料喂量,配种结束后,恢复到母猪妊娠前期的饲喂量即可,有条件时可让母猪在圈外活动并提供青绿饲料。这种方法可促进母猪配种前的发情排卵,增加头胎产仔数,提高养猪经济效益。

(二)管理要求

(1)公母分群　育成猪应按品种、性别、体重等分群饲养,体重 60 kg 以前每栏饲养 4～6 头,体重 60 kg 以后每栏饲养 2～3 头。小群饲养时,可根据膘情限量饲喂,直到配种前。按猪场的具体情况,有条件时可单栏饲养。

(2)加强运动　运动可以增强体质,使猪体发育匀称,增强四肢的灵活性和坚实性。有条件的猪场可以把育成猪赶到运动场自由运动,也可以通过减小饲养密度、增加饲喂次数等方式促使其运动。对待不发情母猪还可以采用换圈、并圈及舍外驱赶运动来促进母猪发情。

(3)定期称重　育成猪应每月定期称测体重,检查其生长发育是否符合品种要求,以便及时调整饲养,6 月龄以后应测定体尺指标和活体膘厚。育成猪在不同日龄阶段应保持相应的体尺与体重,发育不良的育成猪,应及时淘汰。

(4)耐心调教　育成猪要从小加强调教,以便建立人猪亲和关系,严禁打骂,为以后采精、配种、接产打下良好基础。管理人员要经常接触猪只,抚摸猪只敏感部位,如耳根、腹侧、乳房等处,促使人畜亲和。达到性成熟时,实行单圈饲养,避免造成自淫和互相爬跨的恶癖。

(5)接种疫苗　做好育成猪各阶段疫苗的接种工作。如口蹄疫、猪瘟、伪狂犬病、细小病毒病、乙型脑炎等。

(6)日常管理　保持舍内清洁卫生和通风换气,冬季防寒保温、夏季防暑降温。经常刷拭猪体,及时观察记录,达到月龄和体重时开始配种。

(三)育成猪舍饲养管理岗位操作程序

1.工作目标

保证育成母猪转为后备母猪的合格率≥90%,转为后备公猪的合格率≥80%。

2.工作日程

7:30～8:00	观察猪群。
8:00～8:30	饲喂。
8:30～9:30	治疗。
9:30～11:30	清理卫生、其他工作。
14:00～15:30	冲洗猪栏、清理卫生。
15:30～17:00	治疗、其他工作。
17:00～17:30	饲喂。

3.岗位技术规范

(1)按进猪日龄,分批次做好免疫、驱虫、限饲优饲计划。后备母猪配种前体内外驱虫一次,进行乙型脑炎、细小病毒、猪瘟、口蹄疫等疫苗的注射。

(2)日喂料两次。母猪 6 月龄以前自由采食,7 月龄以后适当限制,配种前 1 个月或半个月优饲。限饲时喂料量控制在 2 kg 以下,优饲时 2.5 kg 以上或自由采食。

(3)做好发情记录,并及时移交配种舍人员。母猪发情记录从 6 月龄开始。仔细观察初次发情期,以便在第 2～3 次发情时及时配种,并做好记录。

(4)育成公猪单栏饲养,圈舍不够时可 2～3 头一栏,配种前 1 个月单栏饲养。育成母猪小群饲养,5～8 头一栏。

(5)引入育成猪第 1 周,饲料中适当添加一些抗应激药物,如维力康、维生素 C、多维、矿物质添加剂等。同时饲料中适当添加一些抗生素药物如呼诺玢、呼肠舒、泰灭净、强力霉素、利高霉素、土霉素等。

(6)外引猪的有效隔离期约 6 周(40 d),即引入育成猪至少在隔离舍饲养 40 d。若能周转开,最好饲养到配种前 1 个月,即母猪 7 月龄、公猪 8 月龄。转入生产线前最好与本场已有母猪或公猪混养 2 周以上。

(7)育成猪每天每头喂 2.0～2.5 kg,根据不同体况、配种计划增减喂料量。育成母猪在第一个发情期开始,要安排喂催情料,比规定料量多 1/3,配种后料量减到 1.8～2.2 kg。

(8)进入配种区的育成母猪每天赶到运动场运动 1～2 h,并用公猪试情检查。

(9)通过限饲与优饲、调圈、适当的运动、应用激素等措施刺激母猪发情,凡进入配种区超过 60 d 不发情的小母猪应淘汰。

(10)对患有气喘病、胃肠炎、肢蹄病等疾病的育成母猪,应单独隔离饲养,隔离栏位于猪舍最后;观察治疗两个疗程仍未见有好转的,应及时淘汰。

(11) 育成猪 7 月龄转入配种舍,母猪初配月龄须到 7.5 月龄,体重达到 110 kg 以上;公猪初配月龄须到 8.5 月龄,体重达到 130 kg 以上。

任务 13 种公猪的饲养管理

种公猪质量的好坏直接影响整个猪群生产水平的高低,农谚道:“母猪好、好一窝,公猪好、好一坡”,充分说明了养好公猪的重要性。采用本交方式配种的公猪,一年负担 20～30 头母猪的配种任务,繁殖仔猪 400～600 头;采用人工授精方式配种,每头公猪与配母猪头数和繁殖仔猪数更多。由此可见,加强公猪的饲养管理,提高公猪的配种效率,对改进猪群品质,具有十分重要的意义。生产中要提高公猪的配种效率,必须常年保持种公猪的饲养、管理和利用三者之间的平衡。

一、饲养方法

(1)饲粮供应　种公猪的饲粮除严格遵循饲养标准外,还需根据品种类型、体重大小、配种利用强度合理配制。冬季寒冷,饲粮的营养水平应比饲养标准高 10%～20%。

(2)饲喂技术　种公猪的饲喂一般采用限量饲喂的方式，饲粮可用生湿拌料、干粉料或颗粒料。日喂2～3次，每次不要喂得太饱，以免过食和饱食后贪睡。此外，每天供给充足清洁的饮水，严禁饲喂发霉变质的饲料。

二、管理要求

种公猪的管理除经常保持圈舍清洁干燥、通风良好外，应重点做好以下工作。

(1)建立稳定的日常管理制度　为减少公猪的应激影响，提高配种效率，种公猪的饲喂、饮水、运动、采精、刷拭、防疫、驱虫、清粪等管理环节，应固定时间，以利于猪群形成良好的生活规律。

(2)单圈饲养　成年公猪最好单圈喂养，可减少相互打斗或爬跨造成的精液损失或肢蹄伤残。

(3)适量运动　适量运动是保证种公猪性欲旺盛、体质健壮、提高精液品质的重要措施。规模猪场设有专门的运动场，公猪作轨道式运动或迷宫式运动；若无专门的运动场，种公猪也可自由运动，必要时进行驱赶运动。

(4)刷拭修蹄　每天刷拭猪体，既可保持皮肤清洁、健康，减少皮肤疾病，还可使公猪性情温顺，便于调教、采精和人工辅助配种。

(5)定期称重　种公猪应定期称重或估重，及时检查生长发育状况，防止膘情过肥或过瘦，以提高配种效果。

(6)检查精液　平时做好种公猪的精液品质检查，通过检查及时发现和解决种公猪营养、管理、疾病等方面的问题。实行人工授精，公猪每次采精后必须检查精液品质；如果采用本交，公猪每月应检查1～2次精液品质。种公猪合格的精液表现为射精量正常、精液颜色乳白色、精液略带腥味、精子密度中等以上，精子活力0.7以上。

(7)防止自淫　部分公猪性成熟早，性欲旺盛，容易形成自淫(非正常射精)恶癖。生产中杜绝公猪自淫恶癖可采取单圈饲养、远离配种点和母猪舍、利用频率合理和加强运动等方法。

(8)防暑防寒　种公猪舍适宜的温度为14～16℃，夏季防暑降温，冬季防寒保暖。高温对种公猪影响较大，公猪睾丸和阴囊温度通常比体温低3～5℃，这是精子发育所需要的正常体温。当高温超过公猪自身的调节能力时，睾丸温度随之升高，进而造成精液品质下降、精子畸形率增加，甚至出现大量的死精，一般在温度恢复正常后2个月左右，公猪才能进行正常配种。所以，在高温季节，公猪的防暑降温显得十分重要。炎热的季节可通过安装湿帘风机降温系统、地面洒水、洗澡、遮阴、安装吊扇等方法对种公猪降温。

三、种公猪常见问题及解决方法

(1)无精与死精　种公猪交配或采精频率过高，会引起突然无精或死精。治疗时使用丙酸睾丸素(每毫升含丙酸睾丸素25 mg)一次颈部注射3～4 mL，每2 d 1次，4次为一个疗程，同时加强种公猪的饲养管理，1周后可恢复正常。

(2)公猪阳痿　公猪无性欲，经诱情也无性欲表现。可用甲基睾丸素片口服治疗，日用量100 mg，分两次拌入饲料中喂服，连续10 d，性欲即可恢复。

(3)蹄底部角质增生　增生物可进行手术切除，用烙铁烧烙止血，同时服用一个疗程的土霉素，预防感染，7～10 d后患病猪的蹄部可以着地站立，投入使用。

(4)应激危害　各种应激因素容易诱发种公猪的配种能力下降，如炎热季节的高热、运输、免疫接种及各种传染病等多种因素会引起应激危害，影响公猪睾丸的生精能力。及时消除应激因素，部分种公猪可恢复功能，若消除不及时，部分种公猪可能永久丧失生殖能力。

(5)睾丸疾病　种公猪的睾丸常常因疾病等因素，导致睾丸肿胀或萎缩，失去配种能力。如感染日本乙型脑炎病毒，可引起睾丸双侧肿大或萎缩，如不及时治疗，则会使公猪丧失种用价值。每年春、秋两季分别预防注射一次猪乙型脑炎疫苗，改善环境，减少蚊虫叮咬，防止猪乙型脑炎的发生。

四、公猪舍饲养管理岗位操作程序

(一)工作目标

(1)维持种公猪中上等膘情，精力充沛、性欲旺盛，精液品质良好；

(2)配种能力强，促使母猪的情期受胎率达到85%以上。

(二)工作日程

7:30～8:30　饲喂。

8:30～11:30　观察猪群、采精、运动。

11:30～12:00　清理卫生、其他工作。

14:30～16:30　清理卫生、其他工作。

16:30～17:30　观察猪群、刷拭、治疗、其他工作。

17:30～18:30　饲喂。

(三)岗位技术规范

(1)饲养原则　提供所需的营养以使精液的品质最佳，数量最多。为了交配方便，延长使用年限，公猪不应太大，并执行限制饲养的方法。一般情况下，公猪日喂2次，每头每天喂2.5～3.0 kg。配种期每天补喂一枚鸡蛋(喂料前)，每次不要喂得过饱，以免饱食贪睡，不愿运动而造成过肥。按免疫程序做好各种疫苗的免疫接种工作，预防烈性传染病的发生。

(2)单栏饲养　保持圈舍与猪体清洁，合理运动。有条件时每周安排2～3次驱赶运动。

(3)调教公猪　后备公猪达8月龄，体重达120 kg，膘情良好时即可开始调教。将后备公猪赶到配种能力较强的种公猪附近隔栏观摩、学习配种方法。第一次配种时，公、母大小比例要合理，母猪发情状态要好，不让母猪爬跨新公猪，以免影响公猪配种的主动性，正在交配时不能推压公猪，更不能鞭打或惊吓公猪。

(4)注意安全　工作时保持与公猪的距离，不要背对公猪。公猪试情时，需要将正在爬跨的公猪从母猪背上推下，这时要特别小心，不要推其肩、头部，以防遭受攻击。严禁粗暴对待公猪。

(5)合理使用　后备公猪9月龄开始使用，使用前先进行配种调教和精液质量检查，初配体重应达到130 kg以上。9～12月龄公猪每周配种1～2次，13月龄以上公猪每周配种3～4次。健康公猪休息时间不得超过2周，以免发生配种障碍。若公猪患病，1个月内不准使用。

(6)精液检查　本交公猪每月须检查精液品质一次，夏季每月两次，若连续三次精检不合格或连续两次精检不合格，且伴有睾丸肿大、萎缩、性欲低下、跛行等疾病时，必须淘汰。各生产线应根据精液品质检查结果，合理安排好公猪的使用强度。

(7)防暑降温　天气炎热时应选择在早晚较凉爽时配种，并适当减少使用次数，防止公猪热应激。

(8)预防疾病　经常刷拭和冲洗猪体，及时防疫、驱虫，注意保护公猪肢蹄；性欲低下的公猪，加强营养供应和运动锻炼，及时诊断和治疗。

任务 14　种母猪的饲养管理

种母猪是养猪生产经营管理的重要组成部分，既是养猪场重要的生产资料，又是饲养管理人员从事养猪生产的主要对象和生产产品。对于一个养猪场来说，种母猪群管理效果的好坏，关系全场生产效益的高低。种母猪的饲养管理按照生产周期可划分为空怀期、妊娠期和泌乳期三个时期，由于在不同的时期，母猪的生理特点和生产特点差异较大，所以在养猪生产实践中，应根据其各自的特点有针对性地制定相应的饲养管理方案，只有这样，才能确保母猪配种、妊娠、分娩顺利进行。

一、空怀母猪的饲养管理

空怀母猪是由分娩车间转来的断奶母猪和后备车间补充进来的后备母猪。主要任务是让母猪尽快恢复合适的膘情，按时发情配种，并做好妊娠鉴定工作，为转入妊娠舍做好准备。

(一)控制膘情

断奶后的母猪如果出现膘情过肥或过瘦的现象，都会导致母猪发情推迟、排卵减少、不发情或乏情等问题的发生。生产中应根据其体况好坏，限制饲养，控制合理的膘情，促使其正常的繁殖产仔。

(1)体况消瘦的母猪　有些母猪特别是泌乳力高的个体，泌乳期间营养消耗多，减重大，到断奶前已经相当消瘦，奶量不多，一般不会发生乳房炎。此类猪断奶时可不减料，干乳后适当增喂营养丰富的易消化饲料，以尽快恢复体力，及时发情配种。

(2)体况肥胖的母猪　过于肥胖的空怀母猪，往往贪吃、贪睡，发情不正常，要少喂精料，多喂青绿饲料，加强运动，使其尽快恢复适度膘情，以便及时发情配种。

空怀母猪的膘情鉴定如图 5-2 所示。

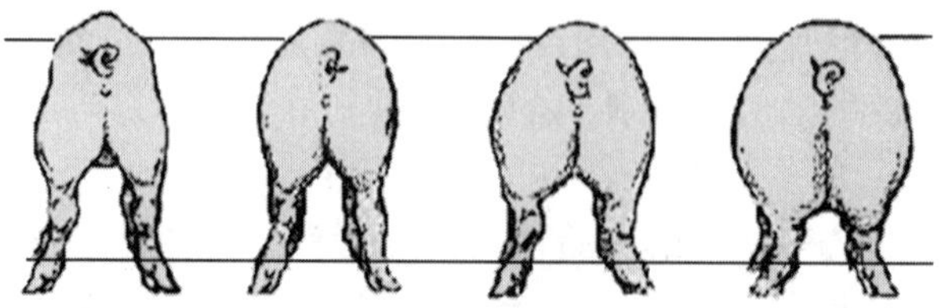

偏瘦　　中等　　适中　　偏肥

图 5-2　空怀母猪膘情比较

(二)合理给料

经产母猪从断奶到再次配种这一段时期,称为空怀期。母猪断奶时应保持 7～8 成膘,以确保断奶后 3～10 d 再次发情配种,开始进入下一个繁殖周期。饲养空怀母猪的主要任务是保证母猪正常发情,并多排卵。生产中由于空怀母猪既不妊娠,也不带仔,人们在饲养上往往不重视,因而常出现发情推迟或不发情等问题。为了促使其发情排卵,按时组织配种并成功受胎,空怀母猪应合理给料。

空怀母猪的给料方法如图 5-3 所示。

哺乳	3 d → 减料	断奶	3 d → 减料	干奶	4～7 d → 加料	发情

图 5-3 空怀母猪的给料方法

(三)适时干奶

如果断奶前母猪仍能分泌大量的乳汁,特别是早期断奶的母猪,为了防止乳房炎的发生,断奶前后要少喂精料,多喂青、粗饲料,使母猪尽快干奶。

(四)小群管理

小群管理是将同期断奶的母猪 3～5 头饲养在同一栏(圈)内,让其自由活动。有舍外运动场的栏(圈)舍,应扩大运动范围。当群内出现发情母猪后,由于爬跨和外激素的刺激,便可引诱其他空怀母猪发情。母猪从分娩舍转来之前,固定于限位栏内饲养,活动范围小,缺乏运动。生产实践中,转入空怀舍的母猪应小群饲养在宽敞的圈舍环境中,以利于运动、光照和发情。

二、妊娠母猪的饲养管理

妊娠母猪是由配种车间转来的妊娠 21 d 左右的母猪。管理者的主要任务是根据母猪的膘情,按照饲养标准,对不同体况的母猪给予不同的饲养方法,维持中上等膘情,并做好母猪的安宫保胎和泌乳储备等工作。

妊娠母猪处于"妊娠合成代谢"状态,体重增加迅速。研究表明,母猪妊娠期的采食量与泌乳期的采食量成反比例关系,如表 5-9 所示。这一研究结果很重要,因为母猪在哺乳期的采食量与产奶量有密切关系,如表 5-10 所示

表 5-9 妊娠期母猪饲料摄入量对哺乳期饲料摄入量的影响 kg

项目	妊娠期饲料日摄入量				
	0.9	1.4	1.9	2.4	3.0
妊娠期体重的增加	5.9	30.3	51.2	62.8	74.4
哺乳期饲料日摄入量	4.3	4.3	4.4	3.9	3.4
哺乳期体重的变化	6.1	0.9	−4.4	−7.6	−8.5

表 5-10 泌乳期母猪饲料日摄入量对产奶量的影响 kg

胎次	饲料摄入量			
	4.5	5.3	6.0	6.8
第一胎	5.9	5.4	6.7	6.1
第二胎	5.4	6.0	6.8	6.6
第三胎	5.5	6.8	7.3	8.0

在泌乳期间，通过增加饲料摄入量，可使产奶量达到一个较高水平。若妊娠期间，母猪营养水平过高，会使母猪过于肥胖，造成饲料浪费，即饲料中营养物质经猪体消化吸收后变成脂肪等贮藏于体内的代谢过程，会损失一部分营养物质；泌乳时再由体脂肪转化为母乳营养的代谢过程，又会损失一部分营养物质，两次的营养损失超过泌乳母猪将饲料中的营养物质直接转化为猪乳的一次性损失。另外，妊娠母猪过于肥胖，常常形成难产、奶水不足、食欲不振、产后易压死仔猪和不发情等现象。因此，妊娠母猪采用适度限制饲养，既可以节约饲料，还有利于分娩和泌乳。

(一)饲养方式

妊娠母猪的饲养方式应在限制饲养的基础上，根据其营养状况、膘情和胎儿的生长发育规律合理确定。

(1)抓两头带中间　适用于断奶后膘情很差的经产母猪。具体做法是在配种前 10 d 和配种后 20 d 的 1 个月内，提高营养水平，日平均采食量在妊娠前期饲养标准的基础上增加 15%～20%，有利于体况恢复和受精卵着床。体况恢复后改为妊娠中期的基础日粮。妊娠 80 d 后再次提高营养水平，即日平均采食量在妊娠前期饲养标准的基础上增加 25%～30%，这种饲喂模式符合“高→低→高”的饲养方式。

(2)步步登高　适用于初产母猪和繁殖力特别高的经产母猪。具体做法是在整个妊娠期，根据胎儿体重的增加，逐渐提高日粮的营养水平，到产前的 1 个月达到高峰，但在产前 1 周左右，采取减料饲养。

(3)前粗后精　适用于配种前体况良好的经产母猪。具体做法是妊娠初期不增加营养，到妊娠后期，胎儿发育迅速，增加营养供给，但不能把母猪养得过肥。

产前 5～7 d，体况良好的母猪，减少日粮中 10%～20%的精料，以防母猪产后乳房炎和仔猪下痢；体况较差的母猪，日粮中添加一些富含蛋白质的饲料。分娩当天，可少喂或停喂，并提供少量的麸皮盐水汤或麸皮红糖水。

(二)管理要求

(1)单栏或小群饲养　单栏饲养是母猪从妊娠到分娩产仔前，均饲养在限位栏内。这种饲养方式的特点是采食均匀，管理方便，但母猪不能自由运动，肢蹄病较多。小群饲养时可将配种期相近、体重相近和性情相近的 3～5 头母猪，圈在同一栏(圈)内饲养，母猪可以自由运动，采食时因相互争抢可增进食欲，如果分群不合理，同栏个别母猪会因胆小而影响其采食与休息。

(2)保证饲料质量和卫生　严禁饲喂霉变、腐败、冰冻、有毒有害的饲料。饲料体积不宜太大，适当提高日粮中粗纤维水平，以防母猪便秘。喂料时最好采用粉料湿拌的饲喂方式。

(3)做好接产准备　搞好预产期推算,做好产房和接产准备,并做好记录。

(4)防止流产　饲养员对待妊娠母猪态度温和,不能惊吓、打骂母猪,经常抚摸母猪的腹部,为将来接产提供便利条件。另外,应每天观察母猪的采食、饮水、粪尿和精神状态的变化,预防疾病发生,减少机械刺激(如挤、斗、咬、跌、骚动等),防止流产。

(三)母猪胚胎死亡的原因及防止措施

胚胎在妊娠早期死亡后被子宫吸收称为化胎。胚胎在妊娠中、后期死亡不能被母猪吸收而形成干尸,称为木乃伊。胚胎在产前死亡,分娩时随仔猪一起产出称为死胎。母猪在妊娠过程中胎盘失去功能使妊娠中断,将胎儿排出体外称为流产。

1.胚胎死亡时间

化胎、死胎、木乃伊和流产都是胚胎死亡。母猪每个发情期排出的卵子大约有10%不能受精,有20%～30%的受精卵在胚胎发育过程中死亡,出生仔猪数只占排卵数的60%左右。猪胚胎死亡有三个高峰期:第一个高峰是受精后的9～13 d,这时的受精卵附着在子宫壁上还没形成胎盘,易受各种因素的影响而死亡;第二个高峰是受精后的第三周,处于组织器官形成阶段,胎儿往往因营养供给不足,发育受阻而死亡,这两个时期的胚胎死亡约占受精卵总数的30%～40%;第三个高峰是受精后的60～70 d,这时胎儿生长加快而胎盘停止生长,每个胎儿得到的营养不均,体弱胎儿容易死亡。

2.胚胎死亡原因

(1)精子或卵子活力低,虽然能受精但受精卵的生活力低,容易导致早期死亡而被母体吸收,形成化胎。

(2)高度近亲繁殖使胚胎生活力降低,形成死胎或畸形胎。

(3)母猪饲料营养不全,特别是缺乏蛋白质、维生素A、维生素D、维生素E、钙和磷等营养物质容易引起死胎。

(4)饲喂发霉变质、有毒有害的饲料,容易引发流产。

(5)母猪喂养过肥,容易形成死胎。

(6)母猪管理不当,如鞭打、急追猛赶、母猪相互咬架或进出窄小的圈门时互相拥挤等,都可造成母猪流产。

(7)某些疾病如乙型脑炎、细小病毒、蓝耳病等可引起死胎或流产。

3.防止胚胎死亡的措施

(1)饲料全价而均衡,尤其注意供给充足的蛋白质、维生素和矿物质,不能把母猪养得过肥。

(2)严禁饲喂发霉变质、有毒有害、有刺激性和冰冻的饲料。

(3)妊娠后期少喂勤添,每次给量不宜过多,避免胃肠内容物过多而挤压胎儿,产前应给母猪减料。

(4)防止母猪咬架、跌倒和滑倒等,不能强迫或鞭打母猪。

(5)制订配种计划,掌握母猪发情规律,做到适时配种,防止近亲繁殖。

(6)夏季防暑降温,冬季防寒保暖,注意圈舍卫生,防止疾病发生。

三、泌乳母猪的饲养管理

泌乳期的母猪因泌乳量多，体力消耗大，体重下降快，尤其是带仔数超过10头的母猪，体重减轻和掉膘明显。如果到哺乳期结束，能够很好地控制母猪体重下降幅度不超过15%～20%，一般认为比较理想，如果体重下降幅度过大，且不足以维持7～8成膘情，常会推迟断奶后的发情配种时间，给生产带来损失。因此，泌乳期母猪应以满足维持需要和泌乳需要为标准，实行科学饲养管理。

(一)饲养方法

(1)提供营养全价的日粮　母猪的乳汁含有丰富的营养物质，直接关系到哺乳仔猪生长发育的好坏。为了保证母猪多产乳，产好乳，避免少乳、无乳现象发生，应根据母猪的体重大小、带仔多少，给母猪提供营养丰富而全价的日粮，自由采食，饮水充足。泌乳母猪日粮中各种营养物质的浓度应满足：每千克饲料中含有消化能13.8 MJ，粗蛋白质17.5%～18.5%，钙0.77%，有效磷0.36%，钠0.21%，氯0.16%，赖氨酸0.88%～0.94%。如果采用限量饲喂，日喂量应控制在5.5～6.5 kg，每日饲喂4次。夏季气候炎热，母猪食欲下降，可多喂青绿饲料；冬季舍内温度达不到15～20℃，可在日粮中添加3%～5%的动物脂肪或植物油，促进母猪提高泌乳量。

(2)自由采食　泌乳母猪因产乳营养消耗大，即使充分饲养，体重的减轻和消瘦也是不可避免的。为了保证母猪断奶后正常发情排卵和维持配种膘情，应采用自由采食的方法饲喂泌乳母猪。产前3 d开始减料，减至正常饲喂量的1/3～1/2，产后3 d恢复正常，然后自由采食至断奶前的3 d。

(3)合理饲养　母猪产后，处于极度疲劳状态，消化机能差。开始应喂给稀粥料，2～3 d后，改喂湿拌料，并逐渐增加，5～7 d后，达到正常饲喂量。产前、产后日粮中加0.75%～1.50%的电解质、轻泻剂(维力康、小苏打或芒硝)以预防产后便秘、消化不良、食欲不振等，夏季日粮中添加1.2%的碳酸氢钠可提高采食量。

(二)管理要求

(1)哺乳期内保持环境安静、圈舍清洁干燥，做到冬暖夏凉。随时观察母猪的采食量和泌乳量的变化，以便根据具体情况采取相应的措施。

(2)产房内设置自动饮水器，保证母猪随时饮水。

(3)培养母猪交替躺卧哺乳　母猪乳腺的发育与仔猪吮吸有关，特别是初产母猪一定要均匀利用所有的乳头。泌乳期间加强训练母猪交替躺卧哺乳的习惯，保护好母猪的乳房和乳头。

(4)冬季防寒保暖，夏季防暑降温。

(三)提高母猪泌乳量的措施

母猪的泌乳量受多种因素的影响，如营养水平、管理、带仔数、胎次、品种等。就胎次而言，初产母猪的泌乳量低于经产母猪，第二胎开始上升，并保持一定水平，到6～7胎以后，逐渐下降。

(1)母猪泌乳量不足的原因

①营养方面　母猪在妊娠期间能量水平过高或过低，使得母猪偏胖或偏瘦，造成母猪产

后无乳或泌乳性能不佳；泌乳母猪蛋白质水平偏低或蛋白质品质不好，日粮中严重缺钙、缺磷，或钙磷比例不适宜，饮水不足等都会出现无乳或乳量不足。

②疾病方面　母猪患有乳房炎、链球菌病、感冒发烧、肿瘤等，都会出现无乳或乳量不足。

③其他方面　高温，低温，高湿，环境应激，母猪年龄过小、过大等，都会出现无乳或乳量不足。

(2)提高母猪泌乳量的措施　根据饲养标准科学配合日粮，满足母猪所需要的各种营养，特别是封闭式饲养的母猪，更应注意各种营养物质的合理供给，在确认无病、无饲养管理过失，但仍出现泌乳量不足的情况时，可用下列方法进行催乳：

①将胎衣洗净煮沸 20～30 min，去掉血腥味，然后切碎，连同其汤一起拌在饲料中，分 2～3 次饲喂。无乳或乳量不足的母猪，严禁生吃，以免出现消化不良；

②产后 2～3 d 内无乳或乳量不足，可给母猪肌肉注射催产素，剂量为每 100 kg 体重 10 IU；

③用淡水鱼或猪内脏、猪蹄、白条鸡等煎汤拌在饲料中饲喂；

④适当饲喂一些青绿多汁饲料，可以避免母猪无乳或乳量不足，但要防止饲喂过多而影响混合精料的采食和消化吸收，导致母猪出现过度消瘦的营养不良现象；

⑤中药催乳法。王不留行 36 g、漏芦 25 g、天花粉 36 g、僵蚕 18 g、猪蹄 2 对，水煎分两次拌在饲料中喂饲。

(四)断奶时间控制

目前我国母猪的泌乳期大多执行 28～35 日龄断奶。母猪在何时断奶，要根据母猪的失重情况、断奶后的发情、年产仔窝数、仔猪断奶应激等因素确定。

四、种母猪舍饲养管理岗位操作程序

(一)配种妊娠舍饲养管理岗位操作程序

1.工作目标

(1)按计划完成每周配种任务，保证全年均衡生产。

(2)保证母猪情期受胎率 85%以上。

(3)保证后备母猪合格率在 90%以上(转入基础群为准)。

2.工作日程

7:30～9:00	发情检查、配种。
9:00～9:30	饲喂。
9:30～10:30	观察猪群、治疗。
10:30～11:30	清洁卫生、其他工作。
14:00～15:30	冲洗猪栏猪体、其他工作。
15:30～17:00	发情检查、配种。
17:00～17:30	饲喂。

3.岗位技术规范

(1)发情鉴定与组织配种　发情鉴定的最佳时间是在母猪喂料后 0.5 h，表现安静时进行(由于与喂料时间冲突,主要用于鉴定困难的母猪),每天上、下午各进行一次发情鉴定,采用人工查情与公猪试情相结合的方法。经鉴定已发情的母猪,按照合理的组织程序安排配种。

①选择大、小合适的公猪,把公、母猪赶到圈内宽敞处,防止地面打滑。一旦公猪开始爬跨,立即给予帮助。必要时,用腿顶住交配的公母猪,防止公猪抽动过猛,母猪承受不住而中止交配。配种员站在公猪后面辅助阴茎插入阴道,要求使用消毒手套,将公猪阴茎对准母猪阴门,使其插入,注意不要让阴茎打弯。

②观察交配过程,保证配种质量。公、母猪的交配过程不得人为干扰或粗暴对待,保证公猪爬跨到位,射精充分。配种结束后,母猪赶回原圈,填写公猪配种卡和母猪记录卡。

③高温季节宜在上午 8 时前,下午 5 时后进行配种,最好饲喂前空腹配种。

④做好发情检查及配种记录。发现发情母猪,及时登记耳号、栏号及发情时间。

⑤公猪配种后不宜马上洗澡和剧烈运动,也不宜马上饮水。如饲喂后配种,必须间隔半小时以上。

⑥严格执行 NY/ T 636—2002《猪人工授精技术规程标准》。

(2)断奶母猪的饲养管理

①断奶母猪的膘情至关重要,要做好哺乳后期的饲养管理,使其断奶时保持较好的膘情。

②哺乳后期不要过多削减母猪喂料量,抓好仔猪的补饲,减少母猪泌乳的营养消耗,适当提前断奶。

③断奶前后 1 周内适当减少哺乳次数,减少喂料量,以防发生乳房炎。

④有计划地淘汰 7 胎以上或生产性能低下的母猪,确定淘汰猪最好在母猪断奶时进行。

⑤母猪断奶后一般在 3～7 d 开始发情,此时注意做好母猪的发情鉴定和公猪的试情工作。母猪发情稳定后才可配种,不要强配。

⑥断奶母猪可喂哺乳料,正常日喂量 2.5～3.0 kg;推迟发情的断奶母猪短期优饲,日喂量 3～4 kg。

⑦返情母猪饲养管理。配种后 21 d 左右,用公猪对母猪做返情检查,以后每月做一次妊娠诊断。将妊娠检查空怀母猪赶到观察区,及时复配,转入配种区要重新建立母猪卡。母猪每头每日喂料 3 kg 左右,日喂 2 次,过肥过瘦的要调整喂料量,膘情恢复正常再配。长期空怀、发情不正常母猪要集中饲养,栏内每天放进公猪,追逐 10 min 或在运动场公、母猪混群运动,并及时观察发情情况;体质健康、饲养正常而不发情的母猪,先采取饲养管理综合措施,后采取激素治疗;不发情或屡配不孕的母猪,可对症使用前列腺素、孕马血清促性腺激素、人绒毛膜促性腺激素、促卵泡素、氯前列烯醇等外源性激素处理;长期病弱或空怀 2 个情期以上的,应及时淘汰。

⑧按免疫程序做好各种疫苗的免疫接种工作,预防烈性传染病的发生。

(3)妊娠母猪的饲养管理

①所有母猪配种后,按配种时间(周次)在妊娠定位栏编组排列。妊娠料分两阶段按标准饲喂。

②根据母猪膘情调整投料量,每次投放饲料要准、快,以减少应激,保证每头猪足够的采食时间。

③不喂发霉变质饲料，防止中毒。

④减少应激，防止流产，做好保胎。

⑤妊娠诊断。在正常情况下，配种后 21 d 左右不再发情的母猪，即可确定为妊娠，其表现为：贪睡、食欲旺盛、易上膘、皮毛光润、性情温驯、行动稳重、阴门缩成一条线等。同时做好配种后 18～65 d 内的重复发情检查工作。

⑥膘情评估。按妊娠阶段分三段进行饲喂和管理。妊娠前期 1 个月内的喂料量为 1.8～2.2 kg/(d·头)，妊娠中期 2 个月内的喂料量为 2.0～2.5 kg/(d·头)，妊娠后期最后 1 个月的喂料量为 2.8～3.5 kg/(d·头)，产前 1 周开始饲喂哺乳料，并适当减料。

⑦防止机械性流产，预防中暑。

⑧按免疫程序做好各种疫苗的免疫接种工作，预防烈性传染病的发生。

⑨妊娠母猪临产前 1 周转入产房，转入前冲洗消毒，并同时驱除体内外寄生虫。

(二)分娩哺乳舍饲养管理岗位操作程序

1.工作目标

(1)保证母猪分娩率 96%以上。

(2)保证母猪年产仔窝数达到 2.1 窝，每窝平均产活仔数在 10.5 头以上，哺乳期仔猪成活率 92%以上。

(3)仔猪 28 日龄断奶，断奶时平均体重 7.0 kg 以上。

2.工作日程

7:30～8:30	母猪、仔猪饲喂。
8:30～9:30	治疗、打耳号、剪牙、断尾、补铁等工作。
9:30～11:30	清洁卫生、其他工作。
14:30～16:00	清洁卫生、其他工作。
16:00～17:00	治疗、报表。
17:00～17:30	母猪、仔猪饲喂。

3.岗位技术规范

(1)产前准备

①空栏彻底清洗，检修产房设备，之后用卫康、消毒威等消毒药，连续消毒两次，晾干后备用。第二次消毒最好采用火焰消毒或熏蒸消毒。

②产房温度最好控制在 25℃左右，湿度 65%～75%，分娩栏饮水器安装滴水装置，夏季滴水降温。

③准确判定预产期，母猪的妊娠期平均为 114 d。

④母猪产前 3 d 减料，产后 3 d 逐渐加料，以后自由采食。产前 3 d 开始投喂维力康或小苏打、芒硝，连喂 1 周，产前检查乳房是否有乳汁流出，以便做好接产准备。

⑤准备好 5%碘酊、0.1%高锰酸钾消毒水、抗生素、催产素、保温灯等药品及用具。

⑥产前用 0.1%高锰酸钾消毒水，清洗母猪的外阴和乳房部。

⑦临产母猪提前 1 周上产床，上产床前清洗消毒，驱除体内外寄生虫一次。

⑧产前肌注德力先等长效土霉素 5 mL。

⑨母猪产前至产后 1～2 周内饲料中添加呼肠舒、强力霉素等，以防产后仔猪下痢。

(2)判断分娩

①外生殖器红肿，频频排尿。

②骨盆韧带松弛，尾根两侧塌陷。

③乳房有光泽、两侧乳房外张，用手挤压有乳汁排出，初乳出现后 12～24 h 内分娩。

(3)接产

①要求专人看管，接产时每次离开时间不得超过半小时。

②仔猪出生后，应立即将其口鼻黏液清除、擦净，用抹布将猪体抹干，发现假死仔猪及时抢救，产后检查胎衣是否全部排出，如胎衣不下或胎衣不全，可肌注催产素。

③断脐后用 5%碘酊消毒。

④把初生仔猪放入保温箱，保持箱内温度 30℃以上。

⑤帮助仔猪吃上初乳，固定乳头，初生重小的放在前面，大的放在后面。仔猪吃初乳前，每个乳头的最初几滴奶要挤掉。

⑥有羊水排出、强烈努责后 1 h 仍无仔猪排出，或产仔间隔超过 1 h，即视为难产，需要人工助产。

(4)难产处理

①有难产史的母猪临产前 1 d，肌注律胎素或氯前列烯醇，或预产期当日注射缩宫素。

②临产母猪子宫收缩无力，或产仔间隔超过半小时者，可注射缩宫素，但要注意在子宫颈口开张时使用。

③注射催产素仍无效或由于胎儿过大、胎位不正、骨盆狭窄等原因造成的难产，应立即人工助产。

④人工助产时，要剪平指甲，润滑手、臂并消毒，然后随着子宫收缩节律慢慢伸入阴道内，手掌心向上，五指并拢，抓仔猪的两后腿或下颌部，母猪子宫扩张时，开始向外拉仔猪，努责收缩时停下，动作要轻，拉出仔猪后应帮助仔猪呼吸，假死仔猪及时处理。

⑤产后阴道内注入抗生素，同时肌注得力先等抗生素一个疗程，以防发生子宫炎、阴道炎。

⑥对难产的母猪，应在母猪卡上注明发生难产的原因，方便下一产次的正确处理或作为淘汰鉴定的依据。

(5)产后护理和饲养

①哺乳母猪每天喂 2～3 次，产前 3 d 开始减料，渐减至日常量的 1/3～1/2，产后 3 d 恢复正常，自由采食直至断奶前 3 d。喂料时若母猪不愿站立吃料应赶起。产前产后日粮中加 0.75%～1.50%的电解质、轻泻剂(维力康、小苏打或芒硝)，以预防产后便秘、消化不良、食欲不振。夏季日粮中添加 1.2%的小苏打可提高采食量。

②哺乳期内注意环境安静、圈舍清洁干燥，做到冬暖夏凉。随时观察母猪的采食量和泌乳量的变化，以便针对具体情况采取相应措施。

③仔猪出生后 2 d 内注射血康、富来血、牲血素等铁剂 1 mL，预防贫血；口服抗生素如兽友一针、庆大霉素 2 mL，以预防下痢；注射亚硒酸钠维生素 E 0.5 mL，以预防白肌病，同时也能提高仔猪对疾病的抵抗力；如果猪场呼吸道疾病严重时，鼻腔喷雾卡那霉素加以预防；无乳母猪采用催乳中药拌料或口服。

④新生仔猪要在 24 h 内断脐、称重、打耳号、剪牙、断尾等。断脐以留下 3 cm 为宜，断

端用5%碘酊消毒；有必要打耳号时，尽量避开血管处，缺口处用5%碘酊消毒；剪牙钳用5%碘酊消毒后，剪掉上下两侧犬齿，弱仔不剪牙；断尾时，尾根部留下3 cm处剪断，用5%碘酊消毒。

⑤仔猪吃过初乳后适当寄养或并窝调整，尽量使仔猪数与母猪的有效乳头数相等，防止未使用的乳头萎缩，从而影响下一胎的泌乳性能。寄养时，产仔日龄间隔相差不超过3 d，大的仔猪寄出去。寄出时用寄母的奶汁擦抹待寄仔猪的全身即可。3～7日龄非留种小公猪去势，去势时要彻底，切口不宜太大，术后用5%碘酊消毒。

⑥产房适宜温度：产后1周27℃，2周26℃，3周24℃，4周22℃。保温箱温度：初生时36℃，体重2 kg时30℃，体重4 kg时29℃，体重6 kg时28℃，体重6 kg以上至断奶27℃，断奶后3周24～26℃。产房保持干燥，分娩栏内只要有仔猪，便不能用水冲洗。

⑦仔猪出生后5～7日龄开食补料，保持料槽清洁，饲料新鲜，勤喂少添，晚间要补添1次料。每天补料次数为4～5次。

⑧仔猪平均28～35日龄一次性断奶，不换圈，不换料。断奶前后仔猪饲料中加入抗应激药物，如葡萄糖盐水、维生素C等添加剂，以防应激。

⑨断奶后1周，逐渐过渡饲料，断奶后1～3 d注意限料，以防消化不良引起下痢。

⑩在哺乳期因失重过多而瘦弱的母猪，要适当提前断奶，断奶前3 d需适当限料。产房人员不得擅自离岗，不得已离岗时控制在1 h以内。

任务15 育肥猪的饲养管理

育肥猪是指从保育仔猪群中挑选出的专做育肥用的幼龄猪，一般饲养至5～6月龄，体重达90～100 kg时屠宰出售。饲养育肥猪的要求是使其快速生长发育，尽早出栏，屠宰后的胴体瘦肉率高，肉质良好。

育肥猪是养猪生产的最后一个环节，也是产品形成的关键时期，直接关系到养猪生产经济效益的高低。主要目的是以尽可能少的饲料和劳动投入，获得成本低、数量多、质量优的猪肉。育肥猪的饲料成本占总成本的70%～80%以上，在整个生长发育过程中，幼龄阶段单位增重耗料量低，随日龄和体重增长逐步增加。在正常情况下，断奶至25 kg每千克增重耗料为2 kg左右，体重25～60 kg每千克增重耗料2.5～3.0 kg，体重60～100 kg每千克增重耗料3.0～3.5 kg。育肥猪饲养应充分利用其生长发育规律，前期给予高营养水平日粮，特别是蛋白质和必需氨基酸的供给，促进骨骼和肌肉的快速生长；后期适当限饲，减少脂肪沉积，既可提高胴体瘦肉率，又节省饲料，降低生产成本。

一、影响育肥猪生长的因素

(一)品种和类型

猪的品种和类型不同，生长育肥效果也不一样。大量研究表明，瘦肉型品种猪特别是杂种猪增重快、饲料利用率高、饲养期短、胴体瘦肉率高、经济效益好。一般来讲，三元杂交猪优于二元杂交猪。在市场经济的推动下，我国许多地方推广“杜×(长×大)”(简称“洋三元")或"杜×(长×本)"、"杜×(大×本)"等三元杂交生产模式，商品猪的生长速度、胴体瘦肉率均有较大的提高。

(二)饲料和营养

肉猪对营养物质的需要包括维持需要和增重需要。

1.饲料类型

不同的饲料类型，育肥效果不同。由于各种饲料所含的营养物质不同，应选用质量好的饲料并采取多种饲料搭配，以满足育肥猪的营养需要，单一饲料很难养好猪。

饲料对育肥猪胴体的肉脂品质影响极大，如多喂大麦、脱脂乳、薯类等淀粉类饲料，因其含有大量的饱和脂肪酸，形成的体脂洁白、硬实，易保存；多给米糠、玉米、豆饼、鱼粉、蚕蛹等原料，因其本身脂肪含量高，且多为不饱和脂肪酸，形成的体脂较软，易发生脂肪氧化，有苦味和酸败味，烹调时有异味。因此，育肥猪宰前2个月应减少不饱和脂肪酸含量高和有异味的饲料，以提高肉质。育肥猪不同饲料类型的育肥效果和对胴体脂肪品质的影响如表5-11和表5-12所示。

表5-11　育肥猪不同饲料类型的育肥效果

饲料组成	试验头数/头	每头猪日采食量/kg	平均日增重/g	饲料/增重
小麦组	16	1.09	232	4.70
大麦组	16	1.32	263	5.01
燕麦组	16	1.23	327	3.76
全价混合料组	16	2.09	691	3.03

表5-12　饲料类型对胴体脂肪品质的影响

脂肪品质	饲料类型
沉积白色、硬脂肪饲料	淀粉、麦类、薯类、脱脂乳、棉籽饼等
沉积黄色、软脂肪饲料	玉米、鱼粉、菜籽饼、花生饼、亚麻饼、蚕蛹等

2.营养水平

营养水平对猪的平均日增重、饲料利用率和胴体品质有明显的影响。高营养水平饲养的育肥猪，饲养期短，每千克增重耗料少；低营养水平饲养的育肥猪，饲养期长，每千克增重耗料多。

(1)能量水平　在饲料蛋白质、必需氨基酸水平相同的情况下，育肥猪摄入能量越多，猪的平均日增重越高，饲料利用率越高，胴体也越肥。

(2)蛋白质水平　蛋白质不仅决定瘦肉的生长，而且对增重也有一定的影响。日粮中蛋白质含量在9%～22%，猪的增重速度随蛋白质水平的增加而加快，饲料利用率也随之提高。粗蛋白质水平超过18%时，一般认为对增重没有效果。育肥猪体重60 kg以前，日粮中蛋白质含量以16.4%～19.0%为宜，体重60 kg以后以14.5%为宜。日粮粗蛋白质水平对猪育肥性能的影响如表5-13所示。

表 5-13　日粮粗蛋白质水平对育肥猪育肥性能的影响

项目	粗蛋白质/%					
	15.5	17.7	20.2	22.3	25.3	27.3
平均日增重/g	651	721	732	739	699	689
胴体瘦肉率/%	44.7	46.9	46.8	47.4	49.0	50.0

(3)氨基酸　猪日粮中除满足蛋白质供给外，还必须注意日粮中必需氨基酸的组成及其比例。猪需要10种必需氨基酸(赖氨酸、色氨酸、蛋氨酸、组氨酸、亮氨酸、异亮氨酸、苯丙氨酸、苏氨酸、缬氨酸和精氨酸)，赖氨酸是第一限制性氨基酸，对育肥猪的日增重及蛋白质的利用有较大的影响。育肥猪日粮中赖氨酸的比例为0.8%～1.0%时，生物学效价最高。

(4)粗纤维　猪对粗纤维的消化能力较低，日粮中粗纤维含量会直接影响猪的日增重、饲料利用率和胴体瘦肉率。猪对粗纤维的消化能力随日龄的增长而提高，幼龄猪日粮中粗纤维水平应低于4%，育肥猪不能超过8%。

(三)仔猪体重

正常情况下，仔猪初生重大，则生活力强，生长迅速，断奶重大，育肥期增重快。因此，要获得良好的育肥效果，必须重视种猪妊娠期和仔猪哺乳期的饲养管理，特别要加强仔猪的培育，设法提高仔猪的初生重和断奶重，为提高育肥效果打下良好的基础。

(四)环境条件

(1)温度　育肥猪在适宜的环境中，才能加快增重并降低饲料消耗。育肥猪生长最适宜的温度：育肥前期以18～20℃为宜，育肥后期以16～18℃为宜。

(2)湿度　湿度对猪生长的影响一直未引起人们的重视。随着现代养猪业的发展，猪舍的密闭程度越来越高，舍内湿度过大，已对猪的健康、生长产生明显的不良影响。湿度产生的影响跟环境温度有关，低温高湿会使育肥猪增重下降，饲料消耗增高，高温高湿影响更大。育肥猪育肥期的相对湿度以70%～75%为宜。

(3)空气质量　现代养猪因饲养密度加大，舍内空气由于猪的呼吸、排泄和粪尿腐败，使氨气、硫化氢和二氧化碳等有害气体的含量增加，这种情况已在育肥猪生产中形成明显的影响，如果育肥猪长期处在这种环境下，会使平均日增重下降、饲料消耗增加。因此，猪舍必须保证适量的通风换气，为猪创造空气新鲜，温、湿度适宜和清洁卫生的生活环境，以获得较高的日增重和饲料报酬。

(4)饲养密度　猪的饲养密度过大，往往会导致猪的咬斗、追逐等现象的发生，进而干扰猪的正常生长，使日增重下降，耗料量增加。育肥猪的饲养密度：体重60 kg以前每头猪以0.5～0.6 m^2 为宜，体重60 kg以后每头猪以0.8～1.2 m^2 为宜。

二、育肥猪的饲养管理

(一)育肥前的准备工作

(1)圈舍及周围环境的清洁与消毒　为避免育肥猪受到传染病和寄生虫病的侵袭，在进猪之前，应对猪舍及环境进行彻底的清扫消毒。具体方法是用3%的热火碱水喷洒消毒，也可用火焰喷射消毒，密闭式猪舍可采用福尔马林熏蒸消毒，围墙内外最好用20%的石灰乳粉刷，既可起到消毒作用，又美化了环境。

(2)选择好仔猪　仔猪的质量与育肥期增重速度、饲料利用率和发病率高低关系密切。因此，要选择杂交组合优良、体重较大、活泼健壮的仔猪育肥。一般可选用瘦肉型品种猪为父本的三元杂交仔猪育肥。

(3)去势　由于我国猪种性成熟早，在长期的养猪生产实践中，多采用去势后育肥。去势猪性情安定，食欲增强，增重速度加快，脂肪沉积增强，肉品质好。公猪去势一般在1～2周龄进行。国外瘦肉型猪品种，由于性成熟比较晚，小母猪可不去势育肥，小公猪因分泌雄性激素，有异味，影响肉品质，故小公猪应去势后育肥。

(4)驱虫　猪体内外寄生虫，不但摄取猪体内的营养，而且还会传播疾病。育肥猪感染的体内寄生虫主要有蛔虫、姜片吸虫等，体外寄生虫主要有疥螨和虱子。育肥猪通常进行两次驱虫，第一次在90日龄，第二次在135日龄。驱除蛔虫常用驱虫净，每千克体重为8 mg；丙硫苯咪唑，每千克体重为10～20 mg，拌入饲料中一次喂服。疥螨和虱子常用0.025%～0.050%双甲脒溶液喷洒和涂擦，也可选用伊维菌素或阿维菌素处理。

(5)搞好免疫　为避免传染病的发生，保障育肥猪安全生产，必须按要求、按程序免疫接种。各地可根据当地疫病流行情况和本场实际，制定科学的免疫程序，特别是从集市购入的仔猪，进场时必须全部一次预防接种，并隔离观察30 d以上方可混群，以防传染病的传播，力争做到头头注射、个个免疫。

(6)合理分群　育肥猪一般都采取群饲。由于群体位次明显，常出现咬斗、抢食现象，影响增重。为提高生产效率，一般按品种、体重大小、采食速度、体质强弱等情况分群。分群时，采取“留弱不留强，拆多不拆少，夜并昼不并”的办法进行，并注意喷洒消毒药水等干扰猪的嗅觉，防止打架。并圈合群后，加强护理，尽量保持猪群相对稳定。

(二)选择适宜的育肥方式

(1)“直线”育肥方式　是按照猪的生长发育规律，让猪全期自由采食，给予丰富的营养，实行快速出栏的一种育肥方式。建议日粮营养水平：60 kg以前每千克日粮含粗蛋白16.4%～19.0%，消化能13.39～13.60 MJ；60 kg以后每千克日粮含粗蛋白14.5%，消化能13.39 MJ。这是育肥猪在保证胴体品质符合要求的基础上，为尽可能缩短饲养时段而采用的方式。此方法猪生长速度快，育肥期短，省饲料，效益高。

(2)“前高后低”育肥方式　育肥猪60 kg以前骨骼和肌肉的生长速度快，60 kg以后生长速度减缓，而脂肪的生长正好相反，特别是60 kg以后迅速上升。根据这一规律，肉猪生产中，若既想追求高的生长速度，又要获得较高的胴体瘦肉率时，可采取前高后低的育肥方式。具体做法是60 kg以前采用高能量、高蛋白日粮，自由采食或分餐不限量饲喂，60 kg以后适当采取限饲，这样既不会严重影响肉猪的增重速度，又可减少脂肪的沉积。这是育肥猪在饲养时段符合要求的基础上，为尽可能提高胴体瘦肉率而采用的方式。

(三)切实改进饲喂方法

(1)提倡生喂　生喂可减少营养损失，提高劳动生产效率，降低养猪生产成本。采用生料喂猪时，应注意供给充足的饮水；在补喂青饲料时，猪易感染寄生虫病，必须定期驱虫。

(2)限量饲喂与不限量饲喂　育肥猪不限量饲喂采食多，增重快，但会降低胴体瘦肉率；限量饲喂采食少，增重慢，出栏时间延长，但胴体瘦肉率较高。为兼顾日增重、出栏时间和瘦肉率，可采取60 kg以前不限量饲喂，60 kg以后限量饲喂的方法，进行育肥猪生产。

(3)日喂次数　育肥猪日喂次数要根据年龄和饲料类型来确定。小猪阶段胃肠容积小，消化能力弱，每天宜喂3～4次，随着日龄的增加，胃肠容积增大，消化能力增强，可适当减少日喂次数。精料型日粮，每天喂2～3次；若饲料中配合有较多的青粗饲料或糟渣类饲料，则每天喂3～4次，可增加采食总量，有利于增重。现代养猪为了缩短育肥猪的饲养时段，部分猪场从保育期开始到出栏，实行全天自由采食。

(4)供给充足饮水　育肥猪的自由饮水，是促进生长发育的重要条件。生产中最好用自动饮水器，使猪获得充足而新鲜的饮水。

(四)创造适宜环境条件

加强圈舍卫生管理，冬季防寒，夏季防暑。育肥猪最适宜温度为16～20℃。为了提高育肥猪的饲养效果，要及时做好防寒保温和防暑降温工作。近年来，在北方一些农村，冬季用"塑料暖棚圈舍"养猪，是值得推广的好办法。另外，在冬季还可以加大饲养密度，执行"卧满圈挤着睡"的饲养方法；夏季可经常采用喷洒凉水、淋浴降温及猪舍周围栽树等办法降温。规模化猪场有条件时，可采用湿帘降温系统。

(五)适时出栏

育肥猪在不同日龄和体重出栏，其胴体瘦肉率不同。在一定范围内，瘦肉的绝对重量随体重增加而增加，但瘦肉率却逐渐下降。育肥猪上市时间，既要考虑育肥性能和市场对猪肉产品的要求，又要考虑生产者的经济效益。适宜的出栏时间通常用体重来表示。

(1)根据育肥性能和市场要求确定出栏时间　根据猪的生长发育规律，在一定条件下，育肥猪达到一定体重，出现增重高峰，在增重高峰过后出栏，可以显著提高肉猪的经济效益。另一方面，出栏体重过大，胴体脂肪含量增加，瘦肉率下降。因此，育肥猪并不是体重越大出栏越好，应该选择饲料报酬高、瘦肉率高、肉脂品质令人满意的屠宰体重出栏为宜。

(2)以生产者的经济效益确定出栏时间　肉猪日龄和体重不同，日增重、饲料报酬、屠宰率与胴体瘦肉率也不同。一般肉猪体重在70 kg之前，日增重随体重的增加而提高，在70 kg之后到出栏90～110 kg，日增重维持在一定水平，以后逐渐下降。如果体重过大屠宰，随体重增加，屠宰率提高，但由于维持需要增多，饲料报酬下降，瘦肉率下降，不符合市场需要，同时经济效益也下降；如果体重过小出栏，猪的增重潜力没有得到充分发挥，经济上不合算。

我国猪种类型和杂交组合繁多，饲养条件差别很大。因此，增重高峰期出现的迟早也不一样，很难确定一个合适的出栏时间。在实际生产中，生产者应综合诸多因素，根据市场需要和经济效益合理确定适宜的出栏时间。根据各地研究和推广总结，我国小型地方猪种适宜的屠宰体重为70～80 kg；我国培育猪种适宜的屠宰体重为80～90 kg；我国地方猪种、培育猪种与国外瘦肉型猪种为父本的二元、三元杂交猪，适宜的屠宰体重为90～100 kg；国外三元杂交猪适宜的屠宰体重为100～114 kg。目前，国外许多国家由于猪的成熟期推迟，育肥猪的屠宰体重已由原来的90 kg推迟到110～120 kg。

三、育肥猪舍饲养管理岗位操作程序

(一)工作目标

(1)育成阶段成活率98%以上。

(2)饲料利用率(20～90 kg)：≤3.0∶1。

(3)平均日增重(20～90 kg):≥650 g。

(4)生长育肥期饲养日龄(11～25 周龄):≤105 d(全期饲养日龄≤170 d)。

(二)工作日程

7:30～8:30	饲喂。
8:30～9:30	观察猪群、治疗。
9:30～11:30	清理卫生、其他工作。
14:30～15:30	清理卫生、其他工作。
15:30～16:30	饲喂。
16:30～17:30	观察猪群、治疗、其他工作。

(三)岗位技术规范

(1)转入猪前,空栏要彻底冲洗消毒,空栏时间不少于 3 d。

(2)转入、转出猪群每周一批次,要求详细记录。

(3)及时整群,尽量按强弱、大小、公母分群,保持合理的饲养密度。病猪及时隔离饲养。

(4)猪苗转入第 1 周,在饲料中添加土霉素钙预混剂、呼诺玢、泰乐菌素等抗生素,预防及控制呼吸道疾病。

(5)猪苗 49～77 日龄喂小猪料,78～119 日龄喂中猪料,120～168 日龄喂大猪料。

(6)采用直线育肥方式的猪群自由采食,前高后低育肥方式的猪群,前期自由采食,后期限制饲养。喂料量参考饲养标准,以每餐不剩料或少剩料为原则。

(7)保持圈舍卫生,加强猪群调教,训练猪群采食、卧息、排便"三定位"。

(8)圈舍粪污人工清理到化粪池或水泡粪工艺处理,冬季每隔一天冲洗一次,夏季每天冲洗一次。

(9)清理卫生时注意观察猪群排粪情况;喂料时观察食欲情况;休息时检查呼吸情况,发现病猪,对症治疗。严重的病猪隔离饲养,统一用药。

(10)按季节温度的变化,调整好通风降温设备;经常检查饮水器,做好防暑降温等工作。

(11)分群合群时,为了减少相互咬架而产生应激,应遵守"留弱不留强","拆多不拆少","夜并昼不并"的原则,可对并圈的猪喷洒药液(如来苏儿),清除气味差异,饲养人员应多加观察。

(12)每周消毒一次,每周消毒药更换一次。

(13)育肥猪出栏经鉴定合格方可出场,残次猪应特殊处理。

任务 16　雏鸡的饲养管理

一、雏鸡的生理特点

(1)体温较低,调节机能不完善　雏鸡是指从出生到 6 周龄的小鸡。初生雏的体温较成年鸡低 2～3℃,4 日龄开始慢慢上升,到 10 日龄时达到成年鸡体温,到 3 周龄左右,体温调节机能逐渐趋于完善,7～8 周龄以后才具有适应外界环境温度变化的能力。幼雏绒毛稀短，皮薄，早期自身难以御寒。因此，育雏期尤其是早期要特别注意保温防寒。

(2)生长迅速，机体代谢旺盛　蛋用雏2周龄体重约为初生时的2倍，6周龄为10倍，8周龄为15倍；以后随日龄增长而逐渐减慢生长速度。雏鸡代谢旺盛，饲料利用率高，耗氧量大。因此，雏鸡的培育既要重视营养的及时供应，又要保证良好的空气质量；另外，幼雏羽毛生长快、更换勤，要求日粮的蛋白质(尤其是含硫氨基酸)水平要高。

(3)消化力差，器官发育不全　幼雏胃肠容积小，进食量有限，消化腺也不发达(缺乏某些消化酶)，肌胃研磨能力差，消化力弱。因此，要注意喂给纤维含量低、易消化的饲料，并且要少喂勤添。

(4)抵抗力弱，免疫机能较差　雏鸡出壳后母源抗体日渐衰减，10日龄开始产生自身抗体，3周龄时母源抗体又降至最低。由于雏鸡的抗体较少，这种现象不但导致雏鸡对各种疾病和不良环境的抵抗力弱，而且对营养物质缺乏或药物过量反应也很敏感。因此，做好雏鸡疫苗接种、药物防病、环境净化等工作，是提高雏鸡成活率的重要措施。

(5)易受惊吓，缺乏自卫能力　雏鸡应激反应敏感，各种异常声响、新奇颜色及猫、老鼠骚扰等不良刺激，都会引起鸡群骚乱不安、惊吓炸群或异常死亡，因此，育雏应环境安静，并预防猫、鼠等小动物的侵害。

二、雏鸡的饲养管理

(一)准备工作

(1)制订育雏计划　育雏前必须有完整周密的计划。育雏计划应包括饲养的品种、育雏数量、进雏日期、饲料准备、免疫及预防投药等内容。育雏数量应按实际需要与育雏舍容量、设备条件进行计算。进雏太多，饲养密度过大，影响鸡群发育。一般情况下，新母雏的需要量加上育雏育成期的死亡淘汰数，即为进雏数。

(2)确定育雏时间　育雏时间一般选择在2—3月份为好，初夏、秋季次之，盛夏育雏效果最差。2—3月份出壳的鸡又称早春鸡，具有较高的育种与经济价值，因为春季育雏气温好控制，自然光照与日俱增，只要加强饲养管理，雏鸡就能正常生长发育，疾病少，成活率高。到了中雏阶段正好赶上夏秋季节，户外活动时间长，体质强健，到达8—9月份时又能保证绝大多数鸡产蛋，即使到了冬天也大都能继续产蛋，直到第二年秋天才换羽，产蛋时间可长达一年，且蛋重大，合格率高，孵出的雏鸡品质也好；而秋季育雏气候条件虽好，但在育成后期，光照时间长，性成熟提早，成年时的体重和所产蛋重也较小，且产蛋持续期短。

(3)育雏房舍准备　应做到清洁、保温、不透风、不漏雨、不潮湿、无鼠害。育雏前要彻底清扫地面、墙壁和天花板，然后洗刷地面、鸡笼和用具等，待晾干后，用2%的火碱喷洒；最后用高锰酸钾和福尔马林熏蒸，剂量为每立方米空间福尔马林42 mL，高锰酸钾21 g，配好消毒液，关闭门窗，熏蒸24 h以上；进雏前1～2 d应对育雏室进行预温处理，进雏后保证雏鸡各阶段所需要的温度条件。

(4)育雏用具准备　主要包括育雏伞、保温灯、食槽、饮水器、注射器、消毒器具、供温设施、通风设备及相应的饲料、药品、工作服、雏鸡筐等日常用具。

(二)育雏方式

(1)地面育雏　舍内利用地面来育雏的方式，最好为水泥地面，便于冲洗消毒。育雏前进行彻底消毒，再铺 20～25 cm 厚的垫料，垫料可以是锯末、麦草、谷壳、稻草等，要求干燥、卫生、柔软。地面育雏成本低，房舍利用率不高，雏鸡经常与粪便接触，易发生疾病。

(2)网上育雏　舍内利用网床而脱离地面育雏的方式，材料有铁丝网、塑料网，也可用木板条或竹竿，但以铁丝网最好。育雏网床的网孔大小以饲养育成鸡为标准，便于粪便下漏。育雏时可在网床面上铺一层小孔塑料网，待雏鸡日龄增大时，撤掉塑料网。一般网床距地面的高度随房舍高度而定，多以 60～100 cm 为宜，北方寒冷地区冬季可适当增加高度。网上育雏最大的优点是解决了粪便与鸡直接接触的问题。

(3)立体育雏　这是大中型鸡场常采用的一种育雏方式。立体笼一般分为 3～4 层，每层之间有盛粪板，四周外侧挂有料槽和水槽。立体育雏具有热源集中、容易保温、雏鸡成活率高、管理方便、单位面积饲养量大等优点，但笼架投资较多，上下层温差大，往往会造成鸡群发育不整齐等问题的发生。为了解决这一问题，可采取小日龄在上面 2～3 层集中饲养，待鸡稍大后，逐渐移到其他层饲养。

(三)雏鸡选择

雏鸡的选择首先应仔细观察其精神状态。一般情况下，健雏活泼好动，绒毛长短适中，羽毛清洁干净，眼大有神，腹部松软，卵黄收口完整，泄殖腔干净，腿脚无畸形，站立行走正常；弱雏缩头缩脑，羽毛凌乱不堪，泄殖腔处糊有粪便，卵黄吸收不全，站立行走困难。其次，健雏叫声清脆响亮，弱雏有气无力、嘶哑微弱。用手触摸时，健雏握在手中有弹性，努力挣扎，鸡爪及身体有温暖感；弱雏则手感发凉，轻飘无力。最后，选择雏鸡时，还应当事先了解种鸡群的健康状况，雏鸡的出壳时间和整批雏鸡的孵化率。一般来讲，来源于高产健康种鸡群的种蛋，出壳正常，孵化率高，健雏多，而来源于患病鸡群的种蛋，出壳过早或过晚，健雏少。

(四)饲养管理

1.满足雏鸡的饮水需要

雏鸡饲养应遵守先饮水后开食的基本原则。初饮时控制好水温，不能直接饮用凉水，最好是温开水。为使所有雏鸡都能尽早饮水，应进行诱导，可用手轻轻握住雏鸡身体，食指轻按头部，使喙进入水中，稍停片刻，松开食指，使雏鸡仰头将水咽下，经过个别诱导，雏鸡很快相互模仿，普遍饮水。随着雏鸡日龄的增加，逐渐更换饮水器的大小和型号，配置数量要充足，且要定期进行清洗和消毒。育雏第一周最好饮用温开水，要求水中适当加一些抗应激药物，以促进雏鸡健康生长。例如，雏鸡饮水中加葡萄糖和维生素 C 可防止应激，明显提高成活率。同时，在水中添加抗生素还可预防白痢等病的发生。使用水槽时，每只雏鸡要有 2 cm 的槽位和足够的光照。断水会使雏鸡因干渴抢水而发生挤压，造成损伤。所以，在整个育雏期内，要保证全天供水。雏鸡充分饮水 1～2 h 后再开食。

2.设计合理的开食方法

雏鸡的第一次饲喂称开食。一般来讲，出壳后 24～36 h 内开食，具体方法以顿饲不限量为好。雏鸡的开食料应合理配制，每天的饲喂量根据体重要求和鸡群的实际表现来确定。1～2 周每天喂 5～6 次，3～4 周每天喂 4～5 次，5 周以后每天喂 3～4 次，必要时可自由采食。具体饲喂时可直接将干料撒在开食盘或雏鸡食槽内，任其采食，也可将料拌湿，以抓到手中成团，放在地上撒成粉为宜，以增加适口性；随着雏鸡日龄的增加，由于鸡的活动范围不断增大，7～10 日龄后，应逐步过渡到料桶或料槽饲喂。同时，提高采食面的高度使之与鸡背高度相仿，以免挑食和抛食；为防止雏鸡的营养性腹泻（糊肛），开食时，每只雏鸡可喂 1～2 g 碎玉米粒。也可添加少量酵母粉以帮助消化。雏鸡饲养后期，为促进消化，有条件时可添喂沙砾，一般在鸡舍内均匀放置几个沙砾盆，供鸡自由采用。

3.提供适宜的环境条件

（1）适宜的温度　能否提供最佳的温度，是育雏成败的关键之一。较高的温度可促使雏鸡体内蛋黄进一步吸收，利于发育，生长整齐，因此，育雏温度最初可控制在 33～35℃，以后每周下降 2～3℃，直到 20℃脱温。温度是否适宜，一是直接检查温度计，看温度和要求是否一致，二是通过观察鸡群的行为来进行判断。若温度过高，雏鸡远离热源，饮水量增加，伸颈，张口喘气；若温度过低，雏鸡靠近热源，运动量减少，为了取暖，常拥挤扎堆，部分雏鸡可能被压死；温度适宜，雏鸡食欲旺盛，饮水量正常，羽毛生长良好，活泼好动，分布均匀，互不挤压，安静。温度过高时，要注意及时降温，否则会影响鸡的生长发育，但降温不能突然，每周下降 2～3℃，即每天下降约 0.5℃，而不是在周末突然下降 2～3℃。

（2）适宜的湿度　湿度与温度密切相关，必须综合起来加以考虑。高湿低温现“阴冷”，高湿高热现“闷热”，生产应引起足够的重视。开始育雏时，要防止高温脱水，特别注意延迟出雏和长途运输的雏鸡；一般情况下，育雏期相对湿度应保持在 70%左右，但随着雏鸡日龄的增加，呼出的水汽量和排粪量不断加大，容易造成湿度偏高，导致球虫病发病，使大量细菌繁殖，对生长发育造成很大威胁，育雏后期相对湿度降至 50%～60%为宜。育雏过程中，若降低湿度，可通过开窗或机械通风的方法实现；若增加湿度可采用室内挂湿帘、火炉加热产生水蒸气、地面洒水或喷雾等方法。

（3）新鲜的空气　雏鸡的通风换气应根据鸡的日龄、体重、季节及温度变化灵活掌握。一般情况下，雏鸡的通风换气要保证舍温分布均匀，避免让气流正对鸡群，切记出现“贼风”侵害，特别是 1 周龄内的雏鸡更应小心谨慎，1 周龄后可逐渐加大通风量；冬季天气寒冷，避免早晚进行，夏季天气温暖，应每隔 2～3 h 进行一次通风换气。

（4）合理的光照　光照是雏鸡饲养成功与否的重要条件，包括自然光照和人工光照。要求 1～3 日龄每天可采用 24 h 的光照时间，4～14 日龄控制在 16～19 h，从 15 日龄开始到育雏结束（6 周龄末），密闭式鸡舍每天 8～10 h 光照，开放式鸡舍用人工光照对自然光照加以调整和补充：光照强度第 1 周采用 25～30 lx 的较强光照，其余都以弱光（5～10 lx）为好。育雏生产中，每 15 m^2 大小的鸡舍育雏第 1 周时，可用一个 40 W 灯泡悬挂于 2 m 高的位置，第 2 周开始换用 25 W 的灯泡即可。人工光照一般采用白炽灯，功率以 25～60 W 为宜，不可过大。

4.做好疫病的综合防治

雏鸡生长周期短，饲养密度大，任何疾病一旦发生，都会造成严重损失。因此要制定严格的卫生防疫措施，搞好疾病防治。主要措施有实行“全进全出”的饲养模式，建立严格的卫生消毒制度，制定合理的免疫程序，定期进行预防性投药和加强饲养管理等。

5.细化雏鸡的日常管理

雏鸡的日常管理主要是认真观察雏鸡的采食、饮水、运动、睡眠及粪便等方面的表现，及时了解饲料搭配是否合理，采食是否正常，环境是否适宜，健康是否良好、免疫是否完整、生长是否正常等，并以此为据，合理调整育雏方案。

（1）日常观察　主要观察采食、饮水、温度和粪尿的表现。健康鸡食欲旺盛，饮水量正常，晚检嗉囊饱满，早检嗉囊较空；如果发现雏鸡食欲下降，剩料较多，如无其他原因，应考虑是否患病；有时舍内温度过高，可能会导致饮水量增加。

观察粪便可在早晨进行，若粪便稀，可能是饮水过多、消化不良或受凉所致；若排出红色或带肉质黏膜的粪便，一般是球虫病的症状；若排出白色稀粪，且黏于泄殖腔周围，一般是白痢的表现，应及时作出处理。

(2)密度调整　饲养密度即单位面积能容纳的雏鸡数量。密度过大，鸡群采食时相互挤压，采食不均匀，雏鸡的大小也不均匀，生长发育受到影响；密度过小，设备及空间的利用率低，生产成本高。所以，饲养密度必须适宜。如表 5-14 所示。

表 5-14　不同育雏方式的饲养密度　　只/m^2

地面平育		网上平育		笼育	
周龄	密度	周龄	密度	周龄	密度
0～6	20	0～6	24	0～1	60
				2～3	50
				4～6	40

(3)定期称重　为了掌握雏鸡的生长发育情况，应定期随机抽测 5%左右的雏鸡体重与本品种标准体重比较，如果有明显差别时，应及时修订饲养管理方案。一般在开食前称重一次，育雏阶段可每周末随机抽测 50～100 只鸡的体重。称重结果若低于标准，应认真分析原因并解决。

(4)及时分群　通过观察和称重可以了解雏鸡的生长发育及其整齐度情况。鸡群的整齐度用均匀度表示，即用进入平均体重±10%范围内的鸡数占总测鸡数的百分比来表示。均匀度大于 80%，则认为整齐度好，若小于 70%则认为整齐度差。为了提高鸡群的整齐度，应按体重大小分群饲养。可结合断喙、疫苗接种及转群进行。体重过小或过大个体单独组群饲养，其他雏鸡大群饲养，整齐度高，便于饲养管理。

(5)适时断喙　雏鸡的断喙适宜时间为 7～10 日龄，一般使用专用断喙器。断喙时，左手握住雏鸡，右手拇指与食指压住鸡头，将喙插入刀孔，切去上喙 1/2，下喙 1/3，做到上短下长，切后在刀片上灼烙 2～3 s，以利止血。为防止断喙时雏鸡的应激危害，断喙前应检查雏鸡的状况，达不到日龄、体质不佳及有其他异常反常的可不断喙；断喙的雏鸡可在饲料或饮水中，添加维生素 C、维生素 K、葡萄糖等抗应激药物，并加强饲养管理。

(6)做好记录　育雏期应每天记录雏鸡死亡数、淘汰数、周转数、耗料量及免疫接种、药物使用，体重抽测，环境条件等方面的资料，为更好地改进育雏方案提供依据。

(7)合理运输　雏鸡的运输是一项重要工作，稍有不慎就可能对生产造成巨大损失，有些雏鸡本来很强壮，运输中管理不当，就会变成弱雏，严重时，会造成雏鸡大量死亡。雏鸡的运输，应根据具体情况选择飞机、火车、汽车、船舶等，装鸡时最好使用一次性专用运雏盒，但每次使用后都要认真清洗消毒；雏盒周围应有透气孔，内部最好隔成四部分，每个部分装 20～30 只雏鸡，每盒装 80～120 只，雏盒底部最好铺吸水性强的垫纸；运输时雏鸡盒要摆放平稳，重叠不宜过高，以免太重而相互挤压，使雏鸡受损；运输过程中要定期观察雏鸡情况，当发现雏鸡张嘴喘息、绒毛较湿时，温度可能太高，应及时倒换雏盒的上下、左右、前后位置，以利通风散热；雏鸡不同季节的运输有不同要求，一般最适宜的温度为22～24℃。夏季运输防闷热，最好避开高温时间，早晚运输较好。冬季运输防寒冷，尽管气温低，但只要避免冷风直吹，适当保温，运输也比较安全。

6.肉用仔鸡的饲养管理

肉用雏鸡出壳重40 g左右，饲养56 d体重可达2 500 g以上，为出生重的60多倍，生长速度快，生产周期短、周转快。料肉比一般为(2.2～2.3)∶1，饲养条件好的可达(2.0～2.1)∶1，饲料转化率高，8周龄可达到上市标准；肉用雏鸡性情安静，体质强健，大群饲养很少出现打斗现象，具有良好的群居习性，不仅生长快，而且均匀、整齐适于大群高密度饲养；肉用仔鸡的出栏，应随时根据市场行情进行成本核算，在有利可盈的情况下，提倡提早出售。目前，我国饲养的肉仔鸡一般公母混养，6周龄左右体重达2 kg以上时即可出栏。

三、育雏舍饲养管理岗位操作程序

(一)工作目标

(1)提供体重均匀、活泼健康的雏鸡。

(2)育雏期(42日龄)成活率98.5%以上。

(3)雏鸡第6周龄周末体重要求达到该品种的标准体重±5%。

(二)工作日程

7:00　水箱上水，加消毒药，更换消毒池，清扫消毒宿舍、操作间及外环境。

7:30　检查，调整水线，更换坏灯泡。

8:00　开灯，给水，喂料。

8:30　清扫鸡毛，拣死鸡。

10:00　带鸡消毒(每周两次)

11:00　喂料。

15:00　喂料，巡视鸡舍。

16:00　关灯，填写报表。

(三)岗位技术规范

1.育雏舍准备

(1)清洗　将舍内杂物、料槽、料斗、饮水器、粪盘等用具移至舍外清洗干净，用清水冲洗鸡舍，清除所有粪便、粉尘、鸡毛等。

(2)检修　鸡舍彻底清洗后，检修饮水、光照、保温、通风系统及笼具等。

(3)消毒　先使用不同的消毒液消毒3次，每次间隔时间2～3 d，之后将料槽、料斗、饮水器、粪盘等用具移至舍内，安装设备，检修线路和用电设施，最后封闭本育雏舍，用福尔马林熏蒸一次，在进苗前3 d打开通风。

(4)空栏时间　不低于15 d。

2.进苗前准备

(1)饲料、药品准备　雏鸡料、白痢预防用药、消毒液、维生素、葡萄糖等。

(2)准备好各种已严格消毒的生产用具　饮水器、饲料车、扫帚、水盆、水桶、料铲、喷枪、秤、保温灯、光管、温度计等；同时使用热水保温的鸡舍准备好充足的煤炭，以保证保温供应。

(3)生产报表准备　日报表、周报表、称鸡簿、饲料库存表等。

(4)做好育雏舍的预温工作　开启保温炉，开启自动控温装置；鸡舍控温仪温度调至33～34℃，要注意控温仪的探头放在从地面向上数的第二层处。每组育雏笼中间层放一只温度计，挂在每层发热管外30～40 cm处，使育雏笼上三层保温区的温度达到32～33℃为宜，冬天温度不够，可以在保温区加盖毛毯等。

3.进苗

(1)点数、放鸡　鸡苗点数验收后放入育雏笼，根据育雏笼数量和进苗数量，分配好每层笼饲养的鸡数，育雏前10 d，最下层不放雏鸡。

(2)开饮　饮水器加入5%葡萄糖给雏鸡饮用(有条件的，前7 d使用凉开水)，饮水器按照每40～50只鸡配置一个。

(3)开食　开饮2 h后，用小料斗开始加料，可在饲料中添加适量多种维生素，小料斗按照每30～40只鸡配置一个。

4.育雏管理

(1)温度控制　1～3 d，33～35℃；4～7 d，32～33℃，以后每周温度下调2～3℃直至自然温度。每天上午、下午和晚上观察3次室温变化和鸡群状况，并做好温度记录。

(2)通风　育雏开始3～5 d后鸡舍要适时采用抽风机进行通风，2周后根据当时的天气情况，可以增加开窗通风方式，降低空气中有害气体浓度，保持舍内空气良好。

(3)光照　第1周24 h光照，从第2周开始逐步过渡为自然光照，特别注意舍内灯管最好安装在两组笼中间的吊顶上，使全部鸡笼有充足光照。

(4)密度　分群后饲养密度小于40只/m^2。

(5)清粪　根据雏鸡周龄和品种而定，每隔2～3 d清粪一次。

(6)饮水管理：1～6 d用钟式饮水器，7～10 d过渡用乳头式饮水管。乳头式饮水管分高中低三层，15 d前将水管放于最下层；16～25 d将水管放于中间层；26 d以后将水管放于最上层。

(7) 喂料　1～7 d用料斗喂料，8～12 d过渡到料槽喂料，1～2周龄每天喂料4次，以后每天喂料3次，直到转群。

(8)白痢预防药物的添加　1～4 d使用敏感药物添加于上午的饮水中，供鸡群饮用，在7日龄评估白痢控制效果，根据效果再决定是否需要重复用药一次。

(9)注意观察鸡群状况　观察鸡群的生长发育、粪便情况、采食情况、饮水情况、呼吸情况、精神状况，发现病鸡及时隔离护理与治疗，发病严重或原因不明时及时上报。每天将死鸡作无害化处理；跑出笼的鸡只要及时捉回笼内。

(10)饲料选择　母鸡前4周使用育雏料；5～6周龄根据品种和鸡群的体重情况，选择育雏料或过渡后备料。每次转料过渡时间为5～7 d；公鸡换料时间可以推迟到7周龄。

(11)抽测体重　每周末抽称体重，在不同仓和层数随机抽称，每次抽称比例为3%～5%。

(12)扩群、分群　在10～15日龄期间，做疫苗时将鸡群扩群到最下面一层，在扩群同时可进行鸡群的重新分群，从体形上将大小鸡分开饲养，以后做疫苗时也可进行分群工作。

(13)断喙　断喙时间为第一次在7～15日龄进行，第二次在8周龄前后进行，断喙需要错开免疫时间，减少鸡群应激。

①将一个育雏小笼里的雏鸡全部抓出，放在专用装鸡用具里。断喙时，左手抓鸡，固定其鸡身和鸡脚，右手大拇指顶住小鸡的后脑轻轻出力，右手食指托住小鸡下颌，轻压以使鸡舌缩回，喙尖与刀片呈垂直角度在刀片上烧灼，上喙以烧掉鼻孔距喙尖的1/2为度，下喙烧掉1/3。

②将断喙完成的雏鸡放回育雏笼，当全笼雏鸡断喙结束后，应检查一次，发现出血个体需再烧灼一次止血。

③断喙注意事项。刀片温度以中间橘红两边黑红为准，勿高温烧喙，断喙时，不能出现明火；断喙前投喂多种维生素，同时补充维生素K，以减小出血，连续3 d在饮水中添加消炎药，帮助鸡群恢复；断喙当日料槽中的饲料要加厚，勿断水。

(14)卫生消毒　每天清扫一次地面，整理好舍内和工作间的用具，保持舍内卫生整洁；每天使用喷枪对地面消毒一次，10日龄后，开展带鸡消毒。

(15)隔离饲养　育雏前2周禁止育雏舍饲养员到其他鸡舍做工，严禁其他舍饲养员到育雏舍串舍。因免疫等工作需要，其他鸡舍饲养员到育雏舍，应在早上更换工作服后直接去育雏舍做工后，再回到其本鸡舍，减少雏鸡感染疾病概率。

(16)做好生产报表登记工作　按报表要求完整、准确、整洁地填写。将每天鸡群的进料、耗料、存料、鸡群数目变动情况、温度、鸡群周末体重抽称、用药情况等填写好“种鸡场生产日报表”、“种鸡场生产周报表”、“饲料库存记录表”等相关报表。

任务17　育成鸡的饲养管理

育成鸡一般是指7～18周龄的鸡。育成期的培育目标是鸡的体重体型符合本品种或品系的要求；群体整齐，均匀度在80%以上；性成熟一致，符合正常的生长曲线；良好的健康状况，适时开产，即在20～22周龄鸡群产蛋率达50%，并在产蛋期发挥其遗传因素所赋予的生产性能，育成率应达94%～96%以上。

一、育成鸡的生理特点

(1)体温调节能力加强，生活力好　育成鸡随着体重的加大，羽毛逐渐变得丰厚，对外界环境的适应能力和疾病的抵抗能力明显增强。

(2)饲料利用能力提高，消化力强　育成鸡随着日龄的加大，消化器官的发育明显加快，消化能力也不断增强。这一阶段，育成鸡对麸皮、草粉等饲料可以较好地利用，饲料中还可适当增加粗饲料。

(3)骨骼肌肉发育迅速，增重较快　育成鸡骨骼和肌肉处于旺盛的生长时期，这一时期，鸡体重增加较快，整个育成期体重增幅很大，但增重速度不如雏鸡快。如轻型蛋鸡18周龄的体重达到成年体重的75%。

(4)生殖器官发育加快，开产来临　10周龄以后，母鸡的生殖系统发育较快，在光照和日粮方面可加以控制，蛋白质水平不宜过高，含钙不宜过多，否则会出现性成熟提前而早产，影响产蛋性能的充分发挥。

二、育成鸡的饲养方法

（一）确定合适的饲养密度

育成鸡的饲养方式主要有地面平养、网上平养和笼养等，为保证育成鸡良好的体型发育和结实体质，要求控制合理的饲养密度。如表 5-15 所示。

表 5-15　育成期饲养密度

品种	周龄	饲养方式/（只/m^2）		
		地面平养	网上平养	笼养
中型蛋鸡	7～12	7～8	9～10	36
	13～18	6～7	8～9	28
轻型蛋鸡	7～12	9～10	9～10	42
	13～18	8～9	8～9	35

（二）控制合理的营养水平

为了保证育成鸡生殖系统正常发育，促进骨骼和肌肉良好生长，并具备良好的繁殖体况和适时开产，育成鸡应随日龄的增加，逐渐降低能量、蛋白质等供给水平，保证维生素、矿物质及微量元素的供给。日粮营养水平的控制一般为：7～14 周龄代谢能 11.49 MJ/kg，粗蛋白质 15%～16%；15～18 周龄代谢能 11.28 MJ/kg，粗蛋白质 14%。应当强调的是，在降低蛋白质和能量水平时，应保证必需氨基酸，尤其是限制性氨基酸的供给，钙磷比例保持在（1.2～1.5）∶1，同时要确保饲料中维生素、微量元素的均衡供应。为改善消化机能，育成鸡也可按饲料量的 0.5%饲喂沙砾。

（三）采用正确的饲喂方法

育成鸡的理想饲喂方法是限制饲养。通过限制饲喂，可控制后备种鸡的体重快速增长，利于控制适宜的开产日龄和延长产蛋期。一般可使开产日龄推迟 10～40 d，即从 9 周龄开始，公、母分开每周称重一次，每次随机抽取全群总数的 2%～5%或每栋鸡舍抽取不少于 50 只鸡；然后与标准体重对比，如果鸡体重未达标，则应增加饲喂量，延长采食时间或增加饲料中的能量、蛋白质水平，甚至延长育雏料（育雏料中能量、蛋白质含量较高）饲喂周龄直至体重达标为止。如体重超标，则应进行限制饲喂，具体方法是：

1. 限时法

主要通过控制种鸡的采食时间来限制其采食量，分为每日限饲、隔日限饲和每周限饲三种形式。

（1）每日限饲　按种鸡年龄大小、体重增长情况和维持生长发育的营养需要，每日限量投料或通过限定饲喂次数及每次采食的时间来实现限饲。此法对鸡应激较小，适用于育雏后期、育成前期和转入产蛋鸡舍前 1～2 周或整个产蛋期的种鸡。

（2）隔日限饲　把 2 d 的饲料限喂量集中在 1 d 投给，即 1 d 喂料，1 d 停料。此法对种鸡应激较大，但可缓解其争食现象，使每只鸡吃料量大体相当，容易获得体重整齐度较高而又符合目标要求的鸡群。该法难以控制，一般适用于 7～11 周龄生长速度快的阶段。

(3)每周限饲　每周喂 5 d(周一、周二、周四、周五、周六),停 2 d(周三、周日),即将 7 d 的饲料平均分配到 5 d 投饲。

2.限质法

限制饲料的营养指标,使日粮中某些营养成分的含量低于正常水平。通常采用降低日粮中的能量或蛋白质水平,或能量、蛋白质和赖氨酸水平都降低的方法,达到限制饲养的目的。但是应注意,对于种鸡日粮中的其他营养成分如维生素、矿物质和微量元素等仍需满足供给。

3.限量法

通过减少喂料量,控制育成鸡过快生长发育。实施此法时,一般按育成鸡自由采食量的 80%～90%投喂饲料。所喂饲料应保证质量和营养全价。

限制饲养时,鸡群需要随时抽测体重,并保证每只鸡有足够的采食空间(10～15 cm 长的食槽位置);饲喂前要进行调群、断喙,如遇接种、发病、转群等特殊情况,可转入正常饲喂;必要时结合光照进行限制饲喂,使光照时间相应短一些,可收到最佳效果。

三、育成鸡的日常管理

1.重视初期管理

雏鸡转入育成舍之前,鸡舍必须彻底清扫、冲洗和熏蒸消毒,之后密闭空置 3～5 d 后进行转群。转入初期应做好如下工作:

(1)增加光照　转群第一天应 24 h 光照。转群前做到水、料齐备,环境条件适宜,确保育成鸡进入新鸡舍时,能迅速熟悉新环境,尽量减少因转群而造成的不良应激反应。

(2)补充舍温　寒冷季节转群应补充舍内温度,要求与转群前的温度相近或高 1℃左右。

(3)整理鸡群　转入育成舍后,要检查每笼的鸡数,使每笼鸡数符合饲养密度要求,同时清点鸡数,便于管理。清点时剔除体小、伤残、发育差的鸡,另行饲养或处理。

(4)及时换料　从育雏期到育成期,饲料的更换应有适应过程,一般以 1 周时间为宜。从 7 周龄的第 1～2 天,用 2/3 的育雏料和 1/3 的育成料混合喂给;第 3～4 天,用 1/2 的育雏料和 1/2 的育成料混合喂给;第 5～6 天,用 1/3 的育雏料和 2/3 的育成料混合喂给,以后饲喂育成料。

2.合理安排光照

育成鸡 10～12 周龄性器官开始发育,此时光照对育成鸡的作用很大,因为光照时间的长短,会显著影响性成熟的时间。若在较长或渐长的光照下,性成熟提前,反之性成熟推迟。育成期的光照原则为:绝不能延长光照时间,以每天 8～9 h 为宜,强度以 5～10 lx 为最好。

3.严格卫生防疫

为了保证鸡群健康发育,防止疾病发生,除按期接种疫苗,预防性投药、驱虫外,应注意加强日常卫生管理,经常清扫鸡舍,更换垫料,加强通风换气,疏散密度,严格消毒等。

4.精心观察护理

每日仔细观察育成阶段鸡群的采食、饮水、排粪、精神状态、外观表现等,发现问题,及时解决。

5.尽量减少应激

育成鸡的饲养要保持环境安静，防止噪声，切勿经常变动饲养人员、饲料配方、饲喂程序和环境条件。各个管理环节保持相对稳定，不得随意变更，轻易不要转群和抓鸡。

6.称测体重体尺

育成鸡良好的骨架发育是维持产蛋期间高产能力及优良蛋壳的必要条件，若骨架小而相对体重大者，表示此鸡肥胖，产蛋表现不会很理想。育成鸡体型发育规律为前段(56日龄以前)着重于骨架的发育，后段(56日龄以后)着重于体重的增长。根据此规律，应认真做好育成鸡在骨架发育阶段的饲养管理。为了掌握育成鸡的生长发育情况，应定期随机抽取育成鸡数量的2%～5%，称测体重和胫长，并与本品种标准比较，如发现有较大差别时，应及时修订饲养管理措施，为培育整齐度高、健壮、高产的种鸡，提供参考依据。

7.淘汰病、弱鸡

育成期集中安排两次鸡的挑选和淘汰。第一次在8周龄左右，选留健壮结实、羽毛丰润、体重达标和发育良好的个体。淘汰个体弱小或有残疾的个体；第二次在17～18周龄，结合转群时进行。要求挑选外貌结构良好、品种特征明显、生长发育正常的个体，淘汰外貌发育较差、体重不达标及过于消瘦的个体。断喙不良的鸡在转群时也应重新修整，同时还应配有专人计数。

8.完善记录资料

育成鸡的日常管理，应记录育成鸡的死亡数、淘汰数、周转数、各批鸡日耗料量、免疫接种、用药情况、体重抽测情况及环境条件变化等资料，为培育合格的育成鸡提供参考依据。

四、育成鸡舍饲养管理岗位操作程序

(一)工作目标

(1)育成期满18周龄时育成率应达到94%～96%。

(2)育成期满18周龄时体重、体型达到本品种标准。

(3)育成期要求鸡群整齐一致，有80%以上鸡只的体重与胫长在本品种标准体重和胫长的±10%范围内。

(二)工作日程

7:00　水箱上水，加消毒药，更换消毒池，清扫消毒宿舍、操作间及外环境。

7:30　鸡舍给水。

8:00　开灯，检查，调整水线，更换坏灯泡，鸡舍加湿。

9:00　喂料，清扫鸡毛，拣死鸡。

10:00　带鸡消毒(每周两次)。

13:00　更换坏乳头，鸡舍加湿。

14:30　巡视鸡舍，备料。

16:00　关灯，填写报表。

(三)岗位技术规范

1.转群

(1)鸡舍清洗　将空栏育成鸡舍彻底清洗干净，要求做到无粪便、无鸡毛、无饲料、无污物等，水线使用浸泡冲洗的方式冲洗干净。

（2）设备维修　鸡舍清洗干净后，进行必要的设备维修。

（3）消毒　鸡舍维修好后，将本舍使用的用具放入鸡舍，进行全面消毒3次以上，每次间隔2～3 d，消毒好的鸡舍封闭，并要求空栏2周以上。

（4）转入鸡群前准备　备好饲料、药品、饮水等。

（5）鸡群转入　根据季节和品种不同，一般夏季在4～5周龄时进行；冬季在5～6周龄时进行。转群前后3 d使用复合维生素或抗应激药物。转群安排在早上或晚上进行；把转群人员分成捉鸡、运鸡、放鸡3组，各组密切配合；转群过程要求轻拿轻放，每笼数量要适度，防止闷死鸡；转群后认真检查水线乳头，防止出现缺水；转群后第2天要将各笼中的鸡数调均匀。

公鸡采用地面平养的鸡场，先将后备公鸡一并转入育成舍，待进行第一选种后，再将选留的种公鸡转到公鸡舍饲养。

（6）鸡群转出　育成舍鸡群转出最佳时间安排在15～16周龄，方法参照鸡群转入。

2.饲养管理

（1）选种　第一次选种：选种时间安排在6周龄，挑出残次鸡、错鉴别个体以及体型外貌明显不符合品种要求的个体，并与称重时特小个体一起淘汰。公鸡同时进行第一次初选。第二次选种：选种时间安排在11～12周龄，根据选种要求，淘汰公、母鸡中体型外貌不合格的个体。

（2）称重分群　一般进行2～3次，第一次安排在6～7周龄，将鸡群分为特大、大、中、小、特小五大类鸡。

（3）饲养密度　育成前期放6～7只/笼，育成中后期调整为5～6只/笼；公鸡育成前期放2～3只/笼，后期放1～2只/笼。

（4）各类鸡的限制力度控制　大鸡类7～14周龄严格限制，中鸡类8～14周龄严格限制，小鸡类9～14周龄严格限制，15周龄以后放宽限制力度。

公鸡的限饲：大体型品种，后备公鸡自由采食到第一次选种，以后根据推荐的料量饲养，育成期间不做严格的限制；小体型品种，后备公鸡自由采食到10～11周龄限制。

（5）料量控制　开产体重在2 000 g左右的品种，前5周采用自由采食，从6周龄开始控制料量；开产体重在1 300 g左右的品种，前6周或前7周采用自由采食，从7周龄或8周龄开始控制料量。严格限饲期间，喂料量需保持稳定并小幅上升，每周料量增加1～2 g，如体重超标比较多，则维持上周料量，不能降低；母鸡可采用分级喂料方式，以中鸡料量为基准，大鸡减少料量，小鸡增加料量，每级料量差异不超过3～4 g；15周龄后各类鸡使用合理料量，保证鸡群充分生长。

（6）停料方法　母鸡7～8周龄采用六一或五二限饲，9～15周龄采用隔日、四三或五二限饲，16～18周龄采用五二或六一限饲；公鸡采用每天饲喂或六一停料。

（7）喂料、匀料　要求尽量做到称料喂鸡，准确投放料量，每天的喂料时间应相对固定，每次喂料时间控制在1.5 h内完成；喂料后1 h需进行一次匀料，其后根据采食情况，再安排恰当的匀料次数，要求料槽中饲料分布均匀，同一条料槽各处鸡采食完饲料时间达到同步。

（8）体重监控　每周末早上空腹抽称，抽称比例为3%～5%，要求定笼抽称，当天计算好体重均匀度，并参照指标做好下一周的料量计划；如鸡群体重数据需要参与员工考评，则定笼抽称改为随机抽称，抽称比例为 5%；公鸡因数量少，抽称比例应达到 10%以上。

(9)舍内温度与通风控制　育成鸡最适宜温度范围为 15～28℃，每栋育成舍应挂一个温度计，经常观察舍温变化，当舍温超过 30℃时应及时采取开风扇、风机等降温措施，当鸡舍温度低于 15℃时应采取保温措施；同时保持鸡舍内空气良好，减少空气中有害气体浓度，空气混浊时，以加强通风为主。

(10)光照管理　育成前中期不能增加光照时间。逆季开产鸡群可采用自然光照，顺季开产鸡群最好采用恒定 8 h/d 光照制度为宜；采用人工加光的鸡舍，光照强度为 5～10 lx；无遮黑饲养条件的种鸡场应采用牵拉简易遮光网等措施，降低舍内光照强度，减少光照对鸡群的影响。

(11)鸡群体重均匀度的要求　育成前中期的体重均匀度要求达到 80%以上。

(12)清粪　间隔 3～5 d 清粪一次，具体间隔时间根据舍内的空气质量而定。

(13)修喙　在育成前期对部分断喙不合格的个体进行补修一次。

(14)卫生　每天喂料后，清扫水管、地面一次，整理好工作间的用具，使其摆放整齐有序；每周冲洗水管、水箱一次；每半月清扫鸡笼、墙壁、吊顶、横隔、风机、进风口一次，并擦一次灯具；每月擦洗水管一次。保持舍内卫生、整洁。

(15)日常鸡群的状态检查　粪便情况、采食情况、呼吸情况，发现病鸡及时隔离护理与治疗，发病严重或原因不明时立即上报。

(16)报表填写　每天准确填写用料量、存栏情况等数据，并交场办公室汇总。

任务 18　种公鸡的饲养管理

一、饲养目标

公鸡的外生殖器官不很发达，交配时依靠较长的腿胫和平坦的胸部，使双脚可以很稳地抓紧母鸡背部，并贴近前身将尾部弯下，便于把精液准确地输入母鸡泄殖腔的阴道口。腿胫较短和胸部丰满的公鸡，交配时很容易从母鸡背上滑落、抓伤母鸡和不能准确输精。因此，种公鸡的选育标准是腿胫长、平胸、雄性特征明显，体重比母鸡大 30%左右，行走时龙骨与地面呈 45°角为好。同时，要求种公鸡体质健壮、羽毛丰满、体型良好、膘情适中，配种能力强，精液品质好。

二、饲养方法

(一)0～20 周龄的饲养管理

1.0～6 周龄的饲养管理

这一阶段种公鸡不限饲而自由采食，目的是让其具有较长的腿胫发育。因为 8 周龄后鸡腿胫的生长速度会减缓。

(1)使用育雏料，饲料中的营养水平可保持在粗蛋白 18%、能量 11.7 MJ/kg 左右。

(2)要求1日龄剪冠断趾，7～8日龄断喙。公鸡的喙要比母鸡留得长，烧掉喙尖即可，如果断喙过多会影响交配能力。

(3)断喙前3 d饲料中添加多种维生素和维生素K，以防止鸡群应激和喙部流血。

(4)食槽料厚应适当增加，防止因断喙疼痛而影响采食。

(5)鸡群密度适当，槽位充足，以免强弱采食不均，造成鸡群均匀度差，弱小公鸡太多。

(6)1～3日龄采用24 h光照，白天关灯1～2次，每次5～10 min，让鸡适应黑暗的环境；4～9日龄光照22 h，8日龄后每天递减0.5 h，过渡到自然光照，以提高鸡群的采食量，充分发挥鸡群早期生长优势。

(7)4周龄时抽测体重，要求均匀度达到85%以上，公鸡体重达到同批日龄母鸡体重的1.5倍。均匀度差的鸡群按体重分群，小鸡群增料10%～20%。

(8)5～6周龄时对公鸡进行第一次选留，淘汰体重过小、毛色杂、发育不良、健康状况不好的公鸡，公、母鸡留种比例为(15～17)∶100。

选种之前不实施限饲，否则会降低日后商品化肉鸡的生长性能。

2.7～20周龄的饲养管理

这一阶段的种公鸡采用限饲的方法，使胸部过多的肌肉减少，龙骨抬高，促进腿部发育，降低体内脂肪。

(1)使用育成料，营养水平可保持在粗蛋白含量15%，能量11.63 MJ/kg左右，使体重恢复到标准或高于标准范围10%以内。注意不要限饲过度，否则会造成公鸡体重太轻，增重不足，会影响公鸡生殖器官的发育。

(2)种公鸡性成熟要比母鸡性成熟稍早，这一阶段公鸡舍光照应比母鸡舍增加2 h/d，否则混群后，未性成熟的公鸡会受到性成熟母鸡的攻击，而出现公鸡终身受精率低下的现象。

(3)19周龄对公鸡群进行第二次选留，选择鸡冠红润、眼睛明亮有神、羽毛有光泽、行动灵活、腿部修长有力、龙骨与地面呈45°角、胸部平坦、体重是母鸡1.4倍左右的健壮公鸡，选留比例(12～13)∶100。

(二)21～66周龄的饲养管理

第20周龄时公母鸡混舍饲养，分隔饲喂，可先把公鸡转入鸡舍再转母鸡群。

1.配种前期(21～45周)

这一阶段饲养管理的重点是适当限饲，确保稳定增重、肥瘦适中、使性成熟与体成熟同步。

(1)鸡群全群称重，要求按体重大、中、小分群，饲养时注意保持各鸡群的均匀度。

(2)混养后在自动喂料机食槽上加装鸡栅，供母鸡采食，使头部较大的公鸡不能采食母鸡料，公鸡的料桶高45～50 cm，使母鸡不能采食公鸡料。

(3)23～25周龄公鸡增重较快，以后逐渐减慢，睾丸和性器官30周龄时发育成熟，此阶段要求各周龄的体重必须在饲养标准范围。体重太轻，会使公鸡营养不良，影响精液品质；体重过重，会使公鸡性欲下降，脚趾变形，不能正常交配，而且交配时会损伤母鸡。

2.配种后期(46～66周)

配种前期的种公鸡睾丸充分发育，受精率达到高峰；45周龄左右睾丸开始衰退变小，精子活力降低，精液品质和受精率下降。由于下降的速度与公鸡的营养状况、饲养管理条件有关。这一阶段饲养管理的重点是改进种公鸡饲养品质，以提高种蛋的受精率。

(1)种公鸡料中每吨饲料添加蛋氨酸100 g、赖氨酸100 g、多种维生素150 g、氯化胆碱

200 g。有条件的鸡场还可以添加胡萝卜，以提高种公鸡精液品质。

(2)淘汰体重过大、脚趾变形、趾瘤、跛行的公鸡，及时补充后备公鸡，补充后的公母比例保持在(12～13)∶100。要求后备公鸡应占公鸡总数的1/3，后备公鸡与老龄公鸡相差20～25周龄为宜。

综上所述，只有了解种公鸡各阶段的生理特点和生活习性，才能制定科学的饲养管理方法，进而充分发挥种公鸡的遗传潜力，提高种蛋受精率和经济效益。

三、管理要求

(一)剪冠

剪冠的方法有两种。一是出壳后通过性别鉴定，用手术剪刀剪去公雏的冠。要注意不要太靠近冠基，防止出血过多，影响发育和成活；二是在南方炎热地区，只把冠齿截除即可，以免影响散热。2月龄以上的公鸡剪冠后，出血较多，也会影响生长发育。所以剪冠应在2月龄以内进行。现在有些蛋种鸡场建议不对种公鸡进行剪冠处理，理由是种公鸡保持全冠有利于较早、较有效地实施公母分饲以及体重控制，不剪冠的种公鸡有助于维持产蛋后期的受精率，种公鸡保持全冠不易受到热应激的影响。

(二)断喙断趾

人工授精的公鸡一般要断喙，以减少育雏、育成期的死亡。现在先进的断喙方法是用红外线光束穿透喙基部的外表层直至基础组织，而后数周内雏鸡正常的啄食行为使坚硬的外表层逐渐脱落，大约在4周的时间内所有的鸡只都有了圆滑的喙部。由于没有任何外伤，不会出现细菌感染，并可大大减少雏鸡的应激。自然交配的公鸡不用断喙，但要断趾，以免配种时踩伤、抓伤母鸡。目前全世界种鸡不断喙的趋势正在上升，许多未断喙的鸡群生产性能表现甚好，尤其是在遮光或半遮光条件下育雏育成的鸡群。

(三)单笼饲养

在群养时公鸡会互相打斗、爬跨等，影响精液数量和品质，为了避免应激，繁殖期人工授精的公鸡应单笼饲养。

(四)控制温度和光照

成年公鸡在20～25℃环境条件下，可产生理想的精液品质。温度高于30℃，导致暂时抑制精子的产生，而温度低于5℃时，公鸡的性活动降低；光照时间在12～14 h，公鸡可产生优质精液，少于9 h光照，则精液品质明显下降。光照强度在10 lx就能维持公鸡正常生理活动。

(五)生长体重检查

生长体重检查是为了保证整个繁殖期公鸡的健康和具有优质的精液，应每月检查一次体重，凡体重低于或超过标准100 g以上的公鸡，应暂停采精，或延长采精间隔，并另行单独饲养，以使公鸡尽快恢复体质。

(六)合理利用强度

公鸡的利用强度以隔日采精或采两天停一天的模式为宜。合理的公母配比应控制在1∶(40～55)之间。

四、种公鸡舍人工采精岗位操作程序

(1)用手把公鸡捉出鸡笼外,捉放鸡时不能粗暴对待公鸡。

(2)采精人员坐在小凳上,把公鸡的双脚放在左腿上,再把右腿搭在左腿上,采精员的双腿能够牢牢地夹住公鸡的双脚,把公鸡固定。

(3)右手从吸精人员的手中接过采精杯,并用中指和无名指夹住。伸直手指,使食指压住公鸡耻骨凹入处,使集精杯靠在泄殖腔的斜下方。这时集精杯不能对着泄殖腔的正下方,以免有粪便排出掉进集精杯中。

(4)用左手的拇指和食指轻轻按摩公鸡两侧肋骨凹陷处,并且一边按摩一边向泄殖腔方向移动,移动过程中稍微向下用力压。

(5)当左手移动到接近泄殖腔处,公鸡的生殖突起就会显露出来,这时拇指和食指稍微用力按着生殖突起的皮肤,形成对生殖突起的一定压力,当流出少部分精液后,把集精杯对着生殖突起,让精液流入集精杯中。每只公鸡每次采精以两次为宜。

(6)每采一只鸡,吸精人员应用吸管插进集精杯底吸起精液,再把吸管口斜靠试管内壁,挤压吸管头部,使精液慢慢地流入集精试管中。挤完精液后用握着试管的左手的拇指按住试管口,防止灰尘掉入污染精液。

(7)当集精试管装至一半和装完时各进行冲匀精液 1 次。

(8)采精频率隔 1 d 采精 1 次或采 2 d 停一天模式。

(9)采精时不要让粪便和其他异物掉进集精杯中;吸精过程中要细心观察精液,看是否有异物,若有就要把它弃掉;颜色异常的,如黄褐色、粉红色、有白色絮状物等精液也应弃用。

任务 19　种母鸡的饲养管理

饲养种母鸡的目的,是为了提供优质的种蛋和种雏。因此,种母鸡饲养管理的重点应放在始终保持种鸡具有健康良好的种用体况和旺盛的繁殖能力上,以确保生产尽可能多的合格种蛋,并保持高的种蛋受精率、孵化率和健雏率。

一、饲养技术

(1)遵循饲养标准和规范　种母鸡的饲养管理和产蛋鸡的饲养管理大致相同,可参考任务 20 产蛋鸡的饲养管理执行相关的技术。要求高度重视相应的饲养标准和技术规范。

(2)控制理想的饲养密度　种母鸡的饲养密度比商品鸡小,便于活动和锻炼体质。条件许可时,随着日龄的增加逐渐降低饲养密度,并于接种疫苗时仔细观察,调整鸡群,强弱分饲。

(3)认真做好种鸡的防疫　种鸡生产不同于商品生产,除要求适宜的环境条件外,更应该强调严密的卫生防疫工作。

(4)维持适宜的配种体重　现代鸡种均有其能最大限度发挥种用价值的标准体重,也就是最适宜的繁殖体况。特别是种母鸡在育成阶段和生产种蛋的各个时期,必须强调适宜的体重和良好的均匀度。

(5)安排合理的公母比例　种鸡的主要任务是产生合格的种蛋和孵化优秀的种用鸡苗。一般情况下,本交时的公、母比例为1:(10~12);人工授精时的公母比例为1:(20~30)。

(6)控制适宜的开产日龄　种鸡开产过早,蛋重小,蛋形不规则,受精率低。早产易引起早衰,也会影响整个产蛋期种蛋的数量。因此,必须在种鸡生长阶段通过控制光照、限制饲喂以控制合适的开产日龄。

(7)加强种群的净化管理　种鸡群要对一些可以通过种蛋垂直感染的疾病(如白痢)进行检疫和净化工作。通过检疫淘汰阳性个体,可大大提高种源的健康水平,检疫工作要年年进行才能有效。

二、母鸡舍人工输精岗位操作程序

(一)翻肛

(1)打开母鸡笼,从母鸡后面用右手握住母鸡双脚,把母鸡尾部拉出鸡笼外,让母鸡下腹卡在笼门口,右手稍用力将母鸡的双脚向外拉,左手拨开母鸡泄殖腔处羽毛,食指在泄殖腔上方压住,拇指在泄殖腔下方按压,使母鸡的泄殖腔显露出来。

(2)翻肛动作要快,食指和拇指用力要均匀,翻出的肛要圆滑、饱满,翻出的肛不能过高,也不能翻得过小,要易于输精。

(二)输精

(1)输精人员左手拿着集精试管,并且手指间夹一块棉花;右手拿输精滴管。

(2)右手拇指和食指稍用力压住滴管胶粒,把滴管口伸进装精试管的精液面里,然后松开右手拇指和食指,让精液吸入滴管中。注意拇指和食指不能用力过度或用力不足,否则会吸精过多或不足。每吸完1次精后必须用拇指堵住试管口。

(3)将滴管垂直于翻出的肛插进母鸡的阴道内,插入深度为1.5~2 cm,插入滴管时,翻肛人员固定好翻出的肛,使其不能凹陷。

(4)当精液从滴管中排出后,要迅速抽出滴管,然后用棉花把滴管擦干净才能进行下一次吸精工作。

(5)输精人员输精后,翻肛人员要迅速松开左手,接着放开鸡脚,让母鸡回到笼中。

(三)注意事项

(1)如果输精过程中有精液流出泄殖腔外,应补输。

(2)输精后0.5 h之内如果有鸡蛋产出,这一笼母鸡应补输。

(3)输精深度以1.5~2 cm为宜,既不能输得太深,也不能太浅,输精过程中要轻、温柔,不能用力过大,否则会损伤母鸡输卵管。

(4)适宜的输精量:为保证一次输入足够的精子数量,一次的输精剂量要达到0.025~0.03 mL。对于初产母鸡,适当增加输精量;产蛋后期,由于公鸡体质下降,精液质量有所下降,输精量也应适当增加。

(5)在输精过程中,翻肛人员和输精人员两者都要观察输精操作是否达到要求,对输精后出精和输精后不能缩肛的母鸡要重输。

(6)每天的人工授精工作应在下午 3 时才开始。

(7)每做 1 个试管的精液不能超出 25 min,包括采精时间和输精时间。

(8)每次做完 1 个试管精液,操作人员都要洗手。母鸡输精每 5 d 或 6 d 为 1 个周期。

三、种母鸡舍免疫接种岗位操作程序

(一)疫苗采购、运输和保管

(1)疫苗采购　做好疫苗采购计划,疫苗领用时注意检查疫苗质量,如生产厂家、包装、有效期、批号、数量等。

(2)疫苗运输　疫苗运输采用泡沫箱,疫苗放在下面,冰块放在上面,冰块数量足够,并要尽量减少疫苗在运输途中的时间。

(3)疫苗保管　疫苗必须按要求进行保管,一般冻干苗和灭活苗需在 2～8℃保管;湿苗在－15℃以下保管;液氮苗在－196℃以下保管。各类疫苗要求标识清楚,放置有序,防止拿错。定时记录冰箱温度。

(4)搞好疫苗进出仓管理　确保每月盘点时,疫苗种类、数量准确无误。

(二)合理制订免疫计划

严格按照技术规范和操作标准执行,实际接种日龄与标准控制在±2 天内。

(三)免疫用具清洗消毒

免疫前将注射器使用开水煮沸消毒 20 min,检查剂量是否准确后备用。免疫后及时将注射器内剩余疫苗排空,尽快用清水清洗干净。

(四)疫苗的检查和领用

按照"先入先用"的原则,并计算好疫苗用量,做好总量控制。疫苗使用前要检查疫苗的种类、包装、有效期、有无分层、有无变色、批号等,并做好登记。油苗提前一天拿出冰箱,放于自然环境中回温。

(五)疫苗的稀释和分配

稀释疫苗必须用规定的稀释液,按要求稀释。稀释后的疫苗要求在 30 min 内用完。油苗出现结冰现象及异常分层等问题时不能使用,油苗要分为两瓶时可以使用蒸馏水瓶或稀释液瓶进行分装,确保疫苗不被污染。使用过的注射器内的疫苗不能注入疫苗瓶,避免整瓶污染。

(六)免疫接种操作技术

1.滴鼻与点眼法

稀释液的用量应尽量准确;为了操作准确,一只手一次只能抓一只鸡,疫苗垂直滴入,等疫苗吸入后才放回。

2.注射法

针头要用脱脂棉检查是否有倒钩,若有则及时更换针头。

(1)颈部皮下注射法　用一只手拇指和食指将头顶后的皮肤捏起,截面呈三角形,针头近于水平从底部刺入,针头插入后有落空的感觉,再注射疫苗。疫苗漏出时,其表现为颈部羽毛有湿润的现象,要补做。

(2)胸部肌肉注射　选择肩关节附近的肌肉丰满处,拨开羽毛,针头与肌肉平面呈 45°角插入小鸡 0.5～1 cm，大鸡 1～1.5 cm。

(3)腿部肌肉注射　在大腿后侧肌肉丰满处，拨开羽毛，呈 15°角避开血管和神经刺入，注射位置不正确，易导致拐脚现象。

3.刺种法

在鸡翅膀内无血管和骨的翼膜上刺种，拨开羽毛防止疫苗被羽毛刷掉，并注意疫苗要浸过针尖和针槽部分，刺种时，针头和针槽要穿过翼膜；稀释疫苗半小时内用完。

4.饮水免疫

要求使用深井水，如果是自来水，要提前 24 h 在水箱中储水脱氯；建议加入 0.2%～0.5%的脱脂奶粉，保护疫苗；疫苗在稀释后 1 h 内饮完；免疫前视季节停水 2～3 h；免疫前要反复清洗水箱和饮水系统，但不能使用消毒水。

(七)免疫操作注意事项

(1)注意轻拿轻放，切忌粗暴操作，以期尽量减少应激。

(2)不能漏鸡，采用逐只鸡过笼方法可防止漏免现象，保证鸡群 100%接种。

(3)鸡只逃出鸡笼，在做完疫苗后，及时捉住，并全部重新免疫一次。

(4)在免疫前后使用维生素 2～3 d，缓解应激。

(5)免疫接种时，活疫苗瓶和盖子用完后要放在消毒水中浸泡，不随地乱放；注射器排气时，把弱毒苗或油苗打入消毒水中；疫苗接种完毕后，把空疫苗瓶、盖和垃圾集中焚烧处理。

(6)安排专业人员规范操作，不得漏免，并完整记录好相关的免疫资料。

任务 20　产蛋鸡的饲养管理

产蛋鸡一般是指 19～72 周龄的蛋鸡。产蛋阶段的饲养任务是最大限度地消除、减少各种应激对蛋鸡的有害影响，为产蛋鸡提供最有益于健康和产蛋的环境，使鸡群充分发挥生产性能，从而达到最佳的经济效益。

一、产蛋鸡的生理特点

(1)生殖器官成熟　刚开产的母鸡已达到性成熟，开始产蛋，但机体还没有发育完全，18 周龄体重仍在继续增长，到 40 周龄时生长发育基本停止，体重增长极少，40 周龄后体重增加多为脂肪积蓄。

(2)环境反应敏感　蛋鸡步入产蛋阶段往往富于神经质，对环境变化非常敏感。如饲料配方的变化，饲喂设备的改换，环境温度、通风、光照、密度的突然改变，饲养人员和日常管理程序的变换等，都会对蛋鸡产生明显的应激影响。

(3)产蛋性能凸显　蛋鸡一般从开始产蛋到全群产蛋率 50%，约需 3 周时间；从全群产蛋率达 50%到产蛋进入高峰期(产蛋率>90%)需 3 周左右；达到高峰后，稳定一段时期，然后产蛋率逐渐下降，到产蛋 60 周时，下降到 80%左右。从产蛋高峰以后，每周产蛋率约下降 0.5%。鸡种性能愈优良，饲养条件愈适宜，愈稳定。蛋鸡开产后蛋重也一直增长，前 15 周增长较快，到产蛋结束时，蛋重约增长 30%。

(4)成羽脱换开始　雏鸡刚孵出时，全身为绒羽覆盖，称为幼羽。约在7周龄长满青年羽，16～24周龄依次更换为成羽。母鸡经一个产蛋期以后，便自然换羽，从开始换羽到新羽长齐，一般需2～4个月的时间。每年秋天进行一次完全换羽，换羽一般停止产蛋；换羽的顺序是颈部、胸部、躯干、翼、尾，主翼羽由轴羽一侧开始脱换。正常速度换羽，每周换1根主翼羽，新羽要经6周才能长齐，这样10根主翼羽全部换完长齐需16周时间；高产鸡换羽常常2～3根同时脱换，换羽期间因卵巢机能减退，雌激素分泌减少而停止产蛋。换羽后又开始产蛋，但产蛋率较第一个产蛋年降低10%～15%，饲料转化率降低12%左右，产蛋持续时间也缩短，仅可达34周左右，但抗病力增强。

二、产蛋鸡的饲养管理

(一)做好转群过渡管理

育成鸡转群的时间，早的可在17～18周龄，晚的在20周龄，最迟不得超过22周龄。总之，要在开产前完成，使鸡有足够的时间熟悉和适应新的环境，减少环境变化的应激给鸡带来不利影响。转群应与选择结合进行，要做到以下几点：

(1)转群前要将鸡舍的门窗、供水、供料、供电、通风等设施先行检修，然后将鸡舍和设备进行彻底消毒。

(2)转群最好在清晨或晚上进行，以减少应激。

(3)转群前6 h停料，前后2 d料内多维加倍，转群当天24 h光照，方便采食和饮水。

(4)饲料更换应逐渐过渡，转群、断喙和免疫接种不能在同一天进行。

(5)转群时要进行选择鉴别。淘汰生长发育不良、病、弱、残鸡，以免影响产蛋率和增加成本。

(6)转群时调整好密度，冬季选在气候温和的晴天，夏季选在无雨凉爽的早晚进行。

(7)经常观察鸡群，防止卡脖子、脚、翅膀。

(8)转群后1周内应力求保持育成期末的饲养管理制度，注意经常巡视检查，及时调整弱小受伤的鸡，保证所有鸡都能喝到清洁的饮水。

(9)按照免疫程序在开产之前完成接种工作，以免影响鸡群的正常开产。

(二)采用分段饲养方法

(1)产蛋期蛋鸡所需要的最重要的营养成分是含硫氨基酸。含硫氨基酸总量中，蛋氨酸应占53%以上；其次是其他必需氨基酸、钙和磷；胆碱能促进合成蛋氨酸，防止脂肪沉积，饲料中加入0.3%的胆碱，有利于提高产蛋率和降低饲料消耗。

(2)当鸡群的产蛋率达到5%(在20～22周龄)时，要将育成鸡饲料转换为产蛋鸡饲料。产蛋初期一般不限制采食量，因为此时母鸡的生长发育尚未停止，所采食的饲料既要满足生长发育的需要，又要为产蛋积蓄营养。此时还需要根据鸡的体重和产蛋率上升的幅度适时转换饲料配方，按饲养标准提供足够的营养物质。

(3)一般品种的蛋鸡从23～24周龄(160～170日龄)开产(产蛋率达50%以上)。开产初期产蛋率上升得很快，从开产到达产蛋高峰的时间大约1个月左右，此时高产鸡的产蛋率可达95%以上，产蛋率80%以上的高峰期可以持续5个月以上；在高峰期产蛋率正常，鸡的体重稳定的情况下，要努力保持饲料配方、原料种类、环境条件上的高度稳定，避免各种不良刺激，进而避免产蛋率下降。这一阶段的蛋鸡一旦产蛋率下降，恢复起来就比较困难。

(4)产蛋鸡高产期要密切注意鸡的采食量、蛋重、产蛋率和体重的变化，以判断给饲制度是否合理，要根据以上指标的变化适当调整给料量。具体做法是：产蛋率上升，清早食槽无料，当天的给料量酌情增加；产蛋率平稳，清早食槽无料，给料量仍保持前 1 d 的水平；产蛋率平稳或下降，清早有剩料，则适当减少给料量；在适度调整喂量的基础上，最好保持食槽第二天早上无剩料，这样既能保证鸡群有旺盛的食欲，又能防止饲料浪费。

(5)随着鸡群进入产蛋中、后期，产蛋率下降到 80%以下，要适当减少给料量或降低饲料的营养浓度，以免鸡群过肥而使产蛋率骤降。

(三)高度重视钙质补充

(1)产蛋鸡饲料是决定蛋壳质量和蛋壳强度的主要因素。试验证明，开产前半个月的母鸡，骨骼中钙沉积明显加强。因此从 4 月龄起或达 5%产蛋率时，应给母鸡喂含钙量较高的饲料。

(2)产蛋鸡日粮中含钙量 3.2%～3.5%，含磷量 0.45%是最佳水平，而在高温季节或产蛋高峰时，含钙量可增加到 3.6%～3.8%，短期内加到 4%能使蛋壳变厚，但进一步提高对产蛋不利，也不能改善蛋壳质量。

(3)产蛋鸡饲料中钙含量过多，会使鸡的食欲减退；饲料中钙不足会促进吃料，易出现饲料消耗过多，母鸡脂肪沉积多，体重增加，生产中应加以控制。蛋鸡日粮中常采用骨粉、贝壳粉和石粉做钙源。试验证明，鸡对动物性钙源吸收较好，对植物性钙源吸收较差；经高温消毒的蛋壳也是良好的钙源之一。

(4)产蛋鸡饲料中维生素 D_3 的缺乏，会破坏钙的体内平衡而形成蛋壳有缺陷的蛋，因此，在饲料中要添加足量的维生素 D_3。

(四)及时分析产蛋规律

1.产蛋规律

(1)产蛋前期　此期是指从开产到产蛋高峰之前的时期(21～28 周龄)。产蛋率每周上升 12%～20%，同时鸡的体重平均每天增加 4～5 g，蛋重每周增加 1 g。

(2)产蛋高峰期　此期产蛋率在 80%以上。正常情况下，可维持 3～4 个月。

(3)产蛋后期　此期产蛋率逐渐下降，平均每周下降约 0.5%，直至 72 周龄。饲养好的高产鸡群产蛋率仍在 60%以上。

(4)产蛋年　产蛋鸡第一年的产蛋量最高，经过换羽后，进入第二个产蛋年，产蛋量比第一年下降 15%左右，第三个产蛋年又比第二年下降 15%左右。

2.产蛋曲线

蛋鸡生产中，及时绘制出鸡群每周的产蛋曲线，并对照标准曲线，是很重要的。如果偏离标准曲线，说明产蛋鸡的某一生产环节出了问题，应设法及时纠正；通过产蛋规律曲线图的绘制，可以及时分析鸡群的产蛋高峰与年产蛋量的关系，估算所养鸡群的年产蛋量，进而为更好地改进蛋鸡饲养管理方案，提供可靠依据。

鸡群每周的产蛋力常用产蛋率表示，为了排除死淘的影响，一般不用入舍鸡产蛋率，而使用“饲养日产蛋率”。鸡群产蛋开始的时间是指鸡群日产蛋率达 5%时的周龄。如果将每周的母鸡产蛋率的数字标记在图纸上，并将各点连起来，就会得出产蛋曲线。鸡的产蛋曲线因品种会出现一定差异，但影响不是很大。它的变化主要受饲养管理条件的影响而形成较大的差异，亦即鸡群产蛋率的上升或下降变化，这种差异只有在良好的饲养管理条件下，才能同标准曲线相符合。在产蛋过程中，如遇到饲养管理不当或其他应激刺激时，会使产蛋受到影响，产蛋率低于标准曲线是不能完全补偿的。这种影响，如发生在前 6 周，会使曲线上升中断，产蛋下降，很难到标准高峰，而且以后每周产蛋也会按同等比例减少。如图 5-4 所示。

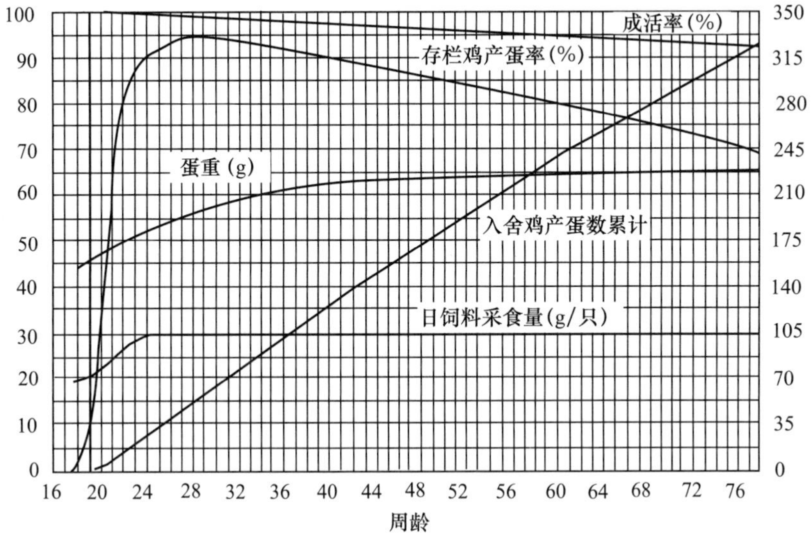

图 5-4 产蛋曲线

（杨山．现代养鸡．2002）

（五）适时采取限制饲养

产蛋鸡的限制饲养通常在产蛋高峰过后进行，主要目的是提高饲料转化率，避免采食过多，造成母鸡肥胖而影响产蛋。虽然限饲会使产蛋量略有下降，但因节省饲料，最终核算时，只要每只鸡的收入大于自由采食时的收入，限制饲喂也是合算的。

1．分段安排

分段饲养常用的有两段法和三段法。

①两段法 以 50 周龄为界，50 周龄前，鸡体尚在发育，又是产蛋盛期，日粮的蛋白质水平控制在 17%左右。50 周龄后，则下降至 15%左右。

②三段法 以 20～42 周龄为第一阶段，43～62 周龄为第二阶段，63 周龄以后为第三阶段，日粮中的蛋白质水平分别为 18%，16.5%～17%，15%～16%。也可按产蛋率的高低来进行分段饲养，产蛋率低于 65%时，日粮的蛋白质水平为 15%；产蛋率在 65%～80%时，蛋白质水平为 16%；产蛋率在 80%以上时，蛋白质水平为 17%。

2．饲养方法

限饲的产蛋鸡应该是在产蛋高峰过后 2 周开始进行。方法一是采食量方面给予一定的限制，即比自由采食减少 10%～20%，日粮中降低能量、蛋白质和氨基酸水平，增加纤维素和日粮中的钙（当产蛋率达到 5%时，钙含量为 3.2%；当产蛋率达到 50%以上时，钙含量为 3.5%）；方法二是采食时间的限制，即每日定时采食或每周 1 d 停料不停水。但是，不管采用哪种方法，只要产蛋量下降正常，这一方法可以持续下去，如果下降幅度较大，就将给料量恢复到前一个水平。在正常情况下，限制饲喂的饲料减少量不能超过8%～9%，另外当鸡群受应激刺激或气候异常寒冷时，不要减少给料量。

（六）依据曲线调整饲养

（1）按产蛋曲线调整饲养　在产蛋量上升阶段，从18周龄起逐步改喂蛋鸡料，当产蛋率达到5%时，CP%为14%；达50%时，CP%为15%；达70%时，CP%为16.5%，达高峰时，CP%为17%以上；当产蛋率下降时，应逐渐降低营养水平，不要一看到产蛋率下降，就突然降低营养水平。调整原则是当产蛋量上升时，提高营养水平要走在产蛋上升的前面；当产蛋量下降时，降低饲料营养水平应落在产蛋量下降的后面；要注意观察调整的效果，发现效果不好，及时纠正。

（2）按季节气温变化调整饲养　在能量水平一致的情况下，冬季由于采食量增加，要适当降低日粮的蛋白质水平；夏季则适当提高日粮的蛋白质含量。

（3）特殊情况的调整饲养　如出现啄羽、啄肛等恶癖时，饲料中应适当增加粗纤维、石膏、食盐含量。在接种疫苗后1周内，日粮中宜增加1%的蛋白质。

（七）创造适宜的环境条件

鸡舍内的适宜环境对于保证生产力的正常发挥是至关重要的，因为每一个不适的饲养环境，诸如光不合理、高温、寒冷、潮湿、噪声、空气污浊等，对产蛋鸡都是很大的应激因素。而每次应激都会或多或少影响其生产性能的正常发挥。

1.设计合理的光照制度

光照对鸡的繁殖功能影响很大。增加光照时间，能刺激性激素分泌而促进产蛋，缩短光照时间，会抑制性激素的分泌而抑制排卵和产蛋。因此，产蛋鸡产蛋期间要逐渐增加光照时间。

（1）光照原则　产蛋期的光照原则是只能增加不能减少。从18周龄开始，增加光照时间和光照强度，然后采用恒定法固定光照时间和光照强度，持续到产蛋期末，尤其产蛋高峰期不能随意变动、减弱光照时间和光照强度。对于开放式鸡舍、受自然光照影响，鸡舍的光照时间应尽量接近最长的自然光照时间，不足部分用人工光照补充。

（2）光照时间　蛋鸡生产要保证产蛋所需的光照时间，每天不能少于12 h，最长不要超过16 h，在此范围内，光照时间宁可延长不可缩短。生产中增加光照应以每周15～20 min的增长速率为宜，直到每天14～16 h为止；当光照时间达到14～16 h后，每天开关灯的时间要固定，不要随意变动，防止鸡群发生应激反应。

（3）光照强度　光照强度虽然对鸡的生长和性成熟影响较小，但过强的光照会诱使鸡群发生啄癖。蛋鸡舍每平方米面积有10 W的亮度即可。

（4）光色　光色以具有长波的红光对生殖腺的刺激效果最好，其次是白光，蓝光对鸡的刺激起副作用。生产中一般用白炽灯或日光灯作光源。

（5）光照设备　有条件时产蛋鸡的光照时间控制最好用定时器，光照强度用调压变压器，保证灯泡的有效照度，应经常擦拭灯泡，使灯泡经常保持清洁干净，以保证其亮度。

2.控制适宜的温、湿度

温、湿度是产蛋鸡饲养管理重要的环境因素之一。保持鸡舍适宜的温、湿度，不但能维持高而平稳的产蛋率，而且节省饲料。

（1）温度　蛋鸡的最佳产蛋温度是20℃，13～25℃范围内不会影响产蛋性能。13℃以下每降低 1℃，产蛋率将下降 1.5%，25℃以上会使蛋重下降；母鸡难以忍受 30℃以上的持续高温，当环境温度上升到 35℃以上时，热应激导致采食量和产蛋率明显下降，蛋重变小，蛋壳变薄，破蛋率增加。因此，蛋鸡舍冬季要注意保温，夏季要注意降温。

(2)湿度　产蛋鸡的最佳相对湿度为 55%～65%。鸡舍内的湿度来源于鸡群呼出的气体、粪便蒸发的水分、水槽内蒸发的水分和大气中原有水分等因素。夏季可在鸡舍过道中洒水，以增加空气湿度，秋、冬季温度偏高时，可加大排风量，以降低空气中水蒸气含量。需要强调的是一年四季都应尽量降低鸡粪中的含水量，这样不仅可以控制湿度，也能防止空气中有害气体的挥发。

3.保持新鲜的空气质量

鸡舍内保持新鲜的空气质量，有助于获得较高的产蛋量。开放式鸡舍应加强自然通风，及时清除废气和灰尘；密闭式鸡舍可采用纵向通风、湿帘降温的方法，而在冬季往往为了保温，容易忽视通风换气，而长期通风不良对产蛋鸡造成的不利影响会超过低温的影响。故在生产实践中，应重点解决冬季鸡舍保温与通风的矛盾问题。另外，一年四季都要注意鸡舍的卫生和通风换气，及时清除粪便和尘埃。

4.防止噪声的应激危害

产蛋鸡应激反应敏感，噪声对产蛋及蛋品质影响明显。蛋鸡生产实践中，要特别防止噪声对产蛋高峰鸡群的不良刺激，避免鸡舍内外的噪声危害。饲养人员与工作服颜色也要尽可能保持不变，并杜绝老鼠、猫、犬等小动物和野鸟进入鸡舍。

(八)认真做好日常管理

1.观察鸡群状况

重点是通过观察鸡的采食、饮水、外貌、啄癖、产蛋、排粪和精神状态等方面的表现，区别健康鸡和病弱鸡。健康鸡羽毛紧凑，冠髯红润，活泼好动，反应灵敏，粪便盘曲而干，有一定形状，呈褐色，上面有白色的尿酸盐附着。病弱鸡应及时挑出，交给兽医人员处理。

(1)在清晨舍内开灯后观察鸡群的精神状态和粪便情况，及时发现异常鸡。

(2)夜间关灯后要注意倾听鸡有无呼吸道疾病的异常声音。

(3)喂料给水时，要观察饲槽、水槽的剩余情况，以及是否适应鸡的需要。

(4)观察鸡群有无啄癖，及时采取防制措施。

(5)及时淘汰过迟开产和开产后不久就换羽的鸡。到了 200 日龄耻骨尚未开张，为未开产鸡；刚产蛋几个月就换羽的，为停产鸡，都应及时淘汰。

2.预防应激危害，保证良好的环境

蛋鸡对环境变化非常敏感，容易引起应激反应，使食欲不振、产蛋量下降、产软壳蛋等，需要数日才能恢复正常。为此应制定科学的管理程序和产蛋时间，禁止进行突击性的工作。操作时动作要轻稳，减少进出鸡舍的次数，保持环境安静，防止兽、猫、鼠的进入。

3.防止饲料浪费

①保证饲料的全价营养；

②料槽添料量应为 1/3 槽高，添料过满会造成饲料抛撒。槽底最好是平的，上面有回槽，平养时可在槽上拉铁丝，防止鸡只踏入；

③槽高应与鸡背等高；

④饲料粉碎不能过细，以免采食困难，粉尘多。

4.区别高低产鸡

及时淘汰低产鸡，是节省饲料、提高笼位利用率的重要措施。有的鸡场在产蛋末期提前1～2个月，可整批淘汰约1/3的低产鸡。如表5-16所示。

表5-16　高、低产鸡鉴别

项目	产蛋鸡	低产或停产鸡
冠、肉垂	大而鲜红、丰满、温暖	小、色淡、不暖
肛门	大而丰满、湿润、椭圆	小而皱缩、干燥、圆形
触摸品质	嫩、耻骨薄有弹性	皮肤和耻骨端硬、无弹性
腹部容积	大	小
换羽	未换羽	已换羽或正在换羽
色素变化	肛门、喙、胫已褪色	肛门、喙、胫为黄色

5.加强日常管理

要求认真规范消毒、卫生、饲喂、饮水、拣蛋、收蛋、免疫接种、清理粪尿等操作方法，合理使用和维护设施设备。

6.规范报表管理

报表包括存栏、死淘、用药、疫苗、称重、值班等记录资料，要填写详细、工整，并及时上交。

三、产蛋鸡舍饲养管理岗位操作程序

(一)工作目标

(1)23～24周龄产蛋率达50%以上，性成熟发育整齐一致。

(2)产蛋率、蛋重、死淘率等指标达标。

(二)工作日程

6:00　开灯给水，检查水线、料线，清理消毒鸡舍、操作间、场区，更换消毒池内的消毒液。

6:30　开蛋箱，清除蛋箱内的鸡粪，加公鸡料(中午喂料)，喂料，拣死鸡。

7:00　拣第一遍鸡蛋(地面蛋)。

8:00　换坏灯泡，清除蛋箱及踏板上的灰尘和鸡粪。

8:30～10:00　拣第二遍鸡蛋，选蛋，交蛋。

10:30～12:00　拣第三遍鸡蛋，选蛋，交蛋。

13:00～14:00　拣第四遍鸡蛋，选蛋，交蛋。

14:30～15:00　检查水线，更换坏乳头。

15:00～16:00　拣第五遍鸡蛋，选蛋，交蛋。

16:30　填写日报表。

16:30～17:30　带鸡消毒(每周两次)。

18:30　擦灯泡，检修设备运行情况。

19:30　拣第六遍鸡蛋,选蛋,交蛋。

20:00　垫蛋窝,修理蛋箱,关蛋箱。

21:00　加料(早上喂料)。

21:30　清洗水箱,关水。

22:00　关灯。

(三)岗位技术规范

1.预产期饲养管理

(1)调整限制力度　预产期采用宽松的限饲方式,逐步过渡为每天饲喂,以保证鸡群的充分发育。

(2)加快放料速度　每周加料达到4～10 g,逐步达到适宜的开产料量。

(3)转料　17～18周龄,根据鸡群的发育和体重情况,将后备料转为预产料,转料过渡时间为5～7 d。

(4)驱虫　开产前4周做一次驱虫工作。

(5)体重监控　每周末早上空腹抽称一次,抽称比例为3%,定笼抽称。

(6)性成熟调整　在开产前4～5周进行性成熟度的调整。将早熟部分放在鸡舍中间光线较暗的地方,晚熟部分调到鸡舍两边光线较明亮的地方,对晚熟部分鸡适当增加料量和维生素等,刺激其发育。性成熟调整时,只能在同一类鸡中调整(如中间晚熟的大鸡与两边早熟的大鸡交换),不能将原有体型分类调乱,便于产蛋期间的管理。

(7)公鸡上笼与训练　公鸡上笼时间安排在开产前4周,挑选外貌特征符合选种要求、精神状态良好、体重达标的个体上笼,上笼后要求单笼饲养。上笼后1周,进行公鸡尾毛的修剪,开产前两周开始进行采精训练,开产前训练3～5次。

(8)开产前选种　开产前对母鸡做第三次选种,淘汰部分外貌特征明显不符合品种要求的个体,同时挑出并淘汰鸡群中的残、次鸡。

(9)光照调整　遮黑饲养鸡群遮黑到19～20周,其后由8 h光照一下调整到12 h,以后每周增加0.5 h,直到16 h光照(土鸡类可为15.5 h);非遮黑饲养鸡群,20周龄达到12 h光照,开产前达到14 h光照,以后每周增加0.5 h,直到产蛋期间需要的光照时间。

(10)早产鸡群的处理　早产鸡群可以采用产前限制措施,控制鸡群早产。产前限制措施为:鸡群平均产蛋率达到1%～3%时,全群开始停止喂料,停料时间5～7 d,停料期间不能停水。停料当天早上空腹称重,并对称重样本做好记录,在停料第5天早上再次称重上次标记的样本,以鸡群体重平均下降13%～15%为停料结束时间。首次喂料当天,每只母鸡平均给料30 g,以后每天增加10 g,直到达到停料前的料量,再按照加料计划调整料量。

(11)预产期间鸡群增重要求　小体型品种要求达到60～70 g/周,中、大体型品种要求达到90～110 g/周。

2.产蛋期饲养管理

(1)转料　鸡群产蛋率达到5%时,开始转产蛋料,转料过渡时间为5～7 d。

(2)控制适宜的开产料量　鸡群开产料量为预计高峰料量的85%左右,保持鸡群良好的食欲,为以后的加料留足空间。

(3)高峰前料量的调整　在产蛋率达到65%～70%时,达到计划的高峰料量,产蛋率维持7 d不再上升时,根据采食情况,可考虑再进行试探性加料,加料幅度为5～7 g,维持一周，如产蛋率不再增加，则降低到原来的高峰料量。

(4)高峰后减料　高峰料维持4～5周后，开始降低料量，首次减料为2～3 g，以后每周降低1～2 g料量，逐步达到维持料量，维持料量不能低于开产料量；夏季受高温影响，高峰料量偏低，则高峰料维持时间延长，减料时间推迟，采用缓慢减料的方式减料。

(5)喂料　每天按照订料单进行准确投料，料量不能随意更改，如因天气原因，鸡群出现料量不足或过多时，应由区长统一安排料量的调整。为了进一步提高喂料的准确性，要求先称料后喂鸡。为了减少饲料浪费，高峰料量期间，大体型品种应采用分次喂料方式，避免一次性喂料而造成料槽过满。

(6)匀料　为了保证料槽饲料均匀，每天的匀料次数不少于4次；在做集体工作或下午做人工授精时安排好人员匀料。

(7)饮水　产蛋期间需保证充足的饮水供应，不能出现超过3 h以上的断水，特别是夏季。每次饮水加药后，及时更换回自动供水，饮水给药后要及时冲洗一次水管，防止饮水乳头堵塞，其余时间做到每月定期冲洗水管2～3次，每周清洗水箱1～2次。

(8)种蛋的收集和运送

①捡蛋　每天捡蛋次数不少于5次；

②摆蛋　认真观察每只鸡蛋，把畸形蛋、沙壳蛋、白蛋、破蛋、阴阳蛋、双黄蛋等次蛋放在一个蛋托中，正品蛋按大头向上摆放在另一蛋托中。正品蛋送到孵化厂，次品蛋当作菜蛋外卖；

③擦蛋　带有鸡粪的鸡蛋、血蛋要用布块擦干净后才能摆到蛋托中，擦蛋的布块要经过消毒水浸泡消毒，并拧干；

④送蛋　种蛋运送过程中要做好防晒、防雨等措施。

(9)光照控制　产蛋前期逐步加光到16 h/d，并稳定下来，最高不超过17 h，以后每天的光照时间和开关灯时间都要稳定，不能随意变动。每周检查一次定时器工作是否正常，灯泡或光管是否烧坏，并及时处理出现的问题。产蛋期间的人工光照强度要求达到30～50 lx，采用20 W的日光管，间隔4 m安装一只，相临工作巷的灯管错开安装，使光照分布均匀。

(10)环境控制(温度、通风)

①温度　产蛋鸡最适宜温度范围为15～28℃，每栋产蛋舍应挂一个温度计，经常观察气温变化，当舍温超过30℃应及时采取降温措施；当鸡舍温度低于15℃时应采取保温措施。

②通风　保持鸡舍空气良好，减少空气中有害气体浓度。空气混浊时以通风为主。

(11)体重监控　体重抽称时间为产蛋前10周，每两周抽称一次，以后每4周抽称一次，抽称比例为2%～3%，早上空腹抽称。抽称样本要具有代表性，取每仓鸡笼前、中、后数个点进行抽称，固定抽称位置。公鸡选取10～15只抽称，笼位固定。抽称数据统计，评估鸡群的体重变化是否适宜。

(12)体况监控　高峰后，区长每两周监控一次鸡群体况。体况监控主要指胸肌丰满度和腹部脂肪沉积情况，每次检查的鸡数比例应该达到全群的2%以上，取样分布于全舍，检查方式以手触摸母鸡的胸、腹部，进而评估鸡群的体况状态，作为指导鸡群用料的一个重要参考指标。

(13)抱窝鸡醒抱　抱窝比例较大的品种，需要进行抱窝鸡处理，主要针对地方土鸡等品种。在鸡舍内建专用醒抱笼，每天将抱窝鸡捉出，放于醒抱笼饲养1周左右，待其醒抱后捉回产蛋笼，放入醒抱笼处理前，先配合醒抱池浸泡处理一天，效果会更好。

(14)肥胖鸡及残次鸡处理　产蛋中后期，应挑选出鸡群中的肥胖母鸡，集中限料处理一段时间。每次做人工授精时，遇见翻肛困难的肥胖鸡时，在相应笼位做好标记，第二天将其挑到处理笼饲养，降低这部分鸡只的料量，只供给正常料量的一半或更少，每周检查一次，待其体况适宜时，再捉回产蛋笼正常饲养；每天做人工授精时，挑选出残次鸡，单独饲养，集中淘汰。

(15)卫生　每天喂料后，清扫水管、地面一次，整理好工作间的用具，使其摆放整齐有序；每周冲洗水管、水箱一次；每半月清扫鸡笼、墙壁、吊顶、横隔、风机、进风口、蛋网一次，并擦一次灯具；每月擦洗水管一次；保持舍内卫生、整洁。

(16)清粪　每 3～5 d 清粪一次，具体根据季节和品种而定。

(17)报表记录　要做好日报表、周报表等报表规范填写工作，并悬挂整齐。

任务 21　水禽的饲养管理

一、鸭的饲养管理

(一)生活习性

(1)喜水合群　鸭属于水禽，喜欢在水中洗浴、嬉戏、觅食和求偶。鸭一般只在休息和产蛋的时候回到陆地上，大部分时间在水中度过。鸭性情温顺，合群性很强，很少单独行动。因此，有水面的地方可大群放牧饲养。

(2)喜欢杂食　鸭嗅觉、味觉不发达，但食道容积大，肌胃发达。因此，鸭的食性很广，无论精、粗、青绿饲料都可作为鸭的饲料。

(3)耐寒怕热　鸭体表羽绒层厚，羽毛浓密，尾脂腺发达，皮下脂肪厚，耐寒性强。鸭比较怕热，在炎热的夏季喜欢泡在水中，或在树荫下休息，觅食减少，采食量下降，产蛋率也下降。所以，天气炎热时要做好遮阴防暑工作。

(4)反应灵敏、生活有规律　鸭的反应敏捷，能较快地接受管理训练和调教。鸭的觅食、嬉水、休息、交配和产蛋等行为具有一定的规律，如上午一般以觅食为主，下午则以休息为主，间以嬉水、觅食，晚上则以休息为主，采食和饮水甚少。交配活动则多在早晨放牧、黄昏收牧和嬉水时进行。鸭的这些生活规律一经形成就不易改变。

(5)适应能力强、胆小易惊　鸭对不同的气候和环境的适应能力较鸡强，适应范围广，生活力和抗病力强。但是鸭胆小易惊，遇到人或其他动物即突然惊叫，导致产蛋减少甚至停产。

(二)雏鸭的饲养管理

0～4 周龄的鸭称为雏鸭。雏鸭绒毛稀短，体温调节能力差；体质弱，适应周围环境能力差；生长发育快，消化能力差；抗病力差，易得病死亡。雏鸭饲养管理的好坏不仅关系到雏鸭的生长发育和成活率，还影响到鸭场内鸭群的更新和发展、鸭群以后的产蛋率和健康状况。

1.育雏前的准备

(1)育雏舍和设备的检修、清洗及消毒　雏鸭阶段主要是在育雏室内进行饲养，育雏开始前要对鸭舍及其设备进行清洗和检修。要求对鸭舍的屋顶、墙壁、地面以及取暖、供水、供料、供电等设备进行彻底的清扫、冲洗、检修，堵死鼠洞；然后再用石灰水或其他消毒液进行喷洒或涂刷消毒；清扫和整理完毕后在舍内地面铺上一层干净、柔软的垫料，一切用具搬到舍内，用福尔马林熏蒸法消毒；对于育雏室外附近设有小型洗浴池的鸭场，在使用之前要对水池进行清理消毒，然后注入清水。

(2)育雏用具设备的准备　应根据雏鸭饲养的数量和饲养方式，配备足够的保温设备、垫料、围栏、料槽、水槽、水盆(前期雏鸭洗浴用)、清洁工具等，备好饲料、药品、疫苗，制定好操作规程和生产记录表格。

(3)做好预温工作　无论采用哪种方式育雏和供温，进雏前 2～3 d 对舍内保温设备，都要进行检修和调试。在雏鸭进入育雏室前 1 d，保证育雏室达到所需要的温度，并保持温度的稳定。

2.雏鸭的环境条件

(1)温度　由于雏鸭御寒能力弱，初期需要温度稍高些，随着雏龄增加，室温可逐渐下降。3 周龄以内的雏鸭，可参考表 5-17 规定的标准给温。

表 5-17　蛋鸭育雏期的温度

日龄	1	2～7	8～14	15～21
室温/℃	28～26	26～22	22～18	18～16

(2)湿度　湿度不能过大，圈窝不能潮湿，垫草必须干燥，尤其在采食过饲料或下水游泳回来休息时，一定要卧在清洁干燥的垫草上。

(3)通风换气　育雏室要定时通风换气，朝南的窗户要适当敞开，以保持室内空气新鲜。但任何时候都要防止贼风直吹鸭身。

(4)光照　1 周龄时，每昼夜光照可达 20～23 h；2 周龄开始，逐步降低光照强度，缩短光照时间；3 周龄起，要区别不同情况，如上半年育雏，白天利用自然日照，夜间以较暗的灯光通宵照明，只在喂料时用较亮的灯光照 0.5 h；如下半年育雏，由于日照时间短，可在傍晚适当增加光照 1～2 h，其余时间仍用较暗的灯光通宵照明。

(5)饲养密度　要根据品种、饲养管理方式、季节等不同，确定合理的饲养密度。雏鸭的饲养密度见表 5-18。

表 5-18　雏鸭平面饲养的密度　　只/m^2

日龄	1～10	11～20	21～30
夏季	30～35	25～30	20～25
冬季	35～40	30～35	20～25

除温度、湿度、空气、光照、饲养密度等环境条件外，水源水质及噪声等，均对雏鸭有较大的影响，必须注意。

3.雏鸭的饲养

(1)开饮　刚出壳的雏鸭第一次饮水称开饮，也叫“潮口”。先饮水后开食，是饲养雏鸭的一个基本原则，一般在出壳后 24 h 内进行。方法是把雏鸭喙浸入 30℃左右温开水中，让其喝水，反复几次，即可学会饮水。夏季天气晴朗，潮口也可在小溪中进行，把雏鸭放在竹篮内，一起浸入水中，只浸到雏鸭脚，不要浸湿绒毛。

(2)开食　一般在开饮后 30 min 左右开食。开食料选用碎米、玉米粒等，也可直接用颗粒料自由采食的方法进行。开食时不要用料槽或料盘，直接撒在干净的塑料布上，便于全群同时采食到饲料。随着雏鸭日龄的增加可逐渐减少饲喂次数，10 日龄以内白天喂 4 次，夜晚 1～2 次；11～20 日龄白天喂 3 次，夜晚 1～2 次；20 日龄后白天喂 3 次，夜晚 1 次。雏鸭料可参考饲料配方：玉米 58.5%、麦麸 10%、豆饼 20%、国产鱼粉 10%、骨粉 0.5%、贝壳粉 1%，此外可额外添加 0.01%的禽用多维和 0.1%的微量元素。

4.雏鸭的管理

(1)及时分群，严防堆压　雏鸭在“开饮”前，应根据出雏的迟早、强弱分开饲养。笼养的雏鸭，将弱雏放在笼的上层、温度较高的地方。平养的要将强雏放在育雏室的近门口处，弱雏放在鸭舍中温度最高处。第二次分群是在采食后 3 d 左右，将采食饲料少或不采食饲料的放在一起饲养，适当增加饲喂次数，比其他雏鸭的环境温度提高 1～2℃。对患病的雏鸭要单独饲养或淘汰。以后可根据雏鸭的体重来分群，每周随机抽取 5%～10%的雏鸭称重，未达到标准的要适当增加饲喂量，超过标准的要适当减少饲喂量。

(2)从小调教下水，逐步锻炼放牧　下水要从小开始训练，不能因为小鸭怕冷、胆小、怕下水而停止。开始 1～5 d，可以与小鸭“点水”(有的称“潮水”)结合起来，即在鸭篓内“点水”，第 5 天起，就可以自由下水活动了。注意每次下水上来，都要让它在无风温暖的地方梳理羽毛，使身上的湿毛尽快干燥，千万不可带着湿毛入窝休息。下水活动，夏季不能在中午烈日下进行，冬季不能在阴冷的早晚进行；5 日龄以后，即雏鸭能够自由下水活动时，就可以开始放牧。开始放牧宜在鸭舍周围，适应以后，可慢慢延长放牧路线，选择理想的放牧环境，如水稻田、浅水河沟或湖塘，种植荸荠、芋艿的水田，种植莲藕、慈姑的浅水池塘等。放牧的时间要由短到长，逐步锻炼。放牧的次数也不能太多，雏鸭阶段，每天上、下午各放牧一次，中午休息。每次放牧时间，开始时 20～30 min，以后慢慢延长，但不要超过 1.5 h。雏鸭放牧水稻田后，要到清水中游洗一下，然后上岸理毛休息。

(3)搞好清洁卫生，保持圈窝干燥　随着雏鸭日龄增大，排泄物不断增多，鸭篓和圈窝极易潮湿、污秽，这种环境会使雏鸭绒毛沾湿、弄脏，并有利于病原微生物繁殖，必须及时打扫干净，勤换垫草，保持篓内和圈窝内干燥清洁。换下的垫草要经过翻晒晾干，方能再用。育雏舍周围的环境，也要经常打扫，四周的排水沟必须畅通，以保持干燥、清洁、卫生的良好环境。

(4)建立稳定的管理程序　蛋鸭具有集体生活的习性，合群性很强，神经类型较敏感，其各种行为要在雏鸭阶段开始培养。例如，饮水、吃料、下水游泳、上岸理毛、入圈歇息等，都要定时、定地，每天有固定的一整套管理程序，形成习惯后，不要轻易改变，如果改变，也要逐步进行。饲料品种和调制方法的改变也如此。

(三)育成鸭的饲养管理

育成鸭一般指 5～16 周龄的青年鸭。育成鸭饲养管理的好坏，直接影响产蛋鸭的生产性能和种鸭的种用价值。育成鸭具有生长发育快、羽毛生长速度快、器官发育快、适应性强等特点。育成阶段要特别注意控制生长速度和群体均匀度、体重和开产日龄，使蛋鸭适时达到性成熟，在理想的开产日龄开产，迅速达到产蛋高峰，充分发挥其生产潜力。

1.育成鸭的放牧饲养

放牧养鸭是我国传统的养鸭方式，它利用了鸭场周围丰富的天然饲料，适时为稻田除虫，同时可使鸭体健壮，节约饲料，降低成本。

(1)选择好放牧场所和放牧路线　早春放浅水塘、水河小港，让鸭觅食螺蛳、鱼虾、草根等水生生物。春耕开始后在耕翻的田内放牧，觅取田里的草籽、草根和蚯蚓、昆虫等天然动植物饲料。稻田插秧后从分蘖至抽穗扬花时，都可在稻田放牧，既除害虫杂草，又节省饲料，还增加了野生动物性蛋白的摄取量。待水稻收割后再放牧，可觅食落地稻粒和草籽，这是放鸭的最好时期。每次放牧，路线远近要适当，鸭龄从小到大，路线由近到远，逐步锻炼，不能使鸭太疲劳；往返路线尽可能固定，便于管理。过河过江时，选水浅的地方；上下河岸，选坡度小、场面宽广之处，以免拥挤践踏。在水里浮游，应逆水放牧，便于觅食；有风天气放牧，应逆风前进，以免鸭毛被风吹开，使鸭受凉。每次放牧途中，都要选择1～2个可避风雨的阴凉地方，在中午炎热或遇雷阵雨时，都要把鸭赶回阴凉处休息。

(2)采食训练与信号调教　为使鸭群及早采食和便于管理，采食训练和信号调教要在放牧前几天进行。采食训练根据牧地饲料资源情况，进行吃稻谷粒、吃螺蛳等的训练，方法是先将谷粒、螺蛳撒在地上，然后将饥饿的鸭群赶来任其采食。信号调教是用固定的信号和动作进行反复训练，使鸭群建立起听从指挥的条件反射，以便于在放牧中收拢鸭群。

(3)放牧方法

①一条龙放牧法　这种放牧法一般由2～3人管理(视鸭群大小而定)，由最有经验的牧鸭人(称为主棒)在前面领路，另有两名助手在后方的左右侧压阵，使鸭群形成5～10层次，缓慢前进，把稻田的落谷和昆虫吃干净。这种放牧法适于将要翻耕、泥巴稀而不硬的落谷田，宜在下午进行。

②满天星放牧法　即将鸭驱赶到放牧地区后，不是有秩序地前进，而是让它们散开，自由采食，先将有迁徙性的活昆虫吃掉，适当"闯鲜"，留下大部分遗粒，以后再放。这种放牧法适于干田块，或近期不会翻耕的田块，宜在上午进行。

③定时放牧法　群鸭的生活有一定的规律性，在一天的放牧过程中，要出现3～4次积极采食的高潮，3～4次集中休息和浮游。根据这一规律，在放牧时，不要让鸭群整天泡在田里或水上，而要采取定时放牧法。春末至秋初，一般采食四次，即早晨、上午10时左右、下午15时左右、傍晚前各采食1次。秋后至初春，气候冷，日照时数少，一般每日分早、中、晚采食3次。饲养员要选择好放牧场地，把天然饲料丰富的地方留作采食高潮时放牧。如不控制鸭群的采食和休息时间，整天东奔西跑，使鸭子终日处于半饥饿状态，得不到休息，既消耗体力，又不能充分利用天然饲料，是放牧鸭群的大忌。

④放牧鸭群的控制　鸭子具有较强的合群性，从育雏开始到放牧训练，建立起听从放牧人员口令和放牧竿指挥的条件反射，可以把数千只鸭控制得井井有条，不致糟蹋庄稼和践踏作物。当鸭群需要转移牧地时，先要把鸭群在田里集中，然后用放牧竿从鸭群中选出10～20只作为头鸭带路，走在最前面，叫作"头竿"，余下的鸭群就会跟着上路。只要头竿、二竿控制得好，头鸭就会将鸭群有秩序地带到放牧场地。

2.育成鸭的圈养饲养

育成鸭的整个饲养过程均在鸭舍内进行，称为圈养或关养。圈养鸭不受季节、气候、环境和饲料的影响，能够降低传染病的发病率，还可提高劳动效率。

(1)合理分群，掌握适宜密度

①分群　合理分群能使鸭群生长发育一致，便于管理。鸭群不宜太大，每群以500只左右为宜。分群时要淘汰病、弱、残鸭，要尽可能做到日龄相同、大小一致、品种一样、性别相同。

②保持适宜的饲养密度　分群的同时应注意调整饲养密度，适宜的饲养密度是保证青年鸭健康、生长良好、均匀整齐，为产蛋打下良好基础的重要条件。值得一提的是，在此生长期，羽毛快速生长，特别是翅部的羽轴刚出头时，密度大易相互拥挤，稍一挤碰，就疼痛难受，会引起鸭群践踏，影响生长。这时的鸭很敏感，怕互相撞挤，喜欢疏散。因此，要控制好密度，不能太拥挤。饲养密度会随鸭的品种、周龄、体重大小、季节和气温的不同而变化。冬季气温低时每平方米可以多养2～3只，夏季气温高时可少养2～3只。饲养密度的参考值见表5-19。

表5-19　育成鸭饲养密度　　只/m^2

周龄	5～8	9～12	13～16
饲养密度	12～18	10～13	8～10

(2)日粮及饲喂　圈养与放牧完全不同，鸭采食不到鲜活的野生饲料，必须靠人工饲喂。圈养时要满足青年鸭生长阶段所需要的各种营养物质，饲料尽可能多样化，以保持能量与蛋白质的适当比例，使含硫氨基酸、多种维生素、矿物质都有充足的供给。育成鸭的营养水平宜低不宜高，饲料宜粗不宜精，使青年鸭得到充分锻炼，长好骨架。要根据生长发育的具体情况增减必需的营养物质，如绍鸭的正常开产日龄是130～150日龄，标准开产体重为1.4～1.5 kg，如体重超过1.5 kg，则认为超重，影响开产，应轻度限制饲养，适当多喂些青饲料和粗饲料。对发育差、体重轻的鸭，要适当提高饲料质量，每只每天的平均喂料量可掌握在150 g左右，另加少量的动物性鲜活饲料，以促进生长发育。

育成鸭的饲料不宜用玉米、谷、麦等单一的原粮，最好是粉碎加工后的全价混合粉料，喂饲前加适量的清水，拌成湿料生喂，饮水要充足。动物性饲料应切碎后拌入全价饲料中喂饲，青绿饲料可以在两次喂饲的间隔投放在运动场，由鸭自主选择采食。青绿饲料不必切碎，但要洗干净。每日喂3～4次，避免采食时饥饱不匀。饲料配方示例见表5-20。

表5-20　育成鸭的饲料配方示例

(赵聘.家禽生产技术.2011)　　%

项目		日龄	
		35～60	60至开产
饲料配比	黄玉米	55	55
	豆粕	15	10
	麦麸	4	5
	葵花仁饼	15	15
	稻糠	4	5
	羽毛粉	2	—

续表 5-20

项目		日龄	
		35～60	60 至开产
饲料配比	鱼粉	3	2
	稻草粉	—	3
	玉米秸粉	—	3
	骨粉	1.5	1.8
	贝壳粉	0.5	0.2
	L-赖氨酸(外加)	0.03	—
	DL-蛋氨酸(外加)	0.02	—
	多维(外加)	1	1
	硫酸钠(外加)	—	0.4
营养成分	代谢能/(MJ/kg)	11.50	11.29
	粗蛋白	18	15
	钙	0.8	0.8
	磷	0.45	0.45
	赖氨酸	0.9	0.65
	蛋氨酸	0.3	0.25

(3)育成鸭管理要点

①加强运动　鸭在圈养条件下适当增加运动可以促进育成鸭骨骼和肌肉的发育,增强体质,防止过肥。冬季气温过低时每天要定时驱赶鸭在舍内做转圈运动。一般天气,每天让鸭群在运动场活动两次,每次 1～1.5 h;鸭舍附近若有放牧的场地,可以定时进行短距离的放牧活动。每天上、下午各 2 次,定期驱赶鸭子下水运动 1 次,每次 10～20 min。

②提高鸭对环境的适应性　在育成鸭时期,利用喂料、喂水、换草等机会,多与鸭群接触。如喂料的时候,人可以站在旁边,观察采食情况,让鸭子在自己的身边走动,遇有“娇鸭”静伏在身旁时,可用手抚摸,久而久之,鸭就不会怕人,也提高了鸭对环境的适应能力。

③控制好光照　舍内通宵点灯,弱光照明。育成鸭培育期,不用强光照明,要求每天标准的光照时间稳定在 8～10 h,在开产以前不宜增加。如利用自然光照,以下半年培育的秋鸭最为合适。但是,为了便于鸭子夜间饮水,防止因老鼠或鸟兽走动时惊群,舍内应通宵弱光照明。如 30 m^2 的鸭舍,可以安装一盏 15 W 灯泡,遇到停电时,应立即点上有玻璃罩的煤油灯(马灯)。长期处于弱光通宵照明的鸭群,一遇突然黑暗的环境,常引起严重惊群,造成很大伤亡。

④加强传染病的预防工作　育成鸭时期的主要传染病有两种:一是鸭瘟,二是禽霍乱。免疫程序:60～70 日龄,注射一次禽霍乱菌苗;100 日龄前后,再注射一次禽霍乱菌苗。70～80 日龄,注射一次鸭瘟弱毒疫苗。对于只养一年的蛋鸭,注射一次即可;利用两年以上的蛋鸭,隔一年再预防注射一次。这两种传染病的预防注射,都要在开产以前完成,进入产蛋高峰后,尽可能避免捉鸭打针,以免影响产蛋。以上方法也适用于放牧鸭。

⑤建立一套稳定的作息制度　圈养鸭的生活环境比放牧鸭稳定,要根据鸭子的生活习

性，定时作息，制定操作规程。形成作息制度后，尽量保持稳定，不要经常变更。

⑥选择与淘汰　当鸭群达到16周龄的时候可以对鸭群进行一次选择，将严重病、弱、残的个体淘汰，因为这些鸭性成熟晚、产蛋率低、容易死亡或成为鸭群内疾病的传播者。如果是将来作种鸭的，不仅要求选留的个体要健康、体况发育良好，而且体型、羽毛颜色、脚蹼颜色要符合品种或品系标准。

(四)产蛋鸭的饲养管理

母鸭从开始产蛋到淘汰(17～72周龄)称为产蛋鸭。

1.产蛋规律

蛋用型鸭开产日龄一般在21周左右，28周龄时产蛋率达90%，产蛋高峰出现较快。产蛋持续时间长，到60周龄时才有所下降，72周龄淘汰时仍可达75%左右。蛋用型鸭每年产蛋220～300枚。鸭群产蛋时间一般集中在凌晨2～5点，白天产蛋很少。

2.商品蛋鸭的饲养管理

(1)饲养

①饲料配制　圈养产蛋母鸭，饲料可按以下比例配给：玉米粉40%、麦粉25%、糠麸10%、豆饼15%、鱼粉6.2%、骨粉3.5%、食盐0.3%。另外，还应补充多种维生素和微量元素添加剂。也可以根据养鸭户的能力和条件做一些替换饲料，如缺少鱼粉，可捕捞小杂鱼、小虾和蜗牛等饲喂，可以生喂，也可以煮熟后拌在饲料中喂。饲料不能拌得太黏，达到不沾嘴的程度即可。食盆和水槽应放在干燥的地方，每天要刷洗一次。每天要保证供给鸭充足的饮水，同时在圈舍内放一个沙盆，准备足够、干净的沙子，让母鸭随便吃。

②饲喂次数及饲养密度　饲养中注意不要让母鸭长得过肥，因为肥鸭产蛋少或不产蛋。但是，也要防止母鸭过瘦，过瘦也不产蛋。每天要定时喂食，母鸭产蛋率不足30%时，每天应喂料3次；产蛋率在30%～50%时，每天应喂料4次；产蛋率在50%以上时，每天喂料5次。鸭夜间每次醒来，大多都会去采食饲料或去饮水，因此，对产蛋母鸭在夜间一定要喂料1次。对产蛋的母鸭要尽量少喂或者不喂稻糠、酒糟之类的饲料。在圈舍内饲养母鸭，饲养的数量不能过多，每平方米6只较适宜，如有30 m^2 的房子，可以养产蛋鸭180只左右。

(2)圈舍的环境控制　圈舍内的温度要求10～18℃。0℃以下母鸭的产蛋量就会大量减少，到－4℃时，母鸭就会停止产蛋。当温度上升到28℃以上时，由于气温过热，鸭采食量减少，产蛋也会减少，并会停止产蛋，开始换羽。因此，温度管理的重点是冬天防寒，夏天防暑。在寒冷地区的冬天，产蛋母鸭圈舍内要烧火炉取暖，以提高舍内温度。要给母鸭喝温水，喂温热的料，增加青绿饲料，如白菜等，以保证母鸭的营养需要。另外，要减少母鸭在室外运动场停留的时间。夏季天气炎热时，要将鸭圈的前后窗户打开，降低鸭舍内的温度，同时要保持鸭圈舍内的干燥，不能向地面洒水。

(3)不同阶段的管理

①产蛋初期(开产至200日龄)和前期(201～300日龄)　不断提高饲料质量，增加饲喂次数，每日喂4次，每日喂料量150 g/只。光照逐渐加至16 h。本期内蛋重增加，产蛋率上升，体重要维持开产时的标准，不能降低，也不能增加。要注意蛋鸭初产习性的调教。设置产蛋箱，每天放入新鲜干燥的垫草，并放鸭蛋作“引蛋”，晚上将产蛋箱打开。为防止蛋鸭晚间产蛋时受伤害，舍内应安装低功率节能灯照明。这样经过10 d左右的调教，绝大多数鸭便去产蛋箱产蛋。

②产蛋中期(301～400 日龄)　此期内的鸭群因已进入高峰期而且持续产蛋 100 多天，体力消耗较大，对环境条件的变化敏感，如不精心饲养管理，难以保持高产蛋率，甚至引起换羽停产，因而这也是蛋鸭最难养的阶段。此期内日粮中的粗蛋白质水平比产蛋前期要高，达 20%；并特别注意钙的添加，日粮含钙量过高影响适口性，为此可在粉料中添加 1%～2%的颗粒状钙，或在舍内单独放置钙盆，让鸭自由采食，并适量喂给青绿饲料或添加多种维生素。光照时间稳定在 16 h。

③产蛋后期(401～500 日龄)　产蛋率开始下降，这段时间要根据体重与产蛋率来定饲料的质量与数量。如体重减轻，产蛋率 80%左右，要多加动物性蛋白；如体重增加，产蛋率还在 80%左右，要降低饲料中的代谢能或增喂青饲料，蛋白保持原水平；如产蛋已下降至 60%左右，就要降低饲料水平，此时再加好料产蛋量也不能恢复。80%产蛋率时保持 16 h 光照，60%产蛋率时加到 17 h。

④休产期　产蛋鸭经过春天和夏天几个月的产蛋后，在伏天开始掉毛换羽。自然换羽时间比较长，一般需要 3～4 个月，此时母鸭停止产蛋。为了缩短换羽时间，降低喂养成本，让母鸭提早恢复产蛋，可采用人工强制的方法让母鸭换羽。

3. 种鸭的饲养管理

鸭产蛋留作种用的称种鸭。种鸭与产蛋鸭的饲养管理基本相同，不同的是，养产蛋鸭只是为了得到商品食用蛋，满足市场需要；而养种鸭，则是为了得到高质量的可以孵化后代的种蛋。所以，饲养种鸭要求更高，不但要养好母鸭，还要养好公鸭，才能提高受精率。

(1)选留　留种的公鸭经过育雏、育成期、性成熟初期三个阶段的选择，选出的公鸭外貌符合品种要求，生长发育良好，体格强壮，性器官发育健全，第二性征明显，精液品质优良，性欲旺盛，行动矫健灵活。种母鸭要选择羽毛紧密，紧贴身体，行动灵活，觅食能力强；骨骼发育好，体格健壮，眼睛突出有神，嘴长、颈长、身长；体形外貌符合品种(品系)标准的。

(2)饲养　有条件的饲养场所饲养的种公鸭要早于母鸭 1～2 月龄，使公鸭在母鸭产蛋前已达到性成熟，这样有利于提高种蛋受精率。育成期公、母鸭分开饲养，一般公鸭采用以放牧为主的饲养方式，让其多采食野生饲料，多活动，多锻炼。饲养上既能保证各器官正常生长发育，又可以防止过肥或过早性成熟。对开始性成熟但未达到配种期的种公鸭，要尽量旱地放牧，少下水，减少公鸭间的相互嬉戏、爬跨，以防形成恶癖。营养上除按母鸭的产蛋率高低给予必需的营养物质外，还要多喂维生素、青绿饲料。维生素 E 能提高种蛋的受精率和孵化率，饲料中应适当增加，每千克饲料中加 25 mg，不低于 20 mg。生物素、泛酸不仅影响产蛋率，而且对种蛋受精率和孵化率影响也很大。同时，还应注意不能缺乏含色氨酸的蛋白质饲料，色氨酸有助于提高种蛋的受精率和孵化率，饼、粕类饲料中色氨酸含量较高，配制日粮时必须加入一定饼、粕类饲料和鱼粉。种鸭饲料中尽量少用或不用菜籽粕、棉籽粕等含有毒素影响生殖功能的原料。

(3)公、母的合群与配比　青年阶段公、母鸭分开饲养。为了使得同群公鸭之间建立稳定的序位关系，减少争斗，使得公、母鸭之间相互熟悉，在鸭群将要达到性成熟前进行合群。合群晚会影响公鸭对母鸭的分配，相互间的争斗和争配对母鸭的产蛋有不利影响。公、母配比是否合适对种蛋的受精率影响很大。国内蛋用型麻鸭体型小而灵活，性欲旺盛，配种能力强，其公、母配比在早春、冬季为 1∶18，夏、秋季为 1∶20，这样的性别比例可以保持高的种蛋受精率；康贝尔鸭公、母配比为 1∶(15～18)比较合适。在繁殖季节，应随时观察鸭群的配种情况，发现种蛋受精率低，要及时查找原因。首先要检查公鸭，发现性器官发育不良、精子畸形等不合格的个体要淘汰，发现伤残的公鸭要及时调出补充。

(4)提高配种效率　自然配种的鸭，在水中配种比在陆地上配种成功率高，其种蛋受精率也高。种公鸭在每天清晨和傍晚配种次数最多。因此，天气好应尽量早放鸭出舍，迟关鸭，增加户外活动时间。如果不是建在水库、池塘和河渠附近，则种鸭场必须设置水池，最好是流动水，要延长放水时间，增加活动量。若是静水应常更换，保持水的清洁。

(5)及时收集种蛋　种蛋清洁与否直接影响孵化率。每天清晨要及时收集种蛋，不让种蛋受潮、受晒、被粪便污染，尽快进行熏蒸消毒。种蛋在垫草上放置的时间越长所受的污染越严重。收集种蛋时，要仔细检查垫草下面是否埋有鸭蛋；对于伏卧在垫草上的鸭要赶起来，看其身下是否有鸭蛋。

(五)肉鸭的饲养管理

肉鸭分大型肉鸭和中型肉鸭两类。大型肉鸭又称快大鸭或肉用仔鸭，一般养到 50 d，体重可达 3.0 kg 左右，中型肉鸭一般饲养 65～70 d，体重达 1.7～2.0 kg。

1. 肉仔鸭的饲养管理

(1)环境条件及其控制

①温度　雏鸭体温调节机能较差，对外界环境条件需要逐步适应，保持适当的温度是育雏成败的关键，鸭育雏温度控制参考表 5-21。

表 5-21　鸭育雏温度参考标准

(段修军. 怎样办好家庭养鸭场. 2008)　℃

日　龄	加热器下	活动区域	周围环境
1～3	45～42	30～29	30
3～7	42～38	29～28	29
7～14	38～36	27～26	27
14～21	36～30	26～25	25
21～28	30	24～22	22
28～40	遵照冬季环境	20	22～18
40～	标准逐步脱温	18	17

②湿度　若舍内高温低湿会造成干燥的环境，很容易使雏鸭脱水，羽毛发干。但湿度也不能过高，高温高湿易诱发多种疾病，这是养禽最忌讳的环境，也是球虫病暴发的最佳条件。地面垫料平养时特别要防止高湿。因此育雏第 1 周应该保持稍高的湿度，一般相对湿度为 65%，以后随日龄增加，要注意保持鸭舍的干燥。要避免漏水，防止粪便、垫料潮湿。第 2 周湿度控制在 60%，第 3 周以后为 55%。

③通风　保温的同时要注意通风，以排除潮气等。良好的通风可以保持舍内空气新鲜，有利于保持鸭体健康、羽毛整洁，夏季通风还有助于降温。开放式育雏舍维持舍温 21～25℃，尽量打开通气孔和通风窗，加强通风。

④光照　光照可以促进雏鸭的采食和运动，有利于雏鸭健康生长。商品雏鸭 1 周龄要求保持 24 h 连续光照，2 周龄要求每天 18 h 光照，2 周龄以后每天 12 h 光照，至出栏前一直

保持这一水平。但光的强度不能过强，白天利用自然光，早、晚提供微弱的灯光，只要能看见采食即可。

⑤密度　密度过大，雏鸭活动不开，采食、饮水困难，空气污浊，不利于雏鸭生长；密度过稀使房舍利用率低，多消耗能源，不经济。育雏期饲养密度的大小要根据育雏室的结构和通风条件来定，一般每平方米饲养1周龄雏鸭25只，2周龄为15～20只，3～4周龄每平方米饲养鸭8～12只，每群以200～250只为宜。

(2)雏鸭的饲养管理

①选择　肉用商品雏鸭必须来源于优良的健康母鸭群，种母鸭在产蛋前已经免疫接种过鸭瘟、禽霍乱、病毒性肝炎等疫苗，以保证雏鸭在育雏期不发病。所选购的雏鸭大小基本一致，体重在55～60 g，活泼，无大肚脐、歪头拐脚等，毛色为蜡黄色，太深或太淡均淘汰。

②分群　雏鸭群过大不利于管理，环境条件不易控制，易出现惊群或挤压死亡，所以为了提高育雏率，应进行分群管理，每群300～500只。

③饮水　水对雏鸭的生长发育至关重要，雏鸭在开食前一定要先饮水。在雏鸭的饮水中加入适量的维生素C、葡萄糖、抗生素，效果会更好，既增加营养又提高雏鸭的抗病力。提供饮水器数量要充足，不能断水，但也要防止水外溢。

④开食　雏鸭出壳12～24 h或雏鸭群中有1/3的雏鸭开始寻食时进行第一次投料，饲养肉用雏鸭用全价的小颗粒饲料效果较好。如果没有这样的条件，也可用半生米加蛋黄饲喂，几天后改用营养丰富的全价饲料饲喂。

⑤饲喂方法　1周龄的雏鸭应让其自由采食，保持饲料盘中常有饲料，一次投喂不可太多，防止长时间吃不掉被污染而引起雏鸭生病或者浪费饲料。因此要少喂勤添，第1周按35 g/只饲喂，第2周105 g/只，第3周165 g/只。

⑥预防疾病　肉鸭网上密集化饲养，群体大且集中，易发生疫病。应认真做好防疫工作。饲养至20日龄左右，每只肌肉注射鸭瘟弱毒疫苗1 mL；30日龄左右，每只肌肉注射禽霍乱菌苗2 mL，平时可用0.01%～0.02%的高锰酸钾饮水，效果也很好。

2.育肥期的饲养管理

肉用仔鸭从4周龄到上市这个阶段称为生长育肥期。根据肉用仔鸭的生长发育特点，进行科学的饲养管理，使其在短期内迅速生长，达到上市要求。育肥方法主要有三种。

(1)舍饲育肥　育肥鸭舍应选择在有水塘的地方，用砖瓦或竹木建成，舍内光线较暗，但空气流通。育肥时舍内要保持环境安静，适当限制鸭的活动，任其饱食，供水不断，定时放到水塘活动片刻。这样经过10～15 d育肥饲养，可增重0.25～0.5 kg。

(2)放牧育肥　南方地区采用较多，与农作物收获季节紧密结合，是一种较为经济的育肥方法。通常一年有三个育肥饲养期，即春花田时期、早稻田时期、晚稻田时期。事先估算这三个时期作物的收获季节，将鸭饲养至40～50日龄，体重达到2 kg左右，在作物收割时期，体重达2.5 kg以上，即可出售屠宰。

(3)填饲育肥

①填饲期的饲料调制　肉鸭的填肥主要是用人工强制鸭子吞食大量高能量饲料，使其在短期内快速增重和积聚脂肪。当体重达到1.5～1.75 kg时开始填肥。前期料中蛋白质含量高，粗纤维也略高；而后期料中蛋白质含量低(14%～15%)，粗纤维略低，但能量却高于

前期料。填饲料参考配方如表 5-22 所示。

表 5-22　填饲期的饲料配方　　%

配方	玉米	大麦	小麦面	麸皮	鱼粉	菜籽饼	骨粉	碳酸钙	食盐	豆饼
1	59.0	4.8	15.0	2.2	5.4	—	1.9	0.4	0.3	11.0
2	60.0	—	15.0	10.8	3.5	5.0	—	1.4	0.3	4.0

②填饲量　填喂前,先将填料用水调成干糊状,用手搓成长约 5 cm,粗约 1.5 cm,重 25 g 的剂子。一般每天填喂 4 次,每次填湿料为:第 1 天,填 150～160 g;第 2～3 天,填 175 g;第 4～5 天,填 200 g;第 6～7 天,填 225 g;第 8～9 天,填 275 g;第 10～11 天,填 325 g;第 12～13 天,填 400 g;第 14 天,填 450 g。如果鸭的食欲好则可多填,应根据情况灵活掌握。

③填饲管理　填喂时动作要轻,填喂后适当放水活动,清洁鸭体,帮助消化,促进羽毛的生长;舍内和运动场的地面要平整,防止鸭跌倒受伤;舍内保持干燥,夏天要注意防暑降温,在运动场搭设凉棚遮阴,每天供给清洁的饮水;白天少填晚上多填,可让鸭在运动场上露宿;鸭群的密度为前期 2.5～3 只/m^2,后期 2～2.5 只/m^2;始终保持鸭舍环境安静,减少应激,闲人不得入内;一般经过 2 周左右填肥,体重在 2.5 kg 以上便可出栏上市。

二、鹅的饲养管理

(一)雏鹅的生活习性

1.生理特点

(1)鹅的消化生理特点　鹅的消化道发达,喙扁而长,边缘呈锯齿状,能截断青饲料。食管膨大部较宽,富有弹性,肌胃肌肉厚实,肌胃收缩压力强。食量大,每天每只成年鹅可采食青草 2 kg 左右。因此,鹅对青饲料的消化能力比其他禽类要强。

(2)鹅的生殖生理特点

①季节性　鹅繁殖存在明显的季节性,主要产蛋季在冬、春两季。

②就巢性　鹅具有很强的就巢性。在一个繁殖周期中,每产一窝蛋后就要停产抱窝。

③择偶性　公母鹅有固定配偶交配的习惯。鹅群中有 40%的母鹅和 22%的公鹅是单配偶。

④繁殖时间长　母鹅的产蛋量在开产后的前 3 年逐年提高,到第四年开始下降。种母鹅的经济利用年限可长达 4～5 年之久,公鹅也可利用 3 年以上。因此,为了保证鹅群的高产、稳产,在选留种鹅时要保持适当的年龄结构。

2.生活习性

鹅有很多生活习性与鸭相同,如嬉水合群、反应灵敏、生活有规律、耐寒等。另外,鹅还有一些特殊的习性。

(1)食草性　鹅是较大的食草性水禽,肌胃、盲肠发达,能很好地利用草类饲料,因此,能大量食用青绿饲料。

(2)警觉性　鹅听觉灵敏,警惕性高,遇到陌生人或其他动物,就会高声叫或用喙啄击,用翅扑击,国外有的地方用鹅看家。

(3)等级性　鹅有等级次序，饲养时应防止因打斗而影响正常生产力的发挥。

(二)雏鹅的饲养管理

0～4 周龄的幼鹅称雏鹅。该阶段雏鹅体温调节机能差，消化道容积小，消化吸收能力差，抗病能力差等，此期间饲养管理的重点是培育出生长速度快、体质健壮、成活率高的雏鹅。

1.选择

雏鹅质量的好坏，直接影响雏鹅的生长发育和成活率。健康的雏鹅体重大小符合本品种要求，绒毛洁净而有光泽，眼睛明亮有神，活泼好动，腹部柔软，抓在手中挣扎有力，叫声响亮。腹部收缩良好，脐部收缩完全，周围无血斑和水肿。雏鹅的绒毛、喙、跖、蹼的颜色等应符合本品种要求，跖和蹼伸展自如、无弯曲。

2.饲养

(1)“潮口”　雏鹅出壳后 12～24 h 应先饮水，第一次饮水称为“潮口”。多数雏鹅会自动饮水，对个别不会的雏鹅要进行人工调教，可以把雏鹅放入深度 3 cm 的水盆中，然后将其喙浸入水中，让其喝水，反复几次即可。饮水中加入 0.05％高锰酸钾，可以起到消毒饮水、预防肠道疾病的作用；加入 5％葡萄糖或按比例加入速溶多维，可以迅速恢复雏鹅体力，提高成活率。

(2)开食　必须遵循“先饮水后开食”的原则。开食时间一般以饮水后 15～30 min 为宜。一般用黏性较小的籼米和“夹生饭”作为开食料，最好掺一些切成细丝状的青菜叶、莴苣叶、油菜叶等。第一次喂食不要求雏鹅吃饱，吃到半饱即可，时间为 5～7 min。过 2～3 h 后，再用同样的方法调教采食。一般从 3 日龄开始，用全价饲料饲喂，并加喂青饲料。为便于采食，粉料可适当加水拌湿。

(3)饲喂次数及饲喂方法　要饲喂营养丰富、易于消化的全价配合饲料和优质青饲料。饲喂时要先精后青，少食多餐。雏鹅的饲喂次数及饲喂方法参考表 5-23。

表 5-23　雏鹅饲喂次数及饲喂方法

项目	日龄			
	2～3	4～10	11～20	21～28
每日总次数	6	8～9	5～6	3～4
夜间次数	2～3	3～4	1～2	1
日粮中精料所占比例	50％	30％	10％～20％	7％～8％

3.环境控制

(1)温度　雏鹅自身调节体温的能力较差，饲养过程中必须保证均衡的温度。保温期的长短，因品种、气温、日龄和雏鹅的强弱而异，一般需保温 2～3 周。

(2)湿度　地面垫料育雏时，一定要做好垫料的管理工作，防止垫料潮湿、发霉。在高温高湿时，雏鹅体热散发不出去，容易引起“出汗”，食欲减少，抗病力下降；在低温高湿时，雏鹅体热散失加快，容易患感冒等呼吸道疾病和拉稀。

鹅育雏期适宜温、湿度见表 5-24。

表 5-24　鹅育雏期适宜的温、湿度

日龄	育雏器温度/℃	育雏室温度/℃	相对湿度/%
1～7	32～28	15～18	60～65
8～14	28～24	15～18	60～65
15～21	24～20	15	65～70
12～28	20～16	15	65～70
29 以后	15	15	65～70

(3)通风　夏、秋季节，通风换气工作比较容易进行，打开门窗即可完成。冬春季节，通风换气和室内保温容易发生矛盾。在通风前，先使舍温升高 2～3℃，然后逐渐打开门窗或换气扇，避免冷空气直接吹到鹅体。通风时间多安排在中午前后，避开早晚时间。

(4)光照　育雏期间光照时间和光照强度要求见表 5-25。

表 5-25　光照时间和强度安排

(NY/T 5267—2004　无公害食品　鹅饲养管理技术规范)

日龄/d	光照时间/h	光照强度/lx
0～7	24	25
8～14	18	25
15～21	16	25
22 以后	自然光照，晚上加夜宵灯(100 m^2 1 个 20 W 灯，灯泡高度 2 m)。	

(5)饲养密度　育雏期间饲养密度见表 5-26。

表 5-26　肉鹅适宜饲养密度

(NY/T 5267—2004　无公害食品　鹅饲养管理技术规范)　　只/m^2

类型	1 周龄	2 周龄	3 周龄	4～6 周龄	7 周龄至上市
小型鹅种	12～15	9～11	6～8	5～6	4.5
中型鹅种	8～10	6～7	5～6	4	3
大型鹅种	6～8	6	4	3	2.5

4.管理

(1)及时分群　雏鹅刚开始饲养，一般每群 300～400 只。分群时按个体大小、体质强弱来进行。第一次分群在 10 日龄时进行，每群 150～180 只；第二次分群在 20 日龄时进行，每群 80～100 只；育雏结束时，按公母分栏饲养。在日常管理中，发现残、瘫、过小、瘦弱、食欲不振、行动迟缓者，应早作隔离饲养、治疗或淘汰。

(2)适时放牧　放牧日龄应根据季节、气候特点而定。夏季，出壳后 5～6 d 即可放牧；冬春季节，要推迟到出壳后 15～20 d 后放牧。刚开始放牧应选择无风晴天的中午，把鹅赶到棚舍附近的草地上进行，时间为 20～30 min。以后放牧时间由短到长，牧地由近到远。每天上下午各放牧一次，中午赶回舍内休息。上午放牧要等到露水干后进行，以上午 8:00～10:00 为好；下午要避开烈日暴晒，在 15:00～17:00 进行。

(3)做好疫病预防工作　雏鹅应隔离饲养，不能与成年鹅和外来人员接触。定期对雏鹅、鹅舍进行消毒。购进的雏鹅，首先要确定种鹅是否接种小鹅瘟疫苗，如果种鹅未接种，雏鹅在 3 日龄皮下注射 10 倍稀释的小鹅瘟疫苗 0.2 mL，1～2 周后再接种一次；也可不接种疫苗，对刚出壳的雏鹅注射高免血清 0.5 mL 或高免蛋黄 1 mL。

(三)肉用仔鹅的饲养管理

饲养至 90 日龄作为商品肉鹅出售的称为肉用仔鹅。

1.生产特点

(1)鹅是肉用家禽　养鹅业主要产品是肉用仔鹅、肥鹅肝及其加工产品。

(2)生长迅速，体重大　一般 10～12 周龄体重可达 5 kg 以上，即可上市销售。

(3)适应性和抗病力强　肉用仔鹅适应性和抗病力均较强。容易饲养，成活率高。

(4)生产具有明显的季节性　肉用仔鹅生产多集中在每年的上半年，这是由鹅的季节性繁殖造成的。

(5)放牧饲养，生产成本低　鹅可以很好地利用青绿饲料，采用放牧饲养，生产成本低。特别是我国南方地区青绿饲料可常年供应，为鹅的放牧饲养提供了良好条件。

2.饲养

(1)选择牧地和鹅群规格　选择草场、河滩、湖畔、收割后的麦地、稻田等地放牧。牧地附近要有树林或其他天然屏障，若无树林，应在地势高燥处搭简易凉棚，供鹅遮阴和休息。放牧时确定好放牧路线，鹅群大小以每群 250～300 只为宜，由 2 人管理放牧；若草场面积大，草质好，水源充足，鹅的数量可扩大到每群 500～1 000 只，需 2～3 人管理。

农谚有“鹅吃露水草，好比草上加麸料”的说法，当鹅尾尖、身体两侧长出毛管，腹部羽毛长满、充盈时，实行早放牧，尽早让鹅吃上露水草。40 日龄后鹅的全身羽毛较丰满，适应性强，可尽量延长放牧时间，做到“早出牧，晚收牧”。出牧与收牧要清点鹅数。

(2)正确补料　若放牧期间能吃饱喝足，可不补料；若肩、腿、背、腹正在脱毛，长出新羽时，应该给予补料。补料量应看草的生长状态与鹅的膘情体况而定，以充分满足鹅的营养需求为前提。每次补料量，小型鹅每天每只补 100～150 g，中、大型鹅补 150～250 g。补饲一般安排在中午或傍晚。补料调制一般以糠麸为主，掺以甘薯、瘪谷和少量花生饼或豆饼。日粮中还应注意补给 1%～1.5%骨粉、2%贝壳粉和 0.3%～0.4%食盐，以促使骨骼正常生长，防止软脚病和发育不良。一般来说，30～50 日龄时，每昼夜喂 5～6 次，50～80 日龄喂 4～5 次，其间夜间喂 2 次。参考饲料配方如下：

肉鹅育雏期：玉米 50%、鱼粉 8%、麸(糠)皮 40%、生长素 1%、贝壳粉 0.5%、多种维生素 0.5%，然后按精料与青料 1∶8 的比例混合饲喂。

育肥期：玉米 20%、鱼粉 4%、麸(糠)皮 74%、生长素 1%、贝壳粉 0.5%、多种维生素 0.5%，然后按精料与青料 2∶8 的比例混合制成半干湿饲料饲喂。

(3)观察采食情况　凡健康、食欲旺盛的鹅表现动作敏捷抢着吃，不择食，一边采食一边摆脖子往下咽，食管迅速增粗，嘴呷不停地往下点；凡食欲不振者，采食时抬头，东张西望，嘴呷含着料不下咽，头不停地甩动，或动作迟钝，呆立不动，此状况出现可能是有病，要挑出隔离饲养。

3.管理

(1)鹅群训练调教　要本着“人鹅亲和，循序渐进，逐渐巩固，丰富调教内容”的原则进行鹅群调教。训练合群，将小群鹅并在一起喂养，几天后继续扩大群体；训练鹅适应环境、放牧；培育和调教“头鹅”，使其引导、爱护、控制鹅群；放牧鹅的队形为狭长方形，出牧与收牧时驱赶速度要慢；放牧速度要做到空腹快，饱腹慢，草少快，草多慢。

(2)做好游泳、饮水与洗浴　游泳增加运动量，提高羽毛的防水、防湿能力，防止发生皮肤病和生虱。选水质清洁的河流、湖泊游泳、洗浴，严禁在水质腐败、发臭的池塘里游泳。收牧后进舍前应让鹅在水里洗掉身上污泥，舍外休息、喂料，待毛干后再赶到舍内。凡打过农药的地块必须经过 15 d 后才能放牧。

(3)搞好防疫卫生　鹅群放牧前必须注射小鹅瘟、副黏病毒病、禽流感、禽霍乱疫苗。定期驱除体内外寄生虫。饲养用具要定期消毒，防止鼠害、兽害。

4.育肥

肉鹅经过 15～20 d 育肥之后，膘肥肉嫩，胸肌丰厚，味道鲜美，屠宰率高，产品畅销。生产上常有以下 4 种育肥方法。

(1)放牧育肥　当雏鹅养到 50～60 日龄时，可充分利用农田收割后遗留下来的谷粒、麦粒和草籽来育肥。放牧时，应尽量减少鹅的运动，搭临时鹅棚，鹅群放牧到哪里就在哪里留宿。经 10～15 d 的放牧育肥后，就地出售，防止途中掉膘或伤亡。

(2)上棚育肥　用竹料或木料搭一个棚架，架底离地面 60～70 cm，以便于清粪，棚架四周围以竹条。食槽和水槽挂于栏外，鹅在两竹条间伸出头来采食、饮水。育肥期间以稻谷、碎米、番薯、玉米、米糠等碳水化合物含量丰富的饲料为主。日喂 3～4 次，最后一次晚上 22:00 喂饲。

(3)圈养育肥　常用竹片(竹围)或高粱秆围成小栏，每栏养鹅 1～3 只，栏的大小不超过鹅的 2 倍，高为 60 cm，鹅可在栏内站立，但不能昂头鸣叫，经常鸣叫不利育肥。饲槽和饮水器放在栏外。白天喂 3 次，晚上喂一次。饲料以玉米、糠麸、豆饼和稻谷为主。为了增进鹅的食欲，隔日让鹅下池塘水浴一次，每次 10～20 min，浴后在运动场日光浴，梳理羽毛，最后赶鹅进舍休息。

(4)填饲育肥　即“填鹅”，是将配制好的饲料填条，一条一条地塞进食管里强制鹅吞下去，再加上安静的环境，活动减少，鹅就会逐渐肥胖起来，肌肉丰满、鲜嫩。此法可缩短育肥期，育肥效果好，主要用于肥肝鹅生产。

(四)种鹅的饲养管理

种鹅饲养通常分为育雏期、后备期、产蛋期和休产期四个阶段。育雏期的饲养管理可参照肉用仔鹅育雏期的饲养管理技术，以下主要介绍种鹅后备期、产蛋期和休产期的饲养管理技术。

1.后备种鹅的饲养管理

后备种鹅是指从 1 月龄到开始产蛋的留种用鹅。种鹅的后备期较长，在生产中又分为 5～10 周龄、11～15 周龄、16～22 周龄、22 周龄到开产四个阶段。每一阶段应根据种鹅的生理特点不同，进行科学的饲养管理。

(1)5～10 周龄　这一阶段的鹅又称为中鹅或青年鹅，是骨骼、肌肉、羽毛生长最快的时期。饲养管理上要充分利用放牧条件，节约精料，锻炼其消化青绿饲料和粗纤维的能力，提高适应外界环境的能力，满足快速生长的营养需要。

中鹅以放牧为主要饲养方式，有经验的牧鹅者，在茬地或有野草种子的草地上放牧，能够获得足够的谷实类精料，具体为“春放草塘，夏放麦茬，秋放稻茬，冬放湖塘”。在草地资源有限的情况下，可采用放牧与舍饲相结合的饲养方式。

(2)11～15周龄　这一时期是鹅群的调整阶段。首先对留种用鹅进行严格的选择，然后调教合群，减少“欺生”现象，保证生长均匀度。

①种鹅的选留　种鹅71日龄时，已完成初次换羽，羽毛生长已丰满，主翼羽在背部交翅，留种时首先要淘汰羽毛发育不良的个体。

后备种公鹅要求具有品种的典型特征，身体各部发育均匀，肥度适中，两眼有神，喙部无畸形，胸深而宽，背宽而长，腹部平整，脚粗壮有力、距离宽，行动灵活，叫声响亮。

后备种母鹅要求体重大，头大小适中，眼睛明亮有神，颈细长灵活，体型长圆，后躯宽深，腹部柔软容积大，臀部宽广。体重要求达到成年标准体重的70%。

②合群训练　以30～50只一群为宜，而后逐渐扩大群体，300～500只组成一个放牧群体。同一群体中个体间日龄、体重差异不能太大，尽量做到“大合大，小并小”，提高群体均匀度。合群后要保证食槽充足，补饲时均匀采食。

(3)16～22周龄　这一阶段是鹅群生长最快的时期，采食旺盛，容易引起肥胖。因此，这一阶段饲养管理的重点是限制饲养，公、母分群饲养。

后备母鹅100日龄以后逐步改用粗料，日喂2次。草地良好时，可以不补饲，防止母鹅过肥和早熟。但是在严寒冬季青绿饲料缺乏时，则要增加饲喂次数(3～4次)，同时增加玉米的喂量。

(4)22周龄到开产　此阶段历时1个月左右，饲养管理的重点是加强饲喂和疫苗接种。

①加强饲喂　为了让鹅恢复体力，沉积体脂，为产蛋做好准备，从151日龄开始，要逐步放食，满足采食需要。饲料要由粗变精，促进生殖器官的发育。饲喂次数增加到每天3～4次，自由采食。饲料中增加玉米等谷实类饲料，同时增加矿物质饲料。

②疫苗接种　种鹅开产前1个月要接种小鹅瘟疫苗和禽霍乱菌苗。禁止在产蛋期接种疫苗，防止发生应激反应，引起产蛋量下降。

2.产蛋期种鹅的饲养管理

鹅群进入产蛋期以后，饲养管理要围绕提高产蛋率，增加合格种蛋量来做。

(1)产蛋前的准备工作　在后备种鹅转入产蛋舍时，要再次进行严格挑选。公鹅除外貌符合品种要求、生长发育良好、无畸形外，重点检查阴茎发育是否正常，最好通过人工采精的办法来鉴定公鹅的优劣，选留能够顺利采出精液、阴茎较大者。母鹅只剔除少量瘦弱、有缺陷者，大多数都要留下做种用。

(2)产蛋期的饲喂　随着鹅群产蛋率的上升，要适时调整日粮的营养浓度。建议产蛋母鹅日粮营养水平为：代谢能10.88～12.13 MJ/kg、粗蛋白质15%～17%、粗纤维6%～8%、赖氨酸0.8%、蛋氨酸0.35%、胱氨酸0.27%、钙2.25%、磷0.65%、食盐0.5%。

喂料要定时定量，先喂精料再喂青饲料。青饲料可不定量，让其自由采食。每天饲喂精料量：大型鹅种180～200 g/只，中型鹅种130～150 g/只，小型鹅种90～110 g/只。每天喂料3次，早上9:00喂第一次，然后在附近水塘、小河边休息，草地上放牧；14:00喂第二次，然后放牧；傍晚回舍在运动场上喂第三次。回舍后在舍内放置清洁饮水和矿物质饲料，让其自由采食饮用。

(3)产蛋期的管理

①产蛋管理　母鹅具有在固定位置产蛋的习惯，生产中为了便于种蛋的收集，要在鹅棚附近搭建一些产蛋棚。产蛋棚长 3.0 m，宽 1.0 m，高 1.2 m，每千只母鹅需搭建三个产蛋棚。产蛋棚内地面铺设软草做成产蛋窝，尽量创造舒适的产蛋环境。

母鹅的产蛋时间多集中在凌晨至上午 9:00 以前，因此每天上午放牧要等到 9:00 以后进行。放牧时如发现有不愿跟群、大声高叫，行动不安的母鹅，应及时赶回鹅棚产蛋。母鹅在棚内产完蛋后，应有一定的休息时间，不要马上赶出产蛋棚，最好在棚内补饲。

②合理交配　为了保证种蛋有高的受精率，要合理安排公、母比例。我国小型鹅种公母比例为 1∶(6～7)，中型鹅种 1∶(5～6)，大型鹅种 1∶(4～5)。鹅的自然交配在水面上完成。种鹅在早晨和傍晚性欲旺盛，要利用好这两个时期，保证高的受精率。早上放水要等大多数鹅产蛋结束后进行，晚上放水前要有一定的休息时间。

③搞好放牧管理　产蛋期间应就近放牧，避免走远路引起鹅群疲劳。放牧过程中，特别要注意防止母鹅跌伤、挫伤而影响产蛋。

④控制光照　大量研究表明，光照时间 13～14 h/d、5～8 W/m^2 的光照强度即可维持正常的产蛋需要。在秋冬季光照时间不够时，人工补充光照。在自然光照条件下，母鹅每年(产蛋年)只有一个产蛋周期，采用人工光照，可使母鹅每年有两个产蛋周期，多产蛋 5～20 枚。

⑤注意保温　严寒的冬季正赶上母鹅临产或开产的季节，要注意鹅舍的保温。夜晚关闭鹅舍所有门窗，门上要挂棉门帘，北面的窗户要在冬季封死。为了提高舍内地面的温度，舍内要多加垫草，还要防止垫草潮湿。天气晴朗时，注意打开门窗通风，同时降低舍内湿度。受寒流侵袭时，要停止放牧，多喂精料。

3. 休产期种鹅的饲养管理

母鹅一般当年 10 月份到第二年 4—5 月份产蛋，经过 7～8 个月的产蛋期，产蛋明显减少，蛋形变小，畸形蛋增多，不能进行正常的孵化。这时羽毛干枯脱落，陆续进行自然换羽。公鹅性欲下降，配种能力变差。这些变化说明种鹅进入了休产期。休产期种鹅饲养管理上应注意以下几点：

(1)调整饲喂方法　种鹅停产换羽开始，逐渐停止精料的饲喂，应以放牧为主，舍饲为辅，补饲糠麸等粗饲料。为了让旧羽快速脱落，应逐渐减少补饲次数，开始减为每天喂料一次，后改为隔天一次，逐渐转入 3～4 d 喂一次，12～13 d 后，体重减轻大约 1/3，然后再恢复喂料。

(2)人工拔羽　公鹅比母鹅提前一个月进行人工拔羽，保证母鹅开产后公鹅精力充沛。人工拔羽后要加强饲养管理，头几天鹅群实行圈养，避免下水，供给优质青饲料和精饲料。如发现一个月后仍未长出新羽，则要增加精料喂量，尤其是蛋白质饲料，如各种饼粕和豆类。

(3)做好休产期的选择组群　为了保持鹅群旺盛的繁殖力，每年休产期间要淘汰低产种鹅，同时补充优良鹅只作为种用。更新鹅群的方法如下：

①全群更新　将原来饲养的种鹅全部淘汰，全部选用新种鹅来代替。种鹅全群更新一般在饲养 5 年后进行，如果产蛋率和受精率都较高，则可适当延长 1～2 年。

②分批更新　种鹅群要保持一定的年龄比例，1 岁鹅 30%，2 岁鹅 25%，3 岁鹅 20%，4 岁鹅 15%，5 岁鹅 10%。根据上述年龄结构，每年休产期要淘汰一部分低产老龄鹅，同时

补充新种鹅。

任务 22 犊牛的饲养管理

犊牛一般是指初生至 6 月龄阶段的牛。

一、哺乳期犊牛的饲养

(一)哺乳期犊牛的特点

初生时犊牛自身免疫机制发育还不够完善,对疾病的抵抗能力较差,主要依靠母牛初乳中的免疫球蛋白抵御疾病的侵袭。另外,瘤胃和网胃发育差,结构还不完善,微生物区系还未建立,消化主要靠皱胃和小肠。随着犊牛年龄的增长和采食植物性饲料的增加,瘤胃的发育逐渐趋于健全,消化能力也随之提高,一般初生 3 周龄后才出现反刍。因此,哺乳期犊牛对饲养管理的要求较高,生产中除饲喂全乳外,补饲适量精料和干草可促使瘤胃迅速发育。补饲精料,有助于瘤胃乳头的生长;补饲干草则有助于提高瘤胃容积和组织的发育。

(二)确定哺乳形式和哺乳器皿

1.哺乳形式的确定

根据生产性能的不同,犊牛的哺乳分为随母牛自然哺乳和人工哺乳两种形式。

肉用犊牛通常采用随母牛自然哺乳,6 月龄断奶。自然哺乳的前半期(90 日龄前),犊牛的日增重与母乳的量和质密切相关,母牛泌乳性能较好,犊牛可达到 0.5 kg 以上的平均日增重。后半期,犊牛通过自觅草料,用以代替母乳,逐渐减少对母乳的依赖性,平均日增重可达 0.7～1 kg。

乳用犊牛采用人工哺乳的形式,即犊牛出生后与母牛隔离,由人工辅助喂乳。

2.哺乳器皿的选择

常用的哺乳器皿有哺乳壶和哺乳桶(盆)。采用哺乳壶饲喂犊牛,可使犊牛食管沟反射完全,闭合成管状,乳汁全部流入皱胃,同时也比较卫生。用哺乳壶饲喂时,可在其顶部剪一个“十”字形口,以利犊牛吸吮,避免强灌。哺乳桶(盆)饲喂,没有了吸吮的刺激,食管沟反射不完全,乳汁易溢入前胃,引起异常发酵,发生腹泻。故采用奶桶哺乳时,通常一手持桶,另一手食指和中指蘸乳放入犊牛口中使其吮吸,然后慢慢抬高桶,使犊牛嘴紧贴牛奶液面。习惯后,将手指从犊牛口中拔出,犊牛即会自行吮吸。如果不行可重复数次,直至犊牛可自行吮吸为止。

(三)训练犊牛哺乳、饮水与采食

1.训练哺乳

(1)饲喂初乳

①初乳与被动免疫　初乳是指母牛产后 5～7 d 内所分泌的乳汁。初乳色黄浓稠,并有特殊的气味。初乳中含有丰富且易消化的养分,初乳中干物质比常乳多 1 倍,其中蛋白质含量多 4～5 倍,脂肪含量多 1 倍左右,维生素 A 多 10 倍左右,各种矿物质也明显高于常乳。随着产后时间的推移,初乳的成分逐渐向常乳过渡。初乳中含有大量的免疫球蛋白,犊牛摄

入初乳后，可获得被动免疫。母牛抗体不能通过牛的胎盘，出生后通过小肠吸收初乳的免疫物质是新生犊牛获得被动免疫的唯一来源。初乳中主要免疫球蛋白有 IgG、IgA 和 IgM。IgG 是主要的循环抗体，在初乳中含量最高。初乳中的免疫球蛋白必须以完整的蛋白质形式吸收才有价值。犊牛对抗体完整吸收能力在出生后的几个小时内迅速下降，若犊牛在生后的 12 h 后才饲喂初乳，就很难从中获得大量抗体及其所提供的免疫力；若出生 24 h 后才饲喂初乳，对初乳中免疫球蛋白的吸收能力几乎为零，犊牛会因未能及时获得大量抗体而发病率升高。此外，初乳酸度较高（45～50 °T），使胃液变为酸性，可有效抑制有害菌繁殖；初乳富含溶菌酶，具有杀菌作用；初乳浓度高，流动性差，可代替黏液覆盖在胃肠壁上，阻止细菌直接与胃肠壁接触而侵入血液，起到良好的保护作用；初乳中含有镁和钙的中性盐，具有轻泻作用，特别是镁盐，可促进胎粪排出，防止消化不良和便秘。

②及时哺喂初乳　犊牛出生后要尽早地吃到初乳，第一次哺喂初乳应在犊牛出生后约 30 min 内进行，最迟不宜超过 1 h。根据犊牛的体重大小及健康状况，确定初乳的喂量。第一次初乳喂量一般为 1.5～2 kg，约占体重的 5%，不能太多，否则会引起犊牛消化紊乱。第二次饲喂初乳一般在出生后 6～9 h。初乳日喂 3～4 次，每天喂量一般不超过体重的 8%～10%，饲喂 4～5 d，然后逐步改为饲喂常乳。初乳最好即挤即喂，以保持乳温。适宜的初乳温度为 38℃左右。初乳的温度过低会引起犊牛胃肠消化机能紊乱，导致腹泻。初乳加热最好采用水浴加热，加热温度不能过高。过高的初乳温度除会使初乳中的免疫球蛋白变性失去作用外，还容易使犊牛患口腔炎、胃肠炎。

（2）饲喂常乳　犊牛哺乳期的长短和哺乳量因培育方向及饲养条件不同而不同。传统的哺喂方案是采用高奶量，哺喂期为 5～6 月龄，哺乳量达到 600～800 kg。实践证明，过多的哺乳量和过长的哺喂期，虽然犊牛增重较快，但对犊牛的消化器官发育不利，而且加大了犊牛培育成本。所以，目前许多奶牛场已在逐渐减少哺乳量，缩短哺乳期。一般全期哺乳量约 300 kg，哺乳期约 2 个月。常乳喂量 1～4 周龄为体重的 10%，5～6 周龄为体重的 10%～12%，7～8 周龄为体重的 8%～10%，8 周龄后逐步减少喂量，直至断奶。

（3）代乳品的应用　常乳期内犊牛可一直饲喂常乳，但由于饲喂成本高，投入大，现代化的牛场多采用代乳品代替部分或全部常乳。特别是对用于育肥的乳用公犊牛，普遍采用代乳品代替常乳饲喂。饲喂母牛初乳或人工初乳的犊牛在出生后 5～7 d 即可开始用代乳品逐步替代初乳。对于体质较弱的犊牛，应饲喂一段时间的常乳后再饲喂代乳品。

饲喂常乳和代乳品时，必须做到定质、定时、定温、定人。定质是要求必须保证常乳和代乳品的质量，变质的乳品会导致犊牛腹泻或中毒。定时是要求喂乳时间相对固定，同时 2 次饲喂应保持合理的时间间隔。哺乳期一般日喂 2 次，间隔 8 h。定温是要保证饲喂乳品的温度，牛奶的饲喂温度以及加温方法应和初乳饲喂时一样。定人是为了减少应激和意外发生。

生产中也可以将初乳发酵，获得发酵初乳来饲喂犊牛，用以节约商品乳，降低饲养成本。饲喂发酵初乳时，在初乳中加入少量小苏打（碳酸氢钠），可提高犊牛对初乳中抗体的吸收率。

目前有很多大规模奶牛场，为降低犊牛哺育成本，用患有乳房炎的牛奶来哺喂犊牛，实践证明是可行的（但必须要进行巴氏消毒后方可使用）。

2.训练饮水

犊牛出生 24 h 后，即应获得充分饮水，不可用乳替代水。犊牛每次哺乳 1～2 h 后，应给予温开水1次。最初2 d水温要求和乳温相同，10～15 d后可直接喂饮常温开水。1个月后由于采食植物性饲料量增加，饮水量愈来愈多，这时可在运动场内设置饮水池，任其自由饮用，但水温不宜低于15℃。冬季应喂给30℃左右的温水，可避免犊牛腹泻。

3.训练采食

犊牛出生后第4天开始，补饲开食料。犊牛开食料是指适口性好，高蛋白(20%以上的粗蛋白质)、高能量(7.5%～12.5%的粗脂肪)、低纤维(不高于6%～7%)精料，将少量犊牛开食料(颗粒料)放在乳桶底部或涂抹于犊牛的鼻镜、嘴唇上诱食，训练其自由采食，根据食欲及生长发育速度逐渐增加喂量，当开食料采食量达到1～1.5 kg时即可断奶。犊牛开食料推荐配方如表5-27所示。

表5-27　犊牛精饲料参考配方

成分	含量	成分	含量
玉米/%	50～55	食盐/%	1
豆饼/%	25～30	矿物质元素/%	1
麸皮/%	10～15	磷酸氢钙/%	1～2
糖蜜/%	3～5	维生素A/(μg/kg)	1 320
酵母粉/%	2～3	维生素D/(μg/kg)	174

注：适当添加B族维生素、抗生素(如新霉素、金霉素、土霉素)、驱虫药。

犊牛出生后4～7 d补饲干草。干草补饲时可直接饲喂，但要保证质量，应以优质豆科和禾本科牧草为主。犊牛出生后20 d可开始饲喂优质青绿多汁饲料。

二、断奶期犊牛的饲养

断奶期是指母犊从断奶至6月龄之间的时期。

(一)断奶期犊牛的特点

断奶后，犊牛要完成从依靠乳品和植物性饲料到完全依靠植物性饲料的转变，瘤、网胃继续快速发育，到6月龄时瘤、网胃体积已经占到总胃容量的75%(成年牛的比例为85%)。同时，各种瘤胃微生物的活动也日趋活跃，消化、利用粗饲料的能力逐步完善。

(二)适时断奶

随着科学研究的进步，人们发现传统的犊牛哺乳时间较长，耗奶量较大，适当缩短哺乳期不仅不会对犊牛产生不利影响，反而可以节约乳品，降低犊牛培育成本，增加犊牛的后期增重，促进后备牛的提早发情，改善健康状况和母牛繁殖率。早期断奶的时间不宜采用一刀切的办法，需要根据饲养者的技术水准、犊牛的体况和补饲饲料的品质确定。在我国当前的饲养水平下，采用总喂乳量250～300 kg，60 d断奶比较合适。对少数饲养水平高、饲料条件好的奶牛场，可采用30～45 d断奶，断奶前喂奶量为体重的10%，总喂乳量在100 kg以内。目前国外犊牛早期断奶的哺乳期大多控制在3～6周，以4周居多，也有喂完7 d初乳就进行断奶的报道。英国、美国一般主张哺乳期为4周(日本多为5～6周)，哺乳量控制在100 kg以内。

(三)犊牛断奶方案的拟订

生产中要根据犊牛的营养需要,制定合理的断奶方案。荷斯坦犊牛断奶方案如表 5-28 所示。

表 5-28 早期断奶犊牛饲养方案

(闫明伟. 牛生产. 2011) kg/(头·d)

日龄	喂乳量	开食料
1～10	6	4 日龄开食
11～20	5	0.2
21～30	5	0.5
31～40	4	0.8
41～50	3	1.2
51～60	2	1.5

(四)断奶期犊牛的饲养

断奶后,犊牛继续饲喂断奶前精、粗饲料。随着月龄的增长,逐渐增加精饲料喂量。至 3～4 月龄时,精饲料喂量增加到每天 1.5～2.0 kg。如果粗饲料质量差,犊牛增重慢,可将精饲料喂量提高到 2.5 kg 左右。同时,选择优质干草供犊牛自由采食。4 月龄前,尽量少喂或不喂青绿多汁饲料和青贮饲料。3～4 月龄以后,可改为饲喂育成牛精饲料。母犊生长速度以日增重 0.65 kg 以上、4 月龄体重 110 kg、6 月龄体重 170 kg 以上比较理想。很多犊牛断奶后 1～2 周内日增重较低,同时表现出消瘦、被毛凌乱、没有光泽等症状。这是犊牛的前胃机能和微生物区系正在建立,尚未发育完善的缘故,随着犊牛采食量的增加,上述现象很快就会消失。精饲料的营养浓度要高,养分要全面、均衡。喂量不能太高,要保证日粮中中性洗涤纤维含量不低于 30%。

三、犊牛的管理

(一)新生犊牛的护理

1. 确保犊牛呼吸顺畅

新生犊牛应立即清除其口腔和鼻孔内的黏液,以免妨碍犊牛的正常呼吸和将黏液吸入气管及肺内。如果发现犊牛生后呼吸困难,可将犊牛的后肢提起,或倒提犊牛用以排出口腔和鼻孔内黏液,但时间不宜过长,以免因内脏压迫膈肌,反而造成呼吸困难。对呼吸困难的犊牛,也可采用短小饲草刺激鼻孔和冷水喷淋头部的方法,刺激犊牛呼吸。如犊牛产出时已无呼吸,但尚有心跳,可在清除其口腔及鼻孔黏液后将犊牛在地面摆成仰卧姿势,头侧转,按每 6～8 s 一次按压与放松犊牛胸部进行人工呼吸,直至犊牛自主呼吸为止。

2. 断脐

犊牛的脐带多可自然扯断,当清除犊牛口腔和鼻孔内的黏液后,脐带尚未自然扯断的,应进行人工断脐。在距离犊牛腹部 8～10 cm 处,用已消毒的剪刀将脐带剪断,挤出脐带中黏液,并用 7%(不得低于 7%,避免引发犊牛支原体病)的碘酊对脐带及其周围进行消毒,

30 min后，可再次消毒，避免犊牛发生脐带炎。正常情况下，经过15 d左右的时间，残留的脐带干缩脱落。

3. 擦干被毛及剥离软蹄

在断脐后，应尽快擦干犊牛身上的被毛，立即转入温室(最低温度在10℃以上)，避免犊牛感冒。最好不要让分娩母牛舔舐犊牛，以免建立亲情关系，影响挤奶或胎衣排出。然后，剥离犊牛的软蹄，利于犊牛站立。

4. 隔离

犊牛出生后，应尽快将犊牛与母牛隔离，将新生犊牛放养在干燥、避风的单独犊牛笼内饲养，使其不再与母牛同圈，以免母牛认犊之后不利于挤奶。

5. 饲喂初乳

初乳对新生犊牛具有特殊意义，犊牛出生后应及时吃到初乳，获得被动免疫，减少疾病的发生。

6. 特殊情况的处理

犊牛出生后如其母亲死亡或母牛患乳房炎，使犊牛无法吃到其母亲的初乳，可用其他产犊时间基本相同的健康母牛初乳。如果没有产犊时间基本相同的母牛，也可用人工初乳代替。人工初乳推荐配方如表5-29所示。

表5-29　人工初乳推荐配方

成分	鲜牛奶/kg	鱼肝油/mL	新鲜鸡蛋/个	土霉素或金霉素/mg
数量	1	3～5	2～3	40～45

对于人工初乳，饲喂前应充分搅拌，加热至38℃饲喂。最初1～2 d，每天第一次喂奶后，灌服液体石蜡或蓖麻油30～50 mL，以促其排净胎粪，胎粪排净后停喂；5～7 d后停喂维生素A，从第5天起抗生素添加量减半，到15～20 d时停用。

(二)犊牛的管理

1. 哺乳期犊牛

(1)称重、编号、标记、建立档案　犊牛出生后应进行称重和记录，刚出生时要测初生重，以后每隔一个月测量一次犊牛重。同时进行编号，并详细记录其系谱、出生日期、外貌特征等，有条件时可拍照记录外貌特征。对犊牛进行编号，目前国内广泛采用的是塑料耳标法，即在打耳号前先用不褪色的记号笔或打号器在耳标上打上号码，再用耳标钳将写上号码的耳标固定在犊牛的耳朵上。犊牛的号码一般按照出生年月和出生头数编写，如2016年3月出生的第8头牛，可以编为160308；有的编号要把省份和场别加进去，即第1位用汉语拼音表示省，如黑龙江省用“H”；第2位表示场号，如完达山牛场用“W”；第三部分表示年份，如2015年用“15”；第四部分为牛场出生的顺序号，如“89”号。全部排列即为HW1589；或者按标准规定编写。一般是在生后7～10 d进行。

(2)适时去角　为了便于成年后的管理，减少牛体因用角争斗而受伤，应提倡给母犊去角。去角的最佳时间为出生后7～14 d。此时去角对牛造成的应激最小。去角常用的方法有加热法和药物法两种。

加热法：采用高温杀死角基细胞，使角失去继续生长能力的方法。一般常用烧红的烙铁或加热到480℃特制电去角器处理角基，使整个角基充分接触烙铁或去角器大约10 s。此法适于 3～5 周龄稍大的犊牛。

药物法：采用药物处理角基的方法，常用药物为棒状苛性钠（氢氧化钠）或苛性钾（氢氧化钾），一般化学药品店都有销售。具体方法是，先将牛角基部周围的毛剪掉，均匀涂抹上凡士林；然后，手持一端用布或纸包裹的药棒在角根周围轻轻摩擦，直至出血为止，1～2 周该处形成的结痂便会脱落，不再长角。

（3）剪除副乳头　乳房有副乳头时不利于乳房清洗，容易发生乳房炎。因此，在犊牛阶段应剪除副乳头。剪除副乳头的最佳时间是 2～6 周龄，尽量避开夏季。剪除方法是：先清洗、消毒乳房周围部位，然后，轻轻下拉副乳头，用锐利的剪刀（最好用弯剪）沿着基部剪掉副乳头，伤口用 2% 碘酒消毒或涂抹少许消炎药，有蚊蝇的季节可涂抹少许驱蝇剂。如果乳头过小，不能区分副乳头和正常乳头，可推迟至能够区分时再进行。

（4）预防疾病　犊牛是牛发病率较高的时期，尤其是在生后的头几周。主要原因是犊牛抗病力较差，此期的主要疾病是犊牛肺炎和下痢。生产中可通过提供适宜的环境、科学饲养管理及接种疫苗等措施，预防犊牛疾病的发生。

2. 断奶期犊牛

断奶后的犊牛，除刚断奶时需要特别精心的管理外，以后随着犊牛的长大，对管理的要求相对降低。犊牛断奶后应进行小群饲养，将月龄和体重相近的犊牛分为一群，每群 10～15 头。每月称重，并做好记录，对生长发育缓慢的犊牛要找出原因。同时，定期测定体尺，根据体尺和体重来评定犊牛的生长发育效果。目前已有研究认为，体高比体重对后备母牛初次产奶量的影响更大。荷斯坦母犊 3 月龄的理想体高为 92 cm，体况评分 2.2 以上；6 月龄理想体高为 102～105 cm，胸围 124 cm，体况评分 2.3 以上，体重 170 kg 左右。

3. 日常管理

（1）卫生管理　哺乳用具（哺乳壶或乳桶）要严格进行清洗和消毒，程序为冷水冲洗—温热的碱性洗涤水冲洗—温水漂洗干净—倒置晾干，使用前用 85℃以上热水或蒸汽消毒。

犊牛栏应保持干燥，并铺以干燥清洁的垫草，垫草应勤打扫、更换。犊牛栏要定期地消毒，在犊牛转出后，应留有 2～3 周的空栏消毒时间。

犊牛舍要保证阳光充足、通风良好、冬暖夏凉，注意保持牛舍清洁、干燥，定期消毒。犊牛一般采取散放饲养，自由采食，自由饮水，应保证饮水和饲料的新鲜、清洁卫生。

（2）刷拭　刷拭犊牛可有效地保持牛体清洁，促进牛体血液循环，增进人牛之间的亲和力。每天给犊牛刷拭 1～2 次。刷拭最好用软毛刷，手法要轻，使牛有舒适感。有条件的牛场可为犊牛提供电动皮毛梳理器，满足刷拭的需要。

（3）运动　气温较高的季节，犊牛生后 2～3 d 即可到舍外进行较短时间的运动，最初每天不超过 1 h。冬季除大风大雪天气外，出生 10 d 的犊牛可在阳侧进行较短的舍外运动。随着日龄增加逐步延长运动时间，由最初的 1 h 到 1 月龄后，每日运动在 4 h 以上或任其自由活动。

（4）健康观察　对犊牛进行日常观察，及早发现异常犊牛，及时妥当地处理。日常观察的内容包括：犊牛的被毛、眼神、食欲、采食量、粪便、体温、是否咳嗽或气喘、检查体内外有无寄生虫、饲料是否清洁卫生及体重测定和体尺测量指标是否达标等。

四、犊牛舍饲养管理岗位操作程序

(一)工作目标

(1)犊牛成活率≥95%。

(2)荷斯坦母犊4月龄体重≥110 kg,6月龄体重≥170 kg。

(二)工作日程

7:00～8:00	犊牛拴系、喂乳、喂草料。
8:00～9:00	核对牛号、观察牛只采食、精神、腹围、粪便、治疗。
9:00～10:00	牛体卫生,牛舍饲料道、过道的清理等。
14:30～15:30	犊牛拴系、喂乳、喂草料。
15:30～16:30	核对牛号、观察牛只采食、精神、腹围、粪便、治疗。
16:30～17:30	清理卫生、其他工作。
21:00～22:00	犊牛拴系、喂乳、喂草料。
22:00～23:00	配合畜牧、饲料加工运输、兽医做好牛只疾病观察和信息传递。

(三)岗位技术规范

(1)犊牛出生后用毛巾清除口、鼻、身上的黏液,断脐,注射疫苗。出生1周内犊牛注意保温,保持犊牛栏清洁干燥。

(2)犊牛出生后1 h内哺喂初乳,第一次1.5～2.0 kg,然后按体重8%～12%供给初乳,保持温度35～38℃。

(3)按犊牛体重的6%～10%供给常乳,对早期断奶犊牛按犊牛培育方案操作。

(4)出生2周后补喂精料20～50 g/d,补喂7～10 d后逐渐增加,以不下痢为原则:1月龄0.25 kg;2月龄0.5 kg;3月龄0.75 kg。7 d后补给优质幼嫩青干草,让其自由采食。

(5)哺乳期90～100 d,全程喂奶量在250～300 kg。

(6)断奶后逐渐增加开食料0.75～2.3 kg,以不下痢为原则;第六个月逐渐减少开食料,改为混合饲料。

(7)每天刷拭2次,每月称重1次。1个月后放入运动场自由活动,防止阳光暴晒。

(8)保持牛体、圈舍、哺乳用具清洁卫生,饲喂后用干净毛巾擦净牛嘴,防止舔癖。

任务23　育成牛的饲养管理

一、育成牛的生理特点

育成牛是指从7月龄到第一次产犊的牛。育成牛生长发育快,瘤胃发育迅速,生殖机能逐渐完善。7～12月龄是性成熟期,性器官和第二性征发育很快,体躯向高度急剧生长,其前胃已相应发达,容积扩大1倍左右。配种受胎后,生长速度变慢,体躯向宽、深发展,在丰富饲养条件下,容易在体内沉积大量的脂肪。育成牛培育的主要任务是保证牛的正常发育,培育体型高大、膘度适中、消化力强，乳用体型明显的理想奶牛，以及适时配种。

二、育成牛的饲养

(一)7～12 月龄

此期育成牛瘤胃的容积大大增加，利用青粗饲料的能力明显提高，应加强饲养，以获得较大的日增重。育成牛日粮以优质青粗饲料为主，适当补充精料，平均日增重应达到 0.7～0.8 kg。注意粗饲料质量，营养价值低的秸秆不应超过粗饲料总量的 30%。一般精料喂量每天 2.5 kg 左右，从 6 月龄开始训练采食青贮饲料。正常饲养情况下，中国荷斯坦牛 12 月龄体重接近 300 kg，体高 115～120 cm。育成牛精料配方，如表 5-30 所示。

表 5-30　7～12 月龄育成牛精饲料参考配方　　%

成分	1	2	3
玉米	50	50	48
麸皮	15	17	10
豆饼	15	10	25
葵籽饼	—	8	—
棉仁饼	6	7	10
玉米胚芽饼	8	—	—
饲用酵母粉	2	4	2
碳酸钙	1	—	—
石粉	—	1	1
磷酸氢钙	1	1	1
食盐	1	1	1
预混料	1	1	1

7～12 月龄育成牛的饲养方案如表 5-31 所示。

表 5-31　7～12 月龄育成牛饲养方案　　kg/(头·d)

月龄	精料	玉米青贮	羊草
7～8	2.5	3	2
9～10	2.5	5	2.5
11～12	2.5～3.0	10	2.5～3

(二)13 月龄至初次配种

此阶段育成母牛没有妊娠和产奶负担，而利用粗饲料的能力大大提高。因此，只提供优质青、粗饲料基本能满足其营养需要，可少量补饲精饲料。此期饲养的要点是保证适度的营养供给。营养过高会导致母牛配种时体况过肥，易造成不孕或以后的难产；营养过差会使母牛生长发育抑制，发情延迟，15～16 月龄无法达到配种体重，从而影响配种时间。配种前，中国荷斯坦牛的理想体重为350～400 kg(成年体重的70%左右)，体高122～126 cm。此期育成牛精饲料配方如表5-32所示；饲养方案如表5-33所示。

表5-32 13～18月龄育成牛精饲料配方 %

成分	1	2	3	4	5	6
玉米	47	45	48	47	40	33.7
麸皮	21	17.5	22	22	28	26
豆饼	13	—	15	13	26	—
葵籽饼	8	17	—	8	—	25.3
棉仁饼	7	8	5	7	—	—
玉米胚芽饼	—	7.5	—	—	—	—
碳酸钙	1	1	—	1	—	3
磷酸氢钙	1	1	—	1	—	2.5
食盐	1	2	1	1	1	2
预混料	1	1	2	—	3	—
石粉	—	—	1	—	—	—
饲用酵母	—	—	5	—	—	—
尿素	—	—	—	—	2	—
高粱	—	—	—	—	—	7.5

表5-33 13～18月龄育成牛饲养方案 kg/(头·d)

月龄	精料	玉米青贮	羊草	糟渣类
13～14	2.5	13	2.5	2.5
15～16	2.5	13.2	3	3.3
17～18	2.5	13.5	3.5	4

(三)初次配种至初次产犊

初孕牛，又称青年牛，是指初配受胎后至初次产犊前的母牛。一般情况下，发育正常的牛在15～16月龄已经配种受胎，此阶段，除母牛自身的生长外，胎儿和乳腺的发育是其突出特点。初孕母牛不得过肥，要保持适当膘情，以刚能看清最后两根肋骨为较理想上限。

在妊娠初期胎儿增长不快，此时的饲养与配种前基本相同，以粗饲料为主，根据具体膘情补充一定数量的精料，保证优质干草的供应。初孕母牛要注意蛋白质、能量的供给，防止营养不足。舍饲育成母牛精料和青贮饲料每天饲喂3次，精饲料日喂量3 kg左右，每次饲喂后饮水，可在运动场内自由采食干草。

妊娠后期(产前3个月)，胎儿生长速度加快，同时乳腺也快速发育，为泌乳做准备，所需营养增多，需要提高饲养水平，可将精料提高至3.5～4.5 kg。食盐和矿物质的喂量应该控制，以防加重乳房水肿；同时应注意维生素A和钙、磷的补充；玉米青贮和苜蓿要限量饲喂。如果这一阶段营养不足，将影响育成牛的体格以及胚胎的发育。初孕母牛饲养方案及精料配方，如表 5-34 和表 5-35 所示。

表 5-34 初孕母牛饲养方案

（李建国.现代奶牛生产.2007） kg/(头·d)

月龄	精料量	干草	玉米青贮
19	2.5	3	14
20	2.5	3	16
21	3.5	3.5	12
22～24	4.5	4.5～5.5	8～5

表 5-35 初孕母牛精料配方

（闫明伟.牛生产.2011） %

成分	玉米	豆饼	DDGS(玉米生产乙醇糟)	育成牛复合预混料
比例	50	25	20	5

三、育成牛的管理

(1)分群饲养　育成牛应根据年龄和体重情况进行分群，月龄最好相差不超过 3 个月，活重相差不超过 30 kg，每组的头数不超过 50 头。

(2)定期称重和测定体尺　育成母牛应每月称重，并测量 12 月龄、16 月龄、初配时的体尺，详细记入档案，作为评判育成母牛生长发育状况的依据。一旦发现异常，应及时查明原因，并采取相应措施进行调整。Hoffman (1997)认为荷斯坦后备母牛产前最佳体高是 138～141 cm。

(3)适时配种　育成母牛的适宜配种年龄应依据发育情况而定。此期要注意观察育成牛发情表现，一旦发现发情牛及时配种。对于隐性发情的育成牛，可以采用直肠检查法判断配种时间，以免漏配。一般情况下，荷斯坦牛 14～16 月龄体重达到 350～400 kg，娟姗牛体重达 260～270 kg 时，即可进行配种。

(4)加强运动　育成牛每天至少有 2 h 以上的驱赶运动。在放牧条件下运动时间充足，可达到运动要求。初孕母牛也应加大运动量，以防止难产的发生。

(5)刷拭和调教　育成母牛生长发育快，每天应刷拭 1～2 次，每次 5～10 min，及时去除皮垢，以保持牛体清洁，同时促进皮肤代谢。同时对育成牛及时调教，养成温顺的性格，易于饲养管理。育成母牛若采用传统拴系饲养时要固定床位拴系。

(6)乳房按摩　育成母牛在 12 月龄以后即可进行乳房按摩。按摩时避免用力过猛，用热毛巾轻轻揉擦，每天 1～2 次，每次 3～5 min，至分娩半个月前停止按摩。严禁试挤奶。

(7)检蹄、修蹄　育成母牛生长速度快，蹄质较软，易磨损。因此，从 10 月龄开始，每年春、秋季节应各进行一次检蹄、修蹄，以保证牛蹄的健康。初孕母牛如需修蹄，应在妊娠 5～6 月前进行。

(8)加强护理，防流保胎　对于初孕牛要加强护理，其中一个重要任务是防流保胎。母牛配种妊娠后，管理必须耐心、细心，经常通过刷拭牛体、按摩乳房等与之接触，使之养成温顺性格。注意清除造成流产的隐患。如冬季勿饮冰碴水，牛舍防止地面结冰，上下槽不急赶，不喂发霉冰冻变质饲料等。

(9)饮水卫生　此期育成牛采食大量粗饲料，必须供应充足清洁的饮水。要在运动场设置充足饮水槽，供牛自由饮用。

(10)初产准备　产前2～3周转入产房饲养。产前2个月，应转入成牛舍与干乳牛一样进行饲养。临产前2～3周，应转入产房饲养，预产期前2～3 d再次对产房进行清理消毒。初产母牛难产率较高，要提前准备齐全助产器械，做好助产和接产准备。

四、育成牛舍饲养管理岗位操作程序

(一)工作目标

(1)按时达到理想体型、体重标准。

(2)保证适时发情、及时配种受胎。

(3)乳腺充分发育。

(4)顺利产犊。

(二)工作日程

7:00～8:00	拴系牛只、喂草料、核对牛号、观察牛只采食、精神、腹围、粪便等。
8:00～9:00	发情鉴定、配种、填写报表。
9:00～10:00	刷拭牛体、牛舍饲料道、过道的清扫、清洁卫生。
14:30～15:30	拴系牛只、喂草料、核对牛号、观察牛只采食、精神、腹围、粪便等。
15:30～16:30	刷拭牛体、对产前2个月的牛只进行乳房按摩。
16:30～17:30	清理卫生、配种及其他工作。
21:00～22:00	配合畜牧、饲料加工运输、兽医做好牛只疾病观察和信息传递。

(三)岗位技术规范

(1)每天刷拭2次，保持体躯清洁，每月称重1次。

(2)保持牛体、圈舍、饲喂用具清洁卫生。

(3)12月龄前和12月龄后的牛分群饲养。

(4)饲喂制度实行3次上槽或2次上槽，并在运动场设饲槽，自由采食干草。人工饲喂标准是先粗后精，先干后湿，先喂后饮，少喂勤添，及时清理(不空槽、不堆槽)。

(5)一般在12月龄开始按摩乳房，妊娠后每天2次用温水按摩，不得进行试挤奶。

(6)15～16月龄体重达到350～400 kg，进行配种。

(7)日粮以干草、青贮料为主。根据粗饲料质量，饲喂精料，一般每天2～3 kg，注意补充蛋白质饲料。

(8)妊娠3个月后，应加强管理，观察食欲，注意生理变化，体况不宜过肥。

(9)临产前2周，应转入产房饲养，预产期前2～3 d再次对产房进行清理消毒，做好助产和接产准备。

任务 24　种公牛的饲养管理

种公牛对牛群发展和提高牛群品质，加速黄牛改良进度起着极其重要的作用。目前，我国各省、市、自治区和重点养牛县，相继成立了以生产冷冻精液为中心的种公牛站。它作为养牛繁育技术的指导部门，担负着所在地区冻精供应与牛群繁殖改良的任务。另外我国牛群分布很广，遍及全国各地，一些较偏僻、牛数较少地区，冻精配种尚未普及，目前仍分散饲养着一定数量的种公牛。无论是集中饲养、还是分散饲养，都必须进行科学的饲养管理。

一、种公牛的生理特性

(1)记忆力强　种公牛对其接触过的人和事记忆深刻，多年不忘。例如，对治过病的兽医或对其粗暴殴打的人，再次接触都有抵触的表现，甚至有报复行为。因此，要固定专人管理，通过饲喂、饮水、刷拭等活动加以调教，摸透脾气以便管理，不要给予恶性刺激。

(2)防御反射强　种公牛具有较强的自卫性，当陌生人接近或态度粗暴时，立即引起防御反射，表现出两眼圆睁，鼻出粗气，前蹄刨地，低头两角对准目标的争斗态势。一旦公牛脱缰时还会出现“追捕反射”，追赶逃窜的活体目标。

(3)性反射强　公牛在采精时勃起反射、爬跨反射、射精反射都很强，射精冲力很猛。如果长期不采精或采精技术不良，公牛的性格往往变坏，容易出现顶人和自淫的恶癖。

二、种公牛的培育要求

种公牛对牛群的改良和提高起着决定性作用，种公牛的培育技术复杂，培育时间也较漫长，培育要求则很具体、明确。

(1)具备优秀的遗传素质　冷冻精液和人工授精的广泛使用以及全球化育种的实现，使公牛在畜群遗传改良中的作用更显重要。为此，众多的国际化遗传公司，在全球范围内搜索最优秀的公、母牛，作为生产下一代年轻公牛的亲本，同时将选择重点放在小公牛生产性能的遗传潜力上。

(2)保持健壮的体质　这是确保种公牛种用价值最根本的一条。而种公牛精力充沛，有雄性威势是种公牛体质健壮的重要特征。生产中就是要保持公牛具有中上等膘情，腰角明显而不突出，肋骨微露而不明显。如果营养过度，运动不足，会使公牛肥胖而精神萎靡不振，性欲迟钝，配种时不思爬跨。反之，如营养不足，牛体瘦弱，也会降低性欲和精液质量。故过肥、过瘦都不适当。

(3)提高精液质量　喂给种公牛的饲料应含有全价营养，特别是饲料中含有足够的蛋白质、矿物质和维生素。这些营养物质对精液的生成与提高精液品质，以及对公牛的健康均有良好作用。若蛋白质不足会影响种公牛的射精量、精子密度和活力及生存指数，过多也会影响种公牛的生殖力。据报道，种公牛在蛋白质特别丰富的牧地上放牧(蛋白质占干物质的35%)，反而造成种公牛种用价值下降。

(4)延长利用年限　种公牛一般在7月龄开始有性表现，10～14月龄开始性成熟，1.5岁开始初配。此时种公牛还未达到最大的繁殖能力，不应过度使用。生产实践中，应加强饲养管理、合理利用、创造适宜的环境条件，确保种公牛的健康和终生正常生产。避免因健康恶化、形成恶癖和未老先衰而提前淘汰的现象。

三、种公牛的饲养管理

(一)后备公牛的饲养

(1)哺乳时间控制　初生公犊牛的饲养一般与母犊相同，2月龄以后，公犊可按其体重的8%～10%喂奶。至5周龄时应增加优质干草的供应，7～8周龄时进行断奶，后备种公牛也可适当延长哺乳时间。

(2)饲草饲料供应　供给种公犊的奶、草和精饲料，应该品质优良，日粮营养搭配要完善。同时应保证矿物质和脂溶性维生素，特别是维生素A的供应。避免使用抗生素和激素类药物，以免影响种公犊的性机能正常发育。

(3)精粗比例确定　育成公牛的日粮中，精粗饲料的比例依粗料的质量而异。以青草为主时，精粗饲料的干物质比例可为55∶45；以干草为主时，其比例可为60∶40。从断奶开始，育成公牛应与母牛隔离，单槽饲养。

(二)种公牛的饲养

(1)饲料喂量确定　采用人工授精、无配种季节性的种公牛，粗饲料每日饲喂量可按每100 kg体重1.5 kg干草、1.0～1.5 kg块根块茎类饲料、0.8～1.0 kg青贮料供给，精料喂量可按每100 kg体重0.5～1.0 kg供给，具体以干草质量而定。有配种季节性的种公牛，在配种季节到来前2个月左右就应加强营养，因精子在睾丸中形成到射精约需8周时间才达到成熟。

(2)保证饲料品质　成年种公牛的饲料必须品质优良。要求供应优质的蛋白质饲料，切忌腐败变质。对菜籽饼、棉籽饼应限量供给，以不影响适口性和引起消化道疾病为宜。青贮饲料含有较多的乳酸，供应量应限制在10.0 kg/d以下。富含蛋白质的精料有利于精液形成，它属于生理酸性饲料，喂量过多易在体内产生大量有机酸，对精子的形成不利。

(3)科学配制日粮　种公牛的日粮必须是全价日粮，各种营养成分必须完善。蛋白质的数量和质量均应满足需求。矿物质、维生素对精液的形成和品质以及健康都不可缺少。成年种公牛钙、磷的需要量低于泌乳母牛，精料喂量少时必须补磷。维生素A是种公牛最重要的维生素之一，日粮中缺乏会影响精子的形成，使畸形精子数增加，也会引起睾丸上皮组织细胞角化，应注意维生素A和维生素E的供应。微量元素锰不足，会引起睾丸萎缩，锰元素的供应量应按饲养标准供给。必需脂肪酸对雄性激素的形成十分重要，应满足供应。此外，种公牛的饲粮应高品质、多种类饲料配制，限量饲喂酒糟、果渣和粉渣等副产品饲料。

种公牛的日粮应易于消化，且容积不宜太大，粗饲料太多会抑制种公牛的性活动，应合理搭配使用青绿多汁饲料，避免形成草腹，妨碍配种。

(4)充分满足饮水　种公牛饮水应充足，水要干净清洁，冬季最好是温水；夏季自由饮水。采精和配种前后1 h之内不能饮水。

(三)种公牛的管理

管理种公牛要领:恩威并施,驯教为主。饲养员平时不得逗弄、鞭打或训斥公牛。但要掌握厉声呵斥即令驯服的技能。

(1)合理设计牛舍　公牛舍除严寒地区外,一般以敞棚式为宜。公牛舍设计必须考虑人畜安全,牛舍围栏设置栏杆,其间距要保证饲养员能侧身通过。

(2)单栏饲养　公牛好斗,为确保种公牛的安全,从断奶开始,必须分栏饲养,每牛一栏。

(3)编号　多用耳标法。编号方法按照国家规定进行,并做好登记。

(4)拴系与牵引　种公牛生后6个月带笼头,10～12月龄穿鼻环,穿鼻环应在鼻中隔软骨前柔软处进行,穿刺的位置不应太靠后,以便在鼻孔外给鼻环留有拴缰绳或铁链的余地。最初用小号鼻环,2岁以后换成大号鼻环。鼻环需用皮带吊起,系于缠角带上,缠角带用滚缰皮缠牢,缠角带拴有两条细铁链,通过鼻环左右分开,拴系在两侧的立柱上,注意牢固,严防脱缰。公牛的牵引应坚持双绳牵引,由两人将牛牵走,人和牛应保持一定距离,一人在牛的左侧,一人在牛的后面。对性情不温驯的公牛,须用勾棒进行牵引。由一人牵住缰绳的同时,另一人两手握住勾棒,勾搭在鼻环上以控制其行为。

(5)运动　种公牛必须坚持运动,实践证明,运动不足或长期拴系,会使公牛发胖,性情变坏,精液品质下降,患消化系统疾病和肢蹄病等。运动过度或使役过度,对公牛的健康和精液品质同样有不良影响。种公牛站因公牛头数较多,常设置旋转架,每次同时运动数头。要求上、下午各运动一次,每次1.5～2 h,行走距离4 km左右,运动方式有钢丝绳运动,旋转牵引运动。经常调整运动方向,以防肢势异常。

(6)刷拭　坚持每天定时进行刷拭1～2次,冬天干刷,夏季水洗。平时应经常清除牛体的污物。刷拭重点是角间、额、颈和尾根部,这些部位易藏污纳垢,发生奇痒,如不及时刷拭往往使牛不安,甚至养成顶人恶癖。

(7)护蹄　护蹄是一项经常性的工作,饲养人员随时检查肢蹄,主要检查是否有以下缺陷,如X形腿、后肢后踏、膝内弯、腿向内呈弧形、外八字、内八字脚等。应经常保持蹄壁和蹄叉的清洁,对蹄型不正的牛要按时修削矫正,每年春秋两季各修蹄1次。同时要保持牛舍、运动场干燥。为防止蹄壁破裂可涂凡士林或无刺激油脂。种公牛蹄病治疗不及时,会影响采精,严重者继发四肢疾病,甚至失去配种能力,必须引起高度重视。

(8)按摩睾丸　按摩睾丸是一种特殊的操作项目,每天坚持一次,与刷拭结合进行。每次5～10 min,为改善精液品质,可增加一次或按摩时间延长。要经常保护阴囊清洁,定期进行冷敷,改善精液质量。定期做精液质量的检查与评价,测量阴囊围长,以便及时改善和调整饲料营养水平。

(9)防暑　目前饲养的欧洲纯种肉牛品种,一般耐热性能较差,当气温上升到30℃以上时,往往会影响公牛精液品质,需采取防暑措施。夏季可进行洗浴,以防暑散热,同时清洁皮肤。牛场内可安装淋浴设施或设置药浴池,便于定期淋浴及驱虫。

(10)称重　成年种公牛每月称重一次,根据体重变化情况,进行合理的饲养管理。

(四)种公牛的利用

种公牛开始采精的年龄依品种、体重等而有所不同。合理利用公牛是保持健康和延长使用年限的重要措施,对于幼龄公牛一般在18月龄开始,每月采精2～3次,以后逐渐增加到每周2次。2岁以上每周采精2～3次,成年种公牛每周4～5次,每次可射精2次,中间间隔 10 min 左右。采精宜早晚进行，一般多在喂饲后或运动后 0.5 h 进行。要注意检查公牛的体重、体温、精液品质及性反射能力等，保证种公牛的健康。公牛交配或采精间隔时间要均衡，严格执行定日、定时采精、风雨不停，不能随意延长间隔时间，以免造成公牛自淫恶习。

任务 25　种母牛的饲养管理

一、肉用种母牛的饲养管理

(一)空怀母牛的饲养管理

肉用空怀母牛的饲养管理主要是围绕着提高受配率、受胎率，充分利用粗饲料，降低饲养成本而进行的。

舍饲空怀母牛的饲养以青粗饲料为主，适当搭配少量精料；以低质秸秆为粗料时，应补饲 1～2 kg 精料，力争使母牛在配种前达到中上等膘情，同时注意补充矿物质和维生素。

以放牧为主的空怀母牛，放牧地离牛舍不应超过 3 000 m。青草季节应尽量延长放牧时间，一般可不补饲，但必须补充食盐；枯草季节，每天补饲干草(或秸秆)3～4 kg 和精料 1～2 kg。实行先饮水后喂草，待牛采食饲料至 5～6 成饱后，饲喂混合精料，然后饮淡盐水。让牛休息 15～20 min 后出牧。收牧回舍后备足饮水和夜草，确保牛只自由饮水和采食。

(二)妊娠母牛的饲养管理

1.妊娠母牛的饲养

多采取放牧饲养的方法。我国青草季节主要在 6—10 月份，可充分利用青草季节进行放牧饲养。在此期间，若牧草质量好，即可基本满足牛的需要，一般不需要补饲。

放牧时间：早晨 4 时出牧，晚 8 时收牧，中午 4 时进舍避暑，每天放牧 12 h。每天补喂精料 1～1.5 kg，饮水 5～6 次，刷拭牛体 2 次。

枯草季节，应根据草的质量及时补饲，特别是妊娠的最后 2～3 个月，每天可以补喂混合精料 1.5～2 kg，干青草 8 kg，食盐 50 g，磷酸氢钙 75 g。

在舍饲期，日粮应以青粗饲料为主，适当搭配精饲料。日喂优质干草 11 kg，青贮料 10～15 kg，混合精料 2.5～3 kg，食盐 30 g，磷酸氢钙 45 g。保证充足饮水，上、下午各驱赶运动 1.5～2 h，每天刷拭牛体 2 次。

2.妊娠母牛的管理

(1)饲料管理

①采用先粗后精的顺序饲喂　即先喂粗料，待牛采食饲料至半饱后，在粗料中拌入部分精料或多汁料碎块，引诱牛多采食，最后将剩余精料全部投饲，待牛采食结束后下槽。

②确保饲料清洁新鲜和多样　重视青干草、青绿多汁饲料的供应。妊娠母牛不喂发霉变质或酸度过大的饲料，禁喂酒糟、冰冻饲料及棉籽饼等含有某种毒素成分的饲料。此外，还应注意防止牛过瘦和过肥，以免发生难产。

③围产前期适当减少饲料　母牛产前 2 周左右减少或停喂青绿多汁饲料，避免乳房过度膨胀。适当减少青贮饲料的喂量，以减轻肠胃负担，防止消化不良。

(2)放牧管理

①防止流产，做好保胎工作　在母牛妊娠期间，应注意防止流产、早产。妊娠后期母牛应与其他牛群分别组群，单独在附近草场放牧，防止顶架、拥挤、爬跨等造成流产。放牧时不鞭打、驱赶妊娠母牛，对孕牛应温和，合理调教，不能粗暴，以防母牛间相互挤撞滑倒、挤伤、碰伤及惊群。

②雨天停止放牧　妊娠母牛雨天不放牧，不进行驱赶运动，防止滑倒。不在有露水的草场上放牧，勿使母牛采食大量幼嫩的豆科牧草。

(3)日常管理

①提供适宜的环境，保持牛体健康　每天应对牛舍、牛床、牛体进行清洗、打扫，保持清洁卫生，并定期消毒。严格防疫，防止发生传染病。布氏杆菌病是预防的重点，一旦发生会引起孕牛流产。

②加强刷拭　加强妊娠母牛的刷拭和运动，特别是初孕牛，还要进行乳房按摩，以利于产后犊牛哺乳。舍饲妊娠母牛每日运动 2 h 左右，以免体况过肥或运动不足。孕牛的牵引、驱赶、使役等要注意方法，不要过急、过快，孕牛产前 1～2 个月应停止使役。每天刷拭牛体 1～2 次，以保持牛体清洁。

③合理饮水　自由饮水，不饮冰渣水和脏水，水温要求不低于 8℃。

④科学用药　孕牛患病治疗时用药必须谨慎，对胎儿有致畸等危害的药物应避免使用，能引起子宫肌收缩的药也应禁用，如麦角碱、催产素、前列腺素等，除此还应禁用全身麻醉药、烈性腹泻药等，防止因用药不当引起流产。

(三)泌乳母牛的饲养管理

泌乳母牛的饲养，主要是达到有足够的产奶量，以供犊牛生长发育的需要。放牧饲养情况下，多采用季节性产犊，以早春产犊较好。既可以保证母牛的产奶量，又可以使犊牛提前采食青草，有利于犊牛生长发育。舍饲情况下，可参考饲养标准配合日粮，但应以青饲和青贮为主，适当搭配精饲料，既有利于产奶和产后发情，也可节约精饲料。

二、乳用母牛的饲养管理

乳用成年母牛的饲养管理是影响奶牛产奶量和乳成分的最大因素。根据中华人民共和国专业标准《高产奶牛饲养管理规范》(简称规范)规定，成年奶牛划分为以下 5 个阶段，即围产期、泌乳盛期、泌乳中期、泌乳后期和干乳期。

(一)成年奶牛的常规饲养管理

正确的饲养管理是维护奶牛健康，发挥泌乳潜力，保持正常繁殖机能的最基本工作。虽然在不同阶段有不同的饲养管理重点，但有许多基本的饲养管理技术在整个饲养期都应该遵守执行。

1.合理配制奶牛日粮

(1)保持合理的精粗比例　根据瘤胃的生理特点，以干物质计算精粗饲料的比例，保持 50∶50(范围 40∶60～60∶40)比较理想。切忌大量使用精饲料催奶。青绿、多汁饲料由于体积较大，其喂量应有一定的限度。保证日粮中各种养分的比例均衡，能满足奶牛的维持需要和产奶需要。

(2)选择合适的饲料原料　奶牛喜食青绿、多汁饲料和精饲料，其次为青干草和低水分青贮饲料，对低质秸秆等饲料的采食性差。在以秸秆为主要粗饲料的日粮中，应将秸秆用揉搓机揉成丝状。然后，与精饲料或切碎的青绿、多汁饲料混合饲喂。

(3)保持饲料的新鲜和洁净　奶牛喜欢新鲜饲料，对受到唾液污染的饲料经常拒绝采食。所以，饲喂日粮时，应尽量采用少喂勤添的饲喂方法或定时将饲槽的草料向前推送，以使奶牛保持良好的采食量，同时，可有效减少饲料浪费。在饲料原料的收割、加工过程中，避免将铁丝、玻璃、石块、塑料等异物混入。

2.定时定量定质饲喂

定时饲喂会使奶牛消化腺体的分泌形成固定规律，有利于提高饲料的利用率。饲喂次数增加有利于提高生产力，但饲喂次数增加会加大劳动强度和工作量。国内养殖场普遍采用日喂3次，部分养殖场采用日喂2次。对高产奶牛最好采用日喂3次，产奶量低于4 000 kg的奶牛可采用日喂2次。生产中应尽量使两次饲喂的时间间隔相近。比较理想的方法是精饲料定时饲喂，粗饲料自由采食；或采用全混合日粮定时饲喂。

3.执行合理的饲喂顺序

对于没有采用TMR饲喂的奶牛场，应确定合理的精粗饲料饲喂次序。从营养生理的角度考虑，较理想的饲喂次序是：粗饲料→精饲料→块根类多汁饲料→粗饲料，采用这种饲喂次序有助于促进唾液分泌，使精粗饲料充分混匀，增大饲料与瘤胃微生物的接触面，保持瘤胃内环境稳定，增加粗饲料的采食量，提高饲料利用率。现代化的奶牛场多采用挤奶时饲喂精饲料，挤完奶后饲喂粗饲料的方法。奶牛的饲喂次序一旦确定后要尽量保持不变，否则会打乱奶牛采食饲料的正常生理反应。

4.供应清洁优质饮水

牛舍、运动场必须安装自动饮水装置供牛自由饮用。没有自动饮水设备的牛场，每天饲喂后必须及时供应饮水，冬天3次，夏天4～5次。冬季饮水温度不应低于8～12℃，高产牛14～16℃；夏天应供凉水。

5.加强奶牛户外运动

对于拴系饲养的奶牛，每天至少要进行2～3 h的户外运动。对于散养的奶牛，每天在运动场自由活动的时间不应少于8 h。但应避免剧烈运动，特别是对于妊娠后期的牛。

6.预防肢蹄疾病发生

乳用母牛的四肢应经常护理，以防肢蹄疾病的发生。护蹄方法为：牛床、运动场以及其他活动场所，应保持干燥、清洁，尤其奶牛的通道及运动场上不能有尖锐铁器和碎石等异物，以免伤蹄。并定期用5%～10%的硫酸铜或3%福尔马林溶液洗蹄；正常情况每年修蹄2次；夏季用凉水冲洗肢蹄时，要避免用凉水直接冲洗关节部，以防引起关节炎，造成关节肢蹄变形。肢蹄尽可能干刷，以保持清洁干燥，减少蹄病的发生。

7.切实做好乳房护理

首先要保持乳房的清洁，这样可以有效减少乳房炎的发生；其次，要经常按摩乳房，以促进乳腺细胞的发育。在特殊情况下，可以使用乳罩保护乳房。要充分利用干奶期预防和治疗乳房炎，并定期进行隐性乳房炎检测。

8.保持牛体刷拭卫生

奶牛每天应刷拭2～3次。梳刷时精神要集中，随时注意奶牛的动态，以防被牛踢伤，踩伤。正确的刷拭方法为：饲养员左手持铁刷，右手持硬毛刷。刷拭顺序为从颈部开始，由前到后，自上而下，先逆毛刷，后顺毛刷，刷完一侧再刷另一侧，要刷遍全身，不可疏漏。刷拭时，要用毛刷，铁刷主要用于除去毛刷上的毛和碰到的坚硬结块。对于难以刷掉的坚硬结块，应先用水软化，然后用铁刷轻轻刮掉，再用毛刷清理干净。用温水清洗干净乳房，再用毛刷刷，刷下的污物和毛发要及时清理干净，防止牛舔食，在胃内形成毛团，影响消化。刷下的灰尘要避免污染饲料。对有皮肤病和寄生虫病的牛要采用单独的刷子，每次刷完后对刷子进行消毒。刷拭应在挤奶前 0.5～1 h 完成。

9.认真做好观察记录

饲养员每天要认真观察每头牛的精神、采食、粪便和发情状况，以便及时发现异常情况。对于出现的情况，要做好详细记录。对可能患病的牛，要及时请兽医诊治；对于发情的牛，要及时请配种人员适时输精。对体弱、妊娠的牛，要给予特殊照顾，注意观察可能出现的流产、早产等征兆，以便及时采取保胎等措施。同时，要做好每天的采食和泌乳记录。发现采食或泌乳异常，要及时找出原因，并采取相关措施纠正。

(二)奶牛泌乳期的饲养管理

奶牛泌乳期饲养管理的要求是，泌乳曲线在高峰期比较平稳，下降较慢，获得高产。保证母牛具有良好的体况及正常繁殖机能。根据母牛不同阶段的生理状态，营养物质代谢的规律，体重和产奶量的变化，泌乳期可分为围产后期、泌乳盛期、泌乳中期及泌乳后期四个阶段。

1.泌乳牛各阶段的营养需要(表 5-36)

表 5-36 泌乳牛各阶段营养需要

阶段划分	产后天数或日产奶量	干物质占体重/%	奶能单位(NND)/个	干物质(DM)/kg	粗纤维(CF)/%	粗蛋白(CP)/%	钙(Ca)/%	磷(P)/%
围产后期	0～6	2.0～2.5	20～25	12～15	12～15	12～14	0.6～0.8	0.4～0.5
	7～15	2.5～3.0	25～30	13～16	13～16	13～17	0.6～0.8	0.5～0.6
泌乳盛期	20 kg	2.5～3.0	40～41	16.5～20	18～20	12～14	0.7～0.75	0.46～0.5
	30 kg	3.5 以上	43～44	19～21	18～20	14～16	0.8～0.9	0.54～0.6
	40 kg	3.5 以上	48～52	21～23	18～20	16～20	0.9～1.0	0.6～0.7
泌乳中期	15 kg	2.5～3.0	30	16～20	17～20	10～12	0.7	0.55
	20 kg	2.5～3.5	34	16～22	17～20	12～14	0.8	0.60
	30 kg	3.0～3.5	43	20～22	17～20	12～15	0.8	0.60
泌乳后期		2.5～3.5	30～35	17～20	18～20	13～14	0.7～0.9	0.5～0.5

2.泌乳牛各阶段的合理饲养

(1)围产后期(母牛产后 15 d)

①生理特点　此期母牛刚刚分娩，机体衰弱，抵抗能力降低，消化机能减弱，食欲较差，产道尚未恢复，乳腺和循环系统机能不正常，产奶量逐渐上升。为此，该阶段饲养重点主要

是做好母牛体质恢复工作，减少体内消耗，为泌乳盛期打下基础。为防止发生代谢紊乱，导致患酮血病或其他代谢疾病，应严禁过早催乳。

②营养需要　按体重 550～650 kg、乳脂率 3.5%的奶牛日耗营养需要计算，如表 5-36 所示。

③日粮饲喂　产后喂给 30～40℃麸皮盐水汤（麸皮约 1 kg、盐 100 g，水约 10 kg），有条件可加适量益母草及红糖；产后 2～3 d，喂给易于消化的饲料，适当补给麸皮、玉米，青贮料 10～15 kg，优质干草 2～3 kg，控制催乳料；产后 4～5 d，根据牛的食欲情况，逐步增加精料、多汁饲料、青贮和干草的给量，精料每日增加 0.5～1 kg，直至产后第 7 天达到泌乳牛日粮给料标准。在增加精料过程中，如见母牛消化不良，粪便有恶臭，乳房未消肿有硬结现象时，则应当适当减少精料和多汁饲料的喂量，直至水肿消失。当乳腺及循环系统已经恢复正常后，才可将饲料喂到定量标准。

④饮水要求　产后 1 周应充分供给温水（36～38℃），以免引起肠炎等疾病。

⑤挤奶合理　母牛产后 5 d 内，不可将乳房内的乳全部挤干净，乳房内留部分乳汁，以增高乳房内压，减少乳的形成，避免血钙进一步降低，防止血乳和母牛产后瘫痪的发生。一般产后 0.5 h 就可以挤奶，第一天每次挤奶量大约 2 kg，以够犊牛吃即可，第二天挤出全天产奶量的 1/3，第三天挤出 1/2，第四天挤出 3/4，第五天全部挤净。也有研究表明，产后正常挤尽奶，平衡营养，强化饲养，有利于奶牛采食量的恢复；为尽快消除乳房水肿，每次挤奶时要用 50～60℃温水擦洗乳房和按摩乳房。

（2）泌乳盛期（母牛产后 16～100 d）

①生理特点　此期奶牛乳房水肿消失，乳腺和循环系统机能正常，子宫恶露基本排出、体质恢复，代谢强度增强，机体甲状腺、生乳素、催乳素分泌均衡，乳腺活动机能旺盛，产奶量不断上升，一些对产奶有不良影响的外界因素干扰作用较弱。此期进行科学饲养管理能使母牛产奶高峰更高，持续时间更长。

产奶高蜂一般多发生在产后 4～6 周，高产牛多在产后 8 周左右，最高采食量为 12～16 周，易出现能量和氮的代谢负平衡，靠体内贮积的营养来源满足产奶需要。由于大量产奶，体重下降，高产奶牛体重可下降 35～45 kg。泌乳盛期过后大多数奶牛会出现产奶量突然下降，不仅影响产奶还拖延配种时间，易出现屡配不孕及酮血病。

②营养需要　按体重 550～650 kg、乳脂率 3.5%的奶牛日耗营养需要计算，如表 5～36 所示。

③日粮饲喂　精料饲喂标准：日产奶 20 kg 给 7.0～8.5 kg；日产奶 30 kg 给 8.5～10.0 kg；日产奶 40 kg 给 10.0～12.0 kg；粗饲料饲喂标准：青饲料、青贮料头日给量 20 kg；干草 4.0 kg；糟渣类头日给量 10 kg 以下；多汁饲料头日给量 3～5 kg，日产奶 40 kg 以上，应注意补给维生素及其他微量元素；精粗饲料比 65∶35～70∶30 的持续时间不得超过 30 d。

④确保牛体健康，提高产奶量　此期应诱导母牛多摄取营养，以满足母牛产奶需要，生产实践中常用以下饲养方法。

a.引导饲养法：这种方法是在一定时期内采用高能量高蛋白质日粮喂牛，以促进大量产乳，“引导”泌乳牛早期达到高产。具体方法：从母牛干乳期最后 2 周开始，每头牛喂给 1.8 kg 的精料，以后每天增喂 0.45 kg，直到 100 kg 体重采食 1.0～1.5 kg 的精料为止，再不增加喂料量（如 500 kg 体重的牛，每天精料最多采食 5.5～8.0 kg，在 14 d 内共喂料 60～

70 kg)。母牛产犊后第 5 天开始，继续按每天 0.45 kg 增加精料，直至产奶高峰达到自由采食，产奶高峰后再按产奶量、含脂率、体重调整精料喂给量。引导饲养法可使多数母牛出现新的产奶高峰，增产趋势可持续整个泌乳期，主要用于高产奶牛。

b. 短期优饲法：又叫预付饲养法，是在泌乳盛期增加营养供给量，以促进母牛泌乳能力的提高，具体方法：在母牛产后 15～20 d 开始，根据产奶量除按饲养标准满足维持需要和产奶实际需要外，再多给 1～1.5 kg 混合料，作为提高产奶量的“预付”饲料；若加料后母牛产奶量继续提高，食欲、消化良好，则隔 1 周再调整一次。此法适用于一般产奶量的奶牛。

(3)泌乳中期(母牛产后 101～200 d)

①生理特点　此期母牛处于妊娠期，催乳素作用和乳腺细胞代谢机能减弱，产奶量随之下降，按月递减率为 5%～7%。

②营养需要　按体重 600～700 kg，乳脂率 3.5%的奶牛日粮营养需要计算，如表 5-36 所示，在此期间母牛应恢复到正常体况。每头应有 0.25～0.5 kg 的日增重。

③日粮饲喂　精料给料标准：日产奶 15 kg 给 6.0～7.0 kg；日产奶 20 kg 给 6.5～7.5 kg；日产奶 30 kg 给 7.0～8.0 kg 以下；粗料给料标准：青饲、青贮每头日给量 15～20 kg；干草 4 kg 以上；糟渣类 10～12 kg；块根多汁类 5 kg。由于泌乳中期产奶量下降，饲养任务是减缓泌乳量下降速度、保持稳产。生产中，可采取措施减慢下降速度，如饲料多样化，营养保证全价，且适口性好，适当增加运动，加强按摩乳房，保证充分饮水等。

(4)泌乳后期(母牛产后 201 d 至干乳)

①生理特点　母牛处于妊娠后期，胎儿生长发育快，胎盘激素、黄体激素作用强，抑制脑垂体分泌催乳素，产奶量急剧下降。

②营养需要　如表 5-36 所示。

③日粮饲喂　精料给料标准：6～7 kg；其他粗料给料标准为青饲、青贮头日给量不低于 20 kg；干草 4～5 kg；糟渣和多汁饲料不超过 12 kg。饲养标准按体重、产奶量、乳脂率每 1～2 周调整 1 次，膘情差的牛可在饲养标准基础上再提高 15%～20%。

3. 泌乳牛各阶段的日常管理

(1)上槽前 10 min 引导牛排粪，入舍定位后，刷拭牛体、饲喂、准备挤奶。

(2)挤奶前先用 50℃左右温水擦洗乳房，挤出每个乳头的第一把奶，观察乳质、乳头情况，然后开始挤奶。

(3)手工挤奶用拳握法，先挤后乳房再挤前乳房，一次挤净，挤后药浴乳头。

(4)固定挤奶顺序，高产牛早班先挤奶，夜班后挤奶。

(5)挤奶机使用前后都要清洗干净，按操作规程要求放置。

(6)每头牛的产奶量要准确记录。挤奶机设有计量显示器，每 10 d 测一次奶量。

(7)奶牛产犊后 40～50 d，出现产后第一次发情，此时要做好配种工作。产后 60 d 尚未发情的牛，应及时诊治。

(8)停奶时用药物封闭乳头，停奶后最初几天注意检查，发现异常及时报告兽医。

(9)干乳牛要和泌乳牛分开饲养，控制膘情防止过肥。

4. 泌乳牛的挤奶及操作程序

挤奶技术是发挥奶牛产奶性能的关键之一，同时，挤奶技术还与牛奶卫生以及乳腺炎的发病率直接相关。正确而熟练的挤奶技术，可显著提高泌乳量，并大幅度减少乳腺炎的发生。挤奶方式主要分为手工挤奶和机械挤奶。

(1)手工挤奶技术流程　手工挤奶是目前在我国小型奶牛场和广大牧区广泛采用的一种挤奶方式。手工挤奶虽然比较原始，但对患乳房炎及处于初乳期的牛则须用手工挤奶。挤奶员除掌握机器挤奶技术外，还必须熟练掌握手工挤奶技术。手工挤奶操作程序：准备工作→乳房的清洗与按摩→乳房健康检查→挤奶→乳头药浴→清洗器具。

①准备工作　挤奶前，要将所有的用具和设备洗净、消毒，并集中在一起备用。挤奶员要剪短并磨圆指甲，穿戴好工作服，用肥皂洗净双手。

②乳房的清洗与按摩　先用温水将后躯、腹部清洗干净，再用50℃的温水洗乳房。擦洗时，先用湿毛巾依次擦洗乳头孔、乳头和乳房，再用干毛巾自下而上擦净乳房的每一个部位。每头牛所用的毛巾和水桶都要做到专用，以防止交叉感染。立即进行乳房按摩。方法是用双手抱住左侧乳房，双手拇指放在乳房外侧，其余手指放在乳房中沟，自下而上和自上而下按摩2～3次，同样的方法按摩对侧乳房。然后，立即开始挤奶。

③乳房健康检查　先将每个乳区的头三把奶挤入带面网的专用滤奶杯中，观察是否有凝块等异常现象。同时，触摸乳房是否有红肿、疼痛等异常现象，以确定是否患有乳房炎。检查时，严禁将头三把奶挤到牛床或挤奶员手上，以防止交叉感染。

④挤奶　对于检查确定正常的奶牛，挤奶员坐在牛一侧后1/3～2/3处，两腿夹住奶桶，精力集中，开始挤奶。挤奶时，最常用的方法为拳握法，但对于乳头较小的牛，可采用滑下法。拳握法的要点是用全部指头握住乳头，首先用拇指和食指握紧乳头基部，防止乳汁倒流；然后，用中指、无名指、小指自上而下挤压乳头，使牛乳自乳头中挤出。图5-5为拳握法挤奶示意图。挤乳频率以80～120次/min为宜。当挤出奶量急剧减少时停止挤奶，换另一对乳区继续进行，直至所有的乳区挤完。滑挤法是用拇指和食指握住乳头基部自上而下滑动，此法容易拉长乳头，造成乳头损伤。

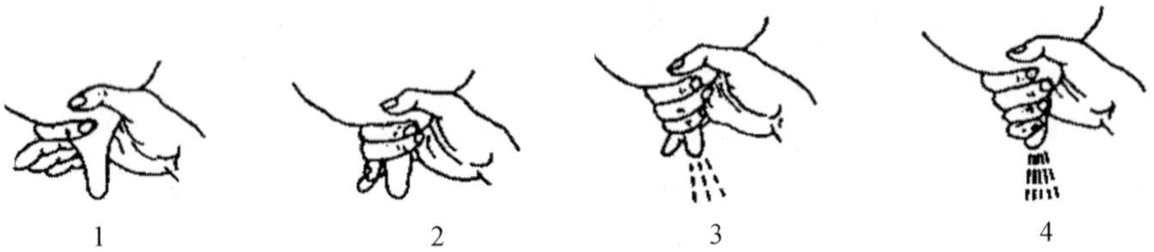

图 5-5　拳握法挤奶示意图

⑤乳头药浴　挤完奶后立即用浴液浸泡乳头，以降低乳房炎的发病率。因为挤完奶后，乳头需要15～20 min才能完全闭合，此时环境病原微生物极易侵入，导致奶牛感染。常用浴液有碘甘油(3%甘油加入0.3%～0.5%碘)、2%～3%的次氯酸钠或0.3%新洁尔灭等。

⑥清洗用具　挤完奶后，应及时将所有用具洗净、消毒，置于干燥清洁处保存，以备下次使用。

(2)机械挤奶技术流程　目前，大型奶牛场均已采用机械挤奶。机械挤奶是利用挤奶机械进行挤奶。挤奶机械是利用真空原理将乳从牛的乳房中吸出，一般由真空泵、真空罐、真空管道、真空调节器、挤奶器(包括乳杯、集乳器、脉动器、橡胶软管、计量器等)、储存罐等组成。

机械挤奶操作程序：准备工作→挤奶前检查→乳房擦洗和按摩→乳头药浴→套奶杯→

挤奶→卸奶杯→乳头药浴→清洗器具。

①做好挤奶前的卫生准备工作　包括牛只、牛床及挤奶员的卫生，其准备工作与手工挤奶相似。

②调整挤奶设备及检查奶牛乳房健康　高位管道式挤奶器的真空读数调整为 48～50 kPa，低位管道的管道式挤奶器的真空读数调整为 42 kPa。将脉动器频率调到 40～69 次/min。检查奶牛乳房外表是否有红、肿、热、痛症状或创伤，如果有乳房炎或创伤应进行手工挤奶。患乳房炎的奶牛另作处理。

③擦洗乳房　挤奶前，用消毒过的毛巾(最好专用)擦洗和按摩乳房，并用一次性干净纸巾擦干，淋洗面积不可太大，以免脏物随水流下增加乳头污染机会。这一过程要快，最好在 15～25 s 内完成。

④对各乳头进行药浴　检验头三把奶无异常时，应立即药浴(图 5-6)。常用药液有碘甘油(0.3%～0.5%碘加 3%甘油)、0.3%新洁尔灭或 2%～3%次氯酸钠。消毒时需要消毒枪柄垂直向上均匀喷洒，保证每一个乳区，乳头四周的底部能全部覆盖，等待 30 s 后用纸巾擦干。

⑤套奶杯　套奶杯时开动气阀，接通真空，一手握住集乳器和输奶管，另一只手用拇指和中指拿着乳杯，用食指接触乳头，依次把乳杯迅速套入 4 乳头上(图 5-7)，并注意不要有漏气现象，防止空气中灰尘、病原菌等吸入奶源中。这一过程应在 45 s 内完成。

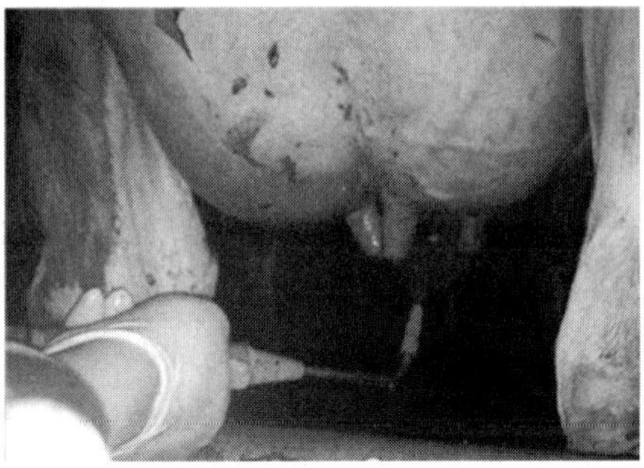

图 5-6　药浴

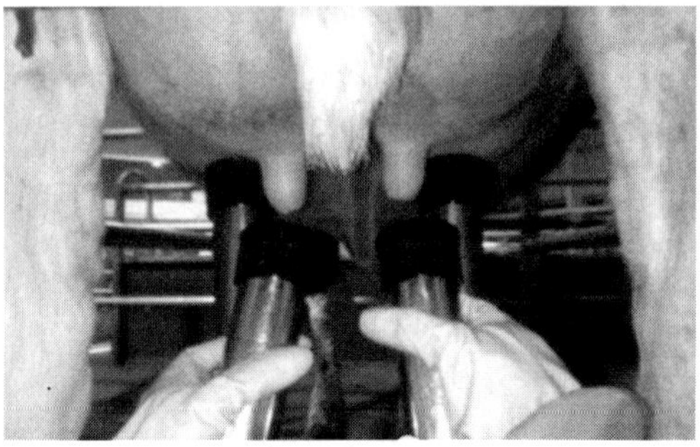

图 5-7　套奶杯

⑥挤奶　充分利用奶牛排乳的生理特性进行挤奶，大多数奶牛在 5～7 min 内完成排乳。挤奶器应保持适当位置，避免过度挤奶造成乳房疲惫，影响以后的排乳速度。通过挤奶器上的玻璃管观察乳流的情况，如无乳汁通过立即关闭真空导管上的开关，挤奶完毕。

挤奶时手臂会不断地碰触乳房，为避免交叉感染，每挤 20 头牛，手臂应消毒一次。

⑦卸杯　关闭真空导管上的开关 2～3 s 后，让空气进入乳头的挤奶杯内套之间，再卸下奶杯。避免在真空状态下卸奶杯，否则易使乳头损伤，并导致乳房炎。

⑧巡杯　转盘巡杯人员需要佩带药浴杯，发现正常脱杯的牛只及时进行乳头药浴。注意观察后肢上的识别带是否上错杯，巡视是否发生过度挤奶现象，并立即纠正。有的牛只会出现踢杯的情况，导致漏气的出现。巡杯人员要注意洗手消毒，避免乳房炎交叉感染。

⑨乳头药浴　挤奶结束后必须马上用药液浸乳头，因为在挤奶后 15～20 min 乳头括约肌才能完全闭合，阻止细菌的侵入。用药液浸乳头是降低乳腺炎的关键步骤之一。乳头浸液，现配现用。用药液浸乳头 30 s 后，再用一次性干净纸巾或消毒过的毛巾擦净。每天对药

液杯进行一次清洗消毒。

⑩清洗器具　每次挤完奶后清理厅内卫生，做到挤奶台及周围卫生清洁干净；管道、机具立即用温水漂洗，然后用热水和去污剂清洗，再进行消毒，最后凉水漂洗。至少每周清洗脉动器一次，挤奶器、输乳管道冬季每周拆洗一次，其他季节每周拆洗两次。凡接触牛奶的器具和部件先用温水预洗，然后用清水冲洗，用1%漂白粉液浸泡10～15 min后晾干再用。

(3)挤奶次数　泌乳期间，乳汁的分泌是不间断的，随着乳汁在腺泡和腺管内的不断聚积，内压上升将减慢泌乳速率。因此，适当增加挤奶次数可提高产奶量。据报道，奶牛的产奶量3次挤奶较2次挤奶提高16%～20%，而4次挤奶又比3次挤奶提高10%～12%。尽管如此，在生产上还得同时兼顾劳动强度、饲料消耗(奶牛干物质采食量3次挤奶较2次挤奶的多5%～6%)及牛群健康。通常在劳动力低廉的国家多实行日挤奶3次，而在劳动费用较高的欧美国家，则实行挤奶2次。采用3次挤奶，挤奶间隔以8 h为宜；而2次挤奶，挤奶间隔则为12 h为宜。

(4)注意事项

①要建立完善合理的挤奶规程。在操作过程中严格遵守，并建立一套行之有效的检查、考核和奖惩制度。

②要保持奶牛、挤奶员和挤奶环境的清洁、卫生。挤奶环境还要保持安静，避免奶牛受惊。挤奶员要和奶牛建立亲和关系，严禁粗暴对待奶牛。

③挤奶次数和挤奶间隔确定后，应严格遵守，不要轻易改变，否则会影响泌乳量。

④产犊后5～7 d内的母牛和患乳房炎的母牛，不能采用机械挤奶，必须使用手工挤奶。使用机械挤奶时，安装挤奶杯的速度要快，不能超过45 s。

⑤挤奶时密切注意乳房情况，及时发现乳房和奶的异常。同时，既要避免过度挤奶，又要避免挤奶不足。

⑥挤奶后，尽量保持母牛站立1 h左右。这样可以防止乳头过早与地面接触，使乳头括约肌完全收缩，有利于降低乳房炎发病率。常用的方法是挤奶后供给新鲜饲料。

⑦迅速进行挤奶，中途不要停顿，争取在排乳反射结束前将奶挤完。

⑧挤奶时前三把奶中含细菌较多，要弃去不要。对于病牛，或正在使用药物治疗的奶牛所产牛奶不能作为商品奶出售，不能与正常奶混合。

⑨挤奶机械应注意保持良好工作状态，管道及盛奶器具应认真清洗消毒。

(5)鲜奶的初步处理

①鲜奶的过滤　在挤奶(尤其是手工挤奶)过程中，牛奶中难免落入尘埃、牛毛、粪屑等，因而会使牛奶加速变质。所以刚挤下的牛奶必须用多层(3～4层)纱布或过滤器进行过滤，以除去牛奶中的污物和减少细菌数目。纱布或过滤器每次用后应立即洗净、消毒，干燥后存放在清洁干燥处备用，也可以在输乳管道上间隔一定距离加装过滤筒对牛奶进行过滤。用过的过滤筒必须按时更换和消毒。

②鲜奶的冷却　刚挤出的牛奶，虽然经过过滤清除了一些杂质，但由于牛奶温度高(35℃)很适于细菌繁殖。据测定，细菌每10～20 min分裂繁殖一代，3 h后1个细菌可增殖到30万之多。所以过滤完的牛奶应立即冷却到4～5℃，冷却降温可有效抑制微生物的繁殖速度，延长牛奶保存时间。

常用的冷却方法主要有水池冷却法、冷排冷却法、热交换器冷却法、直冷式奶罐冷却法等。

③鲜奶的运输　奶牛场生产的鲜奶往往需要运至奶品厂进行加工。如果运输不当，会导致鲜奶变质，造成重大损失。因此鲜奶运输应注意以下几点：

a.防止鲜奶在运输中温度升高，尤其在夏季运输，最好选择在早晚或夜间进行。运输工具最好用专用的奶罐车，如用奶桶运输，应用隔热材料遮盖。

b.容器内必须装满盖严，以防止在运输过程中因震荡而升温或溅出。

c.尽量缩短运输时间，严禁中途停留。

d.运输容器要严格消毒，避免在运输过程中污染。

(三)奶牛干乳期的饲养管理

泌乳牛在下一次产犊前有一段停止泌乳的时间，称干乳期。干乳期是母牛饲养管理过程中的一个重要环节。干乳期长短、干乳方法、干乳期饲养管理水平，对胎儿的正常生长发育、母牛的健康以及下一个泌乳期的产奶性能均有重要的影响。

1.干乳时间

干乳期的长短，依每头母牛的具体情况而定。一般为45～75 d，平均60 d。若干奶过早，会减少母牛的产奶量，对生产不利；干奶太晚，则使胎儿发育受到影响，乳腺组织没有足够的时间进行再生和更新。初配或早配母牛、体弱及老年牛、高产牛以及牧场饲料条件差、营养不良的母牛，需要较长的干乳期，一般为60～75 d。对体质强壮、产奶量低、营养状况较好的母牛，其干乳期可缩短到45～60 d。

2.干乳方法

奶牛在接近干乳期时，乳腺的分泌活动还在进行，高产奶牛甚至每天还能产奶10～20 kg。但不论产奶量多少，到了预定停奶日，均应采取果断措施，进行停奶。干乳的方法有2种，即逐渐干乳法和快速干乳法。

(1)逐渐干乳法　逐渐干乳法是用1～2周的时间将泌乳活动停止。开始进行停奶的时间视奶牛当时的泌乳量多少和过去停奶的难易而定。泌乳量大的、难停奶的则早一些开始，反之则可迟些开始。具体方法：在预定停奶前1～2周开始停止乳房按摩，改变挤奶次数和挤奶时间，由每天3次挤奶改为2次，而后一天1次或隔日1次；改变日粮结构，停喂糟粕料、多汁饲料及块根饲料，减少精料，增加干草喂量，控制饮水量(夏季除外)。当奶量降至4～5 kg时，一次挤尽即可。这种干乳法适合于患隐性乳腺炎或过去难以停奶的高产奶牛。因其停奶操作时间较长，控制营养，不利牛体健康，在生产中较少采用。

(2)快速干乳法　快速干乳法又可分为一般快速干乳法和一次性药物干乳法两种。此法一般适用于低产或中产奶牛。

①一般快速干乳法　系指从干乳之日起，在4～6 d内将乳干完。开始干乳前一天，将日粮中全部多汁饲料和精料减去，只喂干草，控制饮水，每天饮2～3次，挤奶次数由3次改为2次，再次日又改为1次，最后改为隔日挤1次，当日产奶量降到8～10 kg以下时，即可停止。在挤奶操作上最关键的是要做到每次“挤净”。特别是在最后一次挤奶时，更要注意加强热敷按摩，认真挤净最后一把奶。当奶挤完后，最好用抗生素软膏注入每个乳头管内，常用的有金霉素眼膏，或干乳抗生素软膏。每个乳头管注入1支即可。然后用3%次氯酸钠或碘酒浸一浸乳头，再用火棉胶将乳头封闭，可以大大减少乳房炎的发生。

②一次性药物干乳法　是近年来在应用快速干乳法的基础上形成的一种干乳方法。即

在应停奶之日，除减少饲料和控制饮水等措施同快速干乳法外，所不同的是不管母牛产奶量多少，只采取一次挤净后，就不再挤奶。但必须由技术最好的挤奶员来操作，特别注意对乳房的热敷和按摩，务必“挤净”全部牛奶。挤完奶后即刻用70%～75%酒精消毒乳头，而后向每个乳区注入一支含有长效抗生素的干乳药膏，最后再用3%～4%次氯酸钠或其他消毒液浸浴乳头。这种停奶方法，充分利用了乳腺内压加大，抑制分泌的生理现象来完成停奶工作，且可最大限度地发挥母牛泌乳潜力，直到预定停奶之日为止。但对曾有乳房炎病史或正患乳房炎的母牛不宜采用。同时，对于产奶量较高的奶牛，建议在干乳前一天停止饲喂精料，以减少乳汁分泌，降低乳腺炎的发病率。

无论采取何种干乳方法，乳头经封口后即不再触动乳房，即使洗刷时也防止触摸它。在干乳后的7～10 d内，每日2次观察乳房的变化情况(是否有红肿、热、痛)。在正常情况下，停奶过3～5 d后，乳房内的积奶即开始逐渐被吸收，高产牛约10 d乳房收缩松软。若停奶后乳房出现过分充胀、红肿、发硬或滴奶等现象，应重新挤净处理后，再行干乳。一般在干乳前10～15 d，均应进行隐性乳房炎检查，因为此期是治疗隐性乳房炎的最佳时期。

3.科学饲养

母牛干乳期的饲养可分为干乳前期和干乳后期两个阶段进行。此期饲养任务是：保证胎儿正常发育，给母牛积蓄必要营养物质，在干乳期间，使母牛体重增加50～80 kg，为下一个泌乳期产更多奶创造条件。在此期间应保持中等营养状况，被毛光泽、体态丰满、不过肥或过瘦。

(1)日粮饲喂　精料喂量标准：每头日喂3～4 kg。其他粗料饲喂标准：青饲、青贮头日量10～15 kg左右；优质干草3～5 kg；糟渣类、多汁类头日量不超过5 kg。

(2)前期饲养(干乳期的前45 d)　此期饲养原则是在满足母牛营养需要的前提下，尽快干乳，乳房恢复松软正常。保持中等营养状况，被毛光亮，不肥不瘦。

干乳后5～7 d，乳房还没变软，每日给予的饲料，可仍和干乳过程的饲料一样。干乳1周以后，乳房内乳汁被吸收，乳房变软，且已干瘪时，就要逐渐增喂精料和多汁饲料。再经5～7 d要达到干乳母牛的饲养标准，既要照顾到营养价值的全面性，又不能使牛过肥，达到中上等体况即可。

(3)后期饲养(预产期前15 d)　干乳后期也称围产前期，此期饲养目标是让母牛的瘤胃提前适应产后高精料饲喂模式。同时，要求母牛特别是膘情差的母牛有适当的增重，至临产前体况丰满度在中上等水平，健壮而不肥。据报道：干乳期间母牛每增重1 kg，泌乳期内可增加25 kg牛奶。干乳后要逐渐加料，每天增加0.45 kg精料，直至每100 kg体重1～1.5 kg时止。

产前4～7 d，如乳房过度肿大，要减少或停喂精料和多汁饲料。如果乳房正常，则可正常饲喂多汁饲料。产前2～3 d，日粮应加入小麦麸等轻泻饲料，防止便秘。一般可按下列比例配合精料：麸皮70%、玉米20%、大麦10%、骨粉2.0%、食盐1.5%。对有“乳热症”病史的母牛，在其干乳期间必须避免钙摄取过量，一般将钙降到日粮干物质的0.2%，或用阴离子盐产品+高钙(150 g/d)满足需要。同时还应适当减少食盐的喂量。产犊后应迅速提高钙量，以满足产奶时的需要。

(4)营养需要　如表5-37所示。

表 5-37 干乳期营养需要

阶段划分	干物质占体重/%	奶能单位(NND)/个	干物质(DM)/kg	粗纤维(CF)/%	粗蛋白(CP)%	钙(Ca)/%	磷(P)/%
干乳前期	2.0～2.5	19～24	14～16	16～19	8～10	0.6	0.6
干乳后期(围产前期)	2.0～2.5	21～26	14～16	15～18	9～11	0.3	0.3

4.管理要求

(1)卫生管理　干奶牛新陈代谢旺盛,每日必须加强对牛体的刷拭,以清除皮肤污垢,促进血液循环,要求每天至少刷拭 2 次。同时,必须保持牛床清洁干燥,勤更换褥草,尤其注意保持后躯和乳房的清洁卫生。

(2)加强运动　干奶牛应给予适当的运动,但不可驱赶,以逍遥运动为宜,每天运动 2～3 h。此期运动不仅可促进血液循环,利于健康,而且更有助于分娩,减少难产、胎衣滞留和防止产后瘫痪。妊娠后期母牛放出运动时,中间走道要铺垫草,以防道路打滑,出入门时要防止相互挤撞。此外,运动场要注意清除铁器、异物、保持清洁。产前停止活动。

(3)分群饲养　妊娠后期母牛之间的生理状态、生活习性比较相似,最好设单舍、单群饲养。

(4)保胎护理　保持饲料新鲜和质量,不喂冰冻的块根饲料、腐败霉烂饲料和有毒及霉变饲料,冬季不可饮冷水。干奶期不宜进行采血、接种及修蹄等工作。

(5)按摩乳房　一般干乳 10 d 后开始按摩,每天 1 次,但产前出现乳房水肿的牛就要停止按摩。

(6)产房消毒　产房要昼夜设专人值班,根据预产期,做好产房、产间清洗消毒及产前准备工作。分娩牛提前 15 d 进入产房,临产前 1～6 h 进入产间。

(四)奶牛全混合日粮饲喂技术

TMR 技术是国外 20 世纪 60 年代研制成功的一种饲料配合技术。所谓全混合日粮(total mixed ration,简称 TMR)是指根据奶牛的营养配方,将切短的粗饲料与精饲料以及矿物质、维生素等各种添加剂,在饲料搅拌喂料车内充分混合而形成的一种营养平衡的日粮,也称为全价日粮(CR)。

1.全混合日粮的利弊

(1)全混合日粮的优点　TMR 与传统饲喂方法相比,具有以下优点:一是可以大幅度提高劳动效率;二是可以增加奶牛对饲料干物质的采食量,缓解奶牛在泌乳高产时能量需要与进食之间的营养负平衡问题;三是精粗饲料混合均匀,改善饲料适口性,避免奶牛挑食和营养失衡现象的发生;四是增强瘤胃机能,维持瘤胃 pH 的稳定,降低奶牛发病率;五是因牛而异,饲养管理工作更具针对性,便于控制日粮营养水平;六是采用全混合日粮可更高效使用尿素、氨等非蛋白质含氮物。

(2)全混合日粮的缺点　采用全混合日粮,首先,奶牛必须进行分群饲喂,由于频繁分群增加了奶牛流动,给有关记录和测定带来不便。同时,在转群的过程中会对奶牛造成一定程度的应激;其次,必须具备能够进行彻底混合饲料的搅拌设备和用于称量及分发日粮的专业设备;第三,需要经常检测日粮营养成分,计算日粮配方;第四,长干草需进行切短混合;第五，应用 TMR 具有投资大、设备维护成本高、对道路和牛舍要求高、对配制技术要求高等缺点。因此，全混合日粮对于成母牛在 100～150 头以下的小型奶牛场不实用。

2. 全混合日粮饲养技术

(1)合理分群饲养　全混合日粮饲养方式的奶牛场，要定期对个体牛的体况、产奶量以及牛奶质量进行检测，并将营养需要相似的奶牛分为一群。对于大多数奶牛场，可将成母牛分为三群，即高产牛群、中低产牛群和干乳牛群。

(2)及时检测饲料　测定原料的营养成分是科学配制全混合日粮的基础。即使同一原料，因产地、收割期及调制方法不同，其干物质含量和营养成分也有较大差异，生产中应根据实测结果配制相应的全混合日粮。另外，还必须经常检测全混合日粮的水分含量和奶牛实际的干物质采食量，以保证奶牛能食入足量的营养物质。一般全混合日粮水分含量以 45%±5%为宜。

(3)合理配制日粮　在配合日粮时，除考虑奶牛产奶量和体况需要外，还应保证绝大多数牛在泌乳中期和后期摄取额外的营养物质，以补偿泌乳早期体重的损失，使初产牛或二胎牛在泌乳期有所增重。配制全混合日粮是以营养浓度为基础，这就要求各原料组分必须计量准确、充分混合。使用全混合日粮，需要配备性能先进的饲料搅拌喂料车，它集饲料的混合和分发为一体，全混合日粮的饲喂过程由电脑进行控制。同时，为了保证日粮混合质量，还应制定科学的投料顺序和混合时间。投料顺序一般为：干草→精料(包括添加剂)→青贮料。混合时间：转轴式全混合日粮混合机通常在投料完毕后再搅拌 5～6 min，如果日粮中没有 15 cm 以上的粗料则搅拌 2～3 min 即可。

(4)控制分料速度　采用混合喂料车投料，要控制车速(20 km/h)和放料速度，以保证全混合日粮投料均匀。同时，每天投料 2 次以上，每次投料时饲槽要有 3%～5%的剩料，以防牛只采食不足，影响产奶量。

(5)检查饲养效果　注意观察奶牛的采食量、产奶量、体况和繁殖状况，根据出现的问题及时调整日粮配方和饲喂工艺，并淘汰难孕牛和低产牛，以提高饲养效果。

(6)饲喂注意事项

①TMR 的质量直接取决于所使用的各饲料组分的质量。对于产奶量超过 10 000 kg 的高产牛群，应使用单独的全混合日粮系统。这样可以简化喂料操作，节省劳力，增加奶牛的泌乳潜力。

②奶牛对 TMR 的干物质采食量。刚开始投喂 TMR 时，不要过高估计奶牛的干物质采食量。过高估计采食量，会使设计的日粮中营养物质浓度低于需要值。可以通过在计算时将采食量比估计值降低 5%，并保持剩料量在 5%左右来平衡 TMR。

③为了防止消化不适，TMR 的营养物质含量变化不应超过 15%。与泌乳中后期奶牛相比，泌乳早期奶牛使用 TMR 更容易恢复食欲，泌乳量恢复也更快。

④分群合理。一个 TMR 组内的奶牛泌乳量差异不应超过 9～11 kg(4%乳脂)。产奶潜力高的奶牛应保留在高营养的 TMR 组，而潜力低的奶牛应转移至较低营养的 TMR 组。如果根据 TMR 的变动进行重新分群，应一次移走尽可能多的奶牛。白天移群时，应适当增加当天的饲料喂量；夜间转群，应在奶牛活动最低时进行，以减轻刺激。

⑤饲喂 TMR 应考虑奶牛的体况情况、年龄及饲养状态。当 TMR 组超过一组时，不能只根据产奶量来分群，还应考虑奶牛的体况、年龄及饲养状态等情况。高产奶牛及初产奶牛

应延长使用高营养 TMR 的时间,以利于初产牛身体发育和高产牛对身体储备损耗的补充。

⑥TMR 每天饲喂 3～4 次,有利于增加奶牛干物质采食量。TMR 的适宜供给量应略大于奶牛最大采食量。一般应将剩料量控制在 5%～10%,过多过少都不好。没有剩料可能意味着有些牛采食不足,过多则会造成饲料浪费。当剩料过多时,应检查饲料配合是否合理,以及奶牛采食是否正常。

(五)乳牛舍饲养管理岗位操作程序

1.工作目标

(1)按计划完成全年产奶、奶牛存栏、成母牛年单产等任务指标。

(2)保证奶牛隐性乳房炎检出率≤18%。

(3)保证母牛情期受胎率≥55%,总受胎率≥92%,月空怀率<25%。

(4)保证母牛胎间距≤400 d,流产率<5%,繁殖障碍淘汰率<10%。

2.工作日程

7:00～8:00	拴系牛只、喂草料、核对牛号。
8:00～9:00	观察牛群、发情鉴定、配种、填写报表。
9:00～10:00	刷拭牛体、牛舍饲料道、过道的清扫、清洁卫生。
14:30～15:30	拴系牛只、喂草料、核对牛号。
15:30～16:30	刷拭牛体、观察牛群、治疗。
16:30～17:30	清理卫生、配种及其他工作。
21:00～22:00	拴系牛只、喂草料。
22:00～23:00	配合畜牧、饲料、兽医等部门,做好牛只疾病观察和信息传递。

3.岗位技术规范

(1)首先用粗饲料满足其需要,不足部分由精料供给。青贮饲料和干草是日粮的基础。一般每天 100 kg 体重给予 3～4 kg 青贮料,不低于 0.5 kg 的干草;精料按 100 kg 体重,控制在 1 kg 左右,最大量为 1.5 kg。

(2)实行 3 次上槽、3 次挤奶,工作日程和挤奶次数不得随意更改。

(3)饲喂次序按粗—精—粗顺序进行,运动场设粗饲料和矿物质补饲槽,自由采食。

(4)手工挤奶采用拳握式,要求坐姿自然,两腿夹桶,尾梢固定。挤奶速度按慢—快—慢程序进行,先挤后乳头,再挤前乳头,挤奶时中间不得中断,注意力要集中。

(5)机械挤奶前,先检查挤奶机和乳房情况,挤奶时注意挤奶频率,70～80 次/min,第一、二把奶挤到固定的容器里。

(6)注意牛奶品质,异常牛奶、乳房炎乳、初乳和清洗设备的奶水,不得混入挤奶桶。挤奶时不得沾奶、涂油。挤奶前要洗手,注意修剪指甲。

(7)挤奶前要擦洗牛只乳房,水温 45～50℃,每洗 1～2 头牛更换一次温水。挤奶的全过程需按摩乳房 2～3 次。

(8)每班挤奶,应按固定顺序进行,换人挤奶时,在挤奶前要介绍个体情况,做好每天各班产奶量记录。

(9)保持正常肢蹄,每年春、秋做好修蹄护蹄工作,个别异常肢蹄应及时处理。

(10)保持牛体、后躯、尾、乳房清洁。冬季干刷,夏季可湿刷,不得用水管直冲。

(11)干乳期 60 d,个别高产牛可延至 70～75 d。干乳方法,采取快速停奶法,1 周内把奶停住。中低产牛到干乳时，采用快速干乳法。

(12)干乳应根据配种受孕日期，按时停奶。干乳期饲养以优质粗饲料为主，干奶后立即恢复正常饲养定额。

(13)产前 10～15 d 经全身刷洗、消毒，送产房饲养管理。

(14)在产房期间采取科学的饲养管理，产前维持干乳期饲养水平，产后根据个体食欲、体质、产奶量增加饲料，提高饲料营养。

(15)母牛分娩应在产床或固定的产栏内进行，有分娩征候，做好产床消毒，备好消毒药和常用器械。尽量采取自然分娩，不宜过早地撕破羊膜，发现异常及时请兽医诊治。分娩环境保持肃静，非工作人员禁止围观。

(16)母牛产前、后的牛体、后躯、外阴部、尾部，用干刷和消毒水(1%来苏儿或 0.1%高锰酸钾)洗刷干净。

(17)母牛产后，产床要铺垫褥草使产牛安静休息。犊牛擦干全身，除掉口、鼻腔黏液，去掉软蹄，对脐带做好消毒，不要结扎，称好犊牛初生重后，放在固定牛栏或运动圈内。

(18)母牛产后，应立即饮用温麸皮盐水 1～2 桶，夏季饮 1～2 d，冬季连续饮 3～4 d，同时要注意母牛的食欲。

(19)产后第一次挤的奶要立即喂给犊牛，并认真检查乳房，发现异常立即请兽医诊治。

任务 26　育肥牛的饲养管理

肉牛育肥是指通过增加牛日粮中精饲料比例，使肉牛尽早达到屠宰要求标准的育肥过程。肉牛育肥，按饲养方式可分为放牧育肥和舍饲育肥；按育肥形式可分为持续育肥(直线育肥)和后期集中育肥；按牛的年龄划分又可分为犊牛育肥、架子牛育肥和成年牛育肥。

一、育肥牛的生长发育规律

(一)体重的增长规律

1.体重的一般增长

肉牛的体重增长比其他非肉用品种快。肉用品种中，大型品种较中小型品种增重快。公牛增重比阉牛快，阉牛较母牛快。营养水平高则增重快。肉牛一生中体重增长不均衡，在充分饲养的条件下，出生后到断奶生长速度较快，断奶至性成熟最快，性成熟后逐渐变慢，到成年基本停止生长。从年龄看，12 月龄前生长速度快，以后逐渐变慢，如图 5-8 所示。

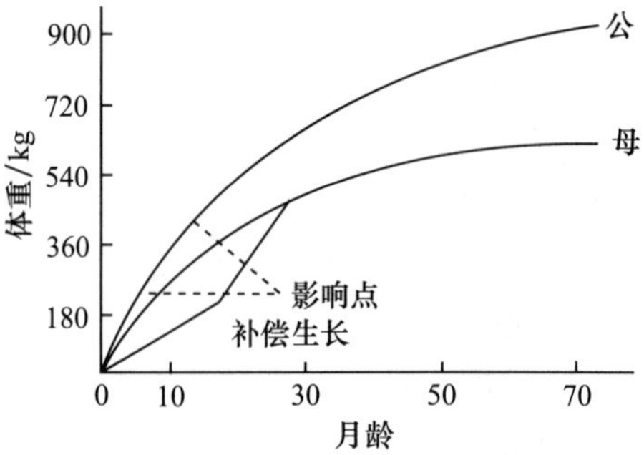

图 5-8　肉牛的生长曲线

生长发育最快的时期，也是把饲料营养转化为体重的效率最高的时期。掌握这个特点，在生长较快的阶段给予充分的营养，便可在增重和饲料转化率上获得最佳的经济效益。

2. 补偿生长

在生产实践中，常见到牛在生长发育的某个阶段，由于营养、环境的变化或因疾病致使生长速度下降或停滞，但当消除这些因素后，饲养管理条件满足牛只生长发育的需要，其日增重会迅速提高，体重会很快赶上正常饲养的牛，这种现象叫补偿生长。

根据这一特性，生产中常选择架子牛进行育肥，往往获得更高的生长速度和经济效益。但生长受阻若发生在初生至 3 月龄或胚胎期，以后很难补偿，受阻时间越长，越难补偿。一般以 3 个月内，最长不超过 6 个月补偿效果较好；补偿能力与进食量有关，进食量越大，补偿能力越强；补偿生长虽能在饲养结束时达到所要求的体重，但总的饲料转化率低，体组织成分要受到影响，比正常生长骨比例高，脂肪比例低。

(二)体组织的生长规律

牛体组织的生长直接影响到体重、外形和肉的质量。肌肉，脂肪和骨为三大主要组织，其生长模式如图 5-9 所示。

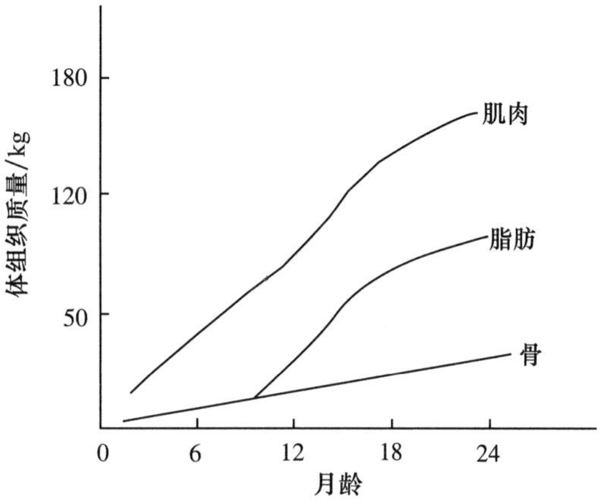

图 5-9　牛体组织生长规律

肌肉生长速度从初生到 8 月龄强度最大；8～12 月龄减慢，18 月龄后更慢。肉的纹理随年龄增长变粗。脂肪生长速度 12 月龄前较慢，以后变快。生长顺序是先贮积在内脏器官附近，即网油和板油，使器官固定于适当的位置，然后是皮下，最后沉积到肌纤维之间形成"大理石"花纹状肌肉，使肉质变得细嫩多汁，说明"大理石"状肌肉必须饲养到一定肥度时才会形成。老年牛经育肥，使脂肪沉积到肌纤维间，亦可使肉质变好。骨骼在胚胎期生长快，出生后变慢且较平稳，并最早停止生长。

二、犊牛肥育

(一)小白牛肉生产技术

小白牛肉是指将不做繁育用的公犊牛经过全乳、脱脂乳或代乳品育肥所生产的牛肉。犊牛从出生到出栏，经过 90～100 d，完全用脱脂乳或代用乳饲养，不喂任何其他饲料，让牛始终保持单胃(真胃)消化和严重缺铁状态(食物中铁含量少)，体重达 100 kg 左右屠宰。若要犊牛增重快，应加喂植物油，但植物油必须经过氢化，如氢化棕榈油。牛肉呈白色，柔嫩多汁，味道极为鲜美，是一种昂贵的高档牛肉。其价格是一般牛肉的 8～10 倍。因小白牛肉生产成本过高，目前我国生产还很少。其生产的具体方法是：

(1)犊牛选择　犊牛要选择优良的肉用品种、乳用品种、兼用品种或高代杂交牛所生的公犊牛。选健康无病、消化吸收机能强、生长发育快，初生体重为 38～45 kg 的公犊牛。

(2)饲养方案　犊牛出生后 1 周内，一定要吃足初乳。出生 3 d 后应与母牛分开，实行人工哺乳，每日哺喂 3 次。生产小白牛肉每增重 1 kg 牛肉，约消耗 10 kg 鲜牛奶，很不经济。近年采用代乳料(严格控制其中含铁量)或人工乳来喂养，平均每生产 1 kg 小白牛肉需要 1.3 kg 的代乳料或人工乳干物质，以降低生产成本，育肥期平均日增重 0.8～1.0 kg。犊牛出生时，瘤胃发育较差，如生后完全用全乳或代用乳饲喂，可以抑制胃的活动和发育，使犊牛不反刍和不发生"空腹感"，从而使犊牛快速生长发育。生产小白牛肉饲养方案，如表 5-38 所示。

表 5-38　小白牛肉生产方案　kg

日龄	日喂乳量	需乳总量	日增重
1～30	6.4	192.0	0.80
31～45	8.8	133.0	1.07
46～100	9.5	513.0	0.84

(3)管理技术　牛栏多采用漏粪地板，不要接触泥土。圈养，每栏 10 头，每头占地 2.5～3.0 m^2。舍内要求光照充足，干燥，通风良好，温度在 15～20℃。

(二)小牛肉生产技术

小牛肉是指犊牛出生后饲养至 7～8 月龄或 12 月龄以前，以乳为主，辅以少量精料培育，体重达到 250～400 kg 屠宰后获得的牛肉。小牛肉分大胴体和小胴体。犊牛育肥至 6～8 月龄，体重达到 250～300 kg，屠宰率 58%～62%，胴体重 130～150 kg 称为小胴体。如果育肥至 8～12 月龄屠宰活重达到 350 kg 以上，胴体重 200 kg 以上，则称为大胴体。其肉质呈淡粉红色，柔嫩多汁，味道鲜美，胴体表面均匀覆盖一层白色脂肪。小牛肉是理想的高档牛肉，发展前景十分广阔。生产的具体方法是：

(1)犊牛选择　优良的肉用品种、兼用品种、乳用品种或杂交种均可。选头方大，前管围粗壮，蹄大，健康无病，未去势，初生体重不少于 38 kg 的公犊牛。

(2)育肥技术　小牛肉生产实际是育肥与犊牛的生长同期。初生犊牛要尽早喂给初乳，犊牛出生后 3 d 内可以采用随母哺乳，也可以采用人工哺乳，但出生 3 d 后必须改由人工哺乳，1 月龄内按体重的 8%～9% 哺喂牛奶。5～7 日龄开始练习采食精料，以后逐渐增加到 0.5～0.6 kg，青干草或青草任其自由采食。以后的喂乳量可基本呈先增后降的状态，精料和青干草则继续增加，直至育肥到 6 月龄为止。可以在此阶段出售，也可继续育肥至 7～8 月龄或 1 周岁出栏。出栏时期的选择，根据消费者对小牛肉口味喜好的要求而定。饲养方案如表 5-39 所示。

表 5-39　小牛肉生产方案　kg

周龄	始重	日增重	日喂乳量	配合饲料喂量	青干草喂量
0～4	50	0.95	8.5	训练采食	训练采食
5～7	76	1.20	10.5	自由采食	自由采食
8～10	102	1.30	13.0	0.5～0.6	自由采食
11～13	129	1.30	14.0	1.0	自由采食
14～16	156	1.30	10.0	1.5	自由采食
17～21	183	1.35	8.0	2.0	自由采食
22～27	232	1.35	6.0	2.5	自由采食

(3)管理技术　犊牛在4周龄前要严格控制喂乳速度、乳温(37～38℃)及乳的卫生等，以防消化不良或腹泻。5周龄以后可拴系饲养，减少运动，每日晒太阳3～4 h。夏季要防暑降温，冬季室内饲养(最佳温度18～20℃)。每天应刷拭一次，保持牛体卫生。犊牛在育肥期内每天饲喂2～3次，自由饮水，夏季饮凉水，冬季饮20℃左右温水。保持牛体清洁，日刷拭牛体2次，以增加血液循环，促进食欲。

三、肉牛持续育肥技术

肉牛持续育肥又称直线育肥，是指犊牛断奶后即进行持续育肥，期间保持均衡营养供给，进入生长和育肥同步进行的饲养阶段，一直到出栏体重(12～18月龄，体重400～500 kg)。使用这种方法，日粮中的精料可占总营养物质的50%以上。既可采用放牧加补饲的育肥方式，也可采用舍饲育肥方式。持续育肥生产周期短，饲料利用率高，肉质仅次于小牛肉，是一种很有推广价值的育肥方法。

(一)放牧加补饲持续育肥法

以青粗饲料为主，18月龄出栏的育肥模式。在牧草条件较好的地区，犊牛断奶后，以放牧为主，根据草场情况，适当补充精料或干草，使其在18月龄体重达500 kg。随母牛哺乳阶段，犊牛平均日增重达到0.9～1.0 kg。冬季日增重保持0.4～0.6 kg，第二个夏季日增重在0.9 kg，在枯草季节，对杂交牛每天每头补喂精料1～2 kg。

在放牧条件下，一般春季饲草水分含量、蛋白质含量和维生素含量都比较高，利于犊牛发育生长，但能量、粗纤维和钙、磷、矿物质不足，应给予一些补充料，一般补喂一定量的干草和矿物质添加剂和矿物舔砖等。由于采食青草的牛对干草的食欲下降，因此，应在放牧前补饲干草，并且应适当控制放牧时间，否则干草采食量不足，容易发生消化不良和瘤胃膨胀。冬季大雪封地后可转入舍饲育肥。根据我国草场的实际情况，以春季产犊，经过一个冬季于第二年秋季体重达到500 kg左右出栏较好，饲养全程18个月。

(二)放牧—舍饲—放牧持续育肥法

此种育肥方法适应于9—11月份出生的秋犊。哺乳期日增重0.6 kg，断奶时体重达到70 kg。断奶后以喂粗饲料为主，进行冬季舍饲，自由采食青贮料或干草，日喂精料不超过2 kg，平均日增重0.9 kg。到6月龄体重达到180 kg。然后在优良牧草地放牧，要求平均日增重保持0.8 kg，到12月龄达到320 kg左右转入舍饲，自由采食青贮料。日喂精料2～5 kg，平均日增重0.9 kg，到18月龄，体重达490 kg。

(三)舍饲持续育肥法

采取舍饲持续育肥法首先制订生产计划，然后按阶段进行饲养。犊牛断奶后即进行持续育肥，犊牛的饲养取决于培育的强度和屠宰时的月龄，强度培育到12～15月龄屠宰时，需要提供较高的饲养水平，以使育肥牛的平均日增重达到1 kg以上。制订育肥生产计划，要考虑到市场需求、饲养成本、牛场的条件、品种、培育强度及屠宰上市的月龄等。进行阶段饲养就是按肉牛的生理特点、生长发育规律及营养需要特征将整个肥育期分成哺乳犊牛饲养期、非哺乳犊牛肥育期和育成牛肥育期3个阶段，并分别采取相应的饲养管理措施。

1.哺乳犊牛饲养期

哺乳肉用犊牛的饲养管理可参照乳用犊牛的饲养管理执行。在犊牛转入育肥舍前，对育肥舍地面、墙壁用2%火碱溶液喷洒，器具用1%的新洁尔灭溶液或0.1%的高锰酸钾溶液消毒。

2.非哺乳犊牛肥育期

犊牛断奶后转入育肥舍饲养。育肥舍要确保冬暖夏凉。当气温在30℃以上时，应采取防暑降温措施。夏季搭建遮阳棚，冬季扣上双层塑膜，要注意通风换气，及时排除氨气、一氧化碳等有害气体。按牛体由大到小的顺序拴系、定槽、定位，缰绳以40～60 cm为宜。这个时期在4～6月龄，育肥前期正是发育旺盛期，应提供足够干草或青贮粗饲料，同时补给混合精饲料2.0～2.5 kg，精料配方如表5-40所示。此外，在每千克饲料中加入22 mg土霉素或金霉素，冬春季在此基础上额外每千克饲料添加维生素A 1万～2万IU。

表5-40 非哺乳犊牛肥育期精料配方

原料	玉米	豆饼	大麦	玉米蛋白粉	膨化大豆	磷酸氢钙	食盐	小苏打	多维矿物质预混料
饲料比例/%	55	15	10	5	10	2	1	1	1

3.育成牛肥育期

7～18月龄，此期育肥牛采食量增加。利用青草、干草、青秸秆、青贮等粗饲料即能保持正常发育。育肥后期混合精料配方如表5-41所示。精料日喂量3～5 kg。

表5-41 育成牛肥育期精料配方

原料	玉米	豆饼类	糠麸类	磷酸氢钙	食盐	多维矿物质预混料
饲料比例/%	75	10～12	10～12	2	1	1

在农区，可以利用玉米秸秆做基础饲料，如青贮和氨化、盐化玉米秸秆饲料，每天每头牛不少于15 kg，体重在250～350 kg时，每头每天补给混合精料2.5～3.5 kg；体重在350～450 kg时，每头每天补混合精料4.0～4.5 kg；体重在450～550 kg时，每头每天补混合精料5.0～5.5 kg。为降低成本，普遍应用尿素混入玉米秸秆青贮中与精饲料一起喂饲，以节省植物蛋白质饲料。或用尿素搅拌在粗饲料或精饲料中饲喂，每天每头50～80 g，但喂时要由少到多，循序渐进，以防中毒。

达到育肥标准的肉牛一定要及时出栏。适时出栏是降低饲养成本，提高经济效益的重要环节，当育肥牛16～18月龄，体重达500 kg，且全身肌肉丰满，皮下脂肪附着良好时，即可出栏。

四、架子牛育肥技术

架子牛通常是指未经育肥的或不够屠宰体况的牛。架子牛育肥是要求在较高的营养水平条件下，肉牛开始体重在300～350 kg，经3～5个月的育肥，使架子牛迅速增重，体重达500 kg以上的出栏体重的育肥方式。架子牛育肥是目前我国肉牛育肥的主要方式。

(一)架子牛选购

架子牛的选购要根据市场需要或特定屠宰场的要求。如无特殊需要，一般进行选购时主要考虑如下因素。

1.品种选择

地方黄牛与引入肉牛品种的杂交牛是架子牛育肥的第一选择，西门塔尔牛、夏洛来牛、利木赞牛已成为我国黄牛的三大改良父本。其次，可选择我国地方良种黄牛，如秦川牛、晋南牛、南阳牛、鲁西牛、复州牛等。这类牛增重快，瘦肉多，脂肪少，饲料转化率高。

2.体重和年龄

在选择架子牛时，首先应看体重。一般情况下1～1.5岁牛，体重应在300～350 kg以上，体高和胸围最好大于其所处月龄发育的平均值，健康状况良好。牛的增重速度、胴体质量、饲料报酬均与牛的年龄密切相关。所以，选择架子牛的最佳年龄是1～1.5岁。

在生产实践中，应把年龄的选择与饲养计划、生产目的及经济效益结合起来加以考虑。如计划饲养3～5个月出售，应选购1～2岁的架子牛；利用大量粗饲料育肥时，选购2岁牛较为有利；秋天购架子牛第二年出栏的，应选购1岁左右的牛较合适。

在我国广大农牧区比较粗放的饲养管理条件下，1.5～2岁的肉用杂种牛，体重多在250～300 kg。用这样的牛育肥，骨肉增长同步，日增重较慢，经济效益较低。3～5岁的架子牛体重多在350～400 kg，育肥主要是沉积蛋白和脂肪，经60～90 d快速育肥体重可达500 kg即可出栏，经济效益可观。7岁以上的老牛，由于消化机能减弱，饲料利用率较低，一般不宜用作育肥。

另外，育肥的基础体重选择，还要充分考虑育肥计划。如计划育肥周期为4个月，选择牛只平均预期日增重1.2 kg，则可算出预期增重为：4×30×1.2＝144(kg)，如要求出栏体重达到500 kg以上，则所购架子牛的体重至少达到：500－144＝356(kg)。

3.性别

选择性别顺序依次为公牛、阉牛、母牛。因为公牛的生长速度和饲料利用率要高于阉牛5%～10%，阉牛高于母牛10%左右。再者，公牛有较多的瘦肉和较大的眼肌面积，而阉牛和母牛脂肪较多。

4.体型外貌

育肥牛选择要以骨架选择为重点，而不过于强调其膘情的好坏。具体要求：嘴阔、唇厚，上、下唇对齐，坚强有力，采食能力强；体高身长，胸宽而深，尻部方正，背腰宽广，后裆宽，十字部略高于体高，载肉面积大；皮肤松弛柔软，毛柔软密实，牛生长潜力大；四肢粗壮，蹄大有力，性情温顺；身体健康，身体虽有一定缺陷，但不影响其采食，消化正常，也可用于育肥生产。相反，发育虽好，但性情暴躁、富有神经质的牛，饲料利用率低，不宜入选。

5.健康状况

育肥架子牛要求来自非疫区，无任何传染病和普通病症状，有检疫证明和免疫证明。架子牛的健康状况可从以下几个方面加以注意：

(1)精神状态　牛精神不振，两眼无神，眼角分泌物多，胆小易惊，鼻镜干燥，行动倦怠，这种牛很可能健康状况不佳。

(2)发育情况　若牛被毛粗乱，体躯短小，浅胸窄背、尖尾，表现出严重饥饿，营养不良，说明早期可能生过病或有慢性病，生长发育受阻，不宜选购。

(3)肢蹄　看牛站立和走路的姿势，检查蹄底。若出现肢蹄疼痛，肢端怕着地，抬腿困难，前肢、后肢表现明显的"X"形或"O"形，或蹄匣不完整，要谨慎选购，当拴系饲养，地面较硬时，该病可导致牛中途淘汰。

（4）其他疾病　观察牛的采食、排便、反刍等。初步确立是否患有消化道等疾病。

6.牛源地选择

为了保证架子牛采购工作的顺利进行，育肥场应安排专人负责市场调查和架子牛选购工作。购买架子牛要立足于本地区、本省，因饲料、气候等条件相近，牛购回后很快适应。如必须到外省购买时，则一定要避开疫区。在选择牛源地上，应注意以下几个方面的问题。

（1）根据饲养规模选择牛源地　如果是小规模饲养，可在本地择优选购，这样购得的架子牛适应快，不易生病，育肥效果好，采购成本较低。如果规模较大，就要考虑到外地购买与本地购买的价格差的问题。

（2）根据两地架子牛的价格差选择牛源地，把握架子牛产地收购的价格　选择购牛地点时要考察好牛只本身的价格和交易手续费、检疫费、运输费及运输损失等费用。在确定收购前，还要测算出育肥期的费用和出栏后的产值，一次确定收购价格标准。同时，还要考虑到市场的供求问题。

（3）仔细调查好牛源地区情况再购牛　要对牛源地区架子牛的品种、货源数量、价格、免疫及疫病情况进行详细了解。要对供牛地交易手续和交易费用进行了解。购架子牛最好采用称重的方式购买，但要注意观察牛有无灌水灌料。

（4）摸清架子牛产地　由于当今市场开放，全国牛源互相流动。在某一个地方上市的牛不一定是当地牛。不同产地的牛对气候环境地的适应性有差异。

（二）架子牛的运输

架子牛的运输根据路途远近，主要有赶运、汽车运输和火车运输 3 种。采取何种方式运输架子牛应视情况而定，一般距离短用赶运，距离稍长用汽运，远距离需用火车运输。但相同的距离，汽车运输比火车运输费用高，但牛到场后汽车运输比火车运输牛群恢复体重快。

牛在异地运输过程中，要证件齐全，如准运证、税收证、兽医卫生健康证（包括非疫区证明、检疫证）等。并要注意运输应激的预防。做到装运前合理饲喂，具有轻泻性的饲料要在装运前 3～4 h 停喂，不能过量饮水。装运过程中切忌粗暴行为。另外，可在运输前服用药物，以减少应激反应的发生。常用的方法是在运输前 2～3 d，每头牛每天口服或注射维生素 A 25 万～100 万 IU，装运前肌肉注射 2.5％的氯丙嗪，每 100 kg 活重的剂量为 1.7 mL，此方法在短途运输中效果更好。

（三）架子牛育肥前的准备

一般情况下，大型规模养牛场均采用分批分段引进，对于百头以内的小场而言，可采用整批引进。无论哪种规模牛场，购进的架子牛都要做好充分的准备工作和育肥前的饲养管理。调入架子牛之前，牛场要准备好充足的饲草、饲料、药物等，搞好饲养人员的分工。对牛舍进行 3 遍彻底的消毒，然后打开门窗通风，并对整个牛场进行消毒。牛场大门和牛舍入口的消毒池注满消毒液。兽医人员要到场待岗，准备齐全应急处理的药物、器械。

1.架子牛到场前的准备工作

（1）准备圈舍　圈舍在进牛前用 20％生石灰或来苏儿等药物消毒，门口设消毒池，消毒液内放置 2％烧碱水浸湿的草帘，以防病菌带入。每头育肥牛应占有 1 m 左右的采食槽位，饲养舍和运动场面积以每头牛 10 m^2 左右为宜。

（2）准备饲草饲料　要根据育肥规模的大小，备足草料。饲草可用青贮玉米秸秆作主要饲草，按每头每年 7 000 kg 准备，并准备一定数量的氨化秸秆、青干草等。有条件的最好种一些优质牧草，如紫花苜蓿、黑麦草、籽粒苋等。精料应准备玉米、饼类、麸皮、矿物质饲料、微量元素、维生素等。

(3)准备资金　根据养牛数量的多少，准备一定量的资金。用于疫病防治，购买饲料、饲槽和机械，每头牛按 2 500～3 500 元准备。

(4)准备水、电、用具　进牛前应做到水通、电通，并根据牛的数量准备铡草机、饲料加工粉碎机及饲喂用具。

2.新到架子牛育肥前的适应性饲养

肉牛引进后，需要在隔离舍内单独饲养，不能与场内其他肉牛混群饲养。一般需隔离观察 30 d，确定无传染病后方可混入健康群。

(1)饮水　待牛休息 2 h 后，充分饮淡盐水，可加入人工盐，尤其是夏天长途运输。第一次饮水量以 10～15 kg 为宜，可加入人工盐(每头 100 g)；第二次饮水在第一次饮水后的 3～4 h。饮水时，水中可加些麸皮，再喂给适量优质干草；3 d 后待牛精神慢慢恢复后，青干草可自由采食，精料逐渐增加。

(2)粗饲料饲喂　让新购的架子牛自由采食粗饲料。上槽后仍以粗饲料为主，可铡成 1 cm 长，精饲料的饲喂应严格控制，必须有近 15 d 的适应期饲养，适应期内以粗料为主。新到架子牛先饲喂优质青干草、秸秆、青贮饲料，第一次喂量应限制，4～5 kg/头；第 2～3 天以后可以逐渐增加喂量，每天 8～10 kg/头；第 5～6 d 以后可自由采食。注意观察牛采食、饮水、反刍等情况。

(3)精料饲喂　架子牛进场后 4～5 d 可饲喂混合精料，量由少而多，逐渐添加，10 d 后可按正常喂给量供给。

3.新到架子牛的管理

(1)适应性观察　新购入的架子牛要放到干燥安静的地方休息，实行隔离观察，要缓慢给水，饲喂干草和青草，要使新到牛尽快适应新的环境，并注意观察牛的行动、采食、反刍、粪尿及精神状态等是否有异常。

(2)驱虫与健胃　购回的架子牛 3～5 d 后要进行驱虫，常用的驱虫药物有左旋咪唑、敌百虫等。驱虫最好安排在下午或晚上进行，用驱虫药后，接着要喂些泻药，如芒硝等，及时将虫体排出体外。投药前最好空腹，只给饮水，以利于药物吸收。对个别瘦弱牛可同时灌服酵母片 50～100 片进行健胃(或驱虫结束后，每头牛灌服"大黄去火健胃散"300～400 g 或空腹灌服 1%小苏打水健胃)。可在精料饲喂过程中，同时添加驱虫、健胃类药物，待牛完全恢复正常后可进行疫苗接种，要根据当地疫病流行情况对某些特定疫病进行紧急预防接种。

(3)称重、分群、标记身份　所有到场的架子牛都必须称重，并按体重、品种、性别分群，同时打耳标、编号、标记身份。根据牛的年龄、生理阶段、体重大小、强弱等情况合理分群(厩)饲养。

(四)架子牛育肥技术

架子牛育肥的时间一般为 3～5 个月。架子牛多为异地购进，依生长情况，通常把育肥期分为 3 个阶段；适应过渡期、育肥前期、催肥期。不同育肥阶段应该采取不同的技术措施。

1.架子牛育肥期饲养

参考我国肉牛饲养标准，按照肉牛不同阶段的营养需要进行配方设计。严格按照无公害肉牛的有关要求使用饲料添加剂。

(1)过渡期饲养　即前面所述的“新到架子牛育肥前的适应性饲养”期，使其尽快完成过渡期。

(2)育肥前期饲养　也称架子牛增重期(第16～60天)，约40 d。这时架子牛的干物质采食量要逐步达到8 kg，日粮粗蛋白水平为12%，精粗比为55∶45，日增重1.2 kg左右。架子牛增重期，混合精料占日粮的60%～70%，其配方如表5-42所示。按70 kg体重喂给混合精料1 kg，粗饲料为干草、青贮玉米秸各半，折合干物质占日粮的30%～40%。

表5-42　架子牛育肥前期精料配方

原料	玉米	豆饼	棉籽饼	磷酸氢钙	食盐	添加剂
饲料比例/%	72	8	16	1.3	1.2	1.5

(3)育肥后期饲养　该时期约有60 d属于肉质改善期。日粮应以精料为主，精料的用量可占到整个日粮总量的70%～80%，并供应高能量、低蛋白饲料，按每100 kg体重饲喂精料1.5%～2%，粗精料比例为1∶(2～3)，适当增加每天饲喂次数。干物质采食量达到10 kg，并保证饮水供应充足，日增重1.3～1.5 kg。饲料配合要适合于脂肪的沉积，达到改善肉质的目的，混合精料配方见表5-43所示。按60 kg体重喂给混合精料1 kg，粗饲料和增重期一样，但应占日粮干物质20%～30%。

表5-43　架子牛育肥后期精料配方

原料	玉米	豆饼	油脂	磷酸氢钙	食盐	添加剂	小苏打
饲料比例/%	83	12	1	1.2	0.8	1	1

2.架子牛育肥期管理

日常管理可采用“五定”管理方式，即定人员、定喂量、定时间、定食槽、定刷拭，确保牛舍环境的稳定和避免人为应激。具体措施如下：

(1)合理分群　按牛的品种、体重和膘情分群饲养，便于管理。

(2)饲喂顺序　饲喂要本着先粗后精、喂后饮水的原则，也可将精粗饲料混合均匀后一起饲喂，日喂2～3次，粗料要少喂勤添。精料限量，粗料自由采食，每次饲喂时间2 h。

(3)饮水管理　饲喂后0.5 h饮水一次，饮水一定要清洁充足。单独设置水槽的牛舍要保证水槽内长期有水，并要求每日更换一次；喂料、饮水混合使用食槽时，冬季要保证牛饮水2～3次，夏季喂料后要保证食槽长期有水。

(4)牛体刷拭　每天对牛进行刷拭，以促进牛体血液循环，并保持牛体干净无污染。

(5)卫生控制　搞好环境卫生，避免蚊虫对牛的干扰和传染病的发生。牛舍、牛槽及牛床保持清洁卫生，牛舍每月用2%～3%的火碱水彻底喷洒一次，对育肥牛出栏后的空圈要彻底消毒，牛场大门口要设立消毒池，可用石灰或火碱水作消毒剂。

(6)温度控制　气温低于0℃时，应采取保温措施；高于27℃时，采取防暑措施，夏季温度高时，饲喂时间应避开高温时段。冬季要防寒，避免北风直吹牛体，牛舍后窗要关闭，夏季要注意防暑，避免日光直射，晚上可在舍外过夜(雨天除外)。

(7)牛群观察　每天观察牛是否正常，发现异常及时处理，尤其要注意牛的消化系统疾病。

(8)定期称重　及时根据生长及采食料情况调查日粮，对不增重或增重太慢的牛及时淘汰。

(9)适时出栏　膘情达一定水平，增重速度减慢时应及早出栏。

(五)架子牛不同饲料资源育肥案例

架子牛育肥，根据饲料资源不同的育肥方法主要有：高能日粮强度育肥法、酒糟育肥法、青贮饲料育肥法、氨化秸秆育肥法等。

1.高能日粮强度育肥法

是一种精料用量很大而粗料比例较少的育肥方法。

方案一：选择 1～1.5 岁、体重 200 kg 左右的杂交牛，要求健康无病、体躯较长、后躯发育良好。育肥期 5～6 个月，日增重 1 kg 以上，出栏体重 400 kg 以上。

具体饲喂过程：进场后，第一个月为过渡期，主要是饲料的适应过程，逐渐加大精料比例。第二个月开始，即按规定配方强化饲料，其配方如表 5-44 所示。

表 5-44　高能日粮强度育肥精料配方(1)

原料	玉米	麸皮	豆饼	棉籽饼	食盐	添加剂
饲料比例/%	66.8	10	5	15	1.2	2

日喂量为每 100 kg 体重喂给 1.3 kg 混合精料。饲草以青贮玉米秸或氨化麦秸为主，任其自由采食，不限量。日喂 3 次，食后饮水。尽量限制运动，注意牛舍内及牛体卫生，环境安静。

方案二：1.5～2 岁、300 kg 左右的架子牛，其混合精料配方如表 5-45 所示。

表 5-45　高能日粮强度育肥精料配方(2)

原料	玉米面	麸皮	豆饼	食盐	添加剂
饲料比例/%	75～80	5～10	10～20	1.0	2

前期(恢复过渡期，15～20 d)：精料日给量 1.5～2.0 kg，精粗比为 40∶60。

中期(40～50 d)：精料日给量 3～4 kg，精粗比为(60～70)∶(40～30)。

后期(30～40 d)：精料日给量 4 kg 以上，精粗比为(70～80)∶(30～20)。

2.酒糟育肥法

用酒糟为主要饲料育肥肉牛，是我国育肥肉牛的一种传统方法。

育肥期一般为 3～4 个月。开始阶段，大量饲喂干草和粗饲料，只给少量酒糟，以训练其采食能力，促使胃容积增大。经过 15～20 d 逐渐增加酒糟，减少干草喂量。到育肥中期，酒糟量可以大幅度增加，最大日喂量可达 20 kg。日粮组成上，宜合理搭配少量精料和适口性强的其他饲料，以保证其旺盛的食欲。育肥期间所给予的干草要铡短，将酒糟拌入，令其采食。精料在七八成饱时再拌入，以促其饱食。每日喂给 2 次，饮水 3 次。定期喂盐，视食欲、消化情况而定，一般每 7～10 d 添加 1 次，平时食盐日给量以 40～50 g 为宜。以下是酒糟育肥的实例。

实例一：选择体重 300 kg 左右的架子牛，育肥期分 3 个阶段，如表 5-46 所示。

表 5-46　酒糟育肥牛日粮配方(1)　　kg

饲喂天数	酒糟	干草	玉米面	尿素	食盐
一阶段 30	10.0	2.5	1.0	0.05	50 g/d
二阶段 30	15.0	3.5	1.0	0.05	50 g/d
三阶段 45	20.0	2.0	1.5	0.022 5	50 g/d

育肥牛最好拴系饲喂，前 2 个月每日喂 2 次，饮水 3 次，除上槽饲喂外，白天拴于舍外，夜间拴于舍内，限制运动，同时为增加育肥牛的代谢，每天上、下午各刷拭牛体 1 次；2 个月以后，每日喂 3 次，饮水 4 次。一般早晨 4:30 上槽，喂 1.5 h，饮水下槽；19:00 饮水后上槽，20:00 下槽；晚上 22:30 上槽喂少量饲料，上、下午各刷拭牛体 1 次，并让其获得太阳照射，每日 2.5 h。

实例二：选择 350 kg 以上的杂交牛，育肥期 100 d，日增重 1 kg 以上。

酒糟喂量应由少至多，如表 5-47 所示，并逐渐过渡到育肥日粮。饲喂应先喂酒糟，再喂干草、青贮秸秆，最后喂精料，夏秋日喂 3 次，冬春日喂 2 次，饲喂后 1 h 饮水。

表 5-47　酒糟育肥牛日粮配方(2)　　kg

饲喂天数	酒糟	干草	青贮玉米秸	玉米面	豆饼	食盐
1～15	5～6	8～10	0	1.5	0.5	0.05
16～30	10.0	3.0	4	2.0	0.5	0.05
31～60	15.0	3.0	4	2.0	0.5	0.05
61～100	20.0	3.0	4	2.0	0.5	0.05

肉牛不同体重饲料配方见表 5-48。

表 5-48　肉牛不同体重饲料配方　　%

体重/kg	玉米	棉籽饼	玉米秸青贮	干玉米秸秆	酒糟类	食盐	头日采食量/kg	预期日增重/kg
＜300	15	13.5	35	5	31	0.5	7.2	0.9
300～400	25	13	37.5	3	21.1	0.4	8.5	1.1
400～500	39	9	22	4	25.6	0.4	9.8	1.0
＞500	32	8.6	19	6	34	0.4	10.4	1.1

3. 青贮饲料育肥法

选择 300 kg 以上的架子牛，预饲期 10 d，单槽舍饲，日喂 3 次，日给精料配方如表 5-49 所示。粗饲料全部为青贮玉米秸，任其自由采食，不限量，饮足水。

表 5-49　青贮饲料育肥精料配方

原料	玉米	麸皮	棉籽饼	碳酸氢钙	食盐	小苏打	预混料
饲料比例/%	61	18	16.5	1.5	1.0	1.0	1.0

据试验，利用青贮玉米秸育肥牛时，随着精料喂量的逐渐增加，青贮玉米秸的采食量逐渐下降，增重提高，但成本增加。

在生产中既要考虑有较高的日增重，同时也要考虑经济效益。在以玉米秸秆青贮为主的日粮育肥架子牛时，不同体重阶段的日粮配比如表 5-50 所示。具体饲喂时，应给予 10～15 d 的预饲期，逐渐增加青贮玉米秸喂量，减少干草喂量，一直达到计划定量后，干草自由采食。日粮中豆饼可用棉籽饼、菜籽饼代替，干草要注意质量。如当地有糖蜜饲喂，则玉米青贮的使用比例还可以提高。

表 5-50　育肥牛不同体重阶段饲料配方　　kg

体重范围/kg	油饼粉	谷实类	青贮玉米秸	干草	无机盐类
160～280	1.2	0.8	12～15	自由采食	0.1
281～410	1.0	1.5	16～20	自由采食	0.1

肉牛以玉米秸青贮为主的饲料配方见表 5-51。

表 5-51　肉牛以玉米秸青贮为主的饲料配方　　%

体重/kg	玉米	麸皮	棉籽饼	尿素	食盐	石粉	头日采食量/kg	玉米青贮
300～350	71.8	3.3	21.0	1.4	1.5	1.0	5.2	15.0
350～400	76.8	4.0	15.6	1.4	1.5	0.7	5.8	15.0
400～450	77.6	0.7	18.0	1.7	1.2	0.7	6.6	15.0
450～500	84.5	—	11.6	1.9	1.2	0.8	7.5	15.0

4.氨化秸秆育肥法

以氨化秸秆为唯一饲料，育肥 150 kg 的架子牛至出栏，每头每天补饲 1～2 kg 的精料，能获得 0.500 kg 以上的日增重，到 450 kg 出栏体重需要 500 d 以上，这是一种低精料高粗料长周期的肉牛育肥模式，这种模式不适合规模经营、要求快周转、早出栏的特点。但如果选择体重较大的架子牛，日粮中适当加大精料比例，并喂给青绿饲料或优质干草，日增重可达 1 kg 以上，所以用氨化秸秆作为基础饲料短期育肥是可行的。

如选择体重 350 kg 以上的架子牛，饲料配方如表 5-52 所示。

表 5-52　氨化秸秆育肥牛的日粮配方　　kg

饲喂天数	氨化秸秆	干草	玉米面	豆饼	食盐
1～10	2.5～5	10～15	1.5	0.0	0.4
11～40	5～8	4～5	2～2.5	0.5	0.5
41～70	8～10	4～5	2.5～4	0.5	0.5
71～100	5～8	2～3	4～5	0.5	0.5

具体饲喂时，10 d 内为训饲期，刚开始饲喂氨化秸秆时，牛不习惯采食，只要不喂给其他饲料，由于饥饿，在下一次饲喂时就会采食。开始时少喂勤添，逐渐提高饲喂量。进入正式育肥阶段，应注意补充矿物质和维生素。矿物质以钙、磷为主，另外可补饲一定量的微量元

素预混料，维生素主要是维生素 A、维生素 E。秸秆的质量以玉米秸最好，其次是麦秸，最差是稻草。在饲喂前应放净余氨，以免引起中毒。用以上日粮配比育肥 350 kg 架子牛，平均日增重 1 kg 以上，至 450 kg 体重出栏需 100 d 左右的时间。

五、成年牛育肥技术

(一)成年牛特点

成年牛育肥一般指 30 月龄以上牛的育肥，一般年龄较大，往往是役牛、奶牛和肉用母牛群中的淘汰牛。这种牛骨架已长成，只是膘情差，采用 2～3 个月的短期育肥，以增加膘度，使出栏体重达到 470 kg 以上，增加肌肉纤维间的脂肪沉积，肉的味道和嫩度得以改善，提高经济价值。成年牛育肥不能生产出高档牛肉。

(二)育肥技术

1. 健康检查

育肥前要进行全面检查，将患消化道疾病、传染病及过老、无齿、采食困难的牛只剔除。

2. 驱虫、健胃

老年牛的体内外寄生虫较多，在育肥前，要有针对性地进行驱虫。经过驱虫，对食欲不旺、消化不良的牛，需投服健胃药，以增进食欲，促进消化。

3. 育肥期限

成年牛育肥期限以 60～90 d 为宜。最好进行舍饲强度育肥。

4. 饲料选择

成年牛育肥以沉淀体脂肪为主，日粮应以高能量低蛋白为宜。由于成年牛已停止生长发育，所以在饲料供给上除热能外，其他营养物质要稍低于育成牛，乳用品种牛的营养需要要高于肉用品种 10%左右。对膘情较差的牛，可先用增重较低的营养物质饲喂，使其适应育肥日粮，经过 1 个月的复膘后再提高日粮营养水平，可避免发生消化道疾病。附近有草坡、草场或野地的，在青草期可先将瘦牛放牧饲养，利用青草使牛复壮，然后再进行育肥，这样可节省饲料，降低成本。

5. 饲喂技术

在成年牛的育肥期内，可将其分为三个阶段进行。具体实施步骤如下：

第一阶段 5～10 d，主要是调教牛上槽，采食混合饲料。可先用少量配合料拌入粗饲料中饲喂，或先让牛饥饿 1～2 d 后再投食，经 2～3 d 调教，牛就可上槽采食，每头牛每天喂配合料 700～800 g；第二阶段 10～20 d，在恢复体况基础上，逐渐增加配合料，每头牛每天喂配合料 0.8～1.5 kg，逐渐增加到 2.0～3.0 kg，分 3 次投喂；第三阶段 20～90 d，混合精料的日喂量以体重的 1%为宜。粗饲料以玉米青贮或氨化秸秆为主，任其自由采食，不限量。精料要磨碎或蒸煮处理。日粮中可补饲一定量的尿素。成年牛育肥期一般为 3 个月左右，平均日增重在 1 kg 左右。一般日粮精料配方如表 5-53 所示。

表 5-53　成年牛育肥精料配方

原料	玉米	麸皮	豆饼	石粉	食盐	小苏打	预混料
饲料比例/%	72	8	16	1	1.0	1.0	1.0

(三)管理技术

育肥前要进行驱虫、健胃、称重、编号,以利于记录和管理,搞好日常清洁卫生和防疫工作,每出栏一批牛,都要对牛舍进行彻底清扫消毒;育肥场地要保持安静,采取各种措施减少牛的活动;气温低于 0℃时要注意防寒,夏天 7—8 月份气候炎热,不宜安排育肥;公牛应在育肥前半个月去势。

六、高档牛肉生产

由于各国传统饮食习惯不同,高档牛肉的标准也不相同,但通常是指优质牛肉中的精选部分。高档牛肉占牛胴体的比例最高可达 12%。一头高档肉牛的高档牛肉仅占体重的 5%～6%,而其产值却占到 1 头牛总产值的 46%～47%。因此,其发展前景是非常广阔的。高档牛肉一般包括牛柳、西冷和眼肉。高档牛肉生产技术主要包括高档肉牛育肥技术,高档牛肉冷却配套技术,分割技术和冷却保鲜技术等方面。

(一)高档牛肉的标准

1. 活牛

年龄在 30 月龄内;屠宰前活重在 500 kg 以上;膘情满膘(即看不到骨头突出点);体形外貌为长方形,腹部不下垂,头方正而大,四肢粗壮,蹄大,尾根下平坦无沟,背平宽;手触摸肩部、胸垂部、背腰部、上腹部、臀部皮较厚,并有较厚的脂肪层。

2. 胴体

胴体体表覆盖的脂肪颜色洁白;胴体体表脂肪覆盖率 80%以上;胴体外形无严重缺损;第 12～13 肋骨处脂肪厚 10～20 mm,脂肪坚挺。

3. 牛肉的品质

(1)嫩度　用肌肉剪切仪测定的剪切值,3.62 kg 以下的出现次数应在 65%以上;咀嚼容易,不留残渣,不塞牙;完全解冻的肉块,用手指触摸时,手指易进入肉块深部。

(2)大理石花纹　我国《牛肉等级规格》(NY/T 676—2010)对大理石花纹分成了 5 个等级标准,根据我国牛肉大理石花纹分级标准应为 5 级(最高级)或 4 级。

(3)胴体脂肪颜色　高档肉牛胴体脂肪要求为白色。一般育肥法为黄色,原因是粗饲料中含有较多的叶黄素,其与脂肪附着力强。控制黄脂的方法:一是减少粗饲料;二是应用饲料热喷技术,以破坏叶黄素。NY/T 676—2010 对脂肪色泽等级按颜色深浅分为 8 个等级,其中脂肪色以 1、2 两级为最好。标准对肌肉色按肌肉颜色深浅分为 8 个等级,其中,4、5 两级的肉色最好。

(4)肉块重量　每条牛柳 2.0 kg 以上,每条西冷 5.0 kg 以上,每块眼肉 6.0 kg 以上。

(5)其他性状　多汁性,牛肉的质地松软,多汁而味浓;风味,具有我国牛肉鲜美可口的风味。

(二)高档肉牛育肥技术要点

(1)选择优良品种　品种的选择是高档牛肉生产的关键之一。大量试验研究证明,生产高档牛肉最好的牛源是安格斯、利木赞、夏洛来、皮埃蒙特等专门化肉用品种或西门塔尔等乳肉兼用品种以及它们与本地黄牛的杂交后代。秦川牛、南阳牛、鲁西牛、晋南牛等地方良种也可作为生产高档牛肉的牛源。

(2)年龄与性别要求　生产高档牛肉最佳的开始育肥年龄为12～16月龄，终止育肥年龄为24～27月龄，超过30月龄以上的肉牛，一般生产不出最高档的牛肉。性别以阉牛最好，阉牛虽然不如公牛生长快，但其脂肪含量高，胴体等级高于公牛，而又比母牛生长快。

其他方面的要求达到一般育肥肉牛的最高标准即可。

(3)育肥期和出栏体重　生产高档牛肉的牛，育肥期不能过短，一般12月龄牛的育肥期为8～9个月，18月龄牛为6～8个月，24月龄牛为5～6个月。出栏体重应达500 kg以上，否则牛肉的品质就达不到应有的级别。因此，育肥高档肉牛既要求控制牛的年龄，又要求达到一定的宰前体重，两者缺一不可。

(4)强度育肥　用于生产高档牛肉的优质肉牛必须经过100～150 d的强度育肥。犊牛及架子牛阶段可以放牧饲养，也可以围栏或拴系饲养。在此阶段，日粮以粗饲料为主，精料占日粮的25%左右，日粮中粗蛋白质含量为12%。但最后阶段必须经过100～150 d的强度育肥，日粮以精料为主。此期间所用饲料必须是品质较好的，对胴体品质有利的饲料。

(5)饲养与饲料　高档牛肉生产对饲料营养和饲养管理的要求较高。1岁左右的架子牛阶段可多用青贮、干草和切碎的秸秆，当体重300 kg以上时逐渐加大混合精料的比例。最后2个月要调整日粮，不喂含各种能加重脂肪组织颜色的草料，如大豆饼(粕)、黄玉米、南瓜、胡萝卜、青草等。多喂能使脂肪白而坚硬的饲料，如麦类、麸皮、米糠、马铃薯和淀粉渣等，粗料最好用含叶绿素、叶黄素较少的饲草，如玉米秸、谷草、干草等。并提高营养水平，增加饲喂次数，使日增重达到1.3 kg以上。

(三)屠宰工艺

(1)宰前处理　屠宰前先进行检疫，宰前的牛要保持在安静的环境中，并停食24 h，停水8 h，称重，然后用清水冲淋洗净牛体，冬季要用20～25℃的温水冲淋。

(2)屠宰的工艺流程　电麻击昏→屠宰间倒吊→刺杀放血→剥皮(去头、蹄和尾)→去内脏→胴体劈半→冲洗、修整、称重→检验→胴体分级编号→测定相关屠宰指标→进入下道工序。

(四)胴体嫩化处理

嫩度是高档牛肉与优质牛肉的重要质量指标。嫩化处理又叫排酸或成熟处理，是提高嫩度的重要措施，其方法是在专用嫩化间，温度0～4℃，相对湿度80%～95%条件下吊挂7～9 d(称吊挂排酸)。这样牛肉经过充分的成熟过程，在肌肉内部一些酶的作用下发生一系列生化反应，使肉的酸度下降，嫩度极大提高。

(五)胴体分割与包装

严格按照操作规程和程序，将胴体按不同档次和部位进行切块分割，精细修整。高档部位肉有牛柳(里脊)、西冷(外脊)和眼肉(牛体背部，一端与外脊相连，另一端在第5～6胸椎间)3块，均采用快速真空包装，然后入库速冻，也可在0～4℃冷藏柜中保存销售。

七、架子牛育肥舍饲养管理岗位操作程序

(一)工作目标

(1)架子牛育肥期日增重≥1 100 g。

(2)架子牛育肥期≤120 d。

(二)工作日程(可根据冬,夏季做适当调整)

1.喂料工

上午	下午	工作内容
6:00～6:30	17:00～17:30	清洗牛槽、检查牛缰绳。
6:30～8:30	17:30～18:30	运送饲喂粗料,少喂勤添。
8:30～9:30	19:30～20:30	加工搅拌精料,并运送饲喂、饮水。
9:30～10:00	20:30～21:00	清扫过道、交接班。

2.辅助工

6:00～7:30	15:00～16:30	清运牛粪。
7:30～8:30	16:00～17:30	刷拭牛体。
8:00～9:30	17:30～18:30	牛床刮粪、清扫粪道。
9:30～10:00		牵牛下槽运动。
18:30～19:00		交接班。

3.值班

除上班时间外,肉牛场应留有专人值班。

(三)岗位技术规范

1.预饲期的饲养管理

新进肉牛第一天喂清洁水,并加适量盐(每头牛约 30 g);第二天喂干净草,最好饲喂青干草,并逐渐开始加喂酒糟或青贮料,使用少量精料,至 5～7 d 时,可增加到正常量。2～3 周观察期结束,无异常时调入育肥牛舍。牛在观察期内要特别注意食欲,饮水,大小便情况,发现异常及时报告。

2.育肥期的饲养管理

(1)饲养规程　饲喂肉牛必须做到定时、定量、定序、定人,并掌握以下要点:

①饲喂次数　日喂 2 次,早晚各 1 次。

②喂料顺序　先喂粗料,再喂精料,最后饮水。每班工喂料前后要清洗食槽。

③喂料　按不同饲养阶段设计饲料配方。精料定量,粗料可酌情放开,少喂勤添,真正做到每头牛吃饱饮足。

④饲料加工调制　稻、麦草必须铡短后氨化或与酒糟类搅拌发酵。玉米秸秆青贮后饲喂。注意配合比例,谨防杂物混入饲料。

⑤饮水　喂精料后必须饮足清洁水,晚间增加饮水 1 次。炎热夏季要保持槽内有充足的饮水。饲料中添加尿素时,喂料前后 0.5～1 h 禁止饮水。

(2)管理规程

①合理分群　育肥前后根据育肥牛的品种、体重、体格大小、性别、年龄、体质强弱及膘情情况合理分群。采用圈群散养时,一群牛头数以 15～20 头为宜。

②适时去势　2 岁以前的公牛宜采取不去势育肥,2 岁以上的公牛及高档牛肉的生产,宜去势后育肥。去势时间最好在育肥开始前进行。去势牛恢复正常状况后,方可进入育肥期。

③五看五注意　看牛吃料注意食欲；看牛肚子注意吃饱；看牛动态注意精神；看牛粪变化注意消化；看牛反刍注意异常。发现异常情况及时向技术员汇报。

④编号　凡购进牛必须全部换缰绳，编号，并经常检查缰绳是否结实，随时更换。

⑤称重　凡购进牛 2 d 内称重入栏，以后每月定期抽样称重。在早晨饲喂前空腹称重。

⑥定期驱虫　包括体内，体外驱虫，分观察期和育肥前 2 次。

⑦限制运动　育肥中、后期，每次喂完后将牛拴系在短木桩或休息栏内，以牛卧为宜。

⑧加强防疫　每年春秋检验后对牛舍内外及用具进行消毒；每出栏一批牛，都要对牛舍进行一次彻底清扫消毒；并结合当地疫病流行情况，进行免疫接种。

⑨清洁卫生　每天上、下午刷拭牛体 1 次。每次 5～10 min；牛粪及时清运到粪场，清扫、洗牛床，夏季上下午各 1 次，冬季上午 1 次；下班前清扫料道、粪道，保持清洁整齐；清粪，喂料工具应严格分开，定期消毒；牛舍周围应保持整洁，定期清扫，清除野杂草；夏季做好防暑降温工作，冬季做好防寒保暖工作；保持牛舍环境安静。

⑩及时出栏　膘情达到一定水平，增重速度减慢时应及早出栏。

(3)操作要求　做到六净，即草料净，饲槽净，饮水净，牛体净，圈舍净，牛场净。

①喂料工　按规定顺序喂料、饮水，少喂勤添，不喂发霉变质饲料，及时发现和清除饲草中铁钉、铁丝，塑料绳、袋及畜禽毛等杂物，保证饮水清洁；做好牛槽、中间过道的清洁卫生工作和场区主干道保洁；注意牛缰绳松紧和牛采食草料情况，发现异常及时汇报技术员。

②辅助工　清除牛床牛粪，并装车运送到粪场，洗刷牛床，保持牛床清洁卫生，随时清粪，发现大小便异常及时汇报。牵牛下槽运动。每天上、下午定时梳刷牛体，方法是从左到右，从上到下，从前到后顺毛刷梳，特别注意背线、腹侧的刷梳，清理臀部污物。注意牛体有无外伤、肿胀和寄生虫。刷拭工具要定期清洗消毒；定期大扫除、消毒和清理粪尿沟。

③拌料工　要求各种饲料称重准确，按配方比例，搅拌均匀；对用量较少的矿物质和添加剂等，采用逐级混合方法充分拌匀。

④值班　负责本班的牛舍卫生，定时清理牛粪；观察牛群动态，检查缰绳，以防绞索和牛只跑出，确保牛群安全；保管好用具；保证牛槽内有充足饮水；夏季防暑，冬季防寒。

⑤交接班内容　肉牛动态要交接，清洁卫生要交接，工作用具要交接，安全保卫要交接。若交接不清，双方共同承担责任。

任务 27　羊的常规饲养管理

一、羊的饲养方式

(一)放牧饲养

1.放牧羊群的组织

由于不同类型的绵、山羊在合群性、采食能力、行走速度和对牧草的选择能力等方面存在一定的差异，因此，放牧前，应根据羊的类型、品种、性别、年龄和健康等因素合理组群，尽可能保持同群羊的一致性，便于放牧管理。羊群的大小，应按当地的放牧草场状况和牧工的技术水平而定。牧区草场大，饲草资源丰富，组群可大一些，一般可达200～300只，农区草地资源有限，多为农闲地、田边地角、滩涂地等，组群可放小，一般50～100只不等。另外，放牧地地势平坦，牧工技术水平高，组群可放大，反之则放小。

2.放牧地的选择

放牧前应对牧地的地形、植被、水源、有无毒草等全面了解，不要在低洼、潮湿、沼泽和生长茅草、苍耳草多的地方放牧。其次要根据羊的类型和品种选用放牧地。细毛羊、半细毛羊、毛皮用羊、肉用绵羊应选择地势平坦、以禾本科为主的低矮型草场进行放牧；毛用和绒用山羊应选灌丛较少、地势高燥、坡度不大的草山、草坡放牧；肉用山羊被毛短，行动敏捷，喜食细嫩枝叶，适宜于山地灌丛草场放牧。在牧区，放牧地常划分四季、三季或两季牧场，轮流利用季节牧场。

(1)春季牧场的选择　早春气候寒冷，风雪频繁，羊身体瘦弱，体力消耗较多；母羊多处于产羔或哺乳阶段，需要多而丰富的营养物质。因此，应选开阔向阳、背风、地势较低、牧草萌发较早，距离羊舍较近且水源方便的放牧地用作春季牧场。

(2)夏季牧场的选择　夏季气候逐渐变得湿暖，牧草长高变得茂盛，羊群经过春季放牧，体力有所恢复，羔羊也到哺乳后期或断奶阶段，并能近距离放牧；但夏季天气炎热，蚊蝇较多，干扰羊的采食。因此，应选地势高燥、凉爽通风，牧草生长旺盛，蚊蝇较少的放牧地用作夏季牧场，同时，要求水源充足、水质良好。

(3)秋季牧场的选择　秋季天气凉爽，并逐渐变得寒冷，牧草开花结籽并逐渐变得干枯，籽实营养物质含量高，是羊群抓膘的良好季节。同时母羊又处于配种阶段。因此，应选牧草丰盛，植被干枯较晚，籽实丰富，距离羊舍相对较远的放牧地用作秋季牧场。

(4)冬季牧场的选择　冬季气候严寒，风雪频繁，积雪较多，牧草枯萎，营养成分下降，母羊正处于怀孕后期，营养需要量大，因此，应选择避风向阳、植被较高且覆盖度大，距离羊舍和居民点近，水源方便的放牧地用作冬季牧场。

3.放牧方法

放羊要讲究一个“稳”字，尽量避免羊多走冤枉路和狂奔，放牧稳、出入圈稳、饮水稳，吃草的时间应超过游走的时间，以减少体力的消耗。多吃少走的内容即“走慢、走少、吃饱、吃好”八个字，走慢是关键，吃草是目的。

放牧人员应腿勤、手勤、嘴勤、眼勤。腿勤是指每天放牧时，放牧员一边放羊，一边找好草，不能让羊满地乱跑，也要防止羊损害庄稼和树木，因此，放牧员应多走路，随时控制羊群，领羊前进，掌握行走速度与方向，挡住出群的羊，使之吃饱吃好；手勤是指放牧员不离鞭，放牧地有烂纸、塑料布等应随手拾起，以免羊食后造成疾病，遇有毒草、带刺钩物等要随手除掉；嘴勤是指放牧员应随时吆喝羊群，训练好“头羊”，俗语说：“放羊打住头，放得满肚油，牧羊不打头，放成瘦子猴”。训练头羊时，要用羊喜欢吃的饲料做诱导，先训练来、去、站住等简单的口令和它的代号，再逐渐训练其他如向左、向右、阻止乱跑等口令，使头羊识人意，听从人的召唤；眼勤是指放牧员要时常观察羊的举动、粪尿、吃草、反刍等情况，发现病情及时治疗。配种季节，应观察母羊有无发情征候，以做到适时配种。产羔季节，要观察母羊有无临产征状，以便及时进行处理。

为了使羊采食均匀，吃饱吃好，充分利用牧地资源，还要根据牧地的地形地势、草生状况、放牧季节和羊群的饥饱因素，控制合适的放牧队形。若羊群处在地势平坦、植被分布多而均匀的草场，可将羊群排成一横队，放牧员在前面领着羊群，挡住强羊，助手在后追赶弱羊，边吃边进，稳住羊群慢慢走，即一条鞭式的放牧队形；若羊群处在地势不平的山地、丘陵地、茬子地，且植被分布不均匀，可将羊群均匀地分散在牧地面积上，任意采食，放牧员站在高处或四周控制羊群，即满天星式的放牧队形。

4.四季放牧要点

(1)春季　春季羊群体力乏弱，营养较差，应以放牧为辅，补饲为主；春季正是牧草交替之际，青草萌发早但薄而稀，应防止“跑青”；春季草嫩，含水量高，早上天冷，不能放露水草，否则易引起拉稀；春季潮湿，是寄生虫繁殖孳生的适宜时期，要注意驱虫，保持羊圈卫生；春季羊体瘦弱，对乏羊应单独照顾，注意补饲。

(2)夏季　夏季百草茂盛，应早出晚归，争取有效放牧时间，进行抓膘；夏季气候炎热，蚊蝇较多，放牧应注意风向，上午顺风出牧，顶风归牧，中午防止羊群扎堆，下午顶风出牧，顺风归牧；夏季羊群体力有所恢复，择草乱跑，放牧应稳住羊群，采用生坡、熟坡交替放牧，早上羊饿，出牧先放熟坡，吃上一个饱以后，再放生坡；夏季羊群处于生产繁忙季节，放牧应有计划的合理安排。

(3)秋季　秋季牧草开花结籽，营养丰富，应最大限度争取有效放牧时间，早出晚归，中午不休息，必要时进行“夜牧”，在抓好夏膘的基础上抓好秋膘；秋季茬田较多，遗留粮食和牧草营养丰富，是放牧抓膘的好场所；秋末气候变冷，应防止羊群采食“霜冻草”，以免造成消化不良。

(4)冬季　冬季风雪频繁，气候严寒，羊群应近距离放牧，防止暴风雪侵袭；随着深冬季节的来临，牧地上积雪增多，放牧羊群时，对冬牧场的利用，应先高后低，先远后近，先阴后阳，先沟后平；冬季母羊正处于怀孕后期和哺乳前期。应以放牧为辅，补饲为主，防止母羊跌倒、滑倒，以免引起流产。

(二)舍饲饲养

舍饲饲养是把羊群关在羊舍内，采用人工配制饲料，完成喂、饮、运动的饲养方式。它减少了放牧游走的能量消耗，有利于肉羊的育肥和奶羊形成更多的乳汁。由于我国耕地面积逐渐减少，草地因载畜量过大和无计划、无管理的放牧，草地植被退化严重。因此，应鼓励农、牧民种草养畜，充分利用丰富的农副产品资源，走设施养羊的道路。

(1)舍饲养羊必须要收集和贮备大量的青绿饲料、干草、秸秆和精料，保证全年草料的均衡供应。要科学配合饲料，合理加工调制，正确补饲和饮水。补饲时应先给次草次料，再给好草好料。

(2)舍饲饲养要有适宜于各地饲养的较宽敞的羊舍和饲喂机具如草架、料槽等，并开辟一定面积的运动场。

(3)舍饲养羊成本较高，必须要有相应的配套技术来提高羊群的生产力和出栏率。为使产羔集中，便于管理，应推行同期发情、人工授精技术；为加快羊群周转，应推行羔羊早期断奶，当年羔羊快速育肥技术；为利用杂种优势进行杂交生产，应引进高产良种，做好风土驯化和纯种选育提高工作；为搞好羊群的卫生保健，应加强消毒，免疫注射、疾病治疗等工作；为使养羊逐步走向规模化、专业化，应加强设备的更新和现代化，采用机械化舍饲养羊。

(三)放牧加补饲饲养

这是一种放牧与舍饲相结合的饲养方式。应根据不同季节牧草生长的数量和品质、羊群本身的生理状况，确定每天放牧时间的长短和在羊舍内饲喂的次数与草料数量。夏秋季节，各种牧草生长茂盛，通过放牧能满足羊只营养需要，可以不补饲或少补饲。冬、春季节牧草枯萎，量少质差，单纯放牧不能满足羊的营养需要，必须在羊舍进行较多的补饲。

(1)补饲的时间　补饲开始的早晚，应根据羊群和草料储备情况而定。原则是从体重出现下降时开始，最迟也不能晚于春节前后。同时还要考虑公羊的配种、母羊的怀孕和泌乳及春乏等情况确定。补饲一旦开始，就应连续进行，直至能吃上青草。

(2)补饲的方法　补饲安排在出牧前好，还是归牧后好，各有利弊，都可进行，大体来说，如果仅补草，最好安排在归牧后。如果草、料都补，则可料在出牧前，草在归牧后；在草、料分配上，应保证优羊优饲，而对其他等级的成年羊和育成羊，则按先弱后强、先幼后壮的原则来进行；在草、料利用上，要先喂次草、次料，再喂好草、好料，以免羊吃惯好草、好料后，不愿再吃次草、次料，补饲开始和结束时，应遵循逐渐过渡的原则；在补饲方法上，补饲量可根据饲养标准确定，干草放置在草架上，精料放置在料槽内，防止践踏和浪费。

二、羊的日常管理

(一)绵羊的剪毛

1.剪毛的时间安排

细毛羊、半细毛羊及其生产同质毛的杂种羊，一年内一般只在春季进行一次性剪毛。粗毛羊和生产异质毛的杂种羊，可在春、秋季节各剪毛一次。

2.剪毛的准备工作

(1)剪毛羊群的准备　羊群的剪毛从低价值羊开始，同一品种，应按羯羊、试情公羊、幼龄羊、母羊和种公羊的顺序进行；不同品种应按粗毛羊、杂种羊、细毛羊或半细毛羊的顺序进行。患皮肤病和外寄生虫病的羊最后剪毛；剪毛前 12 h，停止羊群的放牧、饮水和喂料，保证剪毛时空腹，以免剪毛时粪便污染羊毛和发生伤亡事故；剪毛前 2～3 h 先将羊只赶入较集中的羊圈，靠相互的体温使羊毛脂软化，便于剪毛。

(2)剪毛设备的准备　主要包括剪毛台、电动毛剪、手工毛剪、磨刀机、定动刀片、砂纸。羊毛打包机、毛包、羊毛鉴定分级用具等设备。要求按计划配备剪毛机的数量，并至少备有 1 套以上的备用剪毛设备、易损零部件、维修工具及适量的润滑油和消毒液。

(3)剪毛人员的准备　剪毛人员应提前接受培训，考核合格后方可参加剪毛工作；除剪毛技术员外应配置兽医人员、羊只运送、粪便碎散毛清洁人员、送毛人员及分级打包人员。

(4)剪毛场地的准备　剪毛场地清扫干净并消毒，要求场地开阔、平整干燥，且采光、通风良好；剪毛台高于地面 15～25 cm，其材质可以为木板、水泥、水磨石等，或用帆布、塑料布与地面分隔，禁止使用聚丙烯、油漆等易引起异性纤维污染的材料；剪毛结束后及时打扫卫生并消毒地面。

3.剪毛的方法步骤

羊只剪毛的方法有手工剪毛和机械剪毛两种。手工剪毛劳动强度大，每人每天可剪 20～30 只。机械剪毛速度快，羊毛质量好，效率比手工剪毛高 3～4 倍。剪毛时，先让羊左侧卧在剪毛台上，羊背靠剪毛员，腹部向外，并从右后肋部开始由后向前剪掉腹部、胸部和右侧前后肢的羊毛，然后再翻转羊使其右侧卧下，腹部朝向剪毛员，剪毛员用手提直绵羊左后腿，从左后腿内侧剪到外侧，再从左后腿外侧至左侧臀部、背部、肩部直至颈部，纵向长距离剪去羊体左侧羊毛；最后使羊坐起，靠在剪毛员两腿间，从头顶向下，横向剪去右侧颈部及右肩部羊毛，同时剪去右侧被毛，并检查全身，剪去遗留下的羊毛。

4.剪毛的注意事项

剪毛要紧贴皮肤，毛茬短，整齐均匀，不漏剪，切记剪伤羊只皮肤、母羊乳头和公羊睾丸等；留毛茬高度在 0.5 cm 以内，严禁剪二刀毛；剪毛顺序不可混乱，争取剪出套毛，保证套毛的完整；剪毛时应手轻心细，端平电剪，遇到皮肤皱褶处，应轻轻将皮肤展开再剪，防止剪伤皮肤，不慎损伤皮肤时，应立即涂以碘酒消毒治疗；剪毛期间应尽可能防止羊只剧烈活动，动作必须轻柔，防止肠扭转；剪毛后应适当控制羊的采食，以防引起消化不良，1 周内尽可能在离羊舍较近的草场放牧，以免突遇降温天气而造成损失。

(二)山羊的梳绒

(1)梳绒的时间安排　绒山羊每年梳绒一次，当绒毛根部与皮肤脱离时(俗称“起浮”)，梳绒最为适宜，一般在 4～5 月份进行。

(2)梳绒的常用工具　梳绒梳分 2 种：一种是稀梳，由 5～8 根钢丝组成，钢丝间距为 2～2.5 cm；另一种是密梳，由 12～18 根钢丝组成，钢丝间距为 0.5～1.0 cm。如图 5-10 所示。

图 5-10　抓绒梳子

(3)梳绒的基本方法　梳绒的方法有手工梳绒和机械梳绒。梳绒时将羊保定，一般从尾根部或四肢开始梳，这样利于操作。每只羊每次梳绒后要及时填写梳绒记录。梳绒前 1 周要培训好梳绒人员，检修梳绒工具，清扫、消毒梳绒场所，备好梳绒记录。梳绒时先用剪刀将羊毛打梢(不要剪掉绒尖)，然后将羊角用绳子拴住，随之将羊侧卧在干净地方，其贴地面的前肢和后肢绑在一起，梳绒者将脚插入其中(以防羊只翻身，发生肠扭转)。首先用稀梳顺毛方向，轻轻地由上至下清理掉羊身上沾带的碎草、粪块及污垢。然后用梳子从头部梳起，一只手在梳子上面稍下压帮助另一只手梳绒。手劲要均匀，并轻快有力地弹扣在绒丛上，不要平梳，以免梳顺耙不挂绒。一般梳子与羊体表面呈 30°～45°，距离要短，顺毛沿颈、肩、背、腰、股、腹等部位依次进行梳绒。梳子上的绒积存到一定数量后，将羊绒从梳子上退下来(1 梳子可积绒 50～100 g)，放入干净的桶中。这样，羊绒紧缩成片，易包装不丢失。稀梳抓梳完后，再用密梳逆毛抓梳一遍至梳净为止。一侧梳好后再梳另一侧，并做好梳绒记录。因起伏程度不同，有的羊只一次很难梳净，过 1 周左右再梳绒 1 次。对羔羊，育成羊和个别比较难梳绒的个体采取剪绒。

(4)梳绒的注意事项　梳绒前后要求天气晴朗，避免雨淋，预防感冒；羊只梳绒前禁食 12～18 h，放倒羊时要按一个方向，即从哪侧放倒，要从哪侧立起，以防羊只大翻身出现肠扭转、臌气而导致猝死；梳绒动作要轻而稳，贴近皮肤，快而均匀，切记过猛，以防伤耙(皮肤脱离肌肉，损伤绒毛囊，伤后将不再生长绒毛)；对妊娠羊动作切记要轻，以防流产，最好产羔后梳绒；对无法梳绒的，个体可用长剪紧贴皮肤将绒毛剪下；对患有皮肤病的羊只单独梳绒，耙子用后及时消毒，以防传染；梳绒时要注意羊只的面部、耳部安全，还应保护好乳房、包皮等器官，扯坏的地方，要涂碘酒消毒，必要时做缝合处理；梳绒以后，要注意羊舍温度，以防羊只感冒。随时观察羊只有无异常，如发现精神不振、不食草，应检查是否伤耙或其他原因，以便及时诊治。

(三)奶羊的挤奶

挤奶是奶山羊泌乳期的一项日常性管理工作，技术要求高，劳动强度大。挤奶技术的好坏，不仅影响产奶量，而且会因操作不当而造成羊乳房疾病。应按下列程序操作：

(1)奶羊保定　将羊牵上挤奶台(已习惯挤奶的母羊，会自动走上挤奶台)，然后再用颈枷或绳子固定。在挤奶台前方的食槽内撒上一些混合精料，使其安静采食，方便挤奶。

(2)按摩乳房　挤奶羊保定以后，用清洁毛巾在温水中浸湿，擦洗乳房二、三遍，再用干毛巾擦干。并以柔和动作左右对揉几次，再由上而下按摩，促使羊的乳房变得充盈而有弹性。每次挤奶时，分别于擦洗乳房时、挤奶前、挤出部分乳汁后，按摩乳房三、四次，有利于将奶挤干净。

(3)挤奶方法　挤奶可采用拳握法或滑挤法，以拳握法较好，每天挤奶 2 次。如日产奶在 5 kg 以上，挤奶 3 次；日产奶 10 kg 以上挤奶 4 次。每次挤奶前，最初几把奶不要。挤奶结束后，要及时称重并做好记录，必须做到准确、完整，保证资料的可靠性。

大型奶羊场，往往实行机械化挤奶，可以减轻挤奶员的劳动强度，提高工作效率和乳的质量。要求设立专门的挤奶间并安装挤奶设备(内设挤奶台、真空系统和挤奶器等)，同时设立贮奶间配备清洁无菌的贮奶用具(冷装冷却罐)。适宜的挤奶程序为：定时挤奶(羊只进入清洁而宁静的挤奶台)→冲洗乳房→按摩乳房→检查乳头→戴好挤奶杯→开始挤奶(擦洗后 1 min 内)→集乳→取掉乳杯→消毒液浸泡乳头→放出羊只→清洗挤奶用具及挤奶间。山羊挤奶器无论提桶式或管道式，其脉动频率均为 60～80 次/min，节拍比 60∶40，真空管道压力为(280～380)×133.3 Pa。挤奶系统应经常保持卫生，定期进行检查与维修。

(4)贮存羊奶　羊奶称重后经四层纱布过滤，之后装入盛奶瓶，及时送往收奶站或经消毒处理后，短期保存。消毒方法一般采用低温巴氏消毒，即将羊奶加热(最好是间接加热)至 60～65℃，并保持 30 min，可以起到灭菌和保鲜的作用。

(5)卫生清理　挤奶完毕后，须将挤奶时的地面、挤奶台、饲槽、清洁用具、毛巾、奶桶等清洗、打扫干净。毛巾等可煮沸消毒后晾干，以备下次挤奶使用。

(四)绵羊的药浴

为预防和驱除羊体外寄生虫，避免疥癣发生，每年应在剪毛后 10 d 左右进行药浴。

(1)常用的药液及剂量　如表 5-44 所示。

表 5-44　羊药浴常用的药液及剂量

(程凌.养羊与羊病防治.2006)

药液名称	使用剂量	药液名称	使用剂量
精制敌百虫	0.5%～1%	蝇毒灵	0.05%
辛硫磷	0.05%	氰戊菊酯	0.1%
消虫净	0.2%	速灭菊酯	80～200 mg/kg
蜱螨灵	0.04%	溴氰菊酯溶液	50～80 mg/kg

(2)药浴方法　常用的药浴方法有池浴、淋浴和盆浴三种。池浴和淋浴适用于大型羊场,农区饲养羊只数量较少的农户一般采用盆浴。

(3)注意事项　药浴前 8 h 停止喂料,药浴前 2～3 h 需供给羊充足的饮水,以免羊口渴而吞饮药浴液;先药浴健康的羊只,后药浴疥癣病的羊,保证羊只全身进行药浴;凡妊娠 2 个月以上的母羊,禁止药浴,以免流产;药浴应选择天气好时进行,有牧羊犬时,也应与羊群同时药浴;工作人员要戴好橡皮手套和口罩,以防中毒。

(五)羊只的编号

羊的个体编号是开展羊育种工作不可缺少的技术项目,编号要求简明,易于识别,字迹清晰,不易脱落,有一定的科学性、系统性,便于资料的保存、统计和管理。现阶段羊场主要采用耳标法。用金属耳标或塑料耳标,在羊耳适当位置(耳上缘血管较少处)打孔、安装。耳标上应标明品种、年号、个体号。

羊只经过鉴定,在耳朵上将鉴定的等级进行标记,等级号在鉴定后,根据鉴定结果,用剪耳缺的方法注明该羊的等级。纯种羊打在右耳上,杂种羊打在左耳上。具体规定如下:

特级羊:在耳尖剪一个缺口;一级羊:在耳下缘剪一个缺口;二级羊:在耳下缘剪二个缺口;三级羊:在耳上缘剪一个缺口;四级羊:在耳上、下缘各剪一个缺口。

(六)绵羊的断尾

绵羊的断尾主要应用于细毛羊、半细毛羊及高代杂种羊,断尾应在羔羊出生 7～10 d 进行。方法有结扎法与热断法两种。

(1)结扎法　用橡皮圈在第 3 和第 4 尾椎之间紧紧扎住,阻止血液流通,经过 10～15 d 左右,尾的下部萎缩并自行脱落。此法简便易行,便于推广,但所需时间较长,要求技术人员应定期检查,防止橡皮圈断裂或由于不能扎紧,而导致断尾失败。

(2)热断法　设计专用铲头,长 10 cm、宽 7 cm、厚 0.5 cm,上有长柄并装有木把的断尾铲及两块长 30 cm、宽 20 cm、厚 4～5 cm 的木板,两面包上铁皮,其中一块的一端挖一个半径 2～3 cm 的半圆形缺口。操作时,需两人配合。首先将不带缺口的木板水平放置,一人保定好羔羊,并将羔羊尾巴放在木板上;另一人用带缺口的木板固定羔羊尾巴,且使木板直立,用烧至暗红色的铁铲紧贴直立的木板压向尾巴,将其断下。若流血可用热铲止血,并用碘酊消毒。

(七)羔羊的去势

凡不宜作种用的公羔要进行去势,去势时间一般在 1～2 周龄,多在春、秋两季气候凉爽、晴朗的时候进行。去势的方法有阉割法和结扎法。

(1)阉割法　将羊保定后,用碘酒和酒精对术部消毒,术者左手紧握阴囊上端,将睾丸压迫到阴囊底部,右手用刀在阴囊下端与阴囊中隔平行的位置切开,切口大小以能挤出睾丸为度。睾丸挤出后,将阴囊皮肤向上推,暴露精索,采用剪断或拧断的方法均可。在精索断端涂以碘酒消毒,在阴囊皮肤切口处撒上少量消炎粉即可。

(2)结扎法　术者左手握紧阴囊基部,右手撑开橡皮筋将阴囊套入,反复扎紧以阻断下部的血液流道。经 15～20 d,阴囊连同睾丸自然脱落。此法较适合 1 月龄左右的羔羊。在结扎后,要注意检查,防止结扎效果不好或结扎部位发炎、感染。

(3)去势钳法　用专用的去势钳在公羔的阴囊上部将精索夹断,睾丸便逐渐萎缩。该方法快速有效,但操作者要有一定的经验。

(4)10%碘酊药物去势法　操作人员一手将公羔的睾丸挤到阴囊底部，并对其阴囊顶部与睾丸对应处消毒，另一手拿吸有消睾注射液的注射器，从睾丸顶部顺睾丸长径方向平行进针，扎入睾丸实质，针尖抵达睾丸下 1/3 处时慢慢注射。边注射边退针，使药液停留于睾丸中 1/3 处。依同法做另一侧睾丸注射。公羔注射后的睾丸呈膨胀状态，所以切勿挤压，以防药物外溢。药物的注射量为 1.5～2 mL/只，注射时最好用 9 号针头。

(八)羊只的防疫

羊的防疫是预防羊群传染病发生的有效手段，主要预防的传染病有炭疽、口蹄疫、羊痘、羊快疫、羊肠毒血症、羔羊痢疾、羊布氏杆菌病、羊大肠杆菌病、羊坏死杆菌病等疫病。各地应严格检疫、预防和治疗。

(1)建立健全兽医卫生防疫制度　要加强羊群的饲养管理，搞好圈舍环境的消毒灭源工作，粪便进行无害化处理；不明死因的羊只，严禁随意剥皮吃肉或任意丢弃，要在兽医人员的监督下，采用焚烧、深埋或高温消毒等方式处理；国内外引入本地的羊只，避免从疫区购入，新购入的羊只需进行隔离饲养，观察 1 个月后，确认健康，方可混群饲养。

(2)认真落实免疫计划，定期进行预防注射　根据本地区常发传染病的种类和目前疫病流行情况，制定切实可行的免疫程序，按免疫程序进行预防接种，使羊只从出生到淘汰都可获得特异性抵抗力，降低对疫病的易感性，同时应注意科学的保存，运送和使用疫(菌)苗。

(九)羊只的驱虫

羊体的寄生虫有数十种，根据当地寄生虫病的流行情况，每年应定期驱虫。羊易感染的寄生虫病有羊鼻蝇疽病，羊捻转胃虫病、羊结节虫病，羊肝片吸虫病，羊绦虫病、羊肺丝虫病、羊多头蚴病、羊杆线虫病、羊毛圆线虫病等。常用的驱虫药物有敌百虫与硫双二氯酚(别丁)、咪唑类药物、驱虫净、虫可星等。一般在每年春、秋两季选用合适的驱虫药，按说明要求进行驱虫。驱虫后 10 d 内的粪便，应统一收集，进行无害化处理。

(十)羊只的修蹄

羊的蹄形不正或蹄形过长，将造成行走不便，影响放牧或发生蹄病，严重时会使羊跛行。因此，每年至少要给羊修蹄一次。修蹄时间一般在夏、秋季节，此时蹄质软，易修剪。修蹄时，应先用蹄剪或蹄刀，去掉蹄部污垢，把过长的蹄壳削去，再将蹄底的边沿修整到和蹄底一样齐平，修到蹄底可见淡红色时为止，并使羊蹄呈椭圆形。

(十一)羊只的去角

羔羊去角是奶山羊饲养管理的重要环节，奶山羊有角易发生创伤，不便于管理。因此，羔羊一般在生后 7～10 d 内去角，对羊的损伤小。人工哺乳的羔羊，最好在学会吃奶后进行。去角前，要观察羔羊的角蕾部，羔羊出生后，角蕾部呈漩涡状，触摸时有一较硬的凸起。去角时，先将角蕾部分的毛剪掉，剪的面积稍大一些(直径约 3 cm)，然后再去角。

(1)烧烙法　将烙铁于炭火中烧至暗红(也可用电烙铁)，对保定好的羔羊的角基部进行烧烙，每次烧烙的时间不超 10 s，次数适当多一些。当表层皮肤破坏并伤及角原组织后可结束，并对术部进行消毒。

(2)化学去角　是用棒状苛性钠在角基部摩擦，破坏其皮肤和角组织。术前应在角基部周围涂抹一圈医用凡士林，防止碱液损伤其他部分的皮肤。操作时，先重后轻，将表皮擦到有血液浸出即可，摩擦面积要稍大于角基部。术后可给伤口上撒上少量消炎粉。术后半天以内，不要让羔羊与母羊接触，并适当捆住羔羊两后肢。哺乳时，应防止碱液伤及母羊的乳房。

(十二)奶羊的刷拭

奶山羊应每天进行刷拭,以保持羊体清洁,促进血液循环,增进羊只健康,提高泌乳能力并保持乳品清洁。刷拭羊体时,最好用硬草刷自上而下,从前至后将羊体刷拭一遍,清除皮毛上的粪、草及皮肤残屑,保持体毛光顺,皮肤清洁。羊身上如有粪块污染,可用铁刷轻轻梳掉或用清水洗干净,然后擦干。

羊只不同季节的饲养管理内容,如表 5-45 所示。

表 5-45 不同季节工作具体安排

(苗志国,常新耀.羊安全高效生产技术.2013)

季节	任务	时间	不同季节工作具体安排
春季(3—5月份)	保膘保羔,全产全活,适时配种,挡羊放牧,选种建档,剪毛药浴,防疫驱虫,推广种羊。	3月1日—4月20日	接产育羔,全产全活;母羊保膘,挡羊放牧。
		3月1日—5月15日	适配保胎,这是实现两年三产的保证,防疫驱虫,为健康度春和抓好夏膘奠定基础。
		3月20日—4月20日	对基础母羊、断奶羔羊和种羊进行鉴定,建立基本档案,选优汰劣,示范点羊群编号、建档等。
		4月10日—5月1日	适时种草,推广种羊,剪毛药浴,制订秋季配种计划和种公羊调换计划。
		5月1—31日	做好羊只吃到青饲草的过渡,逐渐减少干饲料和精料,增加青饲料。加强羔羊培育,有计划地推广种羊。
夏季(6—7月份)	抓膘育羔,避热防暑,准备秋配,贮备干草。	6月1日—7月31日	始终抓好全舍饲或半放牧羊的膘情,夏膘达到中上水平;做好防暑工作,不必洗羊;按夏季管理日程饲喂。同时抓好断奶后青年羊的培育。
		6月20日—7月31日	调换好的种羊,抓好种公羊秋配前的抓膘、精液品质检查等准备工作。
		7月10日—10月31日	抓住晴天,将多余牧草制成干草,备冬春使用。
秋季(8—10月份)	抓膘配种,接产育羔,贮备料草,适时配种,防疫驱虫,剪毛药浴,选种建档,推广种羊。	8月1日—7月31日	抓好秋膘,达到满膘配种,使多数母羊在两个情期内配种受胎,公羊始终保持中上等膘情。部分春季受胎母羊产春羔,要做好接产育羔工作。
		8月1日—9月20日	抓紧时机种草,为来年青草期提供优质高产饲草;对所有种公羊、种母羊和断奶春羔进行鉴定,选优去劣。
		9月1—20日	做好秋季防疫驱虫工作,进行秋季剪毛、药浴。
		9月21日—10月15日	抓好青贮、微贮、氨化和收购青干草工作,保证羊只越冬度春,做好羊只由青草期转入枯草期的准备工作。
		10月1—31日	准备好羊只越冬的精饲料;下半月做好由青草期向枯草期的过渡,做好防风保暖,消毒灭病工作。同时,做好种羊的选留和推广工作。

续表 5-45

季节	任务	时间	不同季节工作具体安排
冬季(11月份—翌年2月份)	防寒保暖,保膘保胎,精心饲管,接产育羔,全活全壮,肉羊出栏。	11月1日—翌年2月28日	做好防寒保暖工作,精心安排日粮,搞好饲养管理,达到保膘保胎、全产全活、全活全壮的目的,做好必要的检查、交流活动。
		11月1日—12月31日	抓好育肥羊的后期催肥,适时出栏。此期羊只不掉膘是来年春季保膘的基础,必须给予足够重视。
		12月1—31日	做好年终总结,肯定成绩,总结经验教训,为来年的发展奠定基础,同时做好下一年度生产计划。

任务 28　羔羊的饲养管理

羔羊培育是指从初生至断奶这段时间幼龄羊的饲养管理。此阶段是羊只一生中生长发育最快的时期。加强羔羊的饲养管理,认真抓好羔羊的培育,可为提高羊群的生产性能打下良好的基础。

一、羔羊的生理特点

(1)生长发育快　哺乳期羔羊的生长表现是:心、肝、胃等内脏器官迅速发育,特别是四个胃的发育较快。同时,骨骼、肌肉的生长速度也很快。一般情况下羔羊的初生重可达 3～5 kg,哺乳期间的平均日增重可达 200～300 g,3～4 月龄断奶重可达 20～30 kg。如肉用品种的优质羔羊,哺乳期的平均日增重可达 300 g 以上。

(2)消化功能弱　初生羔羊的胃缺乏分泌反射,待吸吮乳汁后,才能刺激皱胃分泌胃液,从而初步具有消化功能,但前三个胃仍然没有消化作用,微生物区系尚未完全形成。两周以后,羔羊开始选食草料,瘤胃中出现微生物,通过采食草料,可出现反刍,并逐渐表现出对优质青干草的消化能力,两月龄后可消化大量青干草和适量的精饲料。

(3)适应能力差　哺乳期的羔羊身体弱小,抗寒能力差,对疾病、寄生虫的抵抗力也较弱。特别是生后几个小时的羔羊最为明显,易受寒冷刺激,发生感冒、肺炎、拉稀等疾病。冬春季节应注意防寒保暖;另外哺乳阶段的羔羊消化器官功能还不完善,抵抗力弱,体质差、环境差、营养差等因素,都容易引起消化性腹泻和其他疾病。因此,初生羔羊的饲养应加强护理和营养供给。

二、羔羊的饲养管理

1. 早吃初乳,吃好常乳

羔羊在哺乳前期主要依赖母乳获取营养,母乳充足时,羔羊生长发育好、增重快、健康活泼。母乳可分为初乳和常乳，母羊产后第一周内分泌的乳叫初乳，以后的则为常乳。初乳浓度大，养分含量高，尤其是含有大量的免疫球蛋白和丰富的矿物质元素，可增强羔羊的抗病力，促进胎粪排泄。因此，应保证羔羊在产后 15～30 min 内吃到初乳。哺乳时，生产人员应对弱羔、病羔或保姆性差的母羊，人工辅助羔羊吃乳，并安排好吃乳时间。

羔羊出生后 10 min 左右就可自行站立，寻找母羊乳头，自行吮乳。5 d 后进入常乳阶段，常乳是羔羊哺乳期营养物质的主要来源，尤其在生后第 1 个月，营养全靠母乳供应。羔羊哺乳的次数因日龄不同而有所区别，1～7 日龄每天自由哺乳，7～15 日龄每天 6～7 次，15～30 日龄每天 4～5 次，30～60 日龄每天 3 次，60 日龄至断奶每天 1～2 次。每次哺乳应保证羔羊吃足吃饱，吃饱奶的羔羊表现为：精神状态良好、背腰直、毛色光亮、生长快。缺乳的羔羊则表现为：被毛蓬松、腹部扁、精神状态差、拱腰、时时咩叫等。若母羊产后死亡或泌乳量过低应及时进行寄养或人工哺乳，人工哺乳的关键是代乳品、新鲜牛奶等的选择和饲喂，要求严格控制哺乳卫生条件。

2.尽早补饲，抓好训练

羔羊时期生长发育迅速，1～2 月龄以后，羔羊逐渐以采食草、料为主，哺乳为辅。羔羊生后 7～10 日龄，在跟随母羊放牧或补饲时，会模仿母羊的采食行为，此时，可将大豆、蚕豆、豌豆等炒熟粉碎后，撒于饲槽内对羔羊进行诱食；同时选择优质的青绿饲料或青干草（最好是豆科和禾本科草），放置在运动场内的草架上，让羔羊自由采食；配合料每只羔羊初期可每天补喂混合料 10～50 g，待羔羊习惯后逐渐增加补喂量，一般 2 周龄～1 月龄为 50～80 g，1～2 月龄为 100～120 g，2～4 月龄为 250～300 g；补饲的日粮最好按羔羊的体重和日增重要求，依据饲养标准进行配合，要求种类多样、适口性好，易消化、粗纤维含量少，富含蛋白质、矿物质、维生素；补饲应少喂勤添，定时、定量、定点，保证饲槽和饮水的清洁卫生；没有补喂预混料的羔羊，应经常给羊只挂喂舔砖、淡盐水或盐面，以防止发生异食癖行为。

羔羊早期补饲日粮可参考 NRC 推荐的羔羊早期补饲日粮配方，如表 5-46 所示。

表 5-46 NRC 推荐的羔羊补饲日粮配方

（张居农，刻根强. 高效养羊综合配套新技术. 2001）

日粮组成	配方 A	配方 B	配方 C
饲料原料/%			
玉米	40.0	60.0	88.5
大麦	38.5	—	—
燕麦	—	28.5	—
麦麸	10.0	—	—
豆饼、葵花籽饼	10.0	10.0	10.0
石灰石粉	1.0	1.0	1.0
加硒微量元素盐	0.5	0.5	0.5
金霉素或土霉素/(mg/kg)	15.0～25.0	15.0～25.0	15.0～25.0
维生素 A/(U/kg)	500	500	500
维生素 D/(U/kg)	50	50	50
维生素 E/(U/kg)	20	20	20

3.合理组群,精心管理

羔羊的组群一般分为两种:一是母子分群,定时哺乳,羊舍内培育,即白天母子分群,羔羊留在舍内饲养,每天定时哺乳和补饲;二是母子不分群,同圈饲养,20日龄以后,母子可合群放牧运动;羔羊生长到3月龄左右,应公、母分群饲养。

羔羊出生7~15 d内进行编号、称重、去角(山羊)或断尾(绵羊),1月龄左右不符合种用的公羔可进行去势;羔羊时期容易发病,如羔痢、肺炎、胃肠炎等,应经常性观察食欲、粪便、精神状态的变化,认真搞好防疫注射,发现患病羊只及时隔离治疗;要经常保持羊舍的干燥、清洁、温暖,勤换垫料,定期消毒。

4.加强放牧,顺利断奶

加强羔羊放牧,可增强体质,提高抗病力。一般初生羔在圈内饲养5~7 d后,可就近随母羊外出放牧,3周后逐渐增加放牧距离;母子同牧时走得要慢,羔羊不恋群,注意不要丢羔;30日龄后,羔羊可编群放牧,注意不要去低湿松软的地方放牧。羔羊舔啃松土易得胃肠病,在低湿地易得寄生虫病,应注意预防。放牧时注意从小就训练羔羊听从口令。

羔羊饲养至3~4月龄时,应根据生长发育情况适时断奶。发育正常的羔羊,此时已能采食大量牧草和饲料,具备了独立生活能力,可以断奶转为育成羊。羔羊发育比较整齐一致,可采用一次性断奶;若发育有强有弱,可采用分次断奶法,即强壮的羔羊先断奶,弱瘦的羔羊仍继续哺乳,断奶时间可适当延长;断奶后的羔羊留在原圈,母羊关入较远的羊舍,以免羔羊恋母,影响采食;对一年二产母羊或两年三产母羊可实行早期断奶,要求25~30日龄断奶。方法是10日龄诱食,15日龄开始补饲精料、粗饲料。断奶应逐渐进行,一般经过7~10 d完成。开始断奶时,每天早晨和晚上仅让母、子羊在一起哺乳2次。以后改为哺乳1次。

三、羔羊饲养管理岗位操作程序

(一)工作目标

(1)哺乳期羔羊的成活率在95%以上。

(2)羔羊断奶平均体重在20 kg以上。

(二)工作日程

羔羊的饲养管理工作日程如表5-47所示。

表5-47 羔羊的饲养管理工作日程

羔羊类型	饲养方式	时间安排	工作内容
冬春羔	舍饲	时间安排与母羊相同	每天上、下午各安排母、子合群一次,保证羔羊吃乳两次,其余时间母、子分开。
	半舍饲 半放牧	6:30~7:30	检查羊群。
		7:30~9:30	第一次饲喂、饮水,先粗后精、自由饮水。
		9:00~9:30	羔羊与母羊合群吃乳。
		9:30~17:30	运动、反刍、卧息,清扫羊舍和饲槽,检查羊群。
		17:30~18:30	运动、吃乳、反刍、卧息,清扫羊舍、饲槽,检查羊群。
		18:30~21:30	添草、饮水,检查羊群。
		21:30~6:30	卧息、反刍。

续表 5-47

羔羊类型	饲养方式	时间安排	工作内容
秋羔	舍饲	时间安排与母羊相同	每天上、下午各安排母、子合群一次,保证羔羊吃乳两次,其余时间母、子分开。
	半舍饲 半放牧	5:30～6:30	检查羊群。
		6:30～9:30	第一次放牧,清扫羊舍和饲槽,归牧。
		9:90～9:30	羔羊归母羊群吃乳。
		9:30～11:30	第一次饲喂、饮水。先粗后精,自由饮水。
		11:30～15:30	卧息、反刍、运动,羔羊归母羊群吃乳。
		15:30～18:30	第二次放牧,归牧。
		18:30～21:30	第二次饲喂精料、添草,自由饮水。
		21:30～5:30	卧息、反刍。

(三)岗位技术规范

(1)羔羊出生后人工帮助使其在站立后摄食初乳,对缺乳或多胎羔羊应采用保姆羊或人工哺乳,20 日龄内羔羊每天哺乳 4～5 次。

(2)羔羊舍应温暖、明亮、无贼风,勤铺换垫料,保持圈舍和运动场清洁、干燥卫生,羔羊出生时舍内温度应保持在 8℃以上。

(3)羔羊两周龄内应以母乳为主食,对乳量不足或多胎羔羊应进行人工哺乳,人工哺乳时应定时定量,并注意代乳品和哺乳器具的卫生。

(4)羔羊 1 周龄后,应进行诱食、采食训练,逐渐过渡为脱离母乳、独立采食。温暖无风的天气,可放至舍外运动场自由活动。不留种的公羔应及时去势,瘦弱的羔羊适当延迟。

(5)羔羊 20 日龄以后在晴天时可跟随母羊就近放牧,并增加草料的补饲量,每日哺乳 2～3 次。

(6)毛用羔羊一般 3～4 月龄断奶,肉用羔羊可在 2 月龄左右断奶,之后转入育肥期。育肥前期(30 d 左右)以饲喂优质青、干草为主,适量补饲;育肥中期(60 d 左右)逐渐加大蛋白质和钙、磷等饲料的补饲量;育肥后期(15 d 左右)加大能量饲料的补饲量,进行强度育肥。

(7)饲料或饮水中适当添加一些抗应激药物,如电解多维,矿物质添加剂等,并适当添加一些抗生素药物如支原净、强力霉素、土霉素等。

(8)喂料时观察食欲情况,清粪时观察排粪情况,休息时检查呼吸情况。发现病羊,对症治疗,严重者隔离饲养,统一用药。

(9)根据季节变化,做好防寒保温、防暑降温及通风换气工作。舍内有害气体浓度适宜,并尽量降低。

(10)认真搞好防疫工作,圈舍每周消毒两次,消毒药每周更换一次。

任务 29　育成羊的饲养管理

育成羊是指羔羊从断奶后到第一次配种的公、母羊,多在 3～18 月龄,此阶段的羊只生长发育迅速，营养物质需要量大，如果饲养不良，就会显著地影响到生长发育，甚至失去种用价值。可以说育成羊是羊群的未来，其培育质量如何是羊群面貌能否尽快转变的关键。

一、育成羊的生理特点

(1)生长速度逐步加快　育成羊全身各系统均处于旺盛生长发育阶段，与骨骼生长发育密切的部位仍然继续增长，如体高、体长、胸宽、胸深增长迅速，头、腿、骨骼、肌肉发育也很快，体型发生明显的变化。

(2)瘤胃发育更为迅速　6月龄的育成羊，瘤胃迅速发育，容积增大，占胃总容积的75%以上，接近成年羊的瘤胃容积比。

(3)生殖器官趋向成熟　一般育成母羊6月龄以后即可表现正常的发情，卵巢上出现成熟卵泡，达到性成熟。育成公羊具有产生正常精子的能力。8月龄左右时接近体成熟，可以进行配种。育成羊体重达成年母羊体重的70%以上时，可进行配种生产。

二、育成羊的饲养管理

(一)分段饲养

育成羊处于断奶后的3～4个月，增重强度大，对饲养条件要求高，当营养条件良好时，日增重可达300 g以上；8月龄后，羔羊的生长发育强度逐渐下降，到1.5岁时生长基本趋于成熟。因此，在生产中一般将育成羊分育成前期(4～8月龄)和育成后期(8～18月龄)两个阶段进行饲养。

1.育成前期的饲养

育成前期的羊只，断奶时间不长，生长发育快，但瘤胃容积有限且机能不完善，对粗料的利用能力差。因此，这一阶段饲养的好坏，直接影响羊只育成后期和达到成年后的体格大小、体型发育和生产性能，必须引起高度重视。

羔羊断奶以后按性别、大小、强弱分群，加强补饲，按饲养标准采取不同的饲养计划，按月抽测体重，依据增重情况调整饲养计划。羔羊在断奶组群放牧后，仍需延续补喂精料，补饲量要依据牧草情况决定。正确的饲养方法应是按羔羊的平均日增重及体重，依据饲养标准，配置符合其快速生长发育的混合日粮。要求在加强放牧的基础上，以补饲精料为主，适量搭配青、粗饲料进行饲养。

现提供育成羊前期的精料配方供参考。

配方Ⅰ：玉米68%，胡麻饼12%，豆饼7%，麦麸10%，磷酸氢钙1%，添加剂1%，食盐1%。日粮组成：混合精料0.4 kg，苜蓿干草0.6 kg，玉米秸秆0.2 kg。

配方Ⅱ：玉米50%，胡麻饼20%，豆饼15%，麦麸12%，石粉1%，添加剂1%，食盐1%。日粮组成：混合精料0.4 kg，青贮1.5 kg，燕麦干草或稻草0.2 kg。

2.育成后期的饲养

育成后期的羊只，瘤胃机能趋于完善，可采食大量的牧草和农作物秸秆，这一阶段，可以放牧为主，结合补饲少量的混合精料或优质青干草进行饲养。要求安排在优质草场放牧或适当补喂混合精料，使其保持良好的体况，力争满膘迎接配种。当年的第一个越冬度春期，一定要搞好补饲，首先保证足够的干草或秸秆。在加强放牧的条件下，每羊每日补饲混合精料 200～300 g，留种羔羊 500～600 g。

现提供育成羊后期的精料配方供参考。

配方Ⅰ：玉米 44%，胡麻饼 25%，葵花饼 13%，麦麸 15%，磷酸氢钙 1%，添加剂 1%，食盐 1%。日粮组成：混合精料 0.5 kg，青贮 3.0 kg，干草或稻草 0.6 kg。

配方Ⅱ：玉米 80%，胡麻饼 8%，麦麸 10%，添加剂 1%，食盐 1%。日粮组成：混合精料 0.4 kg，苜蓿干草 0.5 kg，玉米秸秆 1.0 kg。

一般来讲，对于舍饲饲养的育成羊，若有优质的豆科干草，其日粮中精料的粗蛋白以 12%～13%为宜。若干草品质较差，可将粗蛋白质的含量提高到 16%。混合精料中能量以不低于全部日粮能量的 70%～75%为宜；对于放牧饲养的育成羊，夏秋季节应以放牧为主，并适当补饲精料，在枯草期，尤其是第一个越冬期，除坚持放牧外，还要保证有足够的精料、青干草和青贮料，并留意对育成羊补饲矿物质如钙、磷、盐及维生素 A、维生素 D 的供给。

(二)科学管理

(1)分群饲养　因为公、母羊对培育条件的要求和反应不同，公羊一般生长发育快，异化作用强，生理上对丰富的营养有良好的反应。同时分群饲养还可防止乱交与早配。

(2)适时配种　过早配种会影响育成羊的生长发育，使种羊的体型小、利用年限缩短；晚配使育成期拉长，既影响种羊场的经济效益，又延长了世代间隔，不利于羊群改良。育成母羊发情不明显，要做好发情鉴定，以免漏配。一般育成母羊满 8～10 月龄，体重达到 40 kg 或达到成年体重的 70%以上时可配种。育成公羊一般不采精或配种，可在 10～12 月龄以后，体重达 60 kg 以上时再参加配种。

(3)越冬防寒　育成羊越冬期的管理应以舍饲为主，放牧为辅，要特别注意搭建暖圈，防风、保温和保膘。春羔断奶后，采食青草期很短，即进入枯草期。进入枯草期后，天气寒冷，仅靠放牧不能满足营养需要，入冬前一定要储备足够的青干草、树叶、作物秸秆等，用来补饲并适当添加精料。

(4)体重检查　育成羊可按月抽测体重，以判定其生长发育正常与否。方法是在 1.5 岁以下的羊群中随机抽取 10%～15%的个体，固定下来每月称重，并与该品种羊的正常生长发育指标相比较，以衡量育成羊的发育情况，依据检查结果，应将不易留种的个体从育成羊中淘汰出去，去势后育肥。称重需在早晨未饲喂或出牧前进行。

三、育成羊饲养管理岗位操作程序

(一)工作目标

(1)育成期羊只的成活率在 95%以上；

(2)6 月龄体重在 35～40 kg 以上。

(二)工作日程

工作时间随季节变化，其工作日程应作相应的前移或后移。

6:30～7:30　消毒、卫生、称测体重。

7:30～8:30　观察羊群、饲喂、饮水。

8:30～11:30　放牧、运动及其他工作。

11:30～14:00　休息。

14:00～17:00　放牧、运动及其他工作。

17:00～17:30　观察羊群。

17:30～18:30　饲喂、饮水及其他工作。

(三)岗位技术规范

(1)转入断奶羔羊前,空舍应维修,彻底清扫、冲洗和消毒,空舍时间一般为 3～7 d。

(2)公、母分群饲养,并保持合理的饲养密度,转入后 1～7 d 注意饲料的逐渐过渡,饲料中适当添加一些抗应激药物,并控制饲料的喂量,少喂勤添,每日 3～4 次,以后自由采食。

(3)饮水设备应放置在显眼的位置,保证羊只清洁饮水。根据季节变化,做好防寒保温、防暑降温及通风换气等工作,控制舍内有害气体浓度,并尽量降低。

(4)做好羊只的放牧、免疫、驱虫和健胃等工作。后备羊配种前体内外驱虫一次,病羊及时隔离饲养和治疗。

(5)做好公羊的性欲表现和母羊的发情鉴定工作。母羊发情记录从 5～6 月龄时开始,仔细观察初情期和后期的发情表现,以便及时掌握发情规律和适时配种,并认真做好记录。

(6)喂料时仔细观察羊只的食欲情况;清粪时观察粪便的颜色;休息时检查呼吸情况;发现病羊,对症治疗,严重者隔离饲养,统一用药。

(7)育成羊 10～12 月龄转入配种空怀舍,加强饲养管理,及时查情和实施初配。

(8)每月称重一次,每周消毒两次,每周消毒药更换一次。

任务 30　种公羊的饲养管理

种公羊是发展养羊生产的重要生产资料,对羊群的生产水平、种群质量都有重要影响。在现代养羊业中,人工授精技术得到广泛的应用,需要的种公羊不多,因而对种公羊品质的要求越来越高。因此,种公羊的饲养应常年保持中上等膘情,健壮、活泼、精力充沛、性欲旺盛,能够产生优良品质的精液。

(一)合理的日粮供应

种公羊的饲料要求营养价值高,适口性好,容易消化。因此,日粮组成应种类多样,粗、精料合理搭配,尽可能保证青绿多汁饲料全年较均衡的供给;日粮应根据配种期和非配种期的饲养标准配合,再根据种公羊的体况作适当调整;营养上应富含蛋白质、矿物质和维生素。

(二)合理的饲养方法

种公羊的饲养可分配种期和非配种期进行。配种期又可分配种预备期(配种前 1～1.5 个月)、配种正式期(正式采精或本交阶段)及配种后复壮期(配种停止后 1～1.5 个月)三个阶段。在非配种期除放牧外,冬、春季每日每羊可补给混合精料 0.4～0.6 kg,胡萝卜或莞根 0.5 kg,干草 3 kg,食盐 5～10 g,骨粉 5 g。夏、秋季以放牧为主,每日每羊补混合精料 0.4～0.5 kg,饮水 1～2 次;配种预备期应增加精料量,按配种正式期给量的 60%～70%补给,要求逐渐增加并过渡到正式期的喂量。配种正式期以补饲为主,适当放牧。饲料补饲量大致为:混合精料 0.8～1.2 kg,胡萝卜 0.5～1.0 kg,青干草 2 kg,食盐 15～20 g,骨粉 5～10 g。草料分 2～3 次饲喂,每日饮水 3～4 次。配种后复壮期,初期精料不减,增加放牧时间，过些时间后再逐渐减少精料，直至过渡到非配种期的饲养标准。

（三）科学的管理方法

种公羊的管理要专人负责，保持常年相对稳定，单独组群或放牧。经常观察羊的采食、饮水、运动及粪尿的排泄等情况，保持饲料、饮水、环境的清洁卫生，注意采精训练和合理使用。采精训练开始时，每周采精检查一次，以后增至每周两次，并根据种公羊的体况和精液品质来调整日粮或增加运动。对精液稀薄的种公羊，应增加日粮中蛋白质饲料的比例；当精子活力差时，应加强种公羊的放牧和运动。

种公羊的合理使用要根据羊的年龄、体况和种用价值来确定。对 1.5 岁左右的种公羊每天采精 1～2 次为宜，不要连续采精；成年公羊每天可采精 3～4 次。

（四）公羊饲养管理岗位操作程序

1. 工作目标

（1）保证种公羊维持中上等膘情，性欲旺盛，体质健壮，并能产生良好品质的精液。

（2）公羊配种能力强，母羊受胎率达 85%以上。

2. 工作日程

7:00～9:00　运动、放牧、饮水、喂料（喂给日粮 1/2）。

9:00～11:00　采精、剪毛。

11:00～12:00　饲喂、休息、运动。

14:00～17:00　补饲、休息、采精、剪毛。

17:00～20:00　放牧、饮水。

20:00～21:00　喂料（喂给日粮 1/2）、休息。

3. 岗位技术规范

（1）种公羊舍应坚固、宽敞、通风良好，保持舍内环境卫生良好。

（2）种公羊专人管理，不可随意更换，并防止互相角斗，定期进行健康检查。

（3）非配种期的种公羊以放牧为主，适量补饲；配种开始前 45 d 起，逐渐加料并增加日粮中蛋白质、维生素、矿物质和能量饲料的含量；配种期保证种公羊能采食到足量的新鲜牧草，并按配种期的营养标准补给营养丰富的精料和多汁饲料。

（4）配种开始前 1 个月做好公羊的采精检查和初配公羊的调教工作。

（5）配种期的种公羊除放牧外，每天早晚应缓慢进行驱赶运动。

（6）按照畜牧行业畜禽的繁殖技术标准开展种公羊的人工授精，严格程序，规范操作。

（7）做好羊舍的消毒卫生，切实抓好驱虫、防疫和健胃等工作，发现病羊应及时治疗。

任务 31　种母羊的饲养管理

一、空怀期母羊的饲养管理

空怀期的母羊处在青草季节，不配种也不怀孕，营养需要量低。只要抓紧时间搞好放牧，即可满足母羊的营养需要。但在母羊体况较差或草场植被欠缺时，应在配种前 1～1.5 个月对母羊加强营养，提高饲养水平，使母羊在短期内，增加体重和恢复体质，促进母羊发情整齐和多排卵。短期优饲的方法，一是延长放牧时间，二是除放牧外，适当补饲精料。舍饲时，应按空怀母羊的饲养标准，制定配合日粮进行饲养。

我国北方地区产冬羔的母羊一般5—7月份为空怀期；产春羔的母羊一般8—10月份为空怀期。此阶段饲养以粗饲料为主，延长饲喂时间，每天饲喂3次，并适当补饲精料。空怀母羊需要的风干饲料为体重的2.4%～2.6%。管理上重点应注意观察母羊的发情状况，做好发情鉴定，及时配种，以免影响母羊的繁殖。

在空怀前期，有条件的地区放牧即可，无条件放牧的地区采取放牧加补饲。其日粮标准为：混合精料0.2～0.3 kg，干草0.3～0.5 kg，秸秆0.5～0.7 kg。为保证种母羊在配种季节发情整齐、缩短配种期、增加排卵数和提高受胎率，在配种前2～3周，除保证青饲草的供应、适当补盐、满足饮水外，还要对繁殖母羊进行短期补饲，每只每天喂混合精料0.2～0.4 kg，能产生明显的催情效果。空怀期母羊的饲养管理工作日程如表5-48所示。

表5-48　空怀期母羊的饲养管理工作日程

时间	饲养管理工作日程安排
6:30～7:30	观察羊群、饲喂、治疗
8:00～8:30	发情检查、配种
9:00～11:30	运动、剪毛、卫生和其他工作
11:30～14:00	休息
14:00～17:00	放牧、运动、剪毛及其他工作
17:00～17:30	发情检查、配种
17:30～18:30	饲喂、其他工作

二、妊娠期母羊的饲养管理

母羊妊娠期分妊娠前期和妊娠后期两个阶段，妊娠前期（前3个月），因胎儿生长发育缓慢，营养需要与空怀期差不多。若是放牧饲养，只要牧地条件良好，加强放牧即可满足营养需要。妊娠期母羊的饲养管理工作日程如表5-49所示。

表5-49　妊娠期母羊的饲养管理工作日程

时间	饲养管理工作日程安排
5:30～6:00	观察羊只，清洗料槽和水槽
6:00～7:00	饲料的准备与拌料
7:00～9:00	饲喂、休息、运动
9:00～10:30	清扫羊舍、换水
10:30～14:00	羊只运动、休息、反刍，运动场补饲
14:00～15:30	观察羊只、清洗料槽，准备饲料、拌料
15:30～17:30	喂料、运动、休息
17:30～18:30	清理羊舍
18:30～5:30	羊只休息

枯草季节，放牧效果不好时，可酌情补给粗饲料或少量的精饲料，应按照饲养标准进行；妊娠后期（后 2 个月）的母羊，胎儿生长迅速，其中 80%～90%的初生羔羊体重是此时生长的，营养物质的需要量很大。在妊娠后期，一般母羊要增加 7～8 kg 的体重，因此，单靠放牧是不够的，必须给予补饲。要求按营养标准配合日粮进行饲养。一般在放牧条件下，每羊每天补饲混合料 0.4～0.5 kg，优质青干草 1～1.5 kg，胡萝卜 0.5 kg，食盐 10～15 g，骨粉 10 g 左右。

妊娠期母羊的管理重心是保胎，不要让羊吃霜冻草或发霉饲料，不饮冰茬水，严防惊吓、拥挤、跳沟和疾病发生。羊群出放、归牧、饮水、补饲时，要慢而稳，羊舍保持温暖、干燥、通风良好。

三、泌乳期母羊的饲养管理

（一）一般母羊的饲养管理

（1）饲养方法　母羊的泌乳期分泌乳前期和泌乳后期两个阶段，泌乳前期（羔羊生后 2 个月）的母羊，因泌乳旺盛，营养需要量很大。如果母羊营养良好，奶水充足，羔羊生长发育好，抗病力强，成活率高。如果母羊营养差，泌乳量减少，羔羊生长发育受阻，抗病力减弱，成活率降低。而在大多数地区，哺乳前期的母羊正处在枯草或青草萌发期，单靠放牧显然满足不了其营养需要。因此，对于哺乳前期的母羊，要求以补饲为主，放牧为辅。应根据母羊的体况及所带单、双羔的情况，按照营养标准配制日粮进行饲养。一般情况下，产单羔的母羊，每羊每日补饲混合精料 0.3～0.5 kg，优质青干草最好是豆科牧草 1～1.5 kg，多汁饲料 1.5 kg；产双羔的母羊应酌情增加。哺乳后期（羔羊 2 月龄后）的母羊，泌乳能力下降，即使增加补饲量也难以达到泌乳前期的泌乳水平。而此时羔羊的胃肠功能也趋于完善，可以利用青、粗饲料，不再主要依靠母乳而生存。因此，对哺乳后期的母羊，应以放牧采食为主，逐渐取消补饲。若处于枯草期可适当补喂青干草。

（2）管理要求　主要是搞好哺乳和安全断奶。要求断奶前 1 周要减少母羊的精料、多汁料和青贮料，以防乳房炎的发生。产后 1 周内的母子群应舍饲或就近放牧，1 周后逐渐延长放牧距离和时间，并注意天气变化，防止暴风雪对母子的伤害。舍内保持清洁，胎衣、毛团等污物及时清除，以防羔羊食入生病。

哺乳期母羊的饲养管理工作日程如表 5-50 所示。

表 5-50　哺乳期母羊的饲养管理工作日程

时间	饲养管理工作日程安排
5:30～6:00	观察羊只，清洗料槽和水槽
6:00～7:00	饲料的准备与拌料
7:00～9:00	羔羊吃乳、饲喂、休息、运动
9:00～10:30	清扫羊舍、换水
10:30～12:00	羔羊吃乳、喂料、剪毛
12:00～14:00	羊只运动、休息、反刍，运动场补饲

续表 5-50

时间	饲养管理工作日程安排
14:00～15:30	观察羊只、清洗料槽，准备饲料、拌料、剪毛
15:30～17:30	羔羊吃乳、喂料、运动、休息
17:30～18:30	清理羊舍、观察羊群、羔羊吃乳
18:30～5:30	羊只休息

(二)乳用山羊的饲养管理

1.泌乳期的饲养管理

奶山羊的泌乳期依据泌乳规律可分为泌乳初期、泌乳盛期、泌乳中期和泌乳末期 4 个阶段，各个时期的饲养管理不尽相同。

(1)泌乳初期　母羊产羔后 20 d 内为泌乳初期。由于母羊刚分娩，体质虚弱，腹部空虚且消化功能较差，生殖器官尚未恢复，泌乳及血液循环系统功能不很正常，部分羊乳房、四肢和腹下水肿还未消失。因此，此期饲养的目的是尽快恢复母羊的食欲和体力，减少体重损失，确保母羊泌乳量稳定上升。

产后应禁止母羊吞食胎衣，产后 5～6 d 应饲喂易消化饲料，如优质青干草，饮用温盐水麸皮盐钙汤(麸皮 100 g、食盐 5 g、碳酸钙 5 g、温开水 1～2 L)或益母红糖汤(益母草粉 30 g、红糖 60 g、水 1 000 mL，煎服，每日 1 次，连用 3 d)，6 d 以后逐渐增加青贮饲料或多汁饲料，14 d 后精料的喂量应根据母羊的体况、食欲、乳房膨胀程度、消化能力等具体情况而定，防止突然过量导致腹泻和胃肠功能紊乱。日粮中粗蛋白质含量以 12%～14%为宜。具体含量要根据粗饲料中粗蛋白质的含量灵活运用，粗纤维的含量以 16%～18%为宜，干物质采食量按体重的 3%～4%供给。

(2)泌乳盛期　母羊产羔后 20～120 d 为泌乳盛期，其中产后 40～70 d 为泌乳高峰期，约占全泌乳期产奶量的 50%，此期的饲养管理水平对母羊泌乳能力的发挥起关键性作用。母羊产后 20 d，体质逐渐恢复，泌乳量不断上升，体内蓄积的营养不断流失，体重明显下降，应特别注意增加饲喂次数及喂量，营养要全面，并给以催乳饲料。催乳从产后 20 d 开始，在原来精料量(0.5～0.75 kg)的基础上，每天增加 50～80 g 精料，只要产乳量不断上升，就继续增加，当增加到每千克乳喂给 0.35～0.40 kg 精料，产乳量不上升时，就要停止加料，并维持该料量 5～7 d，然后按泌乳羊饲养标准供给。此时要通过三看：前边看食欲(是否旺盛)，中间看奶量(是否继续上升)，后边看粪便(是否拉软粪)，来调整饲喂量，要时刻保持羊只旺盛食欲，并防止消化不良。

高产母羊的泌乳高峰期出现较早，而采食高峰出现较晚，为了防止泌乳高峰期营养亏损，要求饲料的适口性要好、体积小、营养高、种类多、易消化。要增加饲喂次数，定时定量，少给勤添。增加多汁饲料和豆浆，保证充足饮水，自由采食优质干草和食盐。

(3)泌乳中期　母羊产羔后 120～210 d 为泌乳中期，该期泌乳量逐渐下降，在饲养上要调配好日粮，尽量避免饲料、饲养方法及工作日程的改变，多给一些青绿多汁饲料，保证清洁的饮水，缓慢减料，加喂粥料，加强运动，按摩乳房，精细管理，尽可能地使高产奶量稳定保持较长的时期。

(4)泌乳末期　母羊产羔后 210 d 至干奶为泌乳末期。由于气候、饲料的影响，尤其是发情与妊娠的影响，产奶量显著下降，饲养上要尽可能降低产奶量的下降速度。到泌乳高峰期产奶量上升之前增加精料，而此期应在产奶量下降之后减少精料，以减缓产奶量下降速度。

2.干乳期的饲养管理

奶山羊经过10个月的泌乳和5个月的妊娠，营养消耗很大，为使奶山羊恢复体况和补充营养，应停止产奶，停止产奶的这段时间叫干奶期。奶山羊在干奶期应提供充足的蛋白质、矿物质和维生素，使母羊乳腺组织得到恢复，保证胎儿发育，为下一轮泌乳贮备营养。

干奶期的长短取决于奶山羊的体质、产奶量高低、分娩胎次等，干奶期母羊饲养可分为干奶前期和干奶后期。

(1)干奶前期　此期青贮饲料和多汁饲料不宜饲喂过多，以免引起早产。营养良好的母羊应喂给优质粗饲料和少量精料，营养不良的母羊除优质饲草外，要加喂一定量混合精料，此外，还应补充含磷、钙丰富的矿物质饲料。

(2)干奶后期　奶山羊干奶后期胎儿发育较快，需要更多的营养，同时为满足产后泌乳需要，干奶后期应加强饲养，饲喂营养价值较高的饲料。精料喂量应逐渐增加，青干草应自由采食，多喂青绿饲料。

营养物质的给量应依据妊娠母羊的饲养标准供给，一般按体重50 kg，日产奶1.0～1.5 kg计算，每日供给优质豆科干草1.0～1.5 kg，玉米青贮1.5～2.5 kg，混合精料0.5 kg。母羊产前1周左右，应适当减少精料和多汁饲料的喂量。干奶期要注意羊舍的环境卫生，以减少乳房感染。防止羊只相互顶撞，出入圈门谨防拥挤，严防滑倒，注意保胎。每天刷拭羊体，避免感染虱病和皮肤病。母羊应坚持运动，但不能剧烈。产前1～2 d，让母羊进入产羔舍，查准预产期并做好接产准备。

3.奶山羊的饲养管理工作日程(表5-51)

表5-51　奶山羊场饲养管理工作日程

季节	时间	饲养管理工作日程安排
冬季(当年10月—翌年2月)每日挤奶两次	5:30～7:00	检查羊群，第一次饲喂，挤奶
	7:30～9:00	饮水，打扫羊舍卫生
	9:00～12:00	放牧、运动
	14:00～16:50	补饲饲料、运动或放牧
	16:50～18:00	第二次饲喂，挤奶，打扫挤奶室卫生
	19:30～21:30	添喂干草
	21:30～22:10	检查羊群
夏季(当年3—9月)每日挤奶两次	4:50～6:00	检查羊群，第一次饲喂、挤奶，梳刷
	7:00～8:00	饮水，打扫羊舍卫生
	8:00～11:00	运动或放牧
	15:00～17:00	饮水、喂草或放牧
	17:00～18:00	第二次饲喂、挤奶，打扫挤奶室卫生
	19:00～21:30	添喂饲草
	22:00～22:30	检查羊群

四、母羊舍(绵羊)的饲养管理岗位操作程序

(一)配种妊娠舍

1.工作目标

按计划完成母羊的配种受胎任务,保证全年产羔目标的实现;要求母羊的配种受胎率在95%以上,分娩率在98%以上。

2.工作日程

工作时间随季节变化,工作日程作相应的前移或后移。

6:30~7:30 饲喂,饮水、观察羊群。

7:30~11:30 发情检查、妊娠检查、配种、放牧、补饲、剪毛。

11:30~12:00 清理卫生及其他工作。

14:00~17:00 发情检查、妊娠检查、配种、放牧、补饲、剪毛。

17:00~18:30 喂饲、其他工作。

3.岗位技术规范

(1)加强空怀母羊的放牧管理,依据饲养标准提供日粮营养水平,合理补饲。要求维持中等以上膘情,不应过肥或过瘦;每天运动时间不少于6 h,运动充分;配种前1个月进行催情补饲;对发情不正常的母羊进行诱导发情。

(2)严格按照畜牧行业技术规范,认真做好母羊的发情鉴定、人工授精和妊娠诊断等工作,提高母羊群的受胎率。

(3)加强妊娠母羊的保胎护理,预防流产。妊娠前期(0~100 d)应适量补饲,妊娠后期(100~150 d)加大钙、磷和蛋白质类饲料的补饲量;禁止饲喂腐败变质饲料,不饮冰冷水,防止营养性、机械性和疾病性流产。

(二)产羔保育舍

1.工作目标

按计划完成母羊的分娩产羔任务。要求母羊的产羔率在105%以上,羔羊的成活率90%以上;断奶羔羊留用后备母羊的合格率在90%以上(转入基础群为准);羔羊断奶平均体重16~18 kg以上。

2.工作日程

工作时间随季节变化,工作日程作相应的前移或后移。

6:30~7:30 饲喂,饮水、观察羊群。

7:30~11:30 临产检查、接羔、放牧、补饲、剪毛。

11:30~12:00 清理卫生及其他工作。

14:00~17:00 临产检查、接羔、放牧、补饲、剪毛。

17:00~18:30 喂饲、其他工作。

3.岗位技术规范

(1)接产准备　产前1~2 d让母羊留圈喂养或近圈放牧;清扫产房,并用20%石灰水、石炭酸或草木灰等消毒,铺垫草和保温等;备好接产用具,做好产羔计划和产羔登记等;产前3 d,母羊饲料减少到最小限度。

(2)分娩助产　母羊分娩时，其羔羊随羊膜先露出两前蹄和头。羊水破后 10～30 min，羔羊便可顺利产出。如因胎大母羊无力产出，要用手握住前两肢，随着母羊努责，轻轻向下方拉出。如果遇到胎位不正时，要把母羊后躯垫高，将胎儿露出部分送回，手入产道，纠正胎位，把母羊阴道用手撑大，将胎儿的两前肢拉出再进去，重复 3～4 次即可将胎儿拉出来。

(3)假死处理　有的羔羊生下来即“假死”，表现是心脏跳动但不喘气。遇此情况，要认真检查，不要轻易将其扔掉，只要赶快动手，也可救活。其方法是先把羔羊呼吸道内的黏液和胎水清除掉，擦净鼻孔，向鼻孔吹气或进行人工呼吸；还可将羔羊放在前低后高的地方仰卧，手握前肢，反复前后屈伸，用手轻拍胸部两侧，可刺激羔羊喘气。

(4)护羔哺乳　羔羊产出后要擦拭黏液，断裂脐带，并保证及早吃上初乳。有些初产母羊缺乏母性，不舔食羔羊身上的黏液，拒绝喂奶，甚至顶、撞、踩压羔羊。遇到这种情况，首先应将羔羊身上的黏液抹入母羊鼻端、嘴内，或在羔羊身上撒些麸皮诱导母羊舔食。如母羊仍不舔食，应该尽快用布或软草将羔羊全身擦干，辅助羔羊吃饱初乳，然后将母羊放入单圈，要求每隔 2～3 h 哄起母羊一次，强迫母羊喂奶。

(5)母羊饲养　哺乳母羊产后 1～3 d 应只饲喂优质青、干草，随后逐渐加大精料补饲量，以保证泌乳量。产羔越多，补饲量应越大。无乳母羊或少乳母羊及时催乳。

(6)羔羊饲养　初生 1～2 周龄的羔羊应保证摄足初乳和常乳，对乳量不足或多胎羔应进行人工哺乳，要求定时定量，并注意代乳品和哺乳器具的卫生；1 周龄后舍外运动，保证充足阳光；2 周龄后进行诱食、采食训练，逐渐过渡为脱离母乳、独立采食。一般羔羊 3～4 月龄断奶，肉用羔羊 2 月龄左右早期断奶，补饲代乳料。

(7)加强日常管理　认真做好羔羊的哺乳、防病、称重、断尾、去势、开食训练和分娩登记卡的填写等工作。

任务 32　育肥羊的饲养管理

肉羊育肥是养羊生产的重要生产内容之一。目前我国的肉羊生产除利用本地的粗毛羊、细毛羊或半细毛羊等进行育肥外，还大量通过引入的肉羊新品种和我国各地的优秀土种羊品种(如小尾寒羊、湖羊、乌珠穆沁羊等)杂交，产生具有杂种优势的羔羊进行育肥。生产方式主要有放牧育肥、舍饲育肥和混合育肥。由于我国各地养羊基础条件不一，至于到底采取何种方式进行育肥，须根据当地畜牧资源状况、羊源种类与质量、肉羊生产者的技术水平、肉羊场的基础设施等条件来确定。

一、育肥方式

(一)放牧育肥

它是利用天然草场、人工草场或秋茬地放牧抓膘的一种育肥方式，生产成本低，应用较普遍。在安排得当时，能获得理想的效益。

1. 选好草场，划区轮牧

应根据羊的种类和数量，充分利用夏、秋季的人工草场、天然草场，选择地势平坦、牧草茂盛的放牧地安排生产。幼龄羊适于在豆科牧草较多的草场放牧育肥；成年羊适于在禾本科较多的草场放牧育肥；为了合理利用草场和保护牧草的再生能力，放牧地应按地形划分成若干小区，实行分区轮牧，每个小区放牧 4～6 d 后移到另一个小区放牧，使羊群能经常吃到鲜绿的牧草和枝叶，同时也使牧草和灌木有再生的机会，有利于提高产草量和利用率。

2.加强放牧，提高效果

为提高放牧育肥效果，养羊生产上，应安排母羊产冬羔和早春羔，这样羔羊断奶后，正值青草期，可充分利用夏、秋季的牧草资源，适时育肥和出栏。

放牧育肥的羊只，应按品种、年龄、性别、放牧的条件分群，保证育肥羊在牧地上采食到足够的青草量，一般羔羊可达 4～5 kg，大羊可达 7～8 kg。放牧时，尽可能延长放牧时间，早出牧，晚归牧，必要时进行夜牧，就地休息，保证饮水，每天放牧时间应达 10～12 h 以上。放牧方法上讲究一个“稳”字，少走冤枉路，多吃草。避免狂奔。放牧一天，最好能让羊群吃上3 饱和 3 饱以上，即达到绝大部分羊能吃饱卧下，反刍 3 次及 3 次以上的程度。同时，要避免不良的气候因素和草场不稳定对羊群形成的干扰和影响。这种育肥方法成本较低，效益相对较高，一般经过夏、秋季节，育肥羔羊体重可增加 10～20 kg。

（二）舍饲育肥

它是根据肉羊生长发育规律，按照羊的饲养标准和饲料营养价值，配制育肥日粮，并完全在舍内喂、饮、运动的一种育肥方式。饲料的投入相对较高，但羊的增重快，胴体重大，出栏早，经济效益高，便于按照市场的需要进行规模化、工厂化的肉羊生产。适合在放牧地少的地区或饲料资源丰富的农区使用。

1.合理加工饲料

舍饲育肥羊的饲料主要由青、粗饲料、农副业加工副产品和各种精料组成，如干草、青草、树叶、作物秸秆，各种糠、糟、渣、油饼、作物籽实等。为了提高饲料的消化率和利用率，青干草可采用切碎、铡短、青贮、揉搓、制粒等方式处理；秸秆料可通过碱化、微贮、氨化等方式处理；籽实类饲料可通过浸泡、软化、粉碎等方式处理。

2.控制精粗比例

一般舍饲育肥羊的混合精料可占到日粮的 45%～60%，随着育肥强度的加大，精料比例应逐渐升高。但要注意过食精料引起的肠毒血症和钙、磷比例失调引起的尿结石症等疾病的发生。要求饲草搭配多样化，禁喂发霉变质饲料，提倡使用饲料添加剂。

(1)瘤胃素的利用　瘤胃素又名莫能菌素，是肉桂的链霉菌发酵产生的抗生素。其功能是通过减少甲烷气体能量损失和饲料蛋白质降解、脱氨损失，控制和提高瘤胃发酵效率，从而提高增重速度及饲料转化率。瘤胃素的添加量一般为每千克日粮干物质中添加 25～30 mg，要均匀地混合在饲料中，最初喂量可低些，以后逐渐增加。

(2)预混料的使用　预混料是饲料公司生产的复合型添加剂，应用量小，但必不可少。它主要是由营养类的添加剂和非营养类的添加剂配合而成，富含畜禽必需的氨基酸维生素、矿物质、微量元素、瘤胃代谢调节剂、生长促进剂及对有害微生物的抑制物质，适于生长期和育肥期间饲喂，用量一般占日粮的 1%～3%，混入饲料中饲喂。也可在运动场上吊挂舔砖供羊只舔食所用。

3.正确进行饲喂

条件具备时青、粗饲料任羊自由采食，混合精料分上午、下午两次补饲，可利用草架和料槽分别饲喂；也可将草、料加工配合混匀，制成颗粒饲料饲喂。同时，保证饮水和喂盐。

现提供肉羊舍饲育肥时的饲料配方，仅供参考。

配方Ⅰ：玉米粉、草粉、豆饼各 21.5%，玉米 17%，葵籽饼 10.3%，麦麸 6.9%，食盐 0.7%，尿素 0.3%，添加剂 0.3%。前 20 d 每只羊日喂精料 350 g，中期 20 d 每只 400 g，后期 20 d 每只 450 g，粗料不限量，适量青绿多汁饲料。

配方Ⅱ：玉米 66%，豆饼 22%，麦麸 8%，骨粉 1%，细贝壳粉 0.5%，食盐 1.5%，尿素 1%，添加含硒微量元素和 AD_3 粉。混合精料与草料配合饲喂，其比例为 60∶40。一般羊 4～5 月龄时每天喂精料 0.8～0.9 kg，5～6 月龄时喂 1.2～1.4 kg，6～7 月龄时喂 1.6 kg。

配方Ⅲ：统糠 50%，玉米粗粉 24%，菜籽饼 8%，糖饼 10%，棉籽饼 6%，贝壳粉 1.5%，食盐 0.5%。

4.做好饲喂管理

每天饲喂 3 次，夜间加喂 1 次，先草后料，先料后水，早饱晚中，自由饮水，保证水质；注意防寒保温、环境卫生、消毒防疫和疾病防治。

(三)放牧加补饲育肥

草场质量较好的地区，可采取放牧为主，补饲为辅的方式育肥，以降低饲养成本，充分利用草场。参考配方如下：

①玉米粉 26%，麦麸 7%，棉籽饼 7%，酒糟 48%，草粉 10%，食盐 1%，尿素 0.6%，添加剂 0.4%。混合均匀后，每天傍晚补饲 300 g 左右。

②玉米 70%，豆饼 28%，食盐 2%。饲喂时加草粉 15%，混匀拌湿饲喂。

(四)混合育肥

混合育肥是放牧与补饲相结合的育肥方式，既能利用夏、秋牧草生长旺季，进行放牧育肥。又可利用各种农副产品及少许精料，进行补饲或后期催肥。这种方式比单纯依靠放牧育肥，效果要好。放牧兼补饲的育肥可采用两种途径：一种是在整个育肥期，自始至终每天均放牧并补饲一定数量的混合精料和其他饲料。要求前期以放牧为主，舍饲为辅，少量补料，后期以舍饲为主，多量补料，适当就近放牧采食；另一种是前期安排在牧草生长旺季全天放牧，后期进入秋末冬初转入舍饲催肥，可依据饲养标准配合营养丰富的育肥日粮，强度育肥 30～40 d，出栏上市。

二、羔羊育肥

现代羊肉生产的主流是羔羊肉，尤其是肥羔肉。随着我国肉羊产业的发展和人们生活、经济条件的改善，羔羊肉的生产将是羊的育肥重点。

(一)育肥期的确定

羔羊在生长期间，由于各部位的各种组织在生长发育阶段代谢率不同，体内主要组织的比例也有不同的变化。通常早熟肉用品种羊在生长最初 3 个月内，骨骼的发育最快，此后变慢、变粗，4～6 月龄时，肌肉组织发育最快，以后几个月脂肪组织的增长加快，到一岁时肌肉和脂肪的增长速度几乎相等。

1.肥羔肉生产

肥羔生产是指羔羊 30～60 日龄断奶，转入育肥，4～6 月龄体重达 30～35 kg 屠宰所得的羔羊肉。肥羔肉鲜嫩、多汁、易消化、膻味轻。羔羊早期育肥，具有投资少、产出高、方式灵活、饲料转化率高等显著特点。

按照羔羊的生长发育规律，周岁以内尤其是4～6月龄以前的羔羊，生长速度很快，平均日增重一般可达200～300 g。如果从羔羊2～4月龄开始，采用强度育肥的方法，育肥期50～60 d，其育肥期内的平均日增重不但能达到原有水平，甚至比原有水平高，这样羔羊长到4～6月龄时，体重可达成年羊体重的50%以上。出栏早，屠宰率高，胴体重大，肉质好，深受市场欢迎。

2.羔羊肉生产

用于肥羔生产的羔羊，要求平均日增重达200 g以上。如果用来育肥的羔羊，2～4月龄的平均日增重达不到200 g，就不适合于肥羔生产，这种类型的羔羊须等体重达25 kg以上，至少是20 kg以上，才能转入育肥，即进行羔羊肉生产。这种方式须等羔羊正常断奶后，才能进行育肥且育肥期较长(90～120 d)，一般分前、后两期育肥，前期育肥强度不宜过大，后期(羔羊体重30 kg以上)进行强度育肥，一般在羔羊生后6～10月龄就能达到上市体重和出栏要求。

(二)育肥生产管理

用来进行羔羊肉生产的育肥羔羊，适合以能量和蛋白质水平较高，并维持一定矿物质含量的混合精料为主进行育肥。育肥期可分预饲准备期(10～15 d)、正式育肥期和出栏销售期三个阶段。

1.预饲准备期

育肥前应做好饲草(料)的收集、贮备和加工调制，圈舍场地的维修、清扫、消毒和设备的配置等工作。羔羊进入育肥舍后，不论采用强度育肥，还是一般育肥，都要经过预饲期。预饲期一般为15 d，可分为两个阶段：第一阶段为育肥开始的1～3 d，只喂干草和保证充足饮水；第二阶段(3～15 d)逐渐增加精料量，第15天进入正式育肥期。此阶段应认真完成对羊只的健康检查、防疫、驱虫、去势、称重、健胃、分群和饲料过渡等工作内容。

(1)新购羊只处理　如果是外购羊只，应选择断奶后4～5月龄前的优良肉用羊和本地羊杂交改良的羔羊，膘情中等，体格稍大，体重一般15～16 kg以上；如果是自繁自养的羔羊，应做好羔羊哺乳期的饲养管理。从1月龄羔羊开始利用精料、青干草、豆科牧草、优质青贮料、胡萝卜及矿物质等，补饲量应逐步加大，每次投放的饲料量以羔羊能在20～30 min内吃完为宜；羔羊进场当天，不宜喂饲精料，只饮水和给以少量干草，在遮阴处休息，避免惊扰；育肥羔羊若处于炎热的夏秋季节，为促进其生长发育，可根据羊的体表被毛情况适时剪毛；若发现未去势的羊只，为改进肉质品质，以去势育肥为好。同时要求羊只健康无病，被毛光顺，上下颌吻合好。健康羊只的标志为活动自由，有警觉感，趋槽摇尾，眼角干燥。

(2)合理安排分群　安静休息8～12 h后，逐只称重记录。按羊只体格、体重和瘦弱等相近原则进行分群和分组，每组15～20只。要勤检查，勤观察，每天巡视2～3次，挑出伤、病羊，检查有无肺炎和消化道疾病，改进环境卫生。

(3)搞好防疫驱虫　羔羊预饲期内要进行驱虫和接种疫苗，防止寄生虫病和传染病的发生。驱虫药可选择使用一种，抗蠕敏(丙硫咪唑)，每千克体重15～20 mg，灌服。虫克星(阿维菌素)，每千克体重0.2～0.3 mg(有效含量)，皮下注射或口服。依据疫苗接种程序，进行皮下或肌肉注射。

(4)逐渐过渡饲料　育肥期间应避免过快地变换饲料种类和日粮类型，绝不可在 1～2 d 内改喂新换饲料。精饲料的变换，应以新旧搭配，逐渐加大新饲料比例，3～5 d 内全部换完。如将粗饲料更换为精饲料，应延长过渡时间，14 d 换完。

2.正式育肥期

正式育肥期主要是按饲养标准配合育肥日粮，进行投喂，定期称重，并以此为据及时调整饲养计划。要求合理安排羊只的放牧、补饲、饮水、运动、消毒和防疫等生产环节，避免羊只拥挤和争食，防止羊只强弱不匀，进而促进其快速生长发育。一般来讲，用于肥羔肉生产的幼龄羊只，要求 1～2 月龄断奶，饲养 2～4 个月，体重达 30 kg 左右出栏即可；用于羔羊肉生产的幼龄羊只，要求 3～4 月龄断奶，再饲养 4～5 个月，体重达 40 kg 左右出栏即可。

方案Ⅰ：用于早期断奶羔羊的育肥，以舍饲为主，育肥时间 50～60 d。具体方案如下：

第一阶段：适应过渡期(第 1～15 天)。第 1～3 天仅喂青干草，每天喂 2 kg/只，自由饮水，让羔羊适应新环境；第 3～7 天，由青干草逐步向精料过渡。日粮配方：玉米 25%、干草 65%、糖蜜 4%、豆饼 5%、食盐 1%、抗生素 50 mg，精粗料比 36∶64；第 7～15 天，参考配方如下：玉米 30%、豆饼 5%、干草 62%、食盐 1%、羊用添加剂 1%、骨粉 1%。

第二阶段：强化育肥期(第 15～50 天)。增加蛋白质饲料的比例，注重饲料的营养平衡与质量。首先经过 2～5 d 的日粮过渡期，参考配方如下：玉米 65%、麸皮 13%，豆饼(粕) 10%、优质花生饼 10%、食盐 1%、羊用添加剂 1%。混合精料每天喂量为 0.2 kg/只，每天饲喂 2 次。混合粗料每天喂量为 1.5 kg/只，每天饲喂 2 次，自由饮水。

第三阶段：育肥后期(第 50～60 天)。加大饲料喂量的同时，增加饲料的能量，适当减少蛋白质的比例，以增加羊肉肥度，提高羊肉品质，参考配方如下：玉米 91%、麸皮 5%、骨粉 2%，食盐 1%、羊用添加剂 1%。混合精料日喂量 0.25 kg/只，每天 2 次。混合粗料日喂量 1.5 kg/只，每天 2 次，自由饮水。

方案Ⅱ：用于正常断奶羔羊的育肥，以舍饲为主，育肥时间分前期(3～6 月龄)和后期(7～10 月龄)两个阶段执行。整个育肥期精料用量占日粮的 45%～65% 为宜，前期适当提高饲料中的蛋白质含量，后期适当降低饲料中的蛋白质水平，转而提高饲料中的能量值，以增加羊肉肥度，改进羊肉品质。具体方案如下：

配方Ⅰ：优质干草型

育肥前期：玉米 60%、麸皮 12%、饼粕类饲料 24%(豆粕 4%、棉粕 10%、菜粕 5%、花生粕 5%)、磷酸氢钙 0.5%、石粉 1%、食盐 1%、小苏打 0.5%、添加剂预混料 1%。混合精料每天喂量为 0.4 kg/只，每天饲喂 2 次。混合粗料每天喂量为 2.0 kg/只，每天饲喂 2 次，自由饮水。

育肥后期：玉米 69%、麸皮 6.5%、饼粕类饲料 20%(豆粕 3%、棉粕 8%、菜粕 5%、花生粕 4%)、磷酸氢钙 0.5%、石粉 1%、食盐 1%、小苏打 1%、添加剂预混料 1%。混合精料每天喂量为 0.3 kg/只，每天饲喂 2 次。混合粗料每天喂量为 2.5 kg/只，每天饲喂 2 次，自由饮水。

配方Ⅱ：玉米青贮型

育肥前期：玉米 60%、麸皮 10.5%、饼粕类饲料 25%(豆粕 5%、棉粕 10%、菜粕 5%、花生粕 5%)、磷酸氢钙 0.5%、石粉 1%、食盐 1%、小苏打 1%、添加剂预混料 1%。混合精料每天喂量为 0.45 kg/只，每天饲喂 2 次。混合粗料每天喂量为 2.0 kg/只，每天饲喂 2 次，自由饮水。

育肥后期：玉米69.5%、麸皮3%、饼粕类饲料23%（豆粕2%、棉粕10%、菜粕6%、花生粕5%）、磷酸氢钙0.5%、石粉1%、食盐1%、小苏打1%、添加剂预混料1%。混合精料每天喂量为0.35 kg/只，每天饲喂2次。混合粗料每天喂量为2.5 kg/只，每天饲喂2次，自由饮水。

配方Ⅲ： 玉米秸秆型

育肥前期：玉米60%、麸皮9%、饼粕类饲料27%（豆粕6%、棉粕10%、菜粕5%、花生粕6%）、磷酸氢钙0.5%、石粉1%、食盐1%、小苏打0.5%、添加剂预混料1%。混合精料每天喂量为0.5 kg/只，每天饲喂2次。混合粗料每天喂量为2.5 kg/只，每天饲喂2次，自由饮水。

育肥后期：玉米69%、麸皮2.5%、饼粕类饲料24%（豆粕3%、棉粕10%、菜粕6%、花生粕5%）、磷酸氢钙0.5%、石粉1%、食盐1%、小苏打1%、添加剂预混料1%。混合精料每天喂量为0.4 kg/只，每天饲喂2次。混合粗料每天喂量为3.0 kg/只，每天饲喂2次，自由饮水。

3.出栏销售期

用于羔羊肉生产的育肥羊，其出栏时间的早晚应根据羊只的生长速度、品种类型、育肥方式、胴体品质、市场需求和季节安排等因素确定，并认真做好市场调查，适时出栏。育肥羔羊出栏时的体重一般不超过40～45 kg为宜。

三、成年羊育肥

成年羊育肥在年龄上可划分为1～1.5岁羊和2岁以上的成年羊（多数为老龄羊），并按膘情好坏、年龄、性别、品种、体重、外貌等进行必要的挑选，然后进行育肥。主要目的是短期内增加羊的膘度，使其迅速达到上市的良好育肥体况。依据生产条件，可选择使用放牧育肥、舍饲育肥、混合育肥的方式，但以混合育肥和舍饲育肥的方式较多。成年羊的育肥和羔羊育肥一样，分为预饲准备期（15 d）、正式育肥期（30～50 d）和出栏销售期三个阶段，工作内容大同小异。

（一）育肥羊的选择

一般来讲，凡不做种用的公、母羊和淘汰的老弱病残羊，均可用来育肥。要选择膘情好、体型大，增重快、健康无病，最好是肉用性能突出的品种，育肥时可按体重大小和体质状况分群。一般将情况相近的羊放在同一群育肥，避免因强弱争食造成较大的个体差异；育肥前应对羊只进行全面的健康检查，凡病羊均应治愈后育肥。过老、采食困难的羊只不宜育肥，淘汰公羊应在育肥前10 d左右去势；育肥羊在进入育肥前应注射肠毒血症三联苗，并进行驱虫；同时在圈内设置足够的水槽和料槽，并进行环境（羊舍及运动场）清洁与消毒。

（二）育肥生产管理

1.选择理想日粮配方

成年羊育肥时应按照品种、活重和预期增重等主要指标确定育肥方案和日粮标准。选好日粮配方后，应严格按比例称量配制日粮。为提高育肥效益，应充分利用天然牧草、秸秆、树叶、农副产品等，多喂青贮饲料和各种藤蔓等，同时适当加喂大麦、米糠、菜籽饼等精饲料。

2. 合理安排饲喂饮水

成年羊的日喂量依配方不同有一定差异，一般要求每天饲喂 2 次，日喂量以饲槽内基本无剩余饲料为标准。饮水以自由采食为宜。

3. 合理使用饲料添加剂

肉羊饲喂一定量的饲料添加剂可以改善其代谢机能，提高采食能力、饲料利用率和生产效益。肉羊常用的饲料添加剂有瘤胃素、非蛋白氮添加剂等。现介绍常用的添加剂——尿素的使用方法。

(1)利用机理　每千克尿素的含氮量相当于 2.6～2.9 kg 粗蛋白质或 6～7 kg 豆饼的含氮量。尿素随草、料进入瘤胃后，由细菌分泌的尿素酶将其分解为氨，被细菌作为氮源而合成菌体蛋白。这些菌体蛋白到达真胃和小肠后，很快被胃肠蛋白酶分解为氨基酸而被羊体吸收利用。

(2)饲喂水平　尿素不能替代日粮中的全部蛋白质，只是在日粮蛋白质不足时才喂，喂量可按羊体重的 0.02%～0.05%计算。

(3)饲喂方法　喂尿素应由少到多，逐渐增加到规定喂量，一般每日 2～3 次，喂后不能马上饮水，切忌单纯饮用或直接喂饲，必须配合易消化的精料喂饲；饲喂尿素不能空腹饲喂或时停时喂，连续饲喂效果才好；也不能和生豆类饲料混合饲喂，因生豆饼含有脲酶，对尿素分解很快，易使羊中毒。

(4)预防中毒　若饲喂方法不当或喂量过大，造成羊尿素中毒，可静脉注射 10%～25%葡萄糖，每次 100～200 mL。或灌服食醋 0.5～1 L 来急救。

4. 正确选择育肥方式

(1)放牧补饲型　适应于我国的牧区、半农半牧区，放牧为主，补饲为辅。这种方式在夏季以放牧为主，其日采食青绿饲料可达 5～6 kg，精料 0.4～0.5 kg，平均日增重 140 g 左右。老龄羊或淘汰羊育肥主要在秋季进行，育肥期一般为 60～90 d，主要是利用农田茬地或秋季牧场放牧，待膘情好转后，直接转入育肥舍进行短期强度育肥。其典型日粮组成如下：

配方Ⅰ：禾本科干草 0.5 kg，青贮玉米 4.0 kg，碎谷粒 0.5 kg。此日粮配方中含有干物质 40.60%，代谢能 17.974 MJ，粗蛋白质 4.12%，钙 0.24%，磷 0.11%。

配方Ⅱ：禾本科干草 0.5 kg，青贮玉米 3.0 kg，碎谷粒 0.4 kg，多汁饲料 0.8 kg。此日粮配方中含有干物质 40.64%，代谢能 15.884 MJ，粗蛋白质 3.83%，钙 0.22%，磷 0.10%。

(2)舍饲圈养型　适应于我国的农区和饲料加工条件好的地区，舍饲为主，放牧为辅。肉用羊或羯羊的饲养常采用这种方式。其典型日粮组成如下：

配方Ⅰ：禾本科草粉 30.0%，秸秆 44.5%，精料 25.0%，磷酸氢钙 0.5%。此配方每千克饲料中干物质含量为 86%，代谢能 7.106 MJ，粗蛋白质 7.4%，钙 0.49%，磷 0.25%。

配方Ⅱ：秸秆 44.5%，草粉 35.0%，精料 20.0%，磷酸氢钙 0.5%。此配方每千克饲料中干物质含量为 86%，代谢能 6.897 MJ，粗蛋白质 7.2%，钙 0.48%，磷 0.24%。

四、羔羊育肥舍饲养管理岗位操作程序

(一)工作目标

(1)育肥羔羊成活率在 98%以上；

(2)育肥期平均日增重 260 g 以上,5～6 月龄体重在 33～35 kg 以上。

(二)工作日程

工作时间随季节变化,其工作日程应作相应的前移或后移。

6:30～7:30　消毒、饲喂、饮水。

8:00～8:30　观察羊群、称重、剪毛。

11:30～12:00　清理卫生和其他工作。

12:00～14:00　休息。

14:00～17:00　观察羊群、称重、剪毛、药浴。

17:00～18:30　饲喂、饮水、卫生、其他工作。

(三)岗位技术规范

1.羊舍准备

(1)环境要求通风干燥,清洁卫生,夏挡阳光,冬避风寒。

(2)圈舍面积要求羊舍 0.8～1 m^2/只,运动场 2～3 m^2/只。

(3)饲槽规格要求 20～25 cm/只,自由饮水。

(4)消毒:进羊前和每周用 3%～5%的来苏儿消毒 1 次。

2.选购羊只

(1)年龄　3～4 月龄断奶羔羊,最好为杂交羔羊。

(2)体型　体躯呈桶形,胸宽深。

(3)膘情　发育均匀,体重 20～25 kg,中等膘情。

(4)健康　四肢健壮,被毛光亮,精神饱满。

3.免疫驱虫

(1)新入羊只休息 8 h,只饮水并食少量干草。

(2)第二天早晨分群称重,根据大小、强弱、性别、品种等分群。

(3)驱虫用阿维菌素 0.25 mg/kg 皮下注射。

(4)免疫用羊快疫、肠毒血等三联苗和羊痘疫苗注射。

4.饲养管理

(1)育肥前期

①1～3 d 饲喂青干草,自由采食和饮水。

②7～30 d 饲喂日粮配方Ⅰ,日喂 3 次,投料 1.0～ 1.5 kg,自由采食

日粮配方Ⅰ:玉米 42.3%,麸皮 7.5%,豆饼 17.5%,磷酸氢钙 1.2%,食盐 0.5%,添加剂 1%,苜蓿干草 30%,加工成颗粒饲喂。

(2)育肥后期

(1)30～60 d 饲喂日粮配方Ⅱ,日投料 1.5～2 kg,日喂 3 次,自由采食和饮水。

(2)饲喂加工:合理搭配,尽量多样化,搅拌均匀。

日粮配方Ⅱ:玉米 39.3%,小麦麸 7.5%,豆饼 17.5%,苜蓿草及大麦草 33%,磷酸氢钙 1.2%,添加剂 1%,食盐 0.5%。

5.出栏

羔羊出售时,体重可达 35～40 kg,屠宰率 50%。

【能力训练】

技能一　工厂化养猪饲养工艺时段的划分

一、训练内容

江苏省泰州地区某规模化养猪场以“周”为生产节律，采用工厂化养猪工艺，全过程分为配种、妊娠、分娩、保育、育肥五个生产环节。猪场饲养工艺流程如图 5-11 所示。

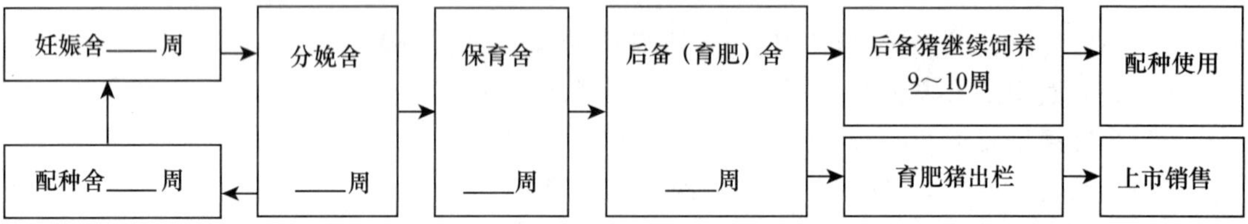

图 5-11　江苏省泰州地区某规模化养猪场猪群的饲养工艺流程

请你根据所学专业知识，查阅相关资料，说明该规模化养猪场的生产周转模式，并在图 5-12 横线上填写适宜的工艺时段(以周为单位设计)。

二、评价标准

(1)生产周转模式　由图 5-11 可看出，该猪场分娩舍转来的断奶母猪，在配种舍内完成发情鉴定和适时配种，经早期妊娠诊断，怀孕的母猪即可转入妊娠舍饲养；临产前 1 周转入分娩舍饲养至哺乳期结束，然后再转入到配种舍进入第二个繁殖周期；哺乳仔猪断奶后转入保育舍进行网床培育，体重达 18～20 kg 时转入育肥舍饲养，至体重达 90～100 kg 出栏上市；后备猪继续饲养至 8～10 月龄配种使用。

(2)生产工艺时段　猪场的工艺时段是猪群周转和生产管理的基础，只有设计合理，才能确保生产目标的顺利实现。根据前提条件，养猪饲养工艺时段的划分如图 5-12 所示。

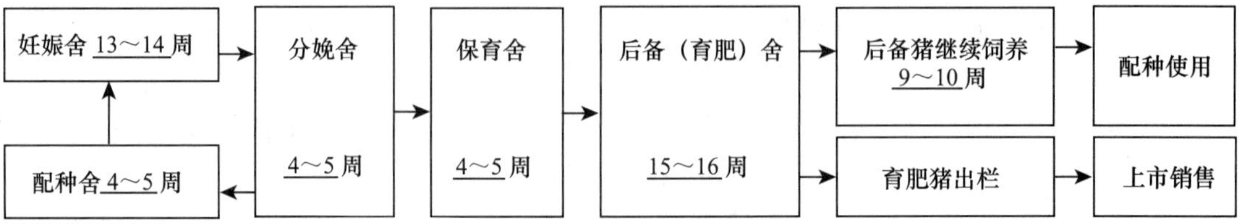

图 5-12　江苏省泰州地区某规模化养猪场猪群饲养工艺时段划分

技能二　农村蛋鸡养殖户产蛋率低的原因分析

一、训练内容

随着蛋鸡业规模化及疫病流行复杂化，养鸡进入微利或危利时代，科学的饲养管理显得尤为重要。在我国农村蛋鸡养殖户群体中，还有相当一部分处于中小规模的养殖阶段。它们没有完善的生物安全体系，饲养环境相对比较恶劣，饲料营养配合不全，潜在应激因素居多，致使鸡群产蛋率不高，经济效益较低。

请你根据所学专业知识和查阅相关资料，概括性的分析农村蛋鸡养殖户产蛋率低的主要原因。

二、评价标准

（1）鸡苗因素　部分养殖户为节约养殖成本，选用廉价鸡苗，母原疾病的困扰致使产蛋期生产性能下降，如沙门氏菌感染、新城疫抗体低下、马立克氏病、传染性贫血等，此类疾病的存在导致产蛋期鸡群死亡率增加，产蛋量减少。有些养殖户虽投入大量的药物成本，但效果却不甚理想。

（2）管理因素　主要表现在饲养密度过大、饲喂设备简陋、鸡舍小环境恶劣、光照程序不合理、免疫程序混乱等，导致鸡群在5周龄后体重未能达到标准，形成小骨架蛋鸡；6～12周龄内脏器官发育缓慢，蛋鸡在16周龄的体型均匀度、性成熟均匀度、免疫均匀度较低。生产中常有一些养殖户只以体重大小衡量均匀度，造成鸡只过于肥胖，忽略了蛋鸡育成期的性成熟、骨架、免疫均匀度等方面的一致性，此类鸡群产蛋高峰均不理想。

（3）饲料因素　目前市场上销售的饲料质量参差不齐，存在掺杂使假或有效成分含量不足的问题。如饲料中蛋氨酸、赖氨酸、复合维生素等必需氨基酸含量不足，按成分含量及使用说明配制，喂鸡后常出现产蛋但维持高峰不长。如有些蛋鸡饲料代谢能偏低，杂粕比例偏高，饲料利用率低，养殖户大多不注意这一点，片面强调饲料的低价格，致使产蛋鸡应有的生产性能未能发挥出来。

（4）疾病因素　个别养殖户不进行科学的免疫监测，未能结合当地实际实施免疫，鸡群抗体参差不齐，疫病时常发生，致使鸡群产蛋难以达到高峰。新城疫、传染性支气管炎、减蛋应激综合征等疾病的存在，直接制约了蛋鸡生产性能的发挥。有些养殖户在生产中花费大量的药物，但产蛋率仍未见提高。

（5）药物因素　盲目投药，使产蛋率下降。养殖户普遍存在以下的用药误区：不注意给药时间和次数；不重视给药方法；片面加大或者减少用药量；疗程不足或频繁换药；不适时更换新药；药物选择不对症；盲目搭配用药；忽视不同情况下的用药差别等；抗生素的滥用，一切只为追求短期疗效造成耐药性的产生、药物残留、毒副作用。长此以往，药效不明显。鸡群一旦发病损失惨重。

综上所述，养殖户可针对自己的养鸡场，结合生产实际，寻找生产性能下降的根本原因，做好饲养管理、环境控制、卫生防疫、合理的药物预防，慎重选购优质的鸡苗，最大限度的科学管理，避免人为因素造成养鸡损失，力求使养殖户取得良好的经济收益。

技能三　产奶牛各泌乳阶段饲养管理的分析比较

一、训练内容

上海市某奶牛良种繁育场饲养荷斯坦奶牛 6 000 头，泌乳母牛年单产≥9 000 kg。该场将奶牛泌乳阶段划分为泌乳初期、泌乳盛期、泌乳中期、泌乳后期四个阶段进行饲养。泌乳牛群全部采用全混合日粮（TMR）分阶段饲养，日喂 TMR 3 次，每日清槽，设置有自动饮水设备自由饮水，日挤奶 3 次，牛舍设有矿物质盐砖供奶牛自由舔食。各时期奶牛产奶量、采食量、体重变化、胎儿的生长规律，如图 5-13 所示。试分析和比较产奶牛各泌乳时期的干物质进食量、产乳量和体重变化、各阶段生理和泌乳规律，指出该奶牛场该如何进行各阶段的分群饲养、管理，以提高牛群产乳量，增加经济效益。

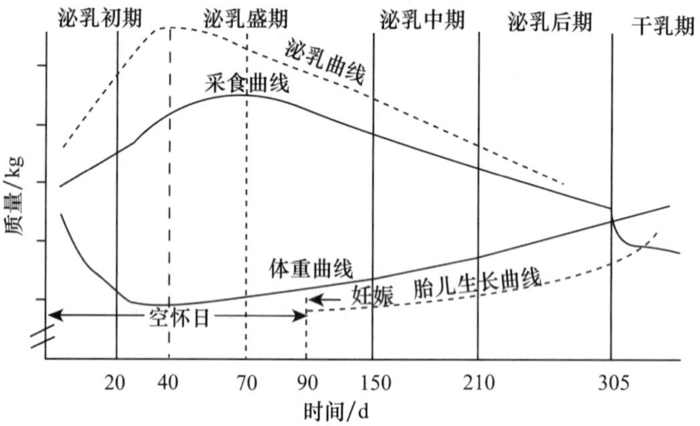

图 5-13　泌乳期奶牛产奶量、采食量、体重变化、胎儿生长曲线

二、评价标准

由图 5-13 可知，奶牛的采食量增加或减少，产奶量也随之增加或减少，因此，生产中只有保证足够的干物质进食量，才能确保奶牛泌乳性能的充分发挥；而奶牛体重则为泌乳前期采食量逐渐增加，但体重因高泌乳和空怀而维持恒定，中后期采食量逐渐下降，而体重则因妊娠和产乳量下降而增加。该场泌乳牛各阶段生理特点、饲养目标、饲养管理要点区别可参考表 5-52。

表 5-52 奶牛各泌乳时期产奶性能比较

泌乳时期	生理特点	饲养目标	饲养管理要点	注意事项
泌乳初期	体质弱，正在恢复，开始能量负平衡。	提高干物质进食量，尽快恢复体质。	主动增加精料，以"料领着乳走"为原则。加强产后护理。规范挤乳操作。	预防乳房水肿，酮病、胎衣不下和真胃移位。
泌乳盛期	体质恢复正常，产乳量增加到高峰，能量严重负平衡。	提高干物质进食量，减缓能量负平衡，做到产后 60～110 d 配种受孕。	坚持"料领着乳走"的原则，提高日粮配制营养浓度，全力提高产乳量。提高受胎率。	预防乳房炎、瘤胃酸中毒、发情延迟、安静发情。
泌乳中期	产乳下降，采食量达到高峰，体重开始增加。	减缓产乳量的下降速度，逐渐恢复体重。	以"料跟着乳走"为原则，精粗比例接近为 50∶50。	防止产乳量的下降速度过快。
泌乳后期	产乳量大幅度下降，处于妊娠中后期，采食量最大，体重增加。	减缓产乳量的下降速度，恢复体重。保胎防流。	继续以"料跟着乳走"为原则，以粗饲料为主。结束时体重恢复至产前。	防止过胖、过瘦、早产等现象的发生。

技能四　我国农区养羊业可持续发展措施分析

一、训练内容

中国的大部分省(区)是传统的农业区，近年来，随着农业产业结构的调整，养羊为主的节粮型畜牧业受到人们的重视和发展。农区无论从自然气候，还是人们对羊肉的需求，都适合发展肉羊业。从羊的品种来看，农区和半农半牧区的绵羊大部分是粗毛羊，由这种粗毛羊生产的异质毛，经济价值很低；我国南方农区，山羊的数量和分布都比绵羊占有优势，山羊历来以产肉和板皮为主；我国还拥有相当数量的产肉性能突出的粗毛羊、细毛羊、半细毛羊及其杂种羊。因此，农区具有发展肉羊业的品种基础。

农区是我国粮食作物的主产区，每年生产大量作物秸秆、籽实和农副产品资源。其中秸秆通过氨化、粉碎、生物处理等技术，可提高其营养价值，是养羊重要的粗饲料来源；农区还有许多草山、滩涂地及田边地角，可为养羊提供丰富多样的青绿饲料。因此，农区具有发展肉羊业的饲料基础。

农区养羊总体饲养量大，生产方式以分散的家庭饲养为主，饲养规模小，各家养羊 3～10 只不等，这种副业性质的养羊，虽有利于农区零散草地的利用，但不能形成规模效益。而且农区养羊还普遍存在良种化程度不高，出栏率低，胴体重小，饲养管理水平低等诸多问题。因此，随着农业产业结构的调整，在农区积极推进规模化、工厂化养羊，将有一定潜力可挖。

请你根据所学专业知识，并查阅相关资料，简谈我国农区养羊业可持续发展的对策。

二、评价标准

（一）建立人工草地，开发饲料资源

（1）在农区和半农半牧区，应充分利用农闲地种植优质高产牧草如紫花苜蓿、饲用玉米等，刈割饲喂羊群，或晒制青干草，或制成青贮料；也可利用耕地进行粮草轮作，扩大饲料来源，保证舍饲羊群青、粗料的供应，为羊群安全越冬度春创造条件。

（2）牧草的种植应根据具体情况决定混播牧草的种类，如属盐碱性土壤，适宜种植的牧草种类有黑麦草、草木樨、无芒雀麦和猫尾草等。在风沙地区适宜种植的牧草种类有沙打旺、秣食豆和花棒等。在南方适宜于人工草地种植的牧草较多，如多年生三叶草，多年生黑麦草，冬、春季生长的光叶紫花苕和紫云英等，这些牧草可单种或混播。在有条件的地方，除种植牧草外，可适当种植一些高产饲料作物和多汁饲料，如玉米、黑麦、饲用萝卜和胡萝卜等。

（3）人工草地建成的初期，只适宜刈割，待产草量稳定时，再实行有计划的分区轮牧，同时加强日常管理，定期施肥和除虫灭害。

（二）充分利用农副产品资源，大力推广秸秆养羊

我国农村每年收获的玉米秸、高粱秸、麦秸、稻草、甘薯藤、花生蔓、豆秸、豆荚及各种糟、渣、糠、野草、树叶等饲料资源的数量是相当大的，收集和贮存起来，便是羊的常年饲料。

（1）秸秆的营养价值　秸秆作为饲料的主要问题是有效能和消化率低，反刍动物的消化率一般只有40%～50%。每千克秸秆干物质代谢能含量6.07～6.69 MJ，粗蛋白质含量一般只有3%～6%，矿物质含量也低，最突出的问题是磷含量（0.02%～0.16%）不足，也缺乏反刍动物所必需的维生素A、维生素D、维生素E。另外，秸秆大部分不能被直接利用，即使能直接利用，转化效率也很低，只有通过特殊的加工处理，才能发挥其潜在的营养价值。

（2）粗饲料的加工调制　粗饲料营养价值较低，粗纤维含量高，但饲料体积大，对羊有饱食感和促进胃肠蠕动的作用，价格便宜。因此，利用秸秆养羊，节约成本。为了提高秸秆的营养价值和消化率，增强适口性，应搞好加工调制。主要方法铡短、粉碎、青贮、氨化、碱化、揉搓、制粒、微贮等。

（三）引进优良绵、山羊品种，开展经济杂交

据有关资料介绍，我国农区分布有众多的绵、山羊品种。虽然品种数量多，分布广泛，适应性强，耐粗饲，繁殖力高，但普遍存在个体小，生产性能低，尤其是产肉性能低的问题。这种局面在一定程度上制约了农区养羊业的发展。因此，引进一些适合各地生态条件的优良绵、山羊品种，进行杂交改良，对提高当地羊种生产性能，增加农民养羊收益具有重要作用。

（1）搞好引种和纯繁　应根据各地的生态条件和经济发展方向，引入适合本地的国内外优良品种。如德国肉用美利奴羊、无角陶赛特羊、萨福克羊、夏洛来羊、特克赛羊尔、波尔山羊、南江黄羊、小尾寒羊、乌珠穆沁羊等。加强种公羊的选择和培育，大力推广人工授精技术，不断改善饲养管理条件，搞好优良品种的选育提高，建立和健全良种繁育体系，为农民在养羊中获得明显的经济效益创造条件，从而促进养羊业的可持续发展。

（2）开展经济杂交，提高肉羊生产水平　利用国外优良的肉用品种作父本，国内肉用性能较好的粗毛羊、细毛羊、半细毛羊、山羊作母本，开展二元或三元杂交，通过杂种优势来发展肉羊生产，将显著提高肉羊的生产性能和经济效益。

一般用作经济杂交的父本品种，应具备体重大、体型长、增重快、肉用性能明显、能适应当地气候条件的特点，母本应具备来源方便、适应性强、早熟、四季发情和产羔多的特点。如我国农区肥羔生产常用的杂交生产体系，如图 5-14 所示。

♀ 小尾寒羊（湖羊） × 无角陶赛特羊（波德代羊、特克赛尔羊等） ♂

↓

♀ （公羊用于育肥）F_1 × 萨福克羊（杜泊羊、夏洛来羊等） ♂

↓

F_2（肥羔生产）

图 5-14　我国农区肥羔生产杂交模式范例

(四)安排母羊密集产羔，开展肥羊生产

安排母羊密集产羔，打破羊只的季节繁殖特性，使母羊一年四季发情，全年均衡产羔，最大限度地提供羔羊数，这样可做到全年均衡供应羊肉上市，缩短资金周转期，提高设备利用率，降低生产成本。这种方式是随着现代集约化养羊及肥羔生产而发展起来的高效生产体系，主要有两年三产体系，三年四产体系，三年五产体系，一年两产体系，机会产羔体系。到底采用何种体系，应根据地理、生态、品种资源、繁殖特性、管理能力、饲料资源，设备条件和技术水平等诸因素，认真分析，综合确定。

(1)两年三产体系　两年三产是 20 世纪 50 年代后期提出的一种方法，这个体系一般被描述成固定的配种和产羔计划，在我国容易推广。为达到两年三产，母羊每 8 个月产羔一次，这样两年正好产羔 3 次。如母羊 5 月份配种，10 月份产羔；1 月份再配种，6 月份产羔；9 月份配种，2 月份产羔，羔羊一般是在 2 个月断奶，母羊在羔羊断奶后 1 个月配种。为了达到全年均衡产羔、科学管理的目的，在生产中羊群可被分成 8 个月产羔间隔相互错开的 4 个组，每 2 个月安排 1 次生产，这样每隔 2 个月就有一批羔羊屠宰上市。如果母羊在其组内怀孕失败，2 个月后与下一组一起参加配种。用该体系进行生产，生产效率比常规体系增加 40%。

(2)机会产羔体系　是指有利的条件下，如有利的饲料年份，有利的价格因素出现，可进行一次额外的产羔。无论采取什么方式、体系进行生产尽量不出现空怀母羊，若有空怀母羊，即进行一次额外配种。此方式对于个体养羊生产者是一种快速有效的产羔方式。

(3)肥羔生产　随着养羊业由毛用、毛肉兼用转向肉用、肉毛兼用方向发展，人们对羊肉产品的质量也提出了新的要求。羔羊肉生产周期短，周转快，生产的胴体细嫩多汁，膻味轻，肉味鲜美，容易消化，同时大量的羔羊用于肥羔生产，当年即可屠宰，减轻了草场的压力。因此，世界各个国家都在努力创造条件，积极推行肥羔生产的专业化、规模化、工厂化，这是养羊业持续发展的重要内容。

工厂化生产系指在人工控制的环境下，不受自然条件和季节的限制，一年四季可以按人们的要求与市场需要，进行规模大、高度集中、流程紧密连接和操作高度机械化、自动化的养羊生产方式。其主要特点如下：

①建立专业化肥羔生产企业的地点，应选在饲料供应充足的平原地区或有良好人工草

场放牧的地区及农区。

②专业化的肥羔生产企业，每批可育肥上万只甚至数万只的羔羊，要求机械化程度高，人工控制环境。内设若干育肥羊舍和种羊舍，还有混合饲料和颗粒饲料加工车间，剪毛室和兽医室等，生产工艺严密而完整。

③专业化的肥羔生产，应加工配制成分稳定，符合羊只生长或生产需要的全价混合饲料和颗粒饲料；合理选用早熟性和产羔率突出的肉用羊品种及其杂种羊，广泛开展经济杂交和采用先进的繁殖控制技术，如同期发情、诱发分娩、密集产羔等。技术先进，生产效率高。

(五)推广公司加农户的养羊模式，建立综合服务体系

面对农业产业化和市场经济发展的需要，养羊业将逐步走向专业化、规模化。为了保持我国农区养羊业的可持续发展，农村肉羊生产应借鉴发达国家一体化分层管理系统。由畜牧主管部门统筹建立种羊场，统一管理从国外引进的优良品种和国内已有的良种，保证种羊的质量。乡、镇一级畜牧职能部门建立肉羊经营繁殖场，生产杂交羔羊供农户饲养，各农户主要经营商品羊生产。这种公司加农户的养羊模式，适合于我国经济不发达的农村贫困地区，有利于养羊业的发展和农民的脱贫致富。一般来讲，公司负责筹集资金，统一购买适于当地发展的绵、山羊品种，而后选择具有饲养管理能力和具体饲养条件的农户，通过签订合同，将选定的羊群承包给农户。承包期间承包羊的所有权归公司所有，承包期间农户向公司交回承包合同规定的羔羊以及产品，其余产品及剩余羔羊归承包户所有。承包期间，承包羊的饲养管理费用由农户负责，公司对承包户进行技术指导，如良种供应，疫病防治、饲料生产加工服务、畜产品加工流通服务、规范化的饲养管理技术、配种接产技术等。目的使羊群质量逐渐提高，农民收益不断增加。承包户交回的母羔，公司可与其他农户签订合同，进行新的承包，从而形成滚动发展的格局。这种公司加农户的养羊模式，使农户通过借羊养羊得到较好的收益，公司也从技术指导和承包过程中增值分成获得发展，从而有力地推动我国农区养羊业的可持续发展。

【信息链接】

1. NY/T 5047—2001《无公害食品　奶牛饲养兽医防疫准则》
2. NY/T5151—2002《无公害食品　肉羊饲养管理准则》
3. NY/T 677—2003《细毛羊饲养技术规程标准》
4. DB13/T 556—2004《舍饲养羊技术规程》
5. DB37/T591—2005《规模化肉羊生产技术规程》
6. NY 5030—2006《无公害食品　畜禽饲养兽药使用准则》
7. NY/T 5339—2006《无公害食品　家禽饲养兽医防疫准则》
8. NY/T 5038—2006《无公害食品　家禽养殖生产管理规范》
9. NY/T 1242—2006《奶牛场 HACCP 饲养管理规范》
10. NY/T 1336—2007《肉用家畜饲养 HACCP 管理技术规范》
11. NY/T1337—2007《肉用家禽饲养 HACCP 管理技术规范》
12. NY/T 1446—2007《种公牛饲养管理技术规程》
13. NY/T 1339—2007《肉牛育肥良好管理规范》
14. GB/T 17824.2—2008《规模猪场生产技术规程》

15. DB13T 982—2008《干乳期奶牛饲养管理技术规程》
16. GB/T 14629.3—2008《滩二毛皮、滩羔皮》
17. GB/T 17823—2009《规模猪场兽医防疫要求》
18. NY/T 1892—2010《绿色食品　畜禽饲养防疫准则》
19. DB5134/T 29—2011《无公害生猪生产技术规程》

Project 6

畜禽养殖场的成本核算和效益分析

学习目标

理解畜禽的饲养规模和周转管理；熟记畜禽的生产成本项目；掌握畜禽的成本核算和效益分析方法。

【学习任务】

任务33 畜禽养殖场的成本核算和效益分析概述

一、畜禽产品的成本核算

畜禽产品成本是指畜牧企业在一定时期的生产经营活动中为生产和销售产品而花费的全部费用。畜产品成本核算是经济核算的中心内容，是畜牧企业实行经济核算不可缺少的基础工作。畜禽产品的成本核算就是考核畜禽养殖生产中的各项消耗，分析各项消耗增减原因，从而找到降低成本的途径。成本是企业生产产品所消耗的物化劳动和活劳动的总和，是在生产中被消耗掉的价值，为了维持再生产，这种消耗必须在生产成果中予以补偿。一个养殖企业如果要增加盈利，通常有两条途径，一是通过扩大再生产，增加总收入；二是通过改善经营管理，节约各项消耗，降低生产成本。因此，养殖场的经营管理者必须重视成本，分析成本项目，熟练掌握成本核算方法。

(一)成本项目

畜禽产品的生产成本分为直接成本和间接成本。

1.直接成本

是指直接用于畜禽养殖生产的费用，主要包括饲料费、防疫费、兽药费、劳务费等，又叫该产品的直接生产费用，客观上可以真实计入生产经营成本，不打折扣。直接成本由直接材料、直接人工两部分组成。

(1)直接材料　指企业生产过程中直接用于产品生产、实际消耗的各种原材料，如饲料费，辅助材料(兽药、疫苗)，外购半成品时购入的仔畜、雏禽、燃料、动力等。

(2)直接人工　指企业生产过程中直接从事产品生产人员的工资、奖金、各项补贴以及按国家规定支付的职工福利费。

2.间接成本

是指间接用于畜禽养殖生产的费用，主要包括管理人员工资、固定资产折旧费、种畜价值摊销费、设备维修费、贷款利息、供暖费、水电费、工具费、差旅费、招待费等。

在畜禽生产实践中，需要计入成本的直接费用和间接费用项目很多，概括起来主要有以下10种：

(1)饲料费　指直接用于各畜禽群的各种粗饲料、全价饲料、浓缩料、预混料及其他单一饲料等方面的开支。

(2)防疫费　指畜禽养殖所消耗的疫苗等能直接记入的防疫费用。

(3)兽药费　指畜禽养殖所消耗的兽药等能直接记入的医疗费用。

(4)劳务费　指直接从事某种产品生产的饲养员工资和福利开支。

(5)种畜禽价值摊销费　指应负担的种畜禽的摊销费用。若是购买或转入的仔畜、雏禽、后备畜禽，应将期初原值计入成本。

(6)固定资产折旧费　指固定资产(包括办公设施、畜禽舍、设备、种畜禽等)按照一定的使用年限所发生的折旧费用。

(7)固定资产修理费　指固定资产所发生的一切维护保养费用和修理费用。如畜禽舍维修费、电机修理费等。

(8)燃料和动力费　指饲养所消耗的水、电、煤、油等方面的费用。

(9)低值易耗品费　指能够直接记入的低值易耗工具和劳保用品价值。如喷雾器、注射器、工作服、扫帚、手套等方面的费用。

(10)其他杂费　凡不能直接列入以上各项的费用,如差旅费、招待费等。

(二)成本核算

在实际计算产品成本时,直接材料费和直接人工费直接计入产品成本,间接成本采用一定的标准分配计入产品成本。间接成本的分配可采用的标准有:生产工时、定额工时、机器工时、直接人工费、实际产量等。

1.成本核算的程序

(1)正确确定产品成本核算的对象。

(2)严格审查和控制发生的各项费用,分清产品成本费用和非产品成本费用的界限,确定应计入产品成本的费用。

(3)正确归集和分配成本费用,将计入本期产品成本的各种费用,在各种产品之间按照成本项目进行归集和分配,计算出各种产品成本。

(4)将计入各种产品的成本,在本期完工产品和期末在产品之间进行分配和归集,计算出完工产品总成本和单位成本。

产品成本计算的过程实际上是生产中发生的各项费用的归集和分配,再归集和再分配的过程。

计算畜禽的生产成本,需要必备的基础性资料。首先要在一个生产周期或一年内,根据成本项目记账或汇总,核算出各畜禽群的总费用;其次是要有各畜禽群的数量、活重、增重、主副产品产量等的统计资料。运用这些数据资料,才能计算出各畜禽群的直接成本、间接成本、单位主产品的成本,进而进行产品的经济效益分析。

2.成本核算的内容

在畜禽生产中,一般要计算畜禽产品成本、畜禽产品饲养日成本和畜禽产品单位成本。

(1)畜禽产品成本　表明畜禽场生产某一产品生产期内的全部成本之和(包括直接生产成本和间接生产成本),是计算产品单位成本的重要依据。其计算公式如下:

畜禽产品成本=直接生产成本+间接生产成本

(2)畜禽产品饲养日成本　表明畜禽养殖场生产某一产品平均每天每头(只)畜禽支出的成本(包括直接成本和间接成本),对畜禽养殖场的经济核算十分重要。其计算公式如下:

畜禽产品饲养日成本=产品成本÷畜(禽)群饲养头数÷畜(禽)群饲养日数

(3)畜禽产品单位成本　这是经营者必须进行分析核算的重要成本指标。在产品单价一定的条件下,主产品单位成本越高,所获的盈利越少,全场的经济效益就越低。如果主产品成本超过主产品销售单价,势必发生亏损,应尽量避免这种情况的发生。

畜禽产品单位成本=(畜禽产品成本-副产品价值)÷畜禽产品产量

二、畜禽产品的效益分析

畜禽产品的效益分析是根据成本核算所反映的生产情况，对畜禽的产品产量、盈利等进行全面系统的统计和分析，以便对畜禽养殖场的经济活动作出正确评价，保证下一阶段工作顺利完成。

(一)畜禽的产品产量

通常是分析幼畜禽成活率、平均日增重、出栏数等指标是否完成计划指标。

幼畜禽成活率=(断奶时成活幼畜禽数÷初生时活幼畜禽数)×100%

平均日增重=(末重-始重)÷饲养天数

(二)畜禽产品的盈利分析

1.盈利核算

是在一定时期内以货币表现的最终经营结果，利润核算是考核养殖者生产经营好坏的重要手段。在畜禽产品所创造的价值中，扣除支付劳动报酬、补偿生产消耗之后的余额，即养殖者的盈利又叫毛利。盈利是销售收入减去销售成本以后的余额，它包括税金和利润。盈利又称税前利润。

盈利=产品销售收入-产品销售成本=税金+利润±营业外收支

2.税金

税金是国家根据事先规定的税种和税率向企业征收的、上交国家财政的款项。税金是国家宏观调控的重要经济手段之一。畜牧业主要应上交以下几种税金：农牧业税、产品税、营业税和资源税等。近几年，国家已减免了多项税种。

3.营业外收支

营业外收支是指与企业生产经营无直接关系的各项收入和支出的差额。其计算公式为：

营业外收支净额=营业外收入-营业外支出

在实际核算时应注意：企业出售固定资产的净收益在营业外收入中列出；非季节性和非大修理期间的停工损失，固定资产盘亏、转让以及报废、毁损，各种赔偿金、违约金在营业外支出中列示，但被没收的财产损失、支付各项税收的滞纳金和罚款仍在税后利润中列示。营业外收支对利润总额的形成具有重要影响，在某种程度上也决定着企业经济效益的高低，因此，企业应正确确认和区分营业外收入，严格控制营业外支出，不得擅自扩大营业外支出范围。

4.利润

盈利减去税金就是利润。

利润额=产品销售收入-产品销售成本-销售费用-税金±营业外收支

当上式结果出现负值时即为亏损，应按规定的程序弥补。通常，年度发生亏损可用下一年度的利润弥补；不足时可延续五年内以税前利润弥补。总利润额只说明利润多少，不能反映利润水平的高低。因此,考核利润还要计算利润率,畜禽的利润率一般应计算成本利润率、产值利润率和投资利润率等指标。

(1)资金利润率　反映资金占用及其利用效果的综合指标。

投资利润率=利润额÷投资总额×100%

(2)产值利润率　反映每百元产值所实现的利润。

产值利润率=利润额÷总产值×100%

(3)成本利润率　反映每百元成本在一年内所创造的利润。

成本利润率=利润额÷产品成本×100%

任务34　畜禽养殖场的成本核算和效益分析案例

养殖企业的经济效益分析是不同时期研究企业经营效果的一种好办法,其目的是通过分析影响效益的各种因素,找出差距,提出措施,巩固成绩,克服缺点,使经济效益更上一层楼。分析的主要内容有对生产实值(产量、质量、产值)、劳力(劳力分配和使用、技术业务水平)、物质(原材料、动力、燃料等供应和消耗)、设备(设备完好率、利用、检修和更新)、销售(销售收入和费用支出、销售量的增减)、成本(消耗费用升降情况)、利润和财务(对固定资金和流动资金的占用、专项资金的使用、财务收支情况等)的分析。在经济效益分析中,要从实际出发,充分考虑到市场的动态,场内的生产情况以及人为、自然因素的影响等,从而提出具体措施,巩固成绩,改进薄弱环节,达到提高经济效益的目的。

一、猪场的成本核算和效益分析

(一)案例简介

河南省郑州地区某养猪场建于2008年12月,固定资产原值为410.00万元,年折旧率5%,2012年末账面净值为328.00万元。经调查,2012年12月该场共有管理人员7人,饲养人员10人。生产安排采用以周为单位,全进全出、均衡生产的饲养工艺。存栏猪2 813头,母猪年产仔胎数2.2,每胎产仔数10.5头,哺乳期35 d,保育期35 d,育肥期110 d,留种仔猪和育肥猪同期饲养至180日龄后进入后备培育期,时间为130 d;猪只哺乳期、保育期和育肥期的成活率分别为90%、95%和98%,种猪的年更新率为35%;哺乳仔猪料价格0.8万元/t,保育仔猪料价格0.6万元/t,其他猪料价格0.4万元/t;兽药防疫费仔猪5元/头,育肥猪3元/头,其他猪10元/头;管理人员工资2 400元/月,饲养人员工资2 000元/月;年淘汰种猪收入10.80万元,仔猪(含种猪)粪肥价值2.35万元,育肥猪粪肥价值1.13万元;根据市场价格确定仔猪(70日龄)单价为800元,育肥猪(180日龄)单价为2 200元,种猪价值2 000元,按4年使用期回收,固定资产维修费1.66万元,燃料和动力费9.73万元,低值易耗及工具费3.12万元,其他杂费9.20万元。资料显示,2012年该猪场生产运行正常,经营管理良好,并取得了预期的经济效益。

(1)2012 年猪场的猪群结构如表 6-1 所示。

表 6-1 河南省郑州地区某养猪场猪群结构

猪群种类	生产时段(周)	猪群组数	每组头数	存栏头数	备注
空怀母猪群	5	5	14	70	配种后观察 21 d
妊娠母猪群	12	12	13	156	
泌乳母猪群	6	6	12	72	
哺乳仔猪群	5	5	115	575	期初头数
保育仔猪群	5	5	104	520	期初头数
生长育肥猪群	16	13	100	1 300	期初头数
后备母猪群	19			104	10 月龄配种
公猪群	52			12	
后备公猪群	19			4	10 月龄配种
总存栏数				2 813	最大存栏头数

(2)2012 年猪场各类猪群的喂料标准如表 6-2 所示。

表 6-2 河南省郑州地区某养猪场猪群的喂料标准

阶段	饲喂时间/d	饲料类型	喂料量/kg/(头·日)
后备母猪	130	331	2.3
空怀母猪	35	333	2.7
妊娠母猪	84	332	2.5
哺乳母猪	42	333	4.5
后备公猪	130	331	2.3
种公猪	365	335	2.7
哺乳仔猪	35	311	0.30
保育仔猪	35	312	0.60
育肥猪	110	313	2.0

(二)案例分析

1.成本分析

(1)直接成本计算

①仔猪生产成本　由于种猪的主产品是仔猪,淘汰的种猪又需要后备猪及时补充。根据成本项目分配原则,种猪、后备猪的饲养成本应分摊至种猪主产品(仔猪)当中进行成本核算。

a.该猪场 2012 年需要更新的种猪为:

$$310\times0.35=108\text{ 头(种公猪 4 头,生产母猪 104 头)}$$

饲料费:按种猪生产类别分别计算。

种公猪:12×365×2.7÷1 000×0.40=4.73(万元)

空怀母猪:14×35×2.7×52÷1 000×0.40=27.52(万元)

妊娠母猪:13×84×2.5×52÷1 000×0.40=56.78(万元)

哺乳母猪:12×42×4.5×52÷1 000×0.40=47.17(万元)

饲料费合计:136.20 万元

兽药防疫费:310×10÷10 000=0.31(万元)(按照 10 元/头计)

劳务费:2 000×12×3÷10 000=7.20(万元)

(饲养员工资依据配种、妊娠、哺乳等生产环节实行分段承包,共有饲养员 3 人,月工资 2 000 元)。

2012 年种猪的直接成本为 143.53 万元。

b.后备猪(182～312 日龄)。2012 年猪场培育成功的后备猪 108 头(7～10 月龄),用于种公猪和繁殖母猪的更新。

饲料费:108×2.3×130÷1 000×0.40=12.92(万元)

兽药防疫费:108×10.00÷10 000=0.11 万元(10 元/头计)

劳务费:2 000×12×1÷10 000=2.40(万元)

(饲养员工资依据后备猪的育成率实行承包,共有饲养员 1 人,月工资 2 000 元)。

2012 年后备猪的直接成本为 15.43 万元。

c.仔猪(出生～70 日龄)。2012 年猪场存栏基础母猪 298 头,若年产仔胎数 2.2,每窝产仔数 10.5 头,则全年生产仔猪数为:

哺乳仔猪:6 884×90%=6 196(头)(哺乳期仔猪成活率为 90%)

保育仔猪:6 196×95%=5 886(头)(保育期仔猪成活率为 95%)

2012 年猪场育成 70 日龄仔猪数 5 886 头,计划销售 2 886 头,转入育肥舍 3 000 头。

饲料费:按照仔猪生产分段分别计算。

哺乳仔猪:6 884×0.30×35÷1 000×0.80=57.83(万元)

保育仔猪:6 196×0.60×35÷1 000×0.60=78.07(万元)

兽药防疫费:按照仔猪生产分段分别计算。

哺乳仔猪:6 884×5÷10 000=3.44(万元)(5 元/头计)

保育仔猪:6 196×5÷10 000=3.10(万元)(5 元/头计)

劳务费:2 000×12×4÷10 000=9.60(万元)

(饲养员工资依据仔猪成活率、目标体重等指标实行承包,共有饲养员 4 人,月工资 2 000 元)。

2012 年仔猪(包括种猪、后备猪)的直接成本为 311.00 万元。

②育肥猪(71～181 日龄)生产成本　2012 年猪场转入育成舍的保育仔猪 3 000 头,饲养至 180 日龄后留种 108 头。若育成阶段猪的成活率为 98%,则期末出栏数为:

3 000×98%=2 940(头)(后备留种 108 头,计划销售 2 832 头)

饲料费:3 000×2.0×110÷1 000×0.40=264.00(万元)

兽药防疫费:3 000×3.00÷10 000=0.90(万元)(3 元/头计)

劳务费：2 000×12×2÷10 000＝4.80(万元)

(饲养员工资依据育肥猪的出栏率实行承包，共有饲养员 2 人，月工资 2 000 元)。

2012 年育肥猪的直接成本为 269.70 万元。

(2)间接成本计算

①管理人员工资　猪场设场长、副场长、技术员、会计各 1 人，其他工作人员 3 人，月工资平均 2 400 元，全年支出工资总额为：

$$2\ 400\times12\times7\div10\ 000=20.16(万元)$$

②固定资产折旧费　猪场固定资产原值为 410.00 万元，年折旧率 5%，则全年提取固定资产折旧费为：

$$410.00\times5\%=20.50(万元)$$

③种猪价值摊销费　种猪是猪场抽象的固定资产，若原值按 4 年使用期折旧，则年提取折旧费为：

$$2\ 000\div4\times310\div10\ 000=15.50(万元)$$

④固定资产维修费　办公设施、猪舍、设备等维修费 1.66 万元。

⑤燃料和动力费　水电、供热等费用 9.73 万元。

⑥低值易耗及工具费　办公用品、日常用品、生产耗材等费用 3.12 万元。

⑦其他杂费　贷款利息、差旅费等费用 9.20 万元。

上述各项之总和为猪群全年饲养期间的间接成本，合计 79.47 万元。

(3)间接成本分摊　猪场的间接成本不只是为一种猪产品服务，而是为几种猪产品服务的。因此，需要采取一定的方法在几种产品之间进行分摊计入。即按照饲养头数和饲养天数将其分配计入到猪产品(仔猪和育肥猪)的成本中。具体分摊如下：

①猪(产品)饲养日总和　5 886×70＋2 832×110＝723 540(日)

②猪饲养日单位间接成本　79.87×10 000÷723 540＝1.10[元/(头·日)]

③仔猪分摊额　5 886×70×1.10÷10 000＝45.32(万元)

④育肥猪分摊额　2 832×110×1.10÷10 000＝34.27(万元)

(4)猪产品成本计算

$$猪产品成本=直接成本+间接成本$$

①仔猪成本　311.00＋45.32＝356.32(万元)

②育肥猪成本　269.70＋34.27＝303.97(万元)

③产品总成本　356.32＋303.97＝660.29(万元)

(5)猪产品饲养日单位成本计算

$$猪产品饲养日成本=猪产品成本\div猪饲养头数\div猪群饲养日数$$

①仔猪饲养日单位成本　356.32×10 000÷5 886÷70＝8.65[元/(头·日)]

②育肥猪饲养日单位成本　303.97×10 000÷2 832÷110＝9.76[元/(头·日)]

(6)猪产品单位成本计算　根据成本项目分配原则，种猪和后备猪的直接生产成本应计入仔猪成本中核算，故其副产品价值计入仔猪成本中即可。

猪产品单位成本=(猪产品成本-副产品价值)÷猪产品总产量

2012 年该猪场仔猪副产品价值 13.15 万元,其中淘汰的种猪价值 10.80 万元,粪肥价值 2.35 万元;育肥猪副产品(粪肥)价值 1.13 万元。

①仔猪单位成本 (356.32-13.15)×10 000÷5 886=583.02(元/头)

②育肥猪单位成本 (303.97-1.13)×10 000÷2 832=1 069.35(元/头)

(7)产品销售成本计算 2012 年该猪场育成 70 日龄仔猪 5 886 头,其中市场销售 2 886 头,本场集中育肥 3 000 头,故产品的销售成本为:

①仔猪销售成本 2 886×583.02÷10 000=168.26(万元)

②育肥猪销售成本 (3 000×583.02+2 832×1 069.35)÷10 000=477.75(万元)

③产品销售总成本 168.26+477.75=646.01(万元)

2.效益分析

(1)猪产品的销售收入

猪产品的销售收入=产品销售产量(头)×产品单价(元/头)

根据猪产品单位成本和市场价格,2012 年该猪场确定的仔猪(70 日龄)单价为 1 000 元,育肥猪的单价为 2 200 元,则产品的销售收入为:

①仔猪销售收入 2 886×1 000÷10 000=288.60(万元)

②育肥猪销售收入 2 832×2 200÷10 000=623.04(万元)

③产品销售总收入 288.60+623.04=911.64(万元)

(2)猪产品的利润额

产品总利润=产品销售总收入-产品销售总成本-销售费用+营业外收支

2012 年猪场产品销售总收入 911.64 万元,种猪淘汰费 10.80 万元,仔猪粪肥价值 2.35 万元,育肥猪粪肥价值 1.13 万元,产品销售总成本 646.01 万元,仔猪销售费用 0.58 万元,育肥猪销售费用 1.13 万元。由于近几年养殖业税金很少,可以忽略不计。据此计算产品利润则为:

①产品总利润 911.64-646.01-1.71+14.28=278.20(万元)

②仔猪利润 288.60-168.26-0.58+2.35+10.80=132.91(万元)

③育肥猪利润 623.04-477.75-1.13+1.13=145.29(万元)

2012 年该猪场的成本核算和效益分析,定量了仔猪和育肥猪的各种生产成本,同时得到了猪产品的利润。通过分析结果,可以知道每生产 1 头猪需用多少资金,耗费多少生产资源,这个结果,不但有利于决策者对现实的成本构成做出正确评价,而且还可以根据产品市场售价,随时了解猪场的盈亏状态,减少单位产品的摊销费用,从而达到提高经济效益的目的。

二、商品蛋鸡场的成本核算和效益分析

(一)案例简介

某蛋鸡养殖基地总占地 60 亩(4 000 m^2),鸡舍 11 栋,其中:育雏舍 2 栋,育成舍 3 栋,产

蛋鸡舍 6 栋。育雏、育成舍每批可饲养蛋鸡 3 万只，产蛋鸡舍每栋可饲养 1 万只，每年可饲养 2 批，基地总存栏蛋鸡 6 万只。该基地固定资产总投入 370 万元(预计 15 年折旧完)，购买配套饲养设备 192 万元(预计 10 年折旧完)；固定资产维修费(办公设施、鸡舍、设备等维修)1.5 万元，水电、供热等费用 5.84 万元，低值易耗及工具费(办公用品、日常用品、生产耗材等)1.12 万元，贷款利息、差旅费等费用 2.30 万元。采用全阶梯式三层笼养育雏笼、育成笼、蛋鸡笼，采用自然通风、人工补充光照、人工拣蛋、人工清粪工艺。2013 年该场共有管理人员 7 人，饲养人员 13 人。管理人员工资 2 400 元/月，饲养人员工资 2 000 元/月。该基地 2013—2014 年度饲养的第一批蛋鸡育雏期(1～42 日龄)成活率为 98.5%，育成期(43～126 日龄)成活率为 95%，产蛋期(127～491 日龄)成活率为 95%；育雏期、育成期、产蛋期每只累计耗料量分别为 0.992 kg、5.489 kg、38.70 kg。育雏期、育成期、产蛋期饲料价格分别为 3.7 元/kg、2.22 元/kg、2.3 元/kg。该鸡场本批鸡共出售鸡蛋 513 620 kg，本年度平均蛋价 7.8 元/kg。该批蛋鸡鸡粪价值 2.34 万元，其中育雏鸡粪肥价值 0.16 万元；育成鸡副产品(粪肥)价值 0.38 万元；产蛋鸡粪肥价值 1.8 万元。

(二)案例分析

1.成本分析

(1)直接成本计算

①育雏期生产成本　为保证蛋鸡舍入舍母鸡数能达到 30 000 只，便于生产，在育雏期进鸡苗时应考虑育雏、育成期的成活率，确定进雏数目(30 000÷95%÷98.5%＝32 060 只)。

鸡苗费用:4 元/只×32 060 只＝12.82(万元)

饲料费＝入舍雏鸡数×育雏期只累计采食量×育雏料价格

＝32 060×0.992×3.7＝11.77(万元)

兽药防疫费:32 060×0.6＝1.92(万元)(0.6 元/羽计)

劳务费:2 000×4÷30×49＝1.31(万元)(育雏舍饲养员月工资 2 000 元，共有饲养员 4 人，在育雏舍工作 49 d)

2013 年育雏期直接成本为 27.82 万元。

②育成期生产成本

饲料费＝入舍育成鸡数×育成期只累计采食量×育成料价格

＝32 060×98.5%×5.489×2.22＝38.48(万元)

兽药防疫费:32 060×98.5%×0.8＝2.53(万元)(0.8 元/羽计)

劳务费:2 000×3÷30×91＝1.82 万元(育成舍饲养员月工资 2 000 元，共有饲养员 3 人，在育成舍工作 91 d，其中包括入舍前、转群后的清洁、消毒、升温等时间共 1 周)

2013 年育成期直接成本为 42.83 万元。

③产蛋期生产成本

饲料费＝入舍蛋鸡数×产蛋期期只累计采食量×产蛋料价格

＝30 000×38.7×2.3＝267.03(元)

兽药防疫费:30 000×0.6＝1.80(万元)(0.6 元/羽计)

劳务费:2 000×6÷30×375＝15.00(万元)(蛋鸡舍饲养员月工资 2 000 元，共有饲养员 6 人，在蛋鸡舍工作 375 d)

2013—2014 年度产蛋期直接成本为 283.83 万元。

(2)间接成本计算

①管理人员工资　鸡场设场长、副场长、技术员、会计各 1 人，其他工作人员 3 人，月工资平均 2 400 元，全年支出工资总额为：

$$2\ 400\times12\times7\div10\ 000=20.16(\text{万元})$$

②固定资产折旧费　鸡场固定资产总投入 370 万元(预计 15 年折旧完)，购买配套饲养设备 192 万元(预计 10 年折旧完)，则全年提取固定资产折旧费为：

$$370\div15+192\div10=43.87(\text{万元})$$

③固定资产维修费　办公设施、鸡舍、设备等维修费 1.5 万元。

④燃料和动力费　水电、供热等费用 5.84 万元。

⑤低值易耗及工具费　办公用品、日常用品、生产耗材等费用 1.12 万元。

⑥其他杂费　贷款利息、差旅费等费用 2.30 万元。

上述各项之总和为鸡场全年饲养期间的间接成本，合计 74.79 万元。

(3)间接成本分摊　鸡场的间接成本是为产品服务的。因此在蛋鸡饲养的各个阶段采取一定的方法进行分摊计入，便于了解各阶段的饲养成本。即按照饲养只数和饲养天数将其分配计入到鸡产品的成本中。具体分摊如下：

①蛋鸡(产品)饲养日总和

$$32\ 060\times42+32\ 060\times98.5\%\times84+30\ 000\times365=14\ 949\ 164(\text{日})$$

②蛋鸡饲养日单位间接成本　$74.79\div2\times10\ 000\div14\ 949\ 164=0.025$[元/(只·日)]

③育雏期分摊额　$32\ 060\times42\times0.025\div10\ 000=3.37$(万元)

④育成期分摊额　$32\ 060\times98.5\%\times84\times0.025\div10\ 000=6.63$(万元)

⑤产蛋期分摊额　$30\ 000\times365\times0.025\div10\ 000=27.38$(万元)

(4)蛋鸡不同饲养阶段成本计算

①蛋鸡不同饲养阶段成本＝直接成本＋间接成本

②育雏期成本＝27.82 万元＋3.37 万元＝31.19 万元

③育成期成本＝42.83 万元＋6.63 万元＝49.46 万元

④产蛋期成本＝283.83 万元＋27.38 万元＝311.21 万元

(5)蛋鸡各时期饲养日单位成本计算

①饲养日成本＝蛋鸡各阶段成本÷鸡饲养只数÷鸡群饲养日数

②育雏期饲养日单位成本　$31.19\times10\ 000\div32\ 060\div42=0.23$[元/(只·日)]

③育成期饲养日单位成本　$49.46\times10\ 000\div(32\ 060\times98.5\%)\div84=0.19$[元/(只·日)]

④产蛋期饲养日单位成本　$311.21\times10\ 000\div30\ 000\div365=0.28$[元/(只·日)]

(6)蛋鸡各阶段单位成本计算

①蛋鸡各阶段单位成本＝(蛋鸡各阶段成本－副产品价值)÷期末存栏数

该批蛋鸡鸡粪价值 2.34 万元，其中育雏鸡粪肥价值 0.16 万元；育成鸡副产品(粪肥)价值 0.38 万元；产蛋鸡粪肥价值 1.8 万元。

②育雏鸡单位成本 (31.19－0.16)×10 000÷(32 060×98.5%)＝9.8(元/只)

③育成鸡单位成本

(31.19＋49.46－0.38)×10 000÷(32 060×98.5%×95%)＝26.76(元/只)

④产蛋鸡单位成本 (311.21＋31.19＋49.46－1.8)×10 000÷(30 000×95%)
＝136.86(元/只)

(7)鸡产品单位成本

蛋鸡产品单位成本＝产蛋鸡成本÷蛋鸡产品总产量

蛋鸡场的主要产品是鸡蛋，该鸡场本批鸡共出售鸡蛋 513 620 kg，可计算出该蛋鸡场鸡蛋单位成本为：

每千克鸡蛋成本＝30 000×95%×136.86÷513 620＝7.59(元/kg)

2.效益分析

(1)蛋鸡产品的销售收入

蛋鸡产品的销售收入＝产品销售产量×产品单价

根据蛋鸡产品单位成本和市场价格，2013 年鸡蛋单价全年平均为 7.8 元/kg，蛋鸡淘汰费 20 元/只，则产品的销售收入为：

①鸡蛋销售收入 513 620×7.8÷10 000＝400.62(万元)

②淘汰鸡销售收入 28 500×20÷10 000＝57.00(万元)

③产品销售总收入 400.62＋57.00＝457.62(万元)

(2)蛋鸡产品的利润额

产品总利润＝产品销售总收入－产品销售总成本

本批蛋鸡销售总收入 457.62 万元。据此计算此批蛋鸡的利润则为：457.62×10 000－30 000×95%×136.86＝67.57(万元)

本案例通过蛋鸡场的成本核算和效益分析，定量了该蛋鸡场 2013—2014 年度第一批蛋鸡的产品——鸡蛋的单位成本、蛋鸡饲养的不同时期(育雏鸡、育成鸡、蛋鸡淘汰)的生产成本，同时测算了第一批蛋鸡(3 万只)的利润为 67.57 万元。通过分析结果，不但有利于决策者对现实的成本构成做出正确评价，而且还可以与其他场家的经营情况进行逐项对比，根据产品市场售价，随时了解蛋鸡场的盈亏状态，减少单位产品的摊销费用，从而达到提高经济效益的目的。

三、奶牛场的成本核算和效益分析

(一)案例简介

辽宁法库某牛场成立于 2009 年 9 月，奶牛园区占地面积 252 亩，是集奶牛养殖繁育、鲜奶销售为一体的经济组织，奶牛场资产总额 12 100 万元，其中：流动资产 6 813 万元，固定资产 3 712 万元，年折旧率 5%。2013 年 12 月 30 日前，存栏奶牛 2 486 头，年产鲜奶 11 484.36 t，产品销售总共收入 5 504.29 万元，净利润 1 553.67 万元。经调查，2013 年 12 月该场共有工作人员 110 人，其中管理人员 7 人，技术人员 14 人，直接生产人员 77 人，间接生产人员 12 人。

奶牛场生产安排采用散放式饲养、TMR 机械饲喂、挤奶厅机械挤奶的饲养工艺。牛群存栏数 2 486 头，成年母牛平均产奶量 23 kg/d，母牛产犊率 80%，犊牛成活率 90%，成年母牛群年淘汰率 20%。2013 年东北地区各类饲料市场价格分别如下：羊草 1 300 元/t；青贮饲料 400 元/t；优质苜蓿干草 2 500 元/t；小麦秸秆 750 元/t、混合精料 2 700 元/t。犊牛兽药防疫费 20 元/头，其他牛 50 元/头。母牛人工授精费 50 元/头。管理人员工资 3 000 元/月，技术人员工资 2 500 元/月，生产人员工资 2 000 元/月。根据市场价格确定的牛奶销售单价为 4 500 元/t，初生公犊单价为 2 500 元/头，成年奶牛价值 15 000 元，按 5 年使用期回收。固定资产折旧费 185.6 万元，摊销费 256.5 万元；固定资产维修费 74.24 万元；燃料和动力费 23.97 万元，其中水费 7.26 万元，电费 16.71 万元；其他杂费 24.86 万元。资料显示，2013 年该牛场生产运行正常，经营管理良好，并取得了预期的经济效益。

(1)2013 年奶牛场的牛群结构如表 6-3 所示。

表 6-3　2013 年 12 月牛场的牛群结构

牛群类别	全群	成年母牛	育成牛	犊牛
期末存栏数/头	2 486	1 710	418	358

(2)牛场各类牛群的喂料标准如表 6-4 所示。

表 6-4　牛场各类牛群日粮供应定额　　kg/头

牛群类别	羊草	优质苜蓿干草	小麦秸秆	青贮饲料	混合精料	牛奶
成年母牛	0.6	4.0	0.4	20	11.2	—
育成牛	2.0	0.5	0.5	15	3.5	—
犊牛	0.3	1.3	—	—	1.7	3.5

已知 2013 年东北地区各类饲料市场价格分别如下：其中羊草 1 300 元/t，优质苜蓿干草 2 500 元/t，小麦秸秆 750 元/t，青贮饲料 400 元/t，混合精料 2 700 元/t，鲜牛奶 4 500 元/t。

(二)案例分析

1.成本分析

(1)直接成本计算　截至 2013 年 12 月底，该牛场全群共存栏牛只 2 486 头，其中各类牛群期末存栏数分别为：成年母牛 1 710 头，育成牛 418 头，犊牛 358 头。

①成年母牛生产成本

$$成年母牛饲料费=\frac{0.6\times1.3+4.0\times2.5+0.4\times0.75+20\times0.4+11.2\times2.7}{10\ 000}\times365\times1\ 710$$
$$=3\ 078.31(万元)$$

$$兽药防疫费=\frac{1\ 710\times50}{10\ 000}=8.55(万元)(50 万元/头计)$$

$$人工授精费=\frac{1\ 710\times50}{10\ 000}=8.55(万元)(50 万元/头计)$$

$$劳务费=\frac{2\ 000\times12\times55}{10\ 000}=132.0(万元)$$

劳务费中饲养员工资依据饲养干奶牛、泌乳牛以及挤奶等生产环节实行分群承包，共有饲养员 55 人，月工资 2 000 元。

2013 年成年母牛的直接成本为 3 227.41 万元。

②犊牛生产成本　2013 年牛场存栏成年母牛 1 710 头，母牛产犊率 80%，犊牛成活率 90%，全年生产犊牛数为 1 368 头，成活犊牛 1 231 头，其中母犊 621 头，公犊 610 头，公犊出生后全部销售；母犊实行 2 月龄早期断奶，哺乳期耗奶量为 210 kg，饲养至 6 月龄结束时转入育成牛舍饲养。

$$\begin{aligned}母犊牛饲料费&=\frac{0.3\times1.3\times180+1.3\times2.5\times180+1.7\times2.7\times180+3.5\times4.5\times60}{10\ 000}\times621\\&=150.68(万元)\end{aligned}$$

$$兽药防疫费=\frac{621\times20}{10\ 000}=1.24\ 万元(20\ 元/头计)$$

$$劳务费=\frac{2\ 000\times12\times12}{10\ 000}=28.8(万元)$$

劳务费中饲养员工资依据犊牛成活率、哺乳期、断奶重等指标实行承包，共有饲养员 12 人，月工资 2 000 元。

2013 年犊牛的直接成本为 180.72 万元。

③育成牛生产成本　2013 年牛场母犊数为 621 头，饲养至 180 日龄后转入育成牛群 263 头，期末剩余母犊 155 头，加上原有育成牛头数，该牛场育成牛期末存栏数为 418 头。

$$\begin{aligned}育成牛饲料费&=\frac{(2.0\times1.3+0.5\times2.5+0.5\times0.75+15\times0.4+3.5\times2.7)\times(263\times185+155\times365)}{10\ 000}\\&=207.04(万元)\end{aligned}$$

$$兽药防疫费=\frac{418\times50}{10\ 000}=2.09(万元)$$

$$劳务费=\frac{2\ 000\times12\times10}{10\ 000}=24.0(万元)$$

劳务费中饲养员工资依据育成牛体尺、体重、初配月龄等指标实行承包，共有饲养员 10 人，月工资 2 000 元。

2013 年育成牛的直接成本为 233.13 万元。

(2)间接成本计算

①间接人员工资　牛场设管理人员 7 人，月工资 3 000 元/月；技术人员 14 人(畜牧 2 人，兽医 6 人，人工授精员 6 人)，月工资 2 500 元/月；间接生产人员 12 人(仓库管理 1 人、机修 3 人、保安 3 人、锅炉工 2 人、洗涤 3 人)，月工资 2 000 元/月，全年支出工资总额为：

$$\begin{aligned}全年支出工资总额&=\frac{3\ 000\times12\times7+2\ 500\times12\times14+2\ 000\times12\times12}{10\ 000}\\&=96.0(万元)\end{aligned}$$

②固定资产折旧费　固定资产折旧费采用直线法平均计算，预计净残值按5%计算。各类固定资产的折旧年限，按以下数据计算：房屋及建筑物15年；工艺及辅助设备10年；其他资产摊销费10年。牛场固定资产原值为3 712万元，则牛场固定资产折旧费为185.6万元。

③成年母牛价值摊销费　成年母牛是牛场抽象的固定资产，若原值按5年使用期折旧，则年提取折旧费为：

$$\frac{1\ 710\times15\ 000}{5\times10\ 000}=513.0(\text{万元})$$

④固定资产维修费　固定资产维修费按建设投资的2%计算，维修费包括办公设施、牛舍、挤奶及饲喂等生产设备共计74.24万元。

⑤燃料和动力费　燃料和动力费23.97万元，其中水费7.26万元，电费16.71万元。按照每头牛一个生产周期(年)用水量为58.4 m^3，用电量为84度计算。

⑥其他杂费　其他费用为产品销售中介费、管理费及土地租赁费，每头奶牛均按300元/年计，共计74.58万元(其中土地租赁费1.06万元)。

上述各项之总和为牛场全年饲养期间的间接成本，合计967.39万元。

(3)间接成本分摊　牛场的间接成本不只是为一种牛产品服务，而是为几种牛产品服务的。因此，需要用一定的方法在几种产品之间进行分摊计入。即按照饲养头数和饲养天数将其分配计入到牛的成本中。具体分摊如下：

①牛饲养日总和＝1 710×365＋(263×185＋155×365)＋621×180＝841 160(日)

②牛饲养日单位间接成本$=\frac{967.39\times10\ 000}{841\ 160}=11.50$[元/(头·日)]

③成母牛分摊额$=\frac{1\ 710\times365\times11.50}{10\ 000}=717.77$(万元)

④犊牛分摊额$=\frac{621\times180\times11.50}{10\ 000}=128.55$(万元)

⑤育成牛分摊额$=\frac{263\times185+155\times365}{10\ 000}\times11.50=121.02$(万元)

(4)牛产品成本计算

牛产品成本＝直接成本＋间接成本

①成母牛成本＝3 227.41＋717.77＝3 945.18(万元)

②犊牛成本＝180.72＋128.55＝309.27(万元)

③育成牛成本＝233.13＋121.02＝354.15(万元)

④产品总成本＝3 945.18＋309.27＋354.15＝4 608.60(万元)

(5)牛产品饲养日单位成本计算

牛产品饲养日成本＝牛产品成本÷牛饲养头数÷牛群饲养日

①成母牛饲养日单位成本$=\frac{3\ 945.18\times10\ 000}{1\ 710\times365}=63.21$[元/(头·日)]

②犊牛饲养日单位成本$=\frac{309.27\times10\ 000}{621\times180}=27.67$[元/(头·日)]

③育成牛饲养日单位成本$=\frac{354.15\times10\ 000}{263\times185+155\times365}=33.37$[元/(头·日)]

(6)牛产品单位成本计算

$$牛产品单位成本=\frac{牛产品成本}{牛产品总产量}$$

奶牛场的主要产品是牛奶，该牛场为市场常年均衡供应鲜奶，其成年母牛群中80%全年处于产乳，20%处于干乳，成年母牛的平均产奶量为23 kg/d，依此可计算出该牛场成年母牛年产奶总量和牛奶单位成本。

①成年母牛年产奶总量$=1\ 710\times0.8\times23\times365=11\ 484\ 360$(kg)

②每千克牛奶成本$=\frac{3\ 945.18\times10\ 000}{11\ 484\ 360}=3.44$(元/kg)

③犊牛单位成本$=\frac{309.27\times10\ 000}{621}=5\ 302.25$(元/头)

④育成牛单位成本$=\frac{354.15\times10\ 000}{418}=8\ 472.49$(元/头)

(7)产品销售成本计算　2013年该牛场市场销售鲜奶11 484 360 kg，故

$$牛奶销售成本=\frac{11\ 484\ 360\times3.44}{10\ 000}=3\ 950.62(万元)$$

2.效益分析

(1)牛产品的销售收入

牛产品的销售收入=产品销售产量×产品单价

根据牛产品单位成本和市场价格，2013年该牛场确定的鲜奶单价为4.5元/kg，出生公犊2 500元/头，成年母牛淘汰率为20%，其中正常淘汰率为15%，正常淘汰牛可按照体重550 kg，10元/kg的市场价格进行折算计入销售收入中；外加低产牛、疾病牛淘汰率5%，保险公司按照5 000元/头的标准进行赔偿。则产品的销售收入为：

①牛奶销售收入$=\frac{11\ 484\ 360\times4.5}{10\ 000}=5\ 167.96$(万元)

②公犊销售收入$=\frac{610\times2\ 500}{10\ 000}=152.5$(万元)

③淘汰牛销售收入$=\frac{1\ 710\times0.15\times550\times10}{10\ 000}=141.08$(万元)

④死亡母牛保险收入$=\frac{1\ 710\times0.05\times5\ 000}{10\ 000}=42.75$(万元)

⑤产品销售总收入$=5\ 167.96+152.5+141.08+42.75=5\ 504.29$(万元)

(2)牛产品的利润额

产品总利润=产品销售收入−产品销售成本−销售费用+营业外收支净额

2013年该牛场产品销售收入5 504.29万元，主要包括牛奶销售收入5 167.96万元，公犊销售收入152.5万元，淘汰牛销售收入141.08万元，死亡母牛保险收入42.75万元；产品销售成本3 950.62万元。由于近几年国家减免了多项税种，所以税金可以忽略不计。据此

计算产品利润为：

①产品总利润　5 504.29－3 950.62＝1 553.67(万元)

②牛奶利润　5 167.96－3 950.62＝1 217.34(万元)

2013 年该牛场的成本核算和效益分析，定量了牛奶和各类牛群的各种生产成本，同时得到了牛产品的利润。通过分析结果，可以知道每生产 1 kg 牛奶需用多少资金，耗费多少生产资源。牛场的成本核算和效益分析结果，不但有利于决策者对实绩与计划作对比、与上年同期对比、与牛场历史最好水平对比、与同行业对比进行分析，随时了解牛场的盈亏状态，减少单位产品的摊销费用，从而达到提高经济效益的目的。

四、育肥羊场的成本核算与效益分析

(一)案例简介

某规模育肥羊场圈舍采用墙体砖混顶部彩钢结构，建成圈舍总面积 1 200 m^2(单价 500 元/m^2)，青贮窖 1 000 m^3(单价 120 元/m^3)，饲草料库及饲料加工车间 300 m^2(单价 250 元/m^2)。该场每年育肥羊出栏 2 批，一批育肥规模 1 000 只，共 2 000 只。育肥羊来源为外购的断奶羔羊，饲养方式为全舍饲直线育肥。2 月龄断奶羔羊初始体重平均 12～14 kg，出栏活重羔羊 45～48 kg，育肥期 120 天，平均日增重 290 g。2012 年该羊场育肥断奶羔羊 2 批(每批 1 000 只)。断奶羔羊价格为毛重 26 元/kg，育肥羔羊毛重 21 元/kg。育肥羊饲喂混合精料和粗饲料，混合精料的原料主要有玉米、麸皮、棉粕、葵粕、米糠、添加剂等，粗饲料主要有玉米秸秆、麦草、青贮、苜蓿、棉壳、杂草、糟渣等。混合精料平均单价 2.35 元/kg，粗饲料平均单价 0.5 元/kg。兽药防疫费 4 元/只。本育肥羊场共有工作人员 4 人，其中管理人员 1 人，技术员 2 人，机械操作员 1 人。2012 年度羊场取得较好经济效益，试对其进行成本核算和效益分析。

(二)案例分析

1.成本分析

(1)直接成本计算

①购买羔羊费用　2 000 只×13 kg×30 元/kg ＝ 78.00 万元

②饲料费

混合精料成本：2 000×0.7 kg/日×2.35 元/kg×120 日＝39.48 万元

粗饲料成本：2 000×1.8 kg/日×0.5 元/kg×120 日＝21.60 万元

断奶羔羊育肥所需粗饲料和混合精料成本合计：61.08 万元。

③兽药防疫费　2 000 只×4 元/只＝0.80 万元

④劳务费　2 000×12×2÷10 000＝4.80 万元

(本育肥羊场只需饲养员 2 人，工资 2 000 元/月)

2012 年度断奶羔羊育肥的直接成本为 144.68 万元。

(2)间接成本计算

①管理人员工资　本育肥羊场需管理及机械操作各 1 人，工资 3 000 元/月，每年的管理人员费用合计 7.2 万元。

②固定资产折旧费　各类固定资产的折旧年限按 10 年计算。

a.基建总投资

圈舍投资：1 200 m^2×500 元/m^2＝60 万元

青贮窖：1 000 m^3×120 元/m^3=12 万元

饲草料库及饲料加工车间：300 m^2×250 元/m^2=7.5 万元

基建总投资合计：79.5 万元

b.畜牧机械及设备投资

铡草机 1 台(1 万元)、粉碎机 1 台(1 万元)、草料运输叉车 1 台(7 万元)、草料运输车 1 台(3 万元)。相应的配水、供电设备及防疫消毒设备等(6 万元)。畜牧机械及设备总投资合计 18 万元。

每年固定资产总摊销=(基建总造价+设备机械及运输车辆总费用)÷10 年

=(79.5+18)÷10=9.75(万元)

③固定资产维修费　办公设施、羊舍、设备等维修费 0.5 万元。

④燃料和动力费　水电、供热等费用 1.1 万元。

⑤低值易耗及工具费　办公用品、日常用品、生产耗材等费用 0.4 万元。

上述五项之总和为羊场全年饲养期间的间接成本，合计 18.95 万元。

(3)间接成本分摊

按照饲养只数和饲养天数将间接成本分配计入到育肥羊成本中。具体分摊如下：

①育肥羊饲养日总和　1 000×120×2=240 000(日)

②育肥羊饲养日单位间接成本　18.95×10 000÷240 000=0.79[元/(只·日)]

(4)育肥羊成本计算

育肥羊成本=直接成本+间接成本

断奶羔羊育肥成本=144.68+18.95=163.63(万元)

(5)育肥羊饲养日单位成本计算

饲养日成本=育肥羊成本÷育肥羊只数÷羊群饲养日数

断奶羔羊育肥饲养日单位成本=163.63×10 000÷2 000÷120=6.81[元/(只·日)]。

(6)育肥羊单位成本计算

育肥羊单位成本=(育肥羊成本-副产品价值)÷期末存栏数

育肥羊的副产品是羊粪，据该场统计断奶羔羊育肥时，每批育肥羊(1 000 只)的羊粪收入为 0.5 万元。

断奶羔羊育肥单位成本=(163.63-0.5×2)×10 000÷2 000=813.15(元/只)

2.效益分析

(1)育肥羊销售收入

育肥羊的销售收入=产品销售产量×产品单价

2012 年育肥羊的全年平均单价为活重 21 元/kg，育肥羔羊平均体重达到 46 kg 时出栏。则本年度育肥羊的销售收入为：

断奶羔羊育肥销售收入=2 000 只×46 kg×21 元/kg=193.20 万元

(2)育肥羊的利润额

产品总利润＝产品销售总收入－产品销售总成本

该场 2012 年断奶羔羊育肥利润＝193.20－(163.63－0.5×2)＝30.57(万元)

本案例通过育肥羊场的成本核算和效益分析，定量了该育肥羊场 2012 年度两批育肥羔羊的单位成本、饲养日单位成本、销售收入，同时测算了两批育肥羊的利润为 30.57 万元。通过分析结果，不但有利于决策者对育肥羊场的成本构成做出正确评价，而且还可以与其他羊场的经营情况进行逐项对比，根据产品市场售价，随时了解育肥羊场的盈亏状态，减少单位产品的摊销费用，从而达到提高经济效益的目的。

综上所述，畜禽养殖场的成本核算就是对养殖场的畜禽产品(肉、蛋、奶)所消耗的物化劳动和活劳动的价值总和进行计算，得到产品生产所消耗的资金总额，即产品成本。定期的成本核算可使经营者明确目标，做到心中有数，从而做出正确的决策，有针对性地加强成本管理。成本管理则是在细致严格地进行成本核算基础上，考察构成成本的各项消耗数量，查找畜禽养殖场盈利或亏损的主要原因，寻找降低成本的途径和措施。

【能力训练】

技能一　规模化猪场生产管理参数的分析

一、训练内容

宁夏中卫地区某猪场生产管理参数如表 6-5 所示，其中有多项指标设计不太合理，影响该猪场经济效益的提高，请仔细分析并修改完善。

表 6-5　宁夏中卫地区某猪场生产管理参数统计表

项目	参数	项目	参数
妊娠期/d	114	每头母猪年产活仔数/头	
哺乳期/d	42	出生时	20
保育期/d	42	35 日龄	18
断奶至受胎/d	21	36～70 日龄	16
繁殖周期/d	156～163	71～170 日龄	14
母猪年产胎次/窝	1.5	平均日增重/g	
母猪窝产仔数/头	8	出生～35 日龄	350
窝产活仔数/头	6	36～70 日龄	450
成活率/%		71～160 日龄	750
哺乳仔猪	80	公、母猪年更新率/%	30

续表 6-5

项目	参数	项目	参数
断奶仔猪	85	母猪情期受胎率/%	70
生长育肥猪	90	妊娠母猪分娩率/%	75
出生至目标体重/kg		公母比例	1∶25
初生重	0.5	圈舍冲洗消毒时间/d	7
35 日龄	5	生产节律/d	7
70 日龄	10	母猪产前进产房时间/d	14
160～170 日龄	90～100	母猪配种后观察时间/d	42

二、评价标准

猪场生产管理指标的设计，应充分考虑猪的生理规律和猪场的生产条件。根据前提条件，某万头猪场生产管理参数的合理设计如表 6-6 所示。

表 6-6 宁夏中卫地区某猪场生产管理参数修正表

项目	参数	项目	参数
妊娠期/d	114	每头母猪年产活仔数	
哺乳期/d	28～35	出生时/头	22
保育期/d	28～35	35 日龄/头	20
断奶至受胎/d	7～14	36～70 日龄	18
繁殖周期/d	156～163	71～170 日龄	16
母猪年产胎次	2.2	平均日增重/g	
母猪窝产仔数/头	10～12	出生～35 日龄	350
窝产活仔数/头	9～11	36～70 日龄	450
成活率/%		71～160 日龄	750
哺乳仔猪	92	公母猪年更新率/%	30
断奶仔猪	95	母猪情期受胎率/%	85
生长育肥猪	98	妊娠母猪分娩率/%	97
出生至目标体重/kg		公母比例	1∶25
初生重	1.5	圈舍冲洗消毒时间/d	7
35 日龄	8～10	生产节律/d	7
70 日龄	18～20	母猪产前进产房时间/d	7
160～170 日龄	90～100	母猪配种后观察时间/d	21

技能二　蛋鸡场利润分析

一、训练内容

根据某蛋鸡场的财务记录资料(表 6-7),一批蛋鸡为 10 000 只,饲养周期为 500 d,进行毛利润分析。

表 6-7　某蛋鸡场财务资料

项目	金额
1. 销售收入	
鸡蛋销售量	160 000 kg
鸡蛋价格	8.60 元/kg
粪便销售收入	14 000 元
淘汰鸡收入(10 000×19.5 元/只)	195 000 元
2. 可变成本	
购买鸡数量	11 000 只
雏鸡单价	4.00/只
饲料喂量[50 kg/(只·周期),10 000 只鸡]	500 000 kg
饲料价格	2.50 元/kg
防疫医药费[1.00 元/(只·周期),11 000 只鸡]	11 000 元
兽医费用[2.00 元/(只·周期),10 000 只鸡]	20 000 元
其他开支[0.50 元/(只·周期),10 000 只鸡]	5 000 元

二、评价标准

毛利润分析,见表 6-8。

表 6-8　蛋鸡生产毛利润分析

项目	金额
1. 销售收入	
鸡蛋销售量	160 000 kg
鸡蛋价格	8.60 元/kg
鸡蛋销售收入	1 376 000 元
粪便销售收入	14 000 元

续表 6-8

项目	金额
淘汰鸡收入(10 000×19.5 元/只)	195 000 元
销售收入总计	1 585 000 元
2.可变成本	
购买鸡数量	11 000 只
雏鸡单价	4.00/只
购鸡费用	44 000 元
饲料喂量[50 kg/(只·周期),10 000 只鸡]	500 000 kg
饲料价格	2.50 元/kg
饲料费用	1 250 000 元
防疫医药费[1.00 元/(只·周期),11 000 只鸡]	11 000 元
兽医费用[2.00 元/(只·周期),10 000 只鸡]	20 000 元
其他开支[0.50 元/(只·周期),10 000 只鸡]	5 000 元
可变成本合计	1 330 000 元
3.毛利润	255 000 元

由毛利润分析可知:毛利润=销售收入-可变成本

本案例中:万只蛋鸡 500 d 饲养周期内,可获毛利润=1 585 000 元-1 330 000 元=255 000 元。

毛利润分析法还表明,几对变项之间存在着一定的灵敏性,当对某一变项作细小的调整时,其最终数据的变化幅度极大,远远超过调整另一个变项所产生的影响,这可从实际毛利润上得到反映。毛利润对饲料价格和鸡蛋产量的关系反应灵敏,而对饲料喂量与鸡蛋价格的关系不灵敏。比如说,科学配比的鸡饲料,其价格如果每千克降低 0.01 元,1 万只鸡 500 d 内可减少 5 000 元的投入(500 000 kg 饲料×0.01 元/kg);如果每只鸡在 500 d 内通过技术手段多产 0.1 kg 蛋,其毛利润增加 8 600 元(10 000 只鸡×0.1 kg 鸡蛋×8.60 元/kg),调整这两个变项有较高的可操作性。如果给鸡减少饲料喂量来降低投入达到增加毛利润的目的,是不可取的,减少饲料喂量必然降低鸡蛋产量,影响养殖效益;如果增大饲料喂量来提高产蛋量,鸡的消化道有一定的容积,采食量又受到限制,反而要造成饲料浪费。另外,鸡蛋价格受市场调节而不受人为控制,要调整此项是不可能的。因此,在实际生产中,要尽量调整可操作性高的相关项目,以获得较高的效益。

技能三 规模化奶牛场生产管理参数的分析

一、训练内容

陕西省西安市某规模化奶牛场生产管理参数如表 6-9 所示,其中有多项指标设计不太合理，影响了该奶牛场经济效益的提高，请仔细分析并修改完善。

表 6-9　某规模化奶牛场生产管理参数统计表

项目	参数	项目	参数
年总受胎率/%	90	年流产率/%	10
年情期受胎率/%	48	正常发情周期的比率/%	86
年空怀率/%	8	半年以上未妊娠牛只比率/%	6
产犊后 50 d 内出现第一次发情的母牛比率/%	80	年繁殖率/%	88
		产后第一次配种受胎率/%	63
配种 3 次以下(含 3 次)即孕母牛比率/%	85	胎间距/d	375
		初产年龄/月龄	30

二、评价标准

奶牛的生产管理指标的设计，应充分考虑奶牛的生理规律和奶牛场的生产条件而确定。根据前提条件，某规模化奶牛场生产管理参数的合理设计如表 6-10 所示。

表 6-10　某规模化奶牛场生产管理参数修正表

项目	参数	项目	参数
年总受胎率/%	≥95	年流产率/%	≤6
年情期受胎率/%	≥58	正常发情周期的比率/%	≥90
年空怀率/%	≤5	半年以上未妊娠牛只比率/%	≤5
产犊后 50 d 内出现第一次发情的母牛比率/%	≥80	年繁殖率/%	≥92
		产后第一次配种受胎率/%	≥65
配种 3 次以下(含 3 次)即孕母牛比率/%	≥94	胎间距/d	≤385
		初产年龄/月龄	≤30

技能四　肉羊场羊群周转规模的分析与计算

一、训练内容

青海省某肉羊场现饲养的品种主要有无角陶赛特羊和小尾寒羊，为生产肥羔羊肉，该场以无角陶赛特羊为父本，以小尾寒羊为母本，进行二元杂交，基础母羊年生产窝数为 1.6 窝，每窝产羔数为 2 只。现该场饲养基础母羊 500 只，请结合项目六的相关知识，计算该肉羊场满负荷羊群的存栏数量。

二、评价标准

依据羊场存栏结构计算方法可知，该羊场不同阶段羊只的存栏数量计算公式为：

妊娠母羊数＝周配种母羊数×妊娠周数(21－1 周)

临产母羊数＝周分娩母羊数

哺乳母羊数＝周分娩母羊数×8 周

空怀断奶母羊数＝周断奶母羊数×2 周

成年公羊数＝周配母羊数×2÷3(公羊周使用次数)

断奶羔羊数＝周断奶数×9 周

育成羊数＝周保育成活数×9 周

年上市肉羊数＝周分娩胎数×52 周×2 只/胎

其满负荷羊群存栏数量见表 6-11。

表 6-11　500 只基础母羊满负荷羊群存栏数量

项目	周	月	年
满负荷配种母羊数	17	68	889
满负荷分娩胎数	15	62	780
满负荷活产羔羊数	30	124	1 560
满负荷断奶羔羊数	27	112	1 404
满负荷保育成活数	25.9	108	1 348
满负荷上市肉羊数	25	107	1 335

注：以周为节律，一年按 52 周计算。

【信息链接】

1. DB11/T 203.3—2003《农业企业标准体系养殖业标准体系的构成和要求第 3 部分工作标准体系》

2. 财政部[2004]5 号《农业企业会计核算办法——生物资产和农产品》

3. 财政部[2004]5 号《农业企业会计核算办法——社会性收支》

4. GB/T 20014.7—2008《良好农业规范第 7 部分：牛羊控制点与符合性规范》

5. GB/T 20014.8—2008《良好农业规范第 8 部分：奶牛控制点与符合性规范》

6. GB/T 20014.9—2008《良好农业规范第 9 部分：猪控制点与符合性规范》

7. GB/T 20014.10—2008《良好农业规范第 10 部分：家禽控制点与符合性规范》

参考文献

[1] 张永泰.高效养猪大全.北京:中国农业大学出版社,1994.
[2] 郭亮.无公害猪肉生产与质量管理.北京:中国农业科学技术出版社,2003.
[3] 苏振环.现代养猪使用百科全书.北京:中国农业出版社,2004.
[4] 董修建,李铁.猪生产学.北京:中国农业科学技术出版社,2007.
[5] 代广军.规模化养猪精细管理及新型疫病防控技术.北京:中国农业出版社,2010.
[6] 杨公社.猪生产学.北京:中国农业出版社,2012.
[7] 农业部劳动人事司.家畜饲养工.北京:中国农业出版社,2012.
[8] 杨宁.现代养鸡生产.北京:中国农业大学出版社,1994.
[9] 杨山.现代养鸡.北京:中国农业出版社,2002.
[10] 黄炎坤,韩占兵. 蛋鸡标准化生产技术.北京:金盾出版社,2006.
[11] 豆卫.禽生产.北京:中国农业出版社,2001.
[12] 赵聘,黄炎坤.家禽生产技术.北京:中国农业大学出版社,2011.
[13] 昝林森.牛生产学.北京:中国农业出版社,1999.
[14] 邱怀.现代乳牛学.北京:中国农业出版社,2002.
[15] 闫明伟.奶牛规模化生产.吉林:吉林文史出版社,2004.
[16] 王加启.现代奶牛养殖科学.北京:中国农业出版社,2006.
[17] 宋连喜.牛生产.北京:中国农业大学出版社,2007.
[18] 刘太宇.养牛生产. 北京:中国农业大学出版社,2008.
[19] 李如治.家畜环境卫生学. 北京:中国农业出版社,2010.
[20] 兰海军.养牛与牛病防治. 北京:中国农业大学出版社,2011.
[21] 何东洋.牛高效生产技术.苏州:苏州大学出版社,2012.
[22] 道良佐.肉羊生产技术手册.北京:中国农业出版社,1996.
[23] 贾志海.我国肉羊生产现状发展趋势及对策.中国草食动物,2000(4):28-30.
[24] 赵有璋.羊生产学.北京:中国农业出版社,2002.
[25] 赵有璋.现代中国养羊.北京:金盾出版社,2004.
[26] 卢泰安.养羊技术指导.北京:金盾出版社,2005.
[27] 程凌.养羊与养病防治.北京:中国农业出版社,2006.
[28] 杜乐新.配合饲料在羊生产中的合理应用.畜牧与饲料科学,2011,32(4):47-48.
[29] 权凯,马伟,张巧灵,等.农区肉羊场设计与建设.北京:金盾出版社,2012.
[30] 庞连海.肉羊规模化高效生产技术.北京:化学工业出版社,2012.
[31] 薛慧文,包世军.羊防疫员培训教材.北京:金盾出版社,2012.
[32] 张英杰.规模化生态养羊技术.北京:中国农业大学出版社,2013.